高职高专"十二五"建筑及工程管理类专业系列规划教材

建 筑 结 构

主 编 曹长礼 李 萍

副主编 牛欣欣 谭小蓉 寸江峰

U0282168

西安交通大学出版社
XI'AN JIAOTONG UNIVERSITY PRESS

内容提要

本书是根据高职院校土建类专业"建筑结构"课程的教学要求以及我国最新的设计规范编写的，注重理论与实际的联系，特别是强化了理论在工程中的具体应用。

全书共12个课题，其主要内容包括:绪论、建筑结构设计的基本原则、混凝土结构材料的基本性能、钢筋混凝土受弯构件、钢筋混凝土受压构件、钢筋混凝土受拉构件、钢筋混凝土受扭构件承载力计算、预应力混凝土构件、钢筋混凝土梁板结构、单层厂房结构、框架结构和砌体结构。

本书按照高职教育"必需、够用"的原则，所选内容注意反映基本概念和基本理论，删去了一些繁琐的理论推导，尽可能做到理论与工程实际相联系，体现职业教育的教材特点。

本书可作为高职高专院校建筑工程技术、工程管理、工程造价、建筑经济与管理等专业的教学教材，也可作为土木建筑类函授教育、自学考试和在职人员的培训教材，以及其他相关技术人员的阅读参考书。

前言

为了满足高职高专学校建筑工程类专业的教学需要,培养从事建筑工程施工、管理及一般房屋建筑结构设计的高等工程技术人才,根据土建类高职高专建筑工程技术专业教学的基本要求,本教材内容以必需、够用为原则,并依据新规范、新标准编写而成。

本教材力求体现高职高专教育的特色,紧密结合现行的国家标准、规范,以及吸取近年来建筑领域在科研、施工、教学等方面的先进成果,贯彻"少而精"的原则,注重加强基本理论知识、技能和能力的训练。全书在表述上尽量做到基本理论深入浅出、设计方法清晰明确、语言表达通俗易懂,概念清楚、重点突出。为了加深理论基础和培养学生解决实际问题的能力,本教材在每章正文之后有思考题和习题。

本教材共分十二个课题,其主要内容包括:绪论、建筑结构设计的基本原则、混凝土结构材料的力学性能、钢筋混凝土受弯构件、钢筋混凝土受压构件、钢筋混凝土受拉构件、钢筋混凝土受扭构件的承载力计算、预应力混凝土构件、钢筋混凝土梁板结构、单层厂房结构、框架结构和砌体结构。

本教材由曹长礼担任第一主编、李萍担任第二主编,牛欣欣、谭小蓉、寸江峰担任副主编。编写人员及其分工如下:西安铁路职业技术学院李萍(课题 1、课题 3)、西安铁路职业技术学院秦炜(课题 2)、西安铁路职业技术学院曹长礼(课题 4)、陕西能源职业技术学院梁博(课题 5)、商洛职业技术学院徐晓妮(课题 6)、陕西交通职业技术学院寸江峰(课题 7)、西安职业技术学院王欣欣(课题 8)、西安铁路职业技术学院谭小蓉(课题 9)、西安铁路职业技术学院牛欣欣(课题 10)、西安铁路职业技术学院王峥(课题 11)、陕西能源职业技术学院苏晓春(课题 12)。

由于教学改革的不断深入,以及科学技术的进步,加之编者的水平和精力所限,书中还可能存在一些缺点和问题,恳请读者和专家批评指正,以便不断完善。

编　者
2013 年 9 月

目 录

课题 1

绪 论

学习要点

1. 建筑结构的分类
2. 混凝土结构的基本概念和优缺点
3. 砌体结构的优缺点
4. 本课程的特点和学习方法

1.1 建筑结构的组成和分类

1.1.1 建筑结构的组成

建筑结构是由基本构件,按照一定组成规则,通过正确的连接方式所组成的能够承受并传递荷载和其他间接作用的骨架。建筑结构应具有足够的强度、刚度、稳定性和耐久性,这样才能满足使用要求。

建筑结构的基本构件主要有板、梁、墙、柱、基础等,这些组成构件由于所处部位、承受荷载状况不同,其所发挥作用也不相同。

(1)板:水平承重构件,可承受施加在所在层楼板上的全部荷载。板的长、宽两个方向的尺寸远大于其高度(也称厚度)尺寸。板的作用效应主要为受弯。

(2)梁:水平承重构件,承受板传来的荷载以及梁的自重。梁的截面宽度和高度尺寸远小于其长度尺寸。梁的作用效应主要为受弯和受剪。

(3)墙:竖向承重构件,支承水平承重构件或承受水平荷载。墙的作用效应为受压,有时还可能受弯。

(4)柱:竖向承重构件,承受梁、板传来的竖向荷载以及柱的自重。柱的截面宽度和长度尺寸远小于其高度尺寸。柱的受压形式一般为轴心受压和偏心受压两种形式。

(5)基础:承受墙、柱传来的压力并将它扩散到地基上去。

1.1.2 建筑结构的分类

建筑结构的分类方法很多,按所用的材料不同,建筑结构可分为混凝土结构、砌体结构、钢结构和木结构,本书所涉及的是混凝土结构和砌体结构。

1. 混凝土结构

混凝土是现代工程结构的主要材料,混凝土结构是以混凝土为主要材料制成的结构。这种结构广泛应用于建筑、桥梁、隧道、矿井以及水利、港口等工程中。混凝土结构具有刚度大,可模性、整体性、耐久性、耐火性好等优点,也具有自重大、抗裂性能差、施工复杂等缺点,但随着科学技术的不断发展,这些缺点正在逐渐地被克服。

2. 砌体结构

砌体结构是由块体材料和砂浆砌筑而成的墙、柱作为建(构)筑物主要受力构件的结构。砌体结构历史悠久,至今仍是世界上应用较广泛的结构形式之一。

砌体结构的主要优点是易于就地取材,造价低廉,耐火性、耐久性、隔热、隔音性能好,主要缺点是自重大、强度低、整体性差、砌筑劳动强度大等。

3. 钢结构

钢结构是用钢板、热轧型钢或冷加工成型的薄壁型钢等钢材为主要材料制作的结构。近年来钢结构的应用日益增多,在高层建筑及大跨度结构中应用越来越广泛。钢结构的主要优点是材料强度高、自重轻、力学性能好、施工简便、可再生性强等,主要缺点是易腐蚀、耐火性差、工程造价和维护费用较高。

4. 木结构

木结构是指全部或大部分用木材制作的结构。由于木材资源的匮乏,加上木结构楼层数少,实际工程中已很少使用,在一些仿古建筑中偶尔应用。木结构具有就地取材、制作简单、便于施工等优点,也具有易燃、易腐蚀、变形大等缺点。

1.2 混凝土结构

1.2.1 混凝土结构概述

1. 混凝土结构的概念

以混凝土为主要材料制成的结构称为混凝土结构,包括素混凝土结构、钢筋混凝土结构、预应力混凝土结构、钢骨混凝土结构和配置各种纤维筋的混凝土结构。

(1)素混凝土结构是指不配置任何钢材的混凝土结构。

(2)钢筋混凝土结构是配有钢筋的普通混凝土结构。

(3)预应力混凝土结构是由配置受力的预应力钢筋通过张拉或其他方法建立预加应力的混凝土制成的结构。

(4)钢骨混凝土结构是指在钢筋混凝土内部配置钢骨的结构,一般配置的钢骨为型钢或钢管。

(5)配置各种纤维筋的混凝土结构是指混凝土中配置纤维筋代替钢筋的结构,例如玻璃纤维筋或碳纤维筋。

2. 钢筋混凝土结构的工作原理

钢筋混凝土结构是由钢筋和混凝土两种不同的材料组成的。在这两种材料中，混凝土的抗压强度高但抗拉强度低，钢筋抗拉强度和抗压强度都很高。在设计时，一般将钢筋布置在构件的受拉区，则混凝土主要承受压力，钢筋主要承受拉力，充分发挥这两种材料的优势，使得二者协同工作，以满足工程结构的要求。

以钢筋混凝土简支梁的受力分析来阐述钢筋混凝土的工作原理。图1－1所示为钢筋混凝土简支梁，在梁的受拉区布置适量的纵向受力钢筋，简支梁上作用一个逐渐变大的均布荷载q。现研究简支梁的跨中截面。当荷载q较小时，截面上的应变分布接近于弹性梁，沿截面高度呈直线分布，受拉区混凝土和受拉区钢筋均受拉，受压区混凝土受压；当荷载增大到一定的数值，截面受拉区边缘纤维达到混凝土极限拉应变时，此处的混凝土被拉裂而退出工作，若不配纵向受力钢筋，裂缝会迅速向上发展，梁随即会发生突然的断裂破坏。但由于梁的受拉区布置了一定数量的纵向受力钢筋，受拉区混凝土退出工作以后，拉力完全由钢筋承担，梁还可以继续承受荷载，直到受拉钢筋达到屈服强度。之后，荷载还可以略有增加，直到受压区混凝土被压碎，梁才破坏。破坏前，变形和裂缝都发展得很充分，有明显的破坏预兆。因此，混凝土结构中适当的位置配置适量的钢筋后，在破坏前，混凝土主要承受压力，钢筋主要承受拉力，两种材料的强度都能得到较充分的利用，同时结构的承载能力和变形能力较素混凝土有很大的提高。

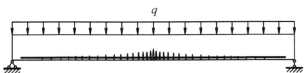

图1－1 钢筋混凝土简支梁截面受力分析

有时在构件的受压区也布置纵向受力钢筋，如梁的受压区、轴心受压柱的四周等。在混凝土中配置受压钢筋的目的是协助混凝土承受压力，提高构件的承载力，减小构件的截面尺寸。另外，还能改善构件破坏时的脆性，提高其变形性能。

在钢筋混凝土构件中，通常还会布置箍筋、弯起钢筋、架立钢筋、分布钢筋等，在梁的支座附近还会有斜裂缝，这些都会在本书以后各章节加以介绍。

3. 钢筋与混凝土协同工作的原理

钢筋和混凝土两种材料的物理力学性能有较大差异，两者能够结合在一起共同工作并能有效的承担外荷载的主要原理如下：

(1)混凝土凝结硬化后，在钢筋和混凝土之间产生较强的黏聚力，使得两者牢固地结合在一起。在外荷载作用下，黏结力是这两种不同性质的材料能够共同工作的基础。

(2)钢筋与混凝土两种材料的温度线膨胀系数十分接近，钢筋的温度线膨胀系数为1.2×10^{-5}℃，混凝土的温度线膨胀系数为$1.0\times10^{-5}\sim1.5\times10^{-5}$℃。所以，当温度变化时，钢筋与混凝土之间不会产生较大的相对变形从而使黏结力遭到破坏。

(3)混凝土对埋置其中的钢筋起到了保护和固定作用，使钢筋不容易锈蚀，具有良好的耐久性，同时使钢筋在受压时不易失稳，在火灾时不会因钢筋很快软化而导致结构整体破坏。

1.2.2　混凝土结构的优缺点

1.混凝土结构的优点

混凝土结构在土木工程中广泛应用,其主要优点如下:

(1)原料易于就地取材。混凝土所用的原料砂、石一般易于就地取材。另外,还可有效利用矿渣、粉煤灰等工业废料作为混凝土的骨料。

(2)造价较低。混凝土结构合理利用了钢筋和混凝土两种材料的性能,发挥了两种材料的优势,与钢结构相比能节约钢材并降低造价。

(3)耐久性好。处于正常环境下的混凝土结构耐久性好,高强高性能混凝土的耐久性更好。在混凝土结构中,混凝土的强度一般随着时间的增加而不断增长,且钢筋被混凝土包裹,不易锈蚀,维修费用也较少,所以混凝土结构具有良好的耐久性。对处于侵蚀环境下的混凝土结构,经过合理设计及采取有效措施后,一般可满足工程需要。

(4)耐火性好。混凝土是热的不良导体,钢筋被混凝土包裹,火灾时钢筋不会很快达到软化温度而导致结构整体破坏。因此,比木结构、钢结构的耐火性更好。

(5)可模性好。新拌和的混凝土是可塑的,因此可以根据设计需要,比较容易地浇筑成各种形状和尺寸的混凝土结构。

(6)整体性好。现浇或装配整体式混凝土结构具有良好的整体性,从而结构的刚度及稳定性都较好。这一优点有利于抗震,抵抗振动和爆炸冲击波。

2.混凝土结构的缺点

混凝土结构的缺点如下:

(1)自重大。与钢结构相比,混凝土结构自身重力较大,这样它所能负担的有效荷载相对较小。这对大跨度结构、高层建筑结构都是不利的。另外,自重大会使结构地震力增大,对结构抗震也不利。

(2)抗裂性差。混凝土的抗拉强度很低,因此,在正常使用情况下钢筋混凝土构件截面受拉区通常存在裂缝,钢筋混凝土结构通常带裂缝工作。如果裂缝过宽,则会影响结构的耐久性和应用范围,也不美观。

(3)施工复杂。钢筋混凝土结构施工的工序复杂,需要大量的模板和支撑,施工周期长,同时施工受季节的影响也较大。

此外,混凝土结构隔热、隔声性能较差。

1.3　砌体结构

1.3.1　砌体结构的概念

用块材、石材或砌块砌筑的结构称为砌体结构,又称砖石结构。砌体结构的历史悠久,天然石材是最原始的建筑材料之一。古代大量的建筑物用砖、石建造,国外的如金字塔、罗马大斗兽场,国内的如河南登封嵩岳寺塔、西安的大雁塔等都是这样建造的。

砌体的抗压强度较高而抗拉强度较低,因此,对砌体构件主要使其承受轴心或小偏心压力,尽量避免受拉或受弯。一般民用和工业建筑的墙、柱和基础都可采用砌体结构。在采用钢筋混凝土框架和其他结构的建筑中,常用砌体做围护结构,如框架结构的填充墙;烟囱、挡土墙、坝、桥等,也常采用块材砌筑。

1.3.2 砌体结构的优缺点

1. 砌体结构的优点

砌体结构的优点如下:

(1)容易就地取材。砖主要用黏土烧制,石材的原料是天然石,砌块可以用工业废料制作,其取材方便,价格低廉。

(2)耐火性和耐久性较好。砌体结构耐火性较好,同时砌体结构的耐久性比较好,相应维修费用就会减少。

(3)隔热和保温性能较好。这样有利于环境保护,是较好的围护结构。

(4)施工简便。砌体砌筑时不需要模板和特殊的施工设备,施工简便。

2. 砌体结构的缺点

砌体结构的缺点如下:

(1)强度低、自重大。与钢筋混凝土相比,砌体的强度较低,因而构件的截面尺寸较大,材料用量多,自重大,不利于抗震。

(2)施工劳动量大。砌体的施工基本上是手工方式砌筑,机械化程度低,劳动强度大。

(3)生产黏土砖占用农田。黏土砖需用黏土制造,占用农田破坏土壤,影响农业生产,不利于环境保护和可持续发展。

1.4 本课程的特点与学习方法

1.4.1 本课程的特点

1. 材料的复杂性

混凝土和砌体材料受压性能和受拉性能有非常大的差异,在受力时塑性表现得很明显;钢筋超过屈服点之后也会表现出很明显的塑性,与材料力学中单一、均质、连续和理想弹性的材料不同。同时,钢筋混凝土是由钢筋和混凝土两种材料组成的复合材料,所以材料力学的公式一般不能在混凝土结构和砌体结构中应用。

2. 计算公式的经验性

由于混凝土和砌体材料的复杂性,无法直接应用材料力学的公式建立混凝土结构和砌体结构的强度计算和变形计算理论,为建立计算公式,需首先进行大量的试验,考虑已有的经验,可以通过概率分析而建立。因为计算公式与试验条件和试验结果有关,所以每一个计算公式都有严格的适用条件,超出适用范围使用公式将会导致严重的错误。

3. 规范的权威性和应用规范的主动性

与本课程相关的规范有《混凝土结构设计规范》、《砌体结构设计规范》和其他相关的规范。规范是国家制定的结构设计的技术规定和标准,进行结构设计应遵循规范的规定。规范是总结近年来全国高校、科研单位、设计单位的科研成果和工程经验,并借鉴国外规范而制定的,它反映的是当前对本学科的认识水平。随着科学技术的发展和工程经验的进一步积累,在将来对本学科的认识必然会进一步提高,从而使得规范需要不断修订。所以,在应用规范时,应避免机械地套用规范,最重要的是要深刻理解规范条文的实质,发挥设计者的主观能动性,这样才能正确地应用规范,作出合理的结构设计。

1.4.2 本课程的学习方法

混凝土结构和砌体结构课程主要讲述混凝土和砌体基本构件的受力性能、截面设计、计算方法和构造要求等基本理论,同时讲授不同结构的分析方法。学习本课程时,建议注意下面一些问题:

1. 学习中突出重点

本课程的内容、符号、计算公式、构造规定较多,学习时要遵循教学大纲的要求,贯彻"少而精"的原则,突出重点内容的学习,比如受弯构件的内容学透彻了,其他相关章节的内容学习起来会容易一些。

2. 理论联系实际

除课堂学习以外,应重视实践性教学环节。在建筑结构的实习中,应仔细观察建筑结构的材料种类、截面尺寸、配筋方式、构造措施、施工方法,对建筑结构的感性认识有利于促进对理论知识的学习。混凝土结构课程设计是一个综合性问题,设计过程包括结构方案、构件选型、材料选择、配筋计算等,同时还需要考虑安全适用和经济合理。设计可能有多种选择方案,设计结果应经过各种方案的比较,最终确定较为合适的方案。通过课程设计,可以加深对所学内容的理解,提高综合应用的能力。

小　结

1. 混凝土结构是以混凝土为主要材料制成的结构。它充分发挥了钢筋和混凝土两种材料各自的优点。在混凝土中配置适量的钢筋后,可使构件的承载力大大提高,构件的受力性能也得到显著改善。混凝土结构有很多优点,也有存在一些缺点,应通过合理设计,发挥其优点,克服其缺点。

2. 钢筋和混凝土两种材料能够有效的结合在一起共同工作,主要基于三个条件:钢筋与混凝土之间存在黏结力;两种材料的温度线膨胀系数很接近;混凝土对钢筋起保护作用。这是钢筋混凝土结构得以实现并获得广泛应用的主要原因。

3. 用砌筑的结构称为砌体结构,又称砖石结构。砌体结构有很多优点,也有存在一些缺点。学习中也要注意合理设计,发挥其优点,克服其缺点。

4.对本课程学习尤其要注意突出重点,理论联系实际。

思考与练习

1.什么是混凝土结构?

2.什么是砌体结构?

3.在素混凝土结构中配置适量的纵向受力钢筋以后,结构的性能将发生怎样的变化?

4.钢筋和混凝土能够共同工作的原因是什么?

5.钢筋混凝土结构有哪些优点和缺点?

6.砌体结构有哪些优点和缺点?

7.本课程有哪些特点?

8.学习本课程要注意哪些问题?

课题 2

建筑结构设计的基本原则

学习要点

1. 建筑结构的功能要求
2. 结构功能的极限状态
3. 结构上的荷载与荷载效应和概率极限状态设计法

2.1 结构设计的基本要求

2.1.1 结构的功能要求

进行建筑结构设计的目的是使所设计的结构在正常施工和使用的条件下,满足各项预定的功能要求,以取得最佳的经济效果。

建筑结构的功能要求主要包括以下三个方面。

1. 安全性

安全性是指结构能够承受正常施工和使用时可能出现的各种荷载和变形等因素,在偶然事件(如地震、强风)发生时及发生后结构仍能保持必需的整体稳定性,即结构仅产生局部损坏而不致发生连续倒塌。

2. 适用性

适用性是指结构在正常使用过程中满足预定的使用要求,具有良好的工作性能,例如不发生影响正常使用的过大变形、振幅及裂缝等。

3. 耐久性

耐久性是指结构在正常使用和正常维护条件下具有足够的耐久性,能够正常使用到预定的设计年限。例如,不发生由于混凝土保护层碳化或裂缝过大而导致的钢筋锈蚀,不发生混凝土的腐蚀、脱落及冻融破坏等而影响使用年限。

结构的功能要求概括起来称为结构的可靠性,即在规定的时间和(设计使用年限),在规定的条件下(正常设计、正常施工、正常使用和维护),结构完成预定功能(安全性、适用性、耐久性)的能力。

建筑结构的设计使用年限,是指在正常施工、使用和维护下,不需要进行大修就可达到其预定功能要求的使用年限。对房屋建筑施工,我国《建筑结构可靠度设计统一标准》(GB

50068—2001)将建筑结构的设计使用年限分为四个类别,具体见表 2-1。一般建筑结构的设计使用年限为 50 年。

表 2-1　结构设计使用年限分类

类　别	设计使用年限/年	示　例	类　别	设计使用年限/年	示　例
1	5	临时性结构	3	50	普通建(构)筑物
2	25	可替换构件	4	100	纪念性建筑和特别重要性的建筑物

2.1.2　结构功能的极限状态

结构能够满足设计规定的某一功能要求而且能够良好地工作,称之为该功能处于"可靠"或"有效"状态;反之,则称之为该功能处于"不可靠"或"失效"状态。这种"可靠"与"有效"之间必然存在某一特定状态,是结构可靠与失效状态的分界状态。整个结构或结构的一部分超过某一部分特定状态时,就不能满足设计规定的某一功能要求,此特定状态称为该功能的极限状态。

结构功能的极限状态可分为两类:承载力极限状态和正常使用极限状态。

1. 承载能力极限状态

结构或结构构件达到最大承载能力,出现疲劳破坏或出现不适于继续承载的变形时的状态,称为承载力极限状态。超过这一极限状态,整个结构或结构构件便不能满足安全性的功能要求。

当结构或构件出现下列状态之一时,认为结构超过了承载能力极限状态:

(1)整个结构或结构的一部分刚体失去平衡(如烟囱倾覆、挡土墙滑移等)。

(2)结构构件或构件间的连接因超过相应材料的强度而破坏(如轴心受压柱中混凝土压碎而被破坏)。

(3)结构因疲劳而破坏(如吊车梁产生疲劳而被破坏)。

(4)结构产生过大的塑性变形而不适于继续承载(如梁裂缝过大,钢筋易锈蚀)。

(5)结构转变为机动体系(由几何不变体系变为可变体系)。

(6)结构或构件丧失稳定(如柱子受压发生失稳破坏)。

承载力极限状态主要影响结构的安全性,一旦超过这种极限状态,结构整体破坏,就会造成人身伤亡和重大经济损失。因此,设计时要严格控制这种状态出现的概率。所有的构件均应进行承载力极限状态的计算。在必要时应进行构件的疲劳强度或结构的倾覆和滑移的验算。对处于地震区的结构,应进行构件抗震承载力的计算,以保证构件具有足够的安全性。

2. 正常使用极限状态

结构或构件达到正常使用或耐久性中某项规定限值的状态,称为正常使用极限状态。超过这一极限状态,结构或构件便不能满足适用性或耐久性的功能要求。

当结构或构件出现下列状态之一时,即可认为结构超过了正常使用极限状态:

(1)影响正常使用或外观严重变形(如梁的挠度过大)。

(2)影响正常使用或耐久性能的局部严重破坏(包括裂缝)。

(3)影响正常使用的振动。(如吊车梁的振动)。

(4)影响正常使用的其他特定状态(如水池渗漏等)。

设计正常使用极限状态主要考虑结构的适用性和耐久性,超过该极限状态的后果一般不如超过承载力极限状态严重,但也不可忽略。在设计该极限状态时,其可靠度水平允许比承载力极限状态的可靠度适当降低一些。

在进行建筑结构设计时,一般是将承载力极限状态放在首位,在使结构或构件满足承载力极限状态要求(通常是强度满足安全要求)后,再按正常使用极限状态进行验算。对一切结构都应进行承载力(包括失稳)极限状态的计算,必要时还应进行抗滑移、抗倾覆、抗浮动验算以及抗震验算。正常使用极限状态验算通常是按使用要求进行的。例如,对要求控制变形(挠度)的,则应进行变形(挠度)的验算;对要求在使用中不出现裂缝的构件,就要进行抗裂验算;对在使用中允许带裂缝工作的构件,进行裂缝宽度的验算。

2.1.3 建筑结构的安全等级

在进行建筑结构设计时,应根据结构破坏后果严重与否,即危及人的生命、造成经济损失和社会影响等的严重程度,采用不同的安全等级进行设计。我国《建筑结构可靠度设计统一标准》将建筑结构划分为三个安全等级供选用(见表 2-2)。

表 2-2 建筑结构的安全等级

安全等级	破坏后果	建筑物类型
一级	很严重	重要的房屋
二级	严重	一般的房屋
三级	不严重	次要的房屋

构件的安全等级,宜与整个结构的安全等级相同。但允许对其中部分构件,根据其重要程度和综合经济效益进行适当调整。如果提高某一构件的安全等级所增加费用很少,又能减轻整个结构的破坏程度,则可将该结构构件的安全等级提高一级;相反,某一结构构件的破坏不会影响结构或其他构件,则可将其安全等级降低一级,但不得低于二级。

2.2 结构上的荷载与荷载效应

2.2.1 结构上的作用

所谓结构上的"作用"是指直接施加在结构上的力及引起结构变形的原因(如基础沉降、热胀冷缩、地震等)。前者称为直接作用,也常简称为荷载,后者称为间接作用。对作用和荷载本书将不予区分。

结构上的作用就其出现的方式不同,可分为直接作用和间接作用两类。

(1)直接作用。直接以力的不同集结形式(集中力或均匀分布力)施加在结构上的作用,称为直接作用,通常也称为结构的荷载。例如结构的自重、楼面上的人群及物品重、风压力、雪压力、积水重、积灰重、土压力等。

(2)间接作用。能够引起结构变形、约束变形或振动的各种原因,称为间接作用。间接作用不是直接以力的某种集结形式施加在结构上,例如地震作用、地基的不均匀沉降、材料的收缩和膨胀变形、混凝土的徐变、温度变化等。

2.2.2 荷载的分类

《建筑结构可靠度设计统一标准》(GB 50068—2008)将结构上的荷载分如下:

(1)按时间变异分为永久荷载、可变荷载和偶然荷载。

①永久荷载,指在结构设计使用期间,其量值不随时间变化,或其变化幅度与平均值相比可以忽略不计的荷载。例如结构自重、土压力、预应力等荷载。永久荷载又称为恒荷载。

②可变荷载,指在结构设计使用期间,其作用值随时间而变化,且其变化幅度与平均值相比不可以忽略不计的荷载。例如楼面活荷载、屋面活荷载、积灰荷载、吊车荷载、风荷载、雪荷载等。可变荷载又称为活荷载。

③偶然荷载,指在结构使用期间可能出现持续时间很短但量值很大的荷载。例如地震力、爆炸力、撞击力等。

(2)按空间位置的变动分为固定荷载和自由荷载。

①固定荷载,指在结构空间位置上具有固定分布的荷载,如结构的自重、固定设备重等。

②自由荷载,指在结构空间位置上一定范围内可以任意分布的荷载,如起重机荷载、人群荷载等。

(3)按结构的状态特点分为静态荷载和动态荷载。

①静态荷载,指不使结构产生位移,或所产生的位移可以忽略不计的荷载,如住宅与办公楼的楼面活荷载等。

②动态荷载,指使结构产生不可忽略的位移的荷载,如地震荷载、起重机荷载、机械设备荷载、作用在高耸结构上的风荷载、雪荷载等。

2.2.3 荷载的代表值

由于各种荷载都具有一定的变异性,在建筑结构设计时,应根据各种极限状态的设计要求采取用不同荷载代表值。永久荷载的代表值采用标准值,可变荷载的代表值有标准值、组合值、频遇值和准永久值,其中荷载标准值为基本代表值。对偶然荷载应按建筑结构使用的特点确定其代表值。

1. 荷载标准值

我国《建筑结构荷载规范》(GB 50009—2012,以下简称《荷载规范》)附录 A 给出了荷载标准值的基本数据,见表 2-3 的部分列示。

（1）设计时可计算永久荷载标准值。标准荷载计算公式在跨度内（构件、材料）平均截面积×自重值。例如，某矩形截面钢筋混凝土梁，计算跨度为 $l_0=4.5$ m，截面尺寸 $b×h=200$ mm× 500 mm，钢筋混凝土的自重根据表 2-3 取 25 kN/m³，则该梁沿跨度方向均匀分布的自重标准值为：$g_k=0.2×0.5×25=2.5$ kN/m。

表 2-3 部分常用材料和构件自重　　　　　　单位：kN/m³

序 号	名 称	自 重	备 注
1	素混凝土	22.0～24.0	振捣或不振捣
2	钢筋混凝土	24.0～25.0	—
3	水泥砂浆	20.0	—
4	石灰砂浆、混合砂浆	17.0	—
5	普通砖	18.0	240mm×115mm×53mm（684 块 1m³）
6	普通砖	19.0	机器制
7	水磨石地面	0.65	10mm 面层，20mm 水泥砂浆打底
8	贴瓷砖墙面	0.50	包括水泥砂浆打底，共厚 25mm
9	木框玻璃窗	0.20～0.30	—

（2）可变荷载标准值是根据观测资料和试验数据，并考虑工程实践经验，由《荷载规范》加以规定，具体见表 2-4 所示。

表 2-4 部分民用建筑楼面均布活荷载标准值及其组合值、频遇值和准永久值系数

项次	类 别	标准值 /(kN/m²)	组合值系数 ψ_c	频遇值系数 ψ_f	准永久值系数 ψ_q
1	①住宅、宿舍、旅馆、办公楼、医院病房、托儿所、幼儿园	2.0	0.7	0.5	0.4
	②试验室、阅览室、会议室、医院门诊室	2.0	0.7	0.6	0.5
2	教室、食堂、餐厅、一般资料档案室	2.5	0.7	0.6	0.5
3	①礼堂、剧场、影院、有固定座位的看台	3.0	0.7	0.5	0.3
	②公共洗衣房	3.0	0.7	0.6	0.5
4	①商店、展览厅、车站、港口、机场大厅及其旅客候车室	3.5	0.7	0.6	0.5
	②无固定座位的看台	3.5	0.7	0.5	0.3
5	①健身房、演出舞台	4.0	0.7	0.6	0.5
	②运动场、舞厅	4.0	0.7	0.6	0.3
6	①书库、档案库、贮藏室	5.0	0.9	0.9	0.8
	②密集柜书库	12.0	0.9	0.9	0.8

项次	类 别	标准值 /(kN/m²)	组合值 系数 ψ_c	频遇值 系数 ψ_f	准永久值 系数 ψ_q
7	厨房：① 餐厅 ② 其他	4.0 2.0	0.7 0.7	0.7 0.6	0.7 0.5
8	浴室、厕所、盥洗室	2.5	0.7	0.6	0.5
9	走廊、门厅： ① 宿舍、旅馆、医院病房、托儿所、幼儿园、住宅 ② 办公楼、餐厅、医院门诊部 ③教学楼及其他可能出现人员密集的地方	2.0 2.5 3.5	0.7 0.7 0.7	0.5 0.6 0.5	0.4 0.5 0.3
10	楼梯： ① 多层住宅 ② 其他	2.0 3.5	0.7 0.7	0.5 0.5	0.4 0.3

注：①本表所给各项活荷载适用于一般使用条件，当使用荷载较大、情况特殊或有专门要求时，应按实际情况选用和调整；

②第6项书库活荷载当书架高度大于2 m时，书库活荷载还应按每米书架高度不小于2.5 kN/m²来确定；

③第10项楼梯活荷载，对预制楼梯踏步平板，应按1.5 kN集中荷载进行验算；

④本表各项荷载不包括隔墙自重和二次装修荷载；对固定隔墙的自重应按永久荷载考虑，当隔墙位置可灵活布置时，非固定隔墙的自重应取不小于1/3的每延米长墙重(kN/m)作为楼面活荷载的附加值(kN/m²)计入，且附加值不应小于1.0 kN/m²。

2. 可变荷载组合值

可变荷载组合值是指两种以上可变荷载同时作用于结构上时，由于各可变荷载同时达到其标准的可变性极小，此时除其中产生最大效应的荷载（主导荷载）仍取其标准值外，其他伴随的可变荷载均采用小于其标准的值为荷载代表值。这种经调整后的代表值，称为可变荷载组合值。《荷载规范》规定，可变荷载组合值是由其组合值系数 ψ_c 与相应的可变荷载标准值的乘积来确定。

3. 可变荷载频遇值

可变荷载频遇值是针对结构上偶尔出现的较大荷载而言的。它与时间有较密切的关联，即在规定的设计基准期内(50年)，总持续时间较短或发生次数较少，使结构的破坏性有所减缓。《荷载规范》规定，可变荷载频遇值是由频遇值系数 ψ_f 与相应的可变荷载标准值的乘积来确定。

4. 可变荷载准永久值

可变荷载准永久值是针对在结构上经常作用的可变荷载的，即在规定的期限内，该可变荷载总持续时间较长，对结构的影响类似于永久荷载。《荷载规范》规定，永久值是由有关准永久值系数 ψ_q 与相应的可变荷载标准值的乘积来确定的。

上述系数 ψ_c、ψ_f、ψ_q 取值由《荷载规范》规定，表2-4给出了部分列示。

2.2.4　荷载效应

各种作用在结构上的内力（弯矩、剪力、扭矩、压力、拉力等）和变形（挠度、扭转、弯曲、拉伸、压缩、裂缝等）统称为"作用效应"，以"S"表示。当作用为荷载时，引起的效应称为"荷载效应"。

一般情况下，荷载效应 S 与荷载 Q 之间，可近似按线性关系考虑，即：

$$S = CQ \tag{2.1}$$

式中，S——与荷载 Q 相应的荷载效应；

C——荷载效应系数，通常由力学分析确定。

例如，承受均布荷载 q 作用的简支梁，计算跨度为 l_0，经计算可知，其跨度中最大弯矩为 $M = (1/8)ql^2$，支座处剪力为 $V = (1/2)ql$。那么，弯矩 M 和剪力 V 均相当于荷载效应 S，q 相当于荷载 Q，$(1/8)l^2$ 和 $(1/2)l$ 则相当于荷载效应系数 C。

由于结构上的荷载是随着时间、位置和各种条件的改变而变化的，是随机变量，则荷载效应 S 也是一个随机变量。

2.2.5　荷载分项系数及荷载设计值

由于荷载是随机变量，会有超过荷载标准值的可能性，且变动的荷载可能造成结构计算时可靠度不一致的不利影响，所以在承载力极限状态设计中将荷载标准值乘以一个大于 1 的调整系数，此系数称为荷载分项系数。

荷载分项系数是在各种荷载标准值已经给定的前提下，按极限状态设计中的可靠度分析，并考虑工程经验来确定的。考虑到永久荷载标准值与可变荷载标准值的保证率不同，故它们采用不同的分项系数，以 γ_G 和 γ_Q 分别表示永久荷载及可变荷载的分项系数，具体见表 2-5 所示。

表 2-5　荷载分项系数

荷载类别	荷载特征	荷载分项系数 γ_G 或 γ_Q
永久荷载	当其效应对结构不利时 对由可变荷载效应控制的组合 对由永久荷载效应控制的组合	1.20 1.35
	当其效应对结构有利时 一般情况 对结构的倾覆、滑移或漂浮验算	1.0 0.9
可变荷载	一般情况 对标准值＞4kN/m² 的工业楼面活荷载	1.4 1.3

荷载设计值＝荷载标准值×荷载分项系数。其数值大体相当于结构在非正常使用情况下荷载的最大值,但比荷载的标准值具有更大的可靠度。荷载效应设计值＝荷载设计值×荷载效应系数。在承载力极限状态设计中,一般应采用荷载设计值。

2.3 结构抗力和材料强度

2.3.1 结构抗力

结构抗力是指结构或构件承受各种作用效应的能力,即承载能力和抗变形能力,用"R"表示。承载能力包括受弯、受剪、受拉、受压、受扭等各种抵抗外力的能力;抗变形能力包括抗裂性能、刚度等。

在实际工程中,结构的抗力与组成结构件的材料性能、几何尺寸以及计算模式等有关。由于材料性能、几何参数和计算模式的都是随机变量,故结构抗力 R 也是随机变量。

2.3.2 材料强度取值

1.材料强度标准值

《建筑结构可靠度设计统一标准》(GB 50068—2001)规定,材料强度的标准值 f_k 是结构设计时其基本代表值,该标准值以材料强度概率分布的某一分位值来确定。以混凝土强度为例,材料强度的标准值按其概率分布的 0.05 分位值确定。如图 2-1 所示,则其保证率为95％,即材料强度的实际值大于或等于该材料强度值的概率在 95％以上。

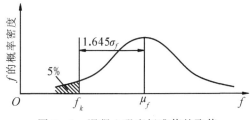

图 2-1 混凝土强度标准值的取值

f_k 主要用于正常使用极限状态的验算。它是设计表达式中材料的设计指标,也是生产中控制材料质量的主要依据。

由于材料强度也是随机变量,其强度的大小是可变的,为了安全起见,材料强度取值必须具有较高的保证率。各类材料强度标准值的取值原则是取用具有 95％以上保证率的强度值。

2.材料强度设计值

由于材料材质的不均匀性,各地区材料的离散型、实验室环境与实际工程的差别,以及施工中不可避免的误差等因素,导致材料强度具有变异性。考虑其变异性可能对结构构件的可靠度产生不利影响,设计时将材料强度标准值除以一个大于 1 的材料分项系数。材料强度标准值材料分项系数称为材料强度设计值。在承载能力极限状态设计中,应采用有关设计值。

混凝土材料分项系数是通过对受压构件试验数据作可靠度分析确定的,其值 γ_c 取值为 1.40。钢筋分项系数是通过对受拉构件的试验数据作可靠度分析得出的,用 γ_s 表示。对 HRB335 级、HRB400 级、RRB400 级钢筋,材料分项系数 γ_s 统一取为 1.10;对钢丝、钢绞线和热处理钢筋,材料分项系数 γ_s 取值为 1.20。

2.4　概率极限状态设计法

2.4.1　结构的功能函数及可靠度概念

1. 结构的功能函数

结构和构件的工作状态可以用作用效应 S 和结构抗力 R 的关系式来描述:

$$Z = g(R, S) = R - S \tag{2.2}$$

式(2.2)中 Z 为结构极限状态功能函数。S 和 R 都是随机变量,故 $Z = g(R, S)$ 也是一个随机变量函数。根据 Z 值的不同大小,可以描述结构的三种工作状态:

(1)当 $Z > 0$ 时,即 $R > S$,表示结构能够完成预定功能,处于可靠状态。

(2)当 $Z < 0$ 时,即 $R < S$,表示结构不能够完成预定功能,处于失效状态。

(3)当 $Z = 0$ 时,即 $R = S$,表示结构处于极限状态。

可见,结构要满足功能要求,就不应超过极限状态,则结构工作的基本条件为:

$$Z \geqslant 0 \tag{2.3}$$

或

$$R \geqslant S \tag{2.4}$$

2. 结构的可靠度

结构的可靠度是指结构在规定的时间和条件下,完成预定功能(安全性、耐久性和适用性)的可能性,用概率来表示,也称可靠概率,以 P_s 表示。可见,可靠度是对结构可靠性的一种定量描述,即用概率度量。

结构的可靠性和经济性是相互矛盾的。科学的设计方法是要用最经济的方法,合理地实现所需要的可靠性。结构的可靠度与其使用年限有关。

结构设计使用年限并不等于建筑结构的使用寿命。当结构的使用年限超过设计使用年限时,并非结构已经不能使用,而是指结构的可靠度降低了,结构的可靠概率可能较设计预期值有所减小,其继续使用年限需经鉴定确定。

结构能够完成预定功能的概率称为可靠概率。由此可见,结构可靠度是结构可靠性的概率度量。一般把结构不能完成预定功能的概率称为"失效概率",以 P_f 表示。可靠概率与失效概率是互补的,因此,结构的可靠性也可用结构的失效概率 P_f 来度量。显然,P_s 和 P_f 两者之间的关系为:

$$P_s + P_f = 1 \tag{2.5}$$

或

$$P_s = 1 - P_f \tag{2.6}$$

目前,国际上认为用结构的失效概率来度量其可靠性能比较准确地反映问题的本质。

2.4.2 极限状态实用设计表达式

用结构的失效概率 P_f 来度量结构的可靠性,其物理意义明确,已被国际上所公认。但计算 P_f 在数学上比较复杂,我国《建筑结构可靠度设计统一标准》采用极限状态设计方法,引入分项系数进行计算。

1. 承载力极限状态实用设计表达式

(1)设计表达式。结构件在进行承载能力极限状态设计时应采用下列实用设计表达式:

$$\gamma_0 S \leqslant R \tag{2.7}$$

式中,γ_0——结构件的重要性系数;

S——承载能力极限状态的荷载效应组合设计值;

R——结构构件的抗力设计值。

(2)结构件的重要性系数 γ_0。实用设计表达式中引入结构件重要性系数 γ_0,是考虑到结构安全等级差异,其可靠度应作相应的提高或降低,其数值是按结构件的安全等级、设计使用年限并考虑工程经验确定的。

对安全等级为一级或设计使用年限为 100 年及以上的结构构件,$\gamma_0 \geqslant 1.1$;对安全等级为二级或使用年限为 50 年的,$\gamma_0 \geqslant 1.0$;对安全等级为三级或设计使用年限为 50 年及以下的,$\gamma_0 \geqslant 0.9$;在抗震设计中不考虑结构件的重要性系数。

(3)荷载效应组合设计值 S。当结构上同时有多种可变荷载时,要考虑荷载效应的组合问题。

荷载效应组合是指对所有可能同时出现的荷载,确定结构或构件内的总效应。其最不利组合是指所有可能荷载组合中,对结构件产生总效应最为不利的一组。荷载效应组合有基本组合与偶然组合两种情况。

按承载能力极限状态设计时,应考虑荷载效应的基本组合,必要时应按荷载效应的偶然组合进行计算。

《建筑结构荷载规范》规定,对于基本组合,荷载效应组合的设计值 S 应从由可变荷载效应和永久荷载效应控制的组合中取最不利值确定:

①由前者控制的组合设计值表达式为:

$$S = \sum_{j=1}^{m} \gamma_{Gj} S_{G_j k} + \gamma_{Q_1} \gamma_{L_1} S_{Q_1 k} + \sum_{i=2}^{n} \gamma_{Qi} \gamma_{L_i} \psi_{ci} S_{Qik} \tag{2.8}$$

②由后者控制的组合设计值表达式为:

$$S = \sum_{j=1}^{m} \gamma_{Gj} S_{G_j k} + \sum_{i=2}^{n} \gamma_{Qi} \gamma_{L_i} \psi_{ci} S_{Qik} \tag{2.9}$$

式中:γ_{Gj}——第 j 个永久荷载的分项系数;

γ_{Qi}——第 i 个可变荷载的分项系数,其中 γ_{Q_1} 为主导可变荷载 Q_1 的分项系数;

γ_{L_i}——第 i 个可变荷载考虑设计使用年限的调整系数,其中 γ_{L_1} 为主导可变荷载 Q_1 考虑设计使用年限的调整系数；

$S_{G_j k}$——按第 j 个永久荷载标准值 G_{jk} 计算的荷载效应值；

$S_{Q_i k}$——按第 i 个可变荷载标准值 Q_{ik} 计算的荷载效应值，其中 $S_{Q_1 k}$ 为诸可变荷载效应中起控制作用者；

ψ_{ci}——第 i 个可变荷载 Q_i 的组合系数；

m——参与组合的永久荷载数；

n——参与组合的可变荷载数。

注 释

①基本组合中的效应设计值仅适用于荷载与荷载效应为线性的情况；

②当对 $S_{Q_1 k}$ 无法明显判断时，应以各可变荷载效应作为 $S_{Q_1 k}$，并选取其中最不利的荷载组合的效应设计值。

③永久荷载的分项系数应符合下列规定：当永久荷载效应对结构不利时，对由可变荷载效应控制的组合应取 1.2，对由永久荷载效应控制的组合应取 1.35；当永久荷载效应对结构有利时，不应大于 1.0。

④可变荷载的分项系数应符合下列规定：对标准值大于 $4\ kN/m^2$ 的工业楼面结构的活荷载，应取 1.3；其他情况，应取 1.4。

⑤对结构的倾覆、滑移或漂浮验算，荷载的分项系数应满足有关的建筑结构设计规范的规定。

可变荷载考虑设计使用年限的调整系数 γ_L 应按下列规定采用：楼面和屋面活荷载考虑设计使用年限的调整系数 γ_L 应按表 2-6 采用；对雪荷载和风荷载，应取重现期为设计使用年限，按《建筑结构荷载规范》的相关规定确定基本雪压和基本风压，或按有关规定采用。

表 2-6　辙面和厘面活荷载考虑设计使用年限的调整系数 γ_L

结构设计使用年限（年）	5	50	100
γ_L	0.9	1.0	1.1

注：①当设计使用年限不为表中数值时，调整系数 γ_L 可按线性内插确定；

②对于荷载标准值可控制的活荷载，设计使用年限调整系数 γ_L 取 1.0。

（4）结构件的抗力设计值 R。结构构件的抗力设计值（即承载力设计值）的大小，取决于截面的几何尺寸，截面材料的种类、用量与强度等多种因素。其一般形式为：

$$R = R(f_c, f_y, a_k \cdots) \tag{2.10}$$

式中，$R(\cdots)$——结构构件的承载力函数；

f_c, f_y——混凝土、钢筋的强度设计值；

a_k——几何参数（尺寸）的标准值。

2. 正常使用极限状态实用设计表达式

正常使用极限状态的设计，主要是验算结构构件的变形、抗裂度或裂缝宽度等，以便满足结构适用性和耐久性的要求。《建筑结构可靠度设计统一标准》规定，正常使用极限状态计算值时，荷载及材料强度均取标准值，不再考虑荷载分项系数和材料分项系数，也不考虑结构的

重要性系数 。

正常使用极限状态实用设计表达式为:

$$S \leqslant C \tag{2.11}$$

式中,S——正常使用极限状态的荷载效应组合设计值;

C——结构或结构件达到正常使用要求的规定限值(如变形、裂缝、加速度、振幅、应力等限值),按有关规定采用。

可变荷载的最大值并非长期作用于结构上,而且由于混凝土的徐变等特性,裂缝和变形将随着时间的推移而发展,因此,在分析正常使用极限状态的荷载效应组合时,应根据不同的设计目的,分别按荷载效应的标准组合、频遇组合和准永久组合进行设计。

(1)按荷载的标准组合时,荷载效应组合设计值按下式计算:

$$S = \sum_{j=1}^{m} S_{G_j k} + S_{Q_1 k} + \sum_{i=2}^{n} \psi_{ci} S_{Qik} \tag{2.12}$$

(2)按荷载的频遇组合时,荷载效应组合设计值按下式计算:

$$S = \sum_{j=1}^{m} S_{G_j k} + \psi_{f1} S_{Q_1 k} + \sum_{i=2}^{n} \psi_{qi} S_{Qik} \tag{2.13}$$

(3)按荷载的准永久组合时,荷载效应组合设计值 S 应按下式计算:

$$S = \sum_{j=1}^{m} S_{G_j k} + \sum_{i=2}^{n} \psi_{qi} S_{Qik} \tag{2.14}$$

式中,ψ_{f1}——在频遇组合中起控制作用的第一个可变荷载的频遇值系数,按表 2-4 取用;

ψ_{qi}——第 i 个可变荷载的准永久值系数,按表 2-4 取用。

 注 释

组合中的设计值仅适用于荷载与荷载效应为线性的情况。

小 结

1.结构设计要解决的根本问题是以适当的可靠度来满足结构的功能要求。这些功能要求归纳为三个方面,即结构的安全性、适用性和耐久性。极限状态是指其中一种功能的特定状态,当整个结构或结构的一部分超过它时就认为结构不能满足这一功能要求。极限状态有两类,即与安全性相对应的承载力极限状态和与适应性、耐久性对应的正常使用极限状态。

2.结构上的作用分直接作用和间接作用两种,其中直接作用习惯称为荷载。荷载按其变异性和出现的可能性,可分为永久荷载、可变荷载和偶然荷载三种。可变荷载有标准值、组合值、频遇值或准永久值四个代表值,各用于极限状态设计中的不同场合。永久荷载只有标准值。

3.以概率理论为基础的极限状态设计法是以可靠指标来度量结构的可靠度的,但为了实用,在结构设计时则采用多个分项系数表达的极限状态表达式。实用表达式中的各分项系数,是根据分项系数表达式求得的结果与按目标可靠指标求得的结果误差最小的原则确定的,因此,按实用设计表达式进行结构设计,虽然不直接进行概率计算,但实质上仍然属于概率极限状态设计法。

思考与练习

1.建筑结构应满足哪些功能要求？结构的可靠性和可靠度的含义分别是什么？

2.什么是荷载代表值？永久荷载和可变荷载的代表值分别是什么？

3.试说明材料强度标准值与设计值之间的关系,材料分项系数如何取值？

4.什么是结构可靠概率 P_s 和失效概率 P_f,两者之间有什么关系？

5."作用"和"荷载"有什么区别？

课题 3
混凝土结构材料的基本性能

学习要点

1. 混凝土的强度指标和变形
2. 混凝土结构的耐久性规定
3. 建筑钢材的品种、规格和力学性能

结构件的强度和变形性能,主要取决于材料的强度和变形性能。钢筋混凝土结构是由钢筋和混凝土两种性质不同的材料组成的,钢筋混凝土构件的受力性能与钢筋和混凝土两种材料的力学性能密切相关。为了更好地掌握钢筋混凝土构件的受力性能和计算原理,正确进行钢筋混凝土结构构件的设计,必须对钢筋和混凝土的力学性能以及相互作用有较深入的了解。

3.1 混凝土的基本性能

混凝土是以水泥、砂、石子、水按一定配合比拌和,需要时掺入外加剂和矿物混合材料,经过均匀拌制、密实成型及养护硬化而制成的人工石料,它是钢筋混凝土的主体。因此,混凝土构件和结构的力学性能,在很大程度上取决于混凝土材料的性能。混凝土的性能包括混凝土的强度、变形、碳化、耐腐蚀、耐热、防渗等。本节主要阐述混凝土的强度和变形问题。

3.1.1 混凝土的强度

混凝土的强度是指它抵抗外力的某种应力,即混凝土材料达到破坏或破裂极限状态时所能承受的应力。显然,混凝土的强度不仅与其材料组成等因素有关,而且还与其受力状态有关。

在实际工程中,混凝土一般处于复合应力状态下工作。目前对混凝土在复合应力状态下的研究,尚无定论。因此,在大部分设计中,还处于采用混凝土在单向受力下的强度和变形的水平。另外,各国对单向受力状态下混凝土强度的测得均规定了统一的标准试验方法。

混凝土强度的大小还受不同的成型方法、硬化养护条件、龄期、试件形状尺寸、试验方法、加载速度等外部因素的影响。因此,在确定混凝土的强度指标时必须以统一规定的标准试验方法为依据。

1. 混凝土的立方体抗压强度和强度等级

在我国,把混凝土的立方体抗压强度作为评价和衡量混凝土强度的基本指标。我国《混凝土结构设计规范》(GB 50010—2010,以下简称为《规范》)规定:以边长为 150 mm 的立方体试件,按标准方法制作,在标准条件下[温度在(20±3)℃,相对湿度≥90%]养护 28 天后,按照标准试验方法[加载速度 C30 以下控制在 $0.3\sim0.5(\mathrm{N\cdot mm^{-2}})/\mathrm{s}$ 范围内,C30 以上控制在 $0.5\sim0.8(\mathrm{N\cdot mm^{-2}})/\mathrm{s}$ 范围内,两边不涂润滑剂]进行加载试压,测得的具有 95% 保证率的抗压强度作为混凝土的立方体抗压强度标准值,用符号 $f_{cu,k}$ 表示,其单位为 N/mm² 。

《规范》规定的混凝土强度等级,是根据混凝土立方体抗压强度标准值确定的,用符号 C 表示,共分为 14 个等级,分别是 C15、C20、C25、C30、C35、C40、C45、C50、C55、C60、C65、C70、C75、C80,C50 及其以下为普通混凝土,C50 以上为高强度等级混凝土,简称高强混凝土。其中 C 表示混凝土,C 后面的数字表示以 N/mm² 为单位的立方体抗压强度标准值。例如:C25 表示混凝土立方体抗压强度的标准值 $f_{cu,k}$ 为 25N/mm² 。

钢筋混凝土结构的混凝土强度等级不应低于 C15;当采用 HRB335 级钢筋时,混凝土强度等级不宜低于 C20;当采用 HRB400 级钢筋以及承受重复荷载的构件,混凝土强度等级不得低于 C20。预应力混凝土结构的混凝土强度等级不应低于 C30;当采用钢绞线、钢丝、热处理钢筋作预应力钢筋时,混凝土强度等级不宜低于 C40。同时,还应根据建筑物所处的环境条件确定混凝土的最低强度等级,以保证建筑物的耐久性。

试件表面不涂润滑剂时强度高,其主要原因是垫板通过接触面上的摩擦力约束混凝土试块的横向变形,形成"套箍"作用;而涂润滑剂后试件与压力板之间的摩擦力将大大减小,使抗压强度降低。两种情况的破坏形态不一样(见图 3-1)。我国规定的标准试验方法是不涂润滑剂。此外,加载速度对立方体抗压强度也有影响,加载速度越快,测得的强度越高,通常加载速度约每秒 0.3~0.8N/mm²。试验还表明,混凝土的立方体抗压强度与试块的尺寸也有关,立方体尺寸越小,测得的抗压强度越高。实际工程中如采用边长 200mm 或 100mm 的立方体试块时,需将其立方体抗压强度实测值分别乘以换算系数 1.05 或 0.95,换算成标准试件的立方体抗压强度标准值。

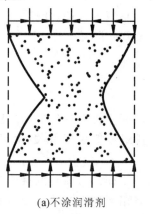 

(a)不涂润滑剂　　　　　　　　(b)涂润滑剂

图 3-1　混凝土立方体试块的破坏情况

2. 混凝土的轴心抗压强度

在实际工程中,钢筋混凝土构件的长度比其横截面尺寸大得多。为更好地反映混凝土在实际构件中的受力情况,可采用混凝土的棱柱体试件测得其轴心抗压能力,称为混凝土的轴心抗压强度,也称棱柱体抗压强度,用符号 f_c 表示。

我国《普通混凝土力学性能试验方法标准》(GB/T 50081—2002)规定,混凝土轴心抗压强度测试的方法与立方体抗压强度的测试方法相同,为消除试验机上下承压板摩擦的影响,同时也避免试件的长细比太大出现附加偏心而影响测试结果,规定以 $150mm \times 150mm \times 300mm$ 的方柱体作为混凝土轴心抗压强度试验的标准试件。

混凝土的轴心抗压强度与立方体抗压强度之间存在一定的关系,二者标准值与其立方体抗压强度标准值的关系可按下式确定:

$$f_{ck} = 0.88\alpha_{c1}\alpha_{c2}f_{cu,k} \tag{3.1}$$

式中,α_{c1}——方柱抗压强度与立方体抗压强度之比,对于 C50 及以下强度等级的混凝土取 $\alpha_{c1}=0.76$,对于 C80 混凝土,取 $\alpha_{c1}=0.82$,中间按线性规律变化按比例点取值;

α_{c2}——考虑 C40 以上混凝土脆性的折减系数,对于 C40 混凝土取 $\alpha_{c2}=1.00$,对于 C80 混凝土取 $\alpha_{c2}=0.87$,中间按线性规律变化;

0.88——考虑实际结构中混凝土强度与试件混凝土强度之间的差异等因素而确定的修正系数。

在钢筋混凝土结构中,进行受弯构件、受压构件及偏心受拉构件的承载力计算时,采用混凝土的轴心抗压强度作为设计指标。

3. 混凝土的轴心抗拉强度

混凝土的轴心抗拉强度也是混凝土的一个基本强度指标,用符号 f_t 表示。混凝土的抗拉强度远小于其抗压强度,一般只有抗压强度的 1/18~1/9,且 f_{cu} 越高,f_t/f_{cu} 的比值越低,两者之间并非简单的线性关系。通过对比试验,混凝土轴心与立方体抗压强度标准值的折算关系大体为 0.55 次方的幂函数。作为强度指标值还应考虑保证和试验变异系数 δ 的影响。混凝土轴心抗压强度标准值 f_{tk} 与立方体同样标准值 $f_{cu,k}$ 的折算关系按式(3.2)计算:

$$f_{ck} = 0.88 \times 0.395 f_{cu,k}^{0.55}(1 - 1.645\delta)^{0.45}\alpha_{c2} \tag{3.2}$$

式中,δ——混凝土强度变异系数。

混凝土轴心抗拉强度可采用图 3-2(a)所示的直接测试法来确定,即方柱试件 $100mm \times 100mm \times 500mm$ 的两端对中预埋钢筋(每端长度为 150mm,直径为 16mm 的变形钢筋)。试验机夹住两端伸出的钢筋进行拉伸,直到试件中部产生横向裂缝,其平均拉应力即为混凝土轴心抗拉强度。但由于直接测试法的对中比较困难,加之混凝土内部的不均匀性,使得所测结果的离散程度较大。

目前,混凝土的轴心抗拉强度常采用如图 3-2(b)所示的间接测试法——劈裂法测试。劈裂试验即对立方体或平放的圆柱试件通过垫条施加线荷载,试件破坏时在破裂面上将产生与该面垂直且均匀分布的水平拉力,混凝土的劈裂强度试验值 $f_{t,s}$ 可以按下式计算:

$$f_{t,s} = \frac{2F}{\pi dl} \tag{3.3}$$

式中,F——破坏荷载;

d——圆柱体试件的直径或立方体试件的边长;

l——圆柱体试件的长度或立方体试件的边长。

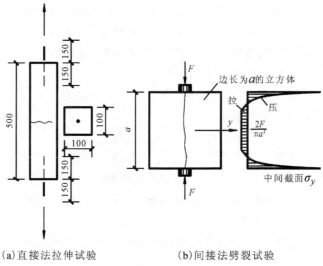

(a)直接法拉伸试验　　　　　(b)间接法劈裂试验

图 3-2　混凝土抗拉强度试验

4. 复合应力状态下的混凝土强度

上述混凝土抗压和抗拉强度,都是指混凝土在单向受力条件下所得到的强度。但是在实际混凝土结构构件中,混凝土很少处于单向受拉或受压状态,而往往承受弯矩、剪力、轴向力及扭矩的多种组合作用,大多是处于双向或三向的复合应力状态。对于复合应力状态下的混凝土强度,至今还尚未建立统一的相关理论,多为近似方法。

(1)双向应力状态下的强度。双向应力状态下,即在两个相互垂直的平面上作用着法向应力 σ_1 和 σ_2,第 3 个平面上应力为零时,混凝土强度的变化曲线如图 3-3 所示。

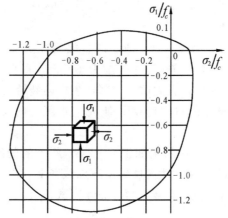

图 3-3　混凝土双向应力状态下的强度曲线

从图 3-3 中可看出,双向受压时(图中第三象限),混凝土的强度比单向受压时的强度有所提高;双向受拉时(图中第一象限),混凝土一向的抗拉强度基本与另一向拉应力的大小无关,即双向受拉的强度与单向受拉的强度基本相同;在拉压组合情况下(图中第二、四象限),混凝土的抗压强度随另一向拉应力的增加而降低,或混凝土的抗拉强度随另一向压应力的增加而降低。

(2)三向应力状态下的强度。图 3-4 所示为一组混凝土三向受压的试验曲线。在三个相互垂直的方向受压时,混凝土任一向的抗压强度随另两向压应力的增加而提高,同时混凝土的极限应变值也大大提高。这是由于侧向压应力的存在,约束了混凝土的横向变形,抑制了混凝土内部裂缝的产生和发展,这也使混凝土的延性有明显提高。

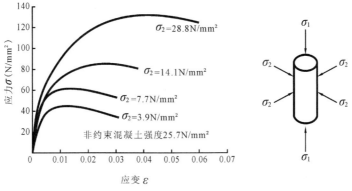

图 3-4 混凝土三向受压试验曲线

利用三向受压可使混凝土强度得以提高的这一特性,在工程中可将受压构件做成"约束混凝土",如螺旋箍筋柱、钢管混凝土柱等。

3.1.2 混凝土的变形

变形是混凝土的一个重要力学性能。混凝土的变形可分为两类:一类为荷载(包括一次短期荷载、重复荷载和长期荷载)作用下的受力变形;另一类为混凝土的体积变形,主要为混凝土的收缩和温度变化产生的变形等。

1. 混凝土在一次短期荷载作用下的变形性能

(1)混凝土受压时的应力—应变曲线。混凝土在单轴一次短期加载过程中的应力—应变关系,反映了混凝土最基本的力学性能,是研究钢筋混凝土构件截面应力建立强度和变形计算理论不可缺少的依据。

图 3-5 所示为混凝土方柱标准试件受压的典型的应力—应变关系曲线。由图可见,这条曲线包括上升段和下降段两部分。

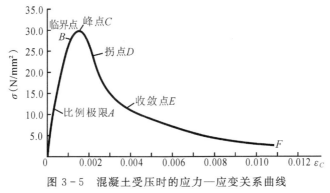

图 3-5 混凝土受压时的应力—应变关系曲线

上升段(OC)可分为 3 段:在 OA 段,应力较低($\sigma \leqslant 0.3f_c$)时,曲线接近直线,称 A 点为比

列极限,此时可将混凝土视为理想的弹性体,其内部的微裂缝尚未发展,水泥凝胶体的黏性流动很小,主要是骨料和水泥石受压后的弹性变形;在 AB 段,当应力增大($0.3f_c < \sigma \leq 0.8f_c$)时,混凝土的非弹性性质逐渐显现,曲线弯曲,应变增加比应力增长速度快,内部的微裂缝开始发展但仍处于稳定状态;当荷载进一步增加($0.8f_c < \sigma < 1.08f_c$)时,应变迅速增加,塑性变形显著增大,裂缝发展进入不稳定阶段。当应力达到峰点 C 时,混凝土达到其峰值应力,即轴心抗压强度 f_c,所对应的应变 ε_0 成为峰值应变,其值在 $0.0015 \sim 0.0025$ 范围波动,常取 $\varepsilon_0 = 0.002$。

曲线超过 C 点以后,试件的承载力随应变的增加而降低,曲线呈下降趋势,试件表面出现纵向裂缝,在应力达到 $0.0004 \sim 0.0006$ 时,应力下降减缓,之后残余应力趋于稳定。由图 3-5 可以看出,混凝土的应力—应变关系不是直线,这说明它不是弹性材料;曲线的上升和下降,表明混凝土在破坏过程中,其承载力有一个从增加到减少的过程。尤其需要注意的是,最大应力对应的应变不是最大,而应力达到最大并不意味着立即破坏。

混凝土应力—应变曲线的形状受混凝土的强度、组成材料、试验加载方式、有无约束等因素的影响。对不同强度等级的混凝土,其曲线的应力峰值 f_c 所对应的应变 ε_0 大致都在 0.002 左右,但随着混凝土强度的提高,混凝土的极限压应变 ε_{cu} 却明显减小,说明混凝土强度越高,其脆性越明显,延性也就越差。《规范》对非均匀受压时的中低强度混凝土的极限压应变值 ε_{cu} 取 0.0033。

混凝土受拉时的应力—应变曲线的形状与受压时相似,只是混凝土的极限拉应变较小,约为极限压应变的 1/20,均较受压时小得多,$\varepsilon_{0t} = 0.00015$。由于混凝土的极限拉应变太小,所以处于受拉区的混凝土极易开裂,钢筋混凝土构件通常都是带裂缝工作的。

(2)混凝土的弹性模量和变形模量。

①弹性模量。在钢筋混凝土结构的设计中,混凝土的弹性模量是分析研究构件的应力分布、变形、温度应力以及预应力混凝土结构的应力计算等的重要参数。

如图 3-6 所示,通过一次加载的混凝土棱柱体的应力—应变曲线,取原点切线的斜率为混凝土的原切线模量,也即混凝土的弹性模量,以 E_c 表示,则:

$$E_c = \tan\alpha_0 \tag{3.4}$$

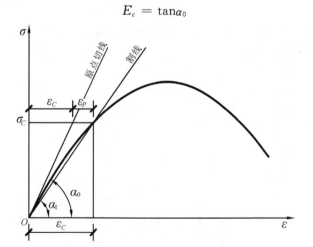

图 3-6 混凝土的弹性模量及变形模量的表示方法

式中,α_0——混凝土应力—应变曲线在原点处的切线与横坐标的夹角。

但是,由于利用一次加载的应力—应变曲线不易准确测得混凝土的弹性模量,我国《规范》规定,混凝土的弹性模量利用混凝土在重复荷载作用下的性质,以 $\sigma=(0.4\sim0.5)f_c$ 重复加载和卸载 $5\sim10$ 次后,应力—应变曲线渐趋稳定并基本上接近直线,且该直线平行于第 1 次加载时曲线的原点切线。因此可取直线斜率作为混凝土弹性模量 E_c。

需要注意的是:混凝土不是弹性材料,所以不能用已知的混凝土应变值乘以规范中所给的弹性模量值去求混凝土的应力,因此,《规范》给出不同强度等级的混凝土弹性模量的经验公式为:

$$E_c = \frac{10^5}{2.2+\dfrac{34.7}{f_{cu,k}}} \qquad (3.5)$$

《规范》给出不同强度等级混凝土的弹性模量,具体见表 3-1。

混凝土受拉时的应力—应变曲线与受压时相似,所以在计算中,受拉弹性模量与受压弹性模量可取相同值。

②变形模量(或割线模量)。当混凝土压应力 σ 较大($\sigma>0.5f_c$)时,弹性模量 E_c 已不能反映 σ 与 ε 的关系,因此,要用到变形模量的概念。

在图 3-6 中,连接原点 O 与 $\sigma-\varepsilon$ 曲线上任一点 C 的割线的斜率,称为混凝土的变形模量或割线模量,用 E'_c 表示。

$$E'_c = \tan\alpha_1 = \frac{\sigma_c}{\varepsilon_c} \qquad (3.6)$$

式中,ε_c——混凝土应力值为 σ_c 时的总应变,即 $\varepsilon_c=\varepsilon_e+\varepsilon_p$;

ε_e——混凝土的弹性应变;

ε_p——混凝土的塑性应变。

混凝土的弹性模量与变形模量的关系为:

$$E'_c = \frac{\varepsilon_e}{\varepsilon_c}E_c = \nu E_c \qquad (3.7)$$

式中,ν——混凝土受压的弹性系数,等于混凝土弹性应变与总应变之比。在应力较小时,处于弹性阶段,可取 $\nu=1$;应力增大,处于弹塑性阶段,$\nu<1$;当应力接近 f_c 时,$\nu=0.4\sim0.7$。

2. 混凝土在多次重复荷载作用下的变形性能

将混凝土试件加载到一定数值后,再卸载至零,并多次重复这一循环过程,便可得到混凝土在多次重复荷载作用下的应力—应变曲线,如图 3-7 所示。从图 3-7 中可以看出,混凝土在经过一次加载和卸载循环后,其变形中有一部分可以恢复,而还有一部分则不能恢复。这些

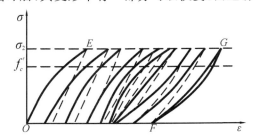

图 3-7 混凝土在多次重复荷载作用下的应力—应变曲线

不能恢复的塑性变形,在多次的循环过程中逐渐积累。

在上述试验中,如果在所加的应力较小时卸载,则在多次循环后,积累的塑性变形就不再增加。而多次加载、卸载作用下的应力—应变曲线逐渐密合成一条直线(处于弹性工作状态)。如果所加的应力虽低于混凝土的抗压强度,但超过某一限值后,在经过多次重复循环加载、卸载作用以后,混凝土会因严重开裂或变形而导致破坏,这种现象称为疲劳破坏。通常将试件在循环 200 万次时发生破坏的压应力称为混凝土的疲劳强度,以 f_c^f 表示。在实际工程中,诸如吊车梁、汽锤基础等承受重复荷载的构件是需要进行疲劳强度验算的。

3. 混凝土在长期荷载作用下的变形——徐变

混凝土在不变荷载作用下,其应变值随时间增长而继续增长的现象称为混凝土徐变。混凝土的这种性质对结构件的变形、强度以及预应力钢筋中的应力都将产生重要的影响。图 3-8 所示为混凝土棱柱体试件加载至 $\sigma = 0.5f_c$ 后维持荷载不变测得的徐变与时间的关系曲线。图中 ε_{ce} 是在加载瞬间所产生的变形值,称为瞬时应变,ε_{cr} 为随时间增长的混凝土的徐变应变值。

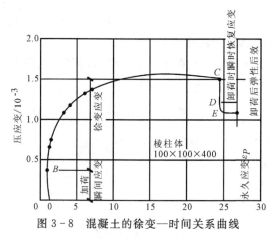

图 3-8　混凝土的徐变—时间关系曲线

由图 3-8 可见,徐变的发展规律是先快后慢,在最初 6 个月内徐变增长很快,可达总徐变量的 70%~80%,在第 1 年内约完成 90%左右,2~3 年后基本趋于稳定。如经长期荷载作用后于某时卸载,即在卸载瞬间,混凝土将发生瞬时的弹性恢复的变形 ε_{ce}',其数值小于加载时的瞬时应变 ε_{ce};经过一段时间之后还有一段恢复的变形 ε_{ce}'',称为徐变应变恢复的弹性后效;还余下一段不可恢复的残余应变。

一般认为,产生徐变的原因有两方面:一是在应力不太大时($\sigma < 0.5f_c$),由混凝土中一部分尚未形成结晶体的水泥凝胶体的黏性流动而产生塑性变形;二是在应力较大时($\sigma \geqslant 0.5f_c$),由混凝土内部微裂缝在荷载作用下不断发展和增加而导致应变的增加。

混凝土的徐变对钢筋混凝土结构的影响,在大多数情况下是不利的。徐变会使构件的变形大大增加。对于长细比较大的偏心受压构件,徐变会使偏心距增大而降低构件的承载力;在预应力混凝土构件中,徐变会造成预应力损失。

影响混凝土徐变的因素如下:

(1)应力的大小是引起徐变主要的因素,应力越大,徐变也越大;

(2)加载时混凝土的龄期越短,则徐变也越大;

(3)水泥用量多,则累积徐变大;

(4)养护温度高、时间长,则徐变小;

(5)混凝土骨料的配级好、弹性模量大,则徐变小;

(6)与水泥的品种有关。普通硅酸盐水泥的混凝土较矿渣水泥、火山灰水泥影响混凝土徐变相对要大。

4. 混凝土的体积变形

混凝土的体积变形主要是指混凝土的收缩与膨胀。混凝土在空气中硬结时体积减小的现象称为混凝土的收缩。收缩的主要类型有二种,即混凝土在硬化过程中产生化学反应的凝结收缩和混凝土内的自由水分蒸发引起的收缩。而混凝土在水中硬化时,体积会有轻微膨胀,这是由于胶凝粒子的吸附水膜增厚,使胶凝粒子之间的距离增大所致。一般膨胀变形很小,不会对结构造成破坏;而收缩对混凝土和预应力混凝土构件会产生十分不利的影响。例如,混凝土的构件受到约束时,混凝土的收缩就会使构件中产生收缩应力,收缩应力过大,就会使构件产生裂缝,影响混凝土的耐久性。在预应力混凝土构件中,混凝土收缩会引起预应力损失。因此,应当设法减小混凝土的收缩,避免对结构产生不利影响。

试验表明,混凝土的收缩与诸多因素有关,具体如下:

(1)水泥用量越多,水灰比越大,收缩越大;

(2)骨料的弹性模量越大,收缩越小;

(3)在硬结过程中,养护条件好,收缩小;

(4)使用环境湿度越大,收缩越小。

3.1.3 混凝土的设计指标

在钢筋混凝土结构中,对受弯构件、受压构件及偏心受拉构件进行承载力计算时,需采用混凝土的轴心抗压强度作为设计指标;该强度是计算钢筋混凝土及预应力混凝土构件的抗裂度和裂缝宽度以及构件斜截面受剪承载力、受扭承载力时的主要强度指标。

在进行钢筋混凝土构件变形验算和预应力混凝土构件设计时,需要用到混凝土的弹性模量。各种强度等级的混凝土强度标准值、强度设计值以及弹性模量见表 3-1。

表 3-1 混凝土强度标准值、设计值和弹性模量　　　　单位:N/mm²

强度种类与弹性模量		混凝土强度等级													
		C15	C20	C25	C30	C35	C40	C45	C50	C55	C60	C65	C70	C75	C80
强度标准值	轴心抗压 f_{ck}	10.0	13.4	16.7	20.1	23.4	26.8	29.6	32.4	35.5	38.5	41.5	44.54	47.4	50.2
	轴心抗拉 f_{tk}	1.27	1.54	1.78	2.01	2.20	2.39	2.51	2.64	2.74	2.85	2.93	2.99	3.05	3.11

强度种类与弹性模量		混凝土强度等级													
		C15	C20	C25	C30	C35	C40	C45	C50	C55	C60	C65	C70	C75	C80
强度设计值	轴心抗压 f_c	7.2	9.6	11.9	14.3	16.7	19.1	21.1	23.1	25.3	27.5	29.7	31.8	33.8	35.9
	轴心抗压 f_t	0.91	1.10	1.27	1.43	1.57	1.71	1.80	1.89	1.96	2.04	2.09	2.14	2.18	2.22
弹性模量 $E_c \times 10^4$		2.20	2.55	2.80	3.00	3.15	3.25	3.35	3.45	3.55	3.60	3.65	3.70	3.75	3.80

3.1.4 混凝土结构的耐久性规定

混凝土结构的耐久性是指在设计使用年限内，在正常维护条件下，混凝土结构构件必须保证适用于使用而不需要维修加固的特性。混凝土结构应符合有关耐久性的规定，以保证其在化学的、生物的以及其他使结构材料性能恶化的各种侵蚀的作用下，达到预期的耐久年限。但是由于混凝土表面暴露在大气中，特别是长期受到外界不良气候环境的影响以及有害物质的侵蚀，随时间增长会出现混凝土开裂、碳化剥落、钢筋锈蚀等现象，使材料的耐久性降低。因此，混凝土结构应根据所处的环境类别、结构的重要性和使用年限满足《规范》规定的有关耐久性要求。

结构的使用环境是影响混凝土结构耐久性的最重要因素。混凝土结构的环境类别具体见表 3-2。

表 3-2 混凝土结构的环境类别

环境类别		条 件
一		室内正常环境
二	a	室内潮湿环境，非严寒和寒冷地区的露天环境，与无侵蚀性的水或土壤直接接触的环境
	b	严寒和寒冷地区的露天环境，与无侵蚀的水或土壤直接接触的环境
三		使用初冰盐的环境，严寒和寒冷地区冬季水位变动的环境，海滨室外环境
四		海水环境
五		受人为或自然的侵蚀性物质影响的环境

注：严寒地区指最冷月平均温度不高于-10℃，日平均温度不高于5℃的天数不少于145天的地区；寒冷地区指最冷月平均温度-10～0℃，日平均温度不高于5℃的天数为90～145天的地区。

影响混凝土结构耐久性的另一重要因素是混凝土的质量。控制水灰比,减小渗透性,提高混凝土的强度等级,增加混凝土的密实性,以及控制混凝土中氯离子和碱的含量等,对于混凝土的耐久性都有非常重要的作用。对于设计使用年限为50年的一般结构,混凝土质量应符合表3-3的规定。

表 3 - 3　混凝土结构耐久性的基本要求

环境类别		最大水灰比	最小水泥用量/(kg·m³)	混凝土强度等级不小于	氯离子含量不大于/%	碱含量不大于/(kg·m³)
一		0.65	225	C20	1.0	不限制
二	a	0.60	250	C25	0.3	3.0
	b	0.55	275	C30	0.2	3.0
三		0.50	300	C30	0.1	3.0

注:①氯离子含量指其占水泥用量的百分率。

②预应力构件混凝土中的氯离子含量不得超过 0.06%,最小水泥用量为 $300kg/m^3$,最低混凝土强度等级应按表中规定提高两个等级。

③素混凝土构件的最小水泥用量不应少于表中数值减 $25kg/m^3$。

④当混凝土中加入活性掺合材料或能提高耐久性的外加剂时,可适当降低最小水泥用量。

⑤当有可靠工程经验时,处于一类和二类环境中的最低混凝土强度等级可降低一个等级。

⑥当使用非碱性骨料时,对混凝土中的碱含量可不作限制。

其他环境类别和使用年限的混凝土结构,其耐久性要求应符合有关标准的规定。

3.2 钢　筋

3.2.1 钢筋的种类

建筑结构使用的钢材按化学成分的不同,可分为碳素结构钢和普通低合金钢两大类。

根据含碳量的多少,碳素结构钢又可分为低碳钢(含碳量$<0.25\%$)、中碳钢(含碳量$0.25\%\sim0.6\%$)、高碳钢(含碳量 $0.6\%\sim1.4\%$)。随着含碳量的增加,钢材的强度会提高,但塑性和可焊性将降低。普通低合金钢是在钢材冶炼过程中加入了少量的合金元素,如锰、硅、钒、钛等,可以有效地提高钢材的强度,并使钢材保持一定的塑性和可焊性。

目前我国钢筋混凝土结构及预应力混凝土结构中采用的钢筋按生产加工工艺的不同,可分为热轧钢、钢丝、钢绞线和热处理钢筋等。

我国《规范》规定,在钢筋混凝土结构中使用的钢筋为热轧钢筋,热轧钢筋是由低碳钢、普通合金钢在高温状态下轧制而成,按强度不同可分为以下几种级别:①HPB300 级,用符号φ表示;②HRB335 级:用符号φ表示;③HRB400 级,用符号φ表示;④RRB400 级,余热处理钢筋,用符号φR 表示。预应力钢筋宜采用钢绞线、钢丝,也可采用热处理钢筋。

在混凝土结构中使用的钢筋,按外形可分为光面钢筋和变形钢筋两类。钢筋的形式如图3-9所示。光面钢筋的截面呈圆形,其表面光滑无凸起的花纹也称为光圆钢筋;变形钢筋也称为带肋钢筋,是在钢筋表面轧成肋纹,如月牙纹或人字纹。通常变形钢筋的直径不小于 10 mm,光面钢筋的直径不小于 6 mm。

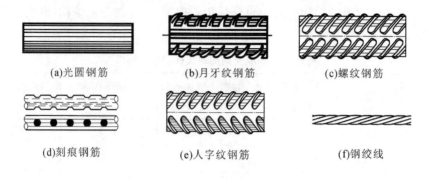

(a)光圆钢筋　　　　　　(b)月牙纹钢筋　　　　　　(c)螺纹钢筋

(d)刻痕钢筋　　　　　　(e)人字纹钢筋　　　　　　(f)钢绞线

图 3-9　钢筋的形式

3.2.2　钢筋的力学性能

1. 钢筋的应力—应变曲线

钢筋按其力学性能的不同,可分为有明显屈服点的钢筋和没有屈服点的钢筋两大类。有明显屈服点的钢筋常称做软钢,在工程中常用的热轧钢筋就属于软钢;没有明显屈服点的钢筋则称为硬钢,消除应力钢丝、刻痕钢丝、钢绞线就属于硬钢。

如图 3-10 所示是没有明显屈服点的钢筋通过拉伸试验得到的典型的应力—应变关系曲线。由图可见:在曲线达到 a 点之前,应力 σ 与应变 ε 的比例为常数,其关系符合胡克定律,a 点所对应的应力值称为比例极限;曲线到达 b 点后,钢筋开始进入屈服阶段,该点称为屈服上限,c 点称为屈服下限,屈服上限为开始进入屈服阶段时的应力值,呈不稳定状态;到达屈服下限时,应变增长,应力基本不变,比较稳定,所对应的钢筋应力则称为"屈服强度"。此后应力基本不增加而应变急剧增长,曲线大致呈水平状态到 d 点,c 点到 d 点的水平距离称为屈服台阶;过 d 点以后,曲线又开始上升,即应力又随应变的增加而增加,直至达到最高点 e,此阶段称为强化阶段,e 点所对应的应力称为钢筋的极限抗拉强度 σ_b。过 e 点后,钢筋的薄弱处断面显著缩小,试件出现颈缩现象,当达到 f 点时,试件被拉断。

无明显屈服点的硬钢的应力—应变曲线如图 3-11 所示,硬钢没有明显的屈服台阶,钢筋的强度很高,但变形很小,脆性也大。这类钢筋在计算时,《规范》取条件屈服强度作为强度设计指标。条件屈服强度是指无明显屈服点的钢筋经过加载和卸载后,残余应变为 0.2% 时所对应的应力值,以 $\sigma_{0.2}$ 表示,其值相当于极限抗拉强度 σ_b 的0.85倍。

对于有明显屈服点的钢筋,由于钢筋达到屈服时,将产生很大的塑性变形,钢筋混凝土构件会出现很大的变形及过宽的裂缝,以至于不能满足正常使用的要求。所以在钢筋混凝土结构件计算时,对于有明显屈服点的钢筋,取其屈服强度作为结构设计的强度指标。

各种级别钢筋的强度标准值、强度设计值见表 3-4。

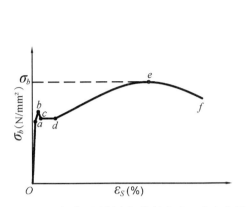

图 3-10 有明显屈服点钢筋的应力—应变曲线

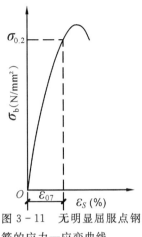

图 3-11 无明显屈服点钢筋的应力—应变曲线

表 3-4 钢筋强度标准值、设计值和弹性模量   单位：N/mm²

	种类	符号	d/mm	抗拉强度 设计值 f_y	抗压强度 设计值 f'_y	强度标准值 f_{yk}	弹性模量 E_s
热轧钢筋	HPB300(Q235)	φ	8～20	210	210	235	$2.1×10^5$
	HRB235(20Mn、Si)	φ	6～50	300	300	335	$2.0×10^5$
	HRB400（20MnSiVi、或 20Mn、Si、Nb 或 20Mn、Ti）	Φ	6～50	360	360	400	$2.0×10^5$
	RRB400(K20Mn、Si)	Φ R	8～40	360	360	400	$2.0×10^5$

注：①钢筋混凝土结构中，轴心受拉和小偏心受拉构件的钢筋强度设计值大于 300 N/mm² 时，仍按 300 N/mm² 取用。

②当采用直径大于 40 mm 的钢筋时，应有可靠的工程经验。

2. 钢筋的塑性性能

钢筋除了要有足够的强度外，还应具有一定的塑性变形能力。反映钢筋塑性性能的基本指标是伸长率和冷弯性能。伸长率是指规定标距（如 $l_1=5d$ 或 $l_1=10d$，d 为钢筋直径）钢筋试件作拉伸时，拉断后的伸长值与拉伸前的原长之比，以 δ_5、δ_{10} 表示。

$$\delta = \frac{l_2-l_1}{l_1} × 100\% \tag{3.8}$$

式中，δ——伸长率（％）；

l_1——试件受力前的标距长度；

l_2——试件拉断后的标距长度。

伸长率越大，钢筋的塑性性能越好，拉断前有明显的预兆。伸长率小的钢筋塑性差，其破坏突然发生，呈脆性性质。软钢的伸长率较大，而硬钢的伸长率很小。

冷弯是将钢筋围绕规定直径（$D=d$ 或 $D=3d$，d 为钢筋直径）的辊轴进行弯曲，要求弯到

规定的冷弯角度 α（180°或 90°）时，钢筋的表面不出现裂缝、起皮或断裂（见图 3-12）。冷弯试验是检验钢筋韧性和材质均匀性的有效手段，可以间接反映钢筋的塑性性能和内在质量。

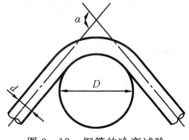

图 3-12　钢筋的冷弯试验

图 3-12 中，α 为冷弯角度；D 为滚轴直径；d 为钢筋直径。

3. 钢筋的冷加工

钢筋的冷加工是指在常温的情况下对钢筋进行冷拉、冷拔或冷轧加工。钢筋通过冷加工，可提高钢筋的强度。

所谓冷拉，是将有屈服点的钢筋在常温下进行拉伸，使其应力超过其原有的屈服点，达到强化阶段的某一应力值，然后卸掉荷载。将钢筋放置一段时间后，再次张拉钢筋时，其屈服点就会明显高于原有的屈服点（见图 3-13），这一现象称为"时效硬化"。利用"时效硬化"，既可使钢筋强度得到提高，又能保持必要的伸长率，可获得节约钢材的经济效益。但冷拉只能提高钢筋的抗拉强度，故不宜作受压钢筋。

冷拔是用强力将热轧钢筋从比其直径小的硬质合金锥形拔丝孔内拉出（见图 3-14），因锥形拔丝孔小头的孔径比钢筋直径稍小，故钢筋通过时受到很大的侧向挤压，从而产生较大的塑性变形，迫使钢材内部组织结构发生变化，直径变细，长度增加。钢筋经过多次冷拔后，其抗拉和抗压强度可比原来提高很多，但其塑性显著降低。冷拔可同时提高钢筋的抗拉强度和抗压强度。

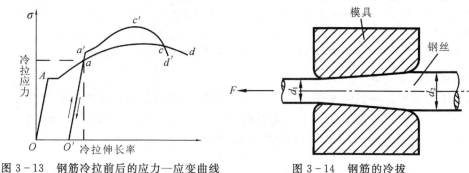

图 3-13　钢筋冷拉前后的应力—应变曲线　　　　图 3-14　钢筋的冷拔

3.2.3　钢筋的设计指标

《规范》规定，钢筋的强度标准值应具有不小于 95％ 的保证率。热轧钢筋的强度标准值根据屈服强度确定；预应力钢绞线、钢丝和热处理钢筋的强度标准值根据极限抗拉强度确定。普通钢筋的强度标准值、设计值和钢筋的弹性模量按表 3-5 采用。

表3-5 预应力钢筋强度标准值、设计值和弹性模量 单位:N/mm²

种 类		符 号	d/mm	f_{ptk}	f_{py}	f'_{py}	E_s
钢绞线	1×3	φs	8.6~12.9	1860	1320	390	1.95×10⁵
				1720	1220		
				1570	1110		
	1×7		9.5~15.2	960	1320	390	
				1720	1220		
消除应力钢丝	光 面	φp	4~9	1770	1250	410	2.05×10⁵
	螺旋钢			1670	1180		
		φI		1570	1110		
	刻 痕		5、7	1570	1110	410	
热处理钢筋	40Si、2Mn	φHT	6~10	1470	1040	400	2.0×10⁵
	48Si、2Mn						
	45Si、2Cr						

注:①钢绞线直径 d 指钢绞线外接圆直径,即钢绞线标准 GB/T 5224 中的公称直径 D。

②消除应力光面钢丝直径 d 为 4~9 mm,消除应力螺旋肋钢丝直径 d 为 4~8 mm。

③当预应力钢绞线、钢丝的强度标准值不符合表中规定时,其强度设计值应进行换算。

3.2.4 混凝土结构对钢筋性能的要求

钢筋混凝土结构对钢筋的性能要求主要是:适当的强度和屈强比、塑性好、可焊性好,与混凝土的锚固性能好。

(1)适当的强度和屈强比。钢筋的屈服强度是构件承载力计算的依据,屈强度高则钢筋的用量少,但实际结构中钢筋的强度并非越高越好。由于钢筋的弹性模量并不因其强度提高而增大(见表3-4),所以高强钢筋在高应力下的大变形会引起混凝土结构过大变形和裂缝宽度。因此,对混凝土结构,宜优先选用 HRB400 或 RRB400 级钢筋,不应采用高强钢丝、热处理钢筋等高强度钢筋。对预应力混凝土结构,可采用高强钢丝或高强度钢筋,可以充分发挥高强度钢筋的优势,但其强度也有一定限值,不应超过 1860 N/mm²。屈服强度与极限强度之比称为屈强比,它代表了钢筋的强度储备,也在一定程度上代表了结构的强度储备。屈强比小,则结构的强度储备大,但比值太小则钢筋强度的有效利用率低,所以钢筋应具有适当的屈强比。

(2)钢筋的塑性好。要求钢筋有一定的塑性是为了使钢筋在断裂前能有足够的变形,保证钢筋混凝土构件能表现出良好的延性。同时,要保证钢筋冷弯的要求,钢筋的伸长率和冷弯性能是施工单位验收钢筋是否合格的主要指标。

(3)具有良好的可焊性。由于加工运输的要求,除直径较细的钢筋外,一般钢筋都是直条供应的。因长度有限,所以在施工中需要将钢筋接长以满足需要。目前钢筋接长的最常用的办法就是焊接,所以要求钢筋具有较好的可焊性,以保证钢筋焊接接头的质量。可焊性好,即要求在一定的工艺条件下钢筋焊接后不产生裂纹及过大的变形。

（4）良好的耐久性和耐火性。细直径钢筋,尤其是冷加工钢筋和预应力钢筋,容易遭受腐蚀而影响表面与混凝土的黏结性能,甚至削弱截面,降低承载力。环氧树脂涂层钢筋或镀锌钢丝均可提高钢筋的耐久性,但降低了钢筋与混凝土之间的黏结性能,设计时应注意这种不利影响。

（5）与混凝土具有良好的黏结。钢筋与混凝土之间的黏结力是二者共同工作的基础,其中钢筋凹凸不平的表面与混凝土之间的机械咬合力是黏结力的主要部分,所以变形钢筋与混凝土的黏结性能最好。为了加强钢筋和混凝土的黏结锚固性能,除了强度较低的 HPB300 级钢筋为光圆钢筋外,HRB335 级、HRB400 级和 RRB400 级钢筋的表面都轧成带肋的变形钢筋（多作为钢筋混凝土构件的受力筋）。

3.3　钢筋与混凝土的黏结

3.3.1　黏结的作用及产生原因

钢筋与混凝土这两种力学性能完全不同的材料之所以能够在一起共同工作,除了二者具有相近的温度线膨胀系数及混凝土对钢筋具有保护作用外,主要是由于在钢筋与混凝土之间的接触面上存在良好的黏结力。通常把钢筋与混凝土接触面单位截面面积上的剪应力称为黏结应力,简称黏能力。如果沿钢筋长度上没有钢筋应力的变化,也就不存在黏结应力。通过黏结应力可以传递钢筋与混凝土两者间的应力,协调变形,使两者共同工作。

试验表明,钢筋与混凝土之间产生黏结作用主要有以下三个方面原因:一是钢筋与混凝土之间接触面上产生化学吸附作用力,也称化学胶结力;二是因为混凝土收缩将钢筋紧紧握裹而产生摩擦力;三是由于钢筋的表面凸凹不平与混凝土之间产生机械咬合力。其中化学胶结力一般很小,光面钢筋的黏结力以摩擦力为主,变形钢筋则以机械咬合力为主。

3.3.2　黏结强度及影响因素

黏结强度通常采用拔出试验测定。如图 3-15 所示,将钢筋一端埋入混凝土中长度为 l,然后在另一端施力将钢筋拔出。试验表明,钢筋与混凝土的黏结强度沿钢筋长度方向是不均匀的,最大黏结应力产生在高端头某一距离处,越靠近钢筋尾部,黏结应力越小。如果埋入长度太长,则埋入端端头处黏结应力很小,甚至为零。由此可见,为保证钢筋受力后有可靠的黏结,不产生滑移,钢筋在混凝土中应有足够的锚固长度,即保证有足够的长度来传递钢筋的黏结应力。

影响钢筋与混凝土之间黏结强度的主要因素有:

（1）混凝土的强度。混凝土的强度等级

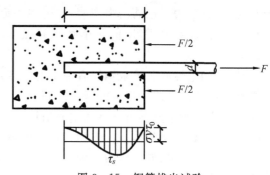

图 3-15　钢筋拔出试验

越高,黏结强度越大,但不成比例。

(2)钢筋的表面形状。变形钢筋由于表面凹凸不平,其黏结强度高于光面钢筋。

(3)保护层厚度及钢筋的净距。如果钢筋外围的混凝土保护层厚度太小,会使外围混凝土产生劈裂裂缝,破坏黏结强度,导致钢筋被拔出。所以,在构造上必须保证一定的混凝土保护层厚度和钢筋间距。

(4)浇筑位置。混凝土浇筑深度超过 30 mm 时,由于混凝土的泌水下沉,气泡逸出,与顶部的水平钢筋之间产生空隙层,从而消弱了钢筋与混凝土之间的黏结作用。

(5)与钢筋周围有无侧向压力有关。有侧向压力(如在梁的支承区下部),则黏结力增大。

3.3.3 保证钢筋与混凝土黏结的措施

为使钢筋与混凝土之间有足够的黏结作用,我国设计规范是采用规定的混凝土保护层厚度、钢筋的净距、锚固长度和钢筋的搭接长度等构造措施来保证的,在设计和施工时必须严格遵守相应的规定。

1. 钢筋的锚固长度

为了避免纵向钢筋在受力过程中产生滑移,甚至从混凝土中拔出而造成锚固破坏,纵向受力钢筋必须伸过其受力截面一定长度,这个长度称为锚固长度。

受拉钢筋的锚固长度又称为基本锚固长度,以 l_a 表示。受拉钢筋的基本锚固长度 l_a 按下式计算:

$$l_a = \alpha \frac{f_y}{f_t} d \tag{3.9}$$

式中,f_y——钢筋抗拉强度设计值;

f_t——混凝土轴心抗拉强度设计值,当混凝土强度等级高于 C40 时,按 C40 取用;

d——钢筋的公称直径;

α——钢筋的外形系数,按表 3-6 取用。

表 3-6 钢筋的外形系数 α

钢筋类型	光面钢筋	带肋钢筋	刻痕钢筋	螺旋肋钢筋	3 股钢绞线	7 股钢绞线
α	0.16	0.14	0.19	0.13	0.16	0.17

注:光面钢筋指 HPB300 级钢筋,其末端应做 180°弯勾钩,弯后平直段长度不应小于 3 d,但作为受压钢筋时可不作弯钩;带肋钢筋系指 HRB335 级、HRB400 级钢筋和 RRB400 级余热处理钢筋。

计算锚固长度还应根据直径是否大于 25 mm、钢筋表面有无环氧树脂涂层、施工中是否易受扰动等情况,按《规范》根据不同情况予以修正。修正后的锚固长度不应小于按公式(3.9)计算所得锚固长度的 0.7 倍,且不小于 250 mm。

为减小钢筋的锚固长度,可在纵向受拉钢筋的末端采用如图 3-16 所示的附加机械锚固措施,对于 HRB335、HRB400 和 RRB400 级钢筋,采用附加机械锚固措施后的锚固长度(包括附加锚固端头在内)可取上述计算锚固长度的 0.7 倍。

受压钢筋的锚固长度应不小于受拉钢筋锚固长度的 0.7 倍,附加机械锚固不得用于受压钢筋。

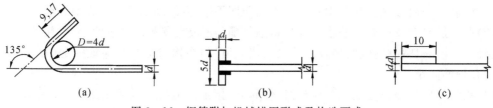

图 3-16 钢筋附加机械锚固形式及构造要求

按上述规定计算的纵向受拉钢筋、受压钢筋的最小锚固长度见表 3-7。

表 3-7 钢筋的最小锚固长度   单位:mm

序号	混凝土强度等级	C15		C20		C25		C30		≥C35		≥C40	
	钢筋直径 d/mm	≤25	>25	≤25	>25	≤25	>25	≤25	>25	≤25	>25	≤25	>25
1	HPB300	$\dfrac{37d}{26d}$		$\dfrac{31d}{22d}$		$\dfrac{24d}{19d}$		$\dfrac{27d}{17d}$		$\dfrac{22d}{15d}$		$\dfrac{20d}{14d}$	
2	钢筋种类 HRB335	—		$\dfrac{38d}{27d}$	$\dfrac{42d}{30d}$	$\dfrac{33d}{23d}$	$\dfrac{27d}{26d}$	$\dfrac{30d}{21d}$	$\dfrac{32d}{23d}$	$\dfrac{27d}{19d}$	$\dfrac{30d}{21d}$	$\dfrac{25d}{21d}$	$\dfrac{27d}{19d}$
3	HRB400 RRB400	—		$\dfrac{46d}{32d}$	$\dfrac{51d}{36d}$	$\dfrac{40d}{28d}$	$\dfrac{44d}{31d}$	$\dfrac{36d}{25d}$	$\dfrac{39d}{27d}$	$\dfrac{32d}{23d}$	$\dfrac{36d}{25d}$	$\dfrac{30d}{21d}$	$\dfrac{33d}{23d}$

注:①表中横线以下的数据为当计算中充分利用钢筋的抗压强度时,受压钢筋的锚固长度。

②纵向受拉钢筋的锚固长度在任何情况下不应小于 250 mm。

2. 钢筋的搭接长度

钢筋在构件中往往因长度不够需在受力较小处进行连接。当需要采用施工缝或后浇带等构造时,也需要连接。钢筋连接接头的形式可采用绑扎搭接、机械连接(锥螺纹套筒、钢套筒挤压连接等)或焊接。《规范》规定,轴心受拉及小偏心受拉构件的纵向受力钢筋不得采用绑扎搭接接头;直径大于 28 mm 的受拉钢筋及直径 32 mm 的受压钢筋不宜采用绑扎搭接接头。

对于绑扎搭接接头,应满足以下构造要求:同一构件中相邻纵向受力钢筋的绑扎搭接接头宜相互错开;钢筋绑扎搭接接头的区段长度为 1:3 倍搭接长度,凡搭接接头中点位于该连接区段长度内的搭接接头均属于同一连接区段(见图 3-17)。位于同一连接区段内的受拉钢筋搭接接头面积百分率(即该区段内有搭接接头的纵向受力钢筋截面面积与全部纵向受力钢筋截面面积之比):对梁类、板类及墙类构件,不宜大于 25%;对于柱类构件,不宜大于 50%。当工程中确有必要增大受拉钢筋搭接接头面积百分率时,梁类构件不应大于 50%;板类、墙类及柱类构件,可根据实际情况放宽。纵向受拉钢筋绑扎搭接接头的搭接长度 l_1,应根据位于统一连接区段内的钢筋搭接接头面积百分率按下式计算,且在任何情况下均不应小于 300 mm。

$$l_1 = \zeta l_a \tag{3.10}$$

式中，l_1——受拉钢筋的搭接长度；

l_a——受拉钢筋的锚固长度，由公式(3.9)计算；

ξ——受拉钢筋搭接长度修正系数，按表 3-8 取用。

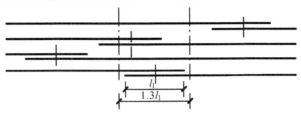

图 3-17　同一连接段内的纵向受拉钢筋绑扎搭接接头

表 3-8　受拉钢筋搭接长度修正系数 ζ

纵向钢筋搭接接头面积百分率	≤25	50	100
ζ	1.2	1.4	1.6

构件中的受压钢筋采用搭接连接时，搭接长度不应小于按式(3.10)计算的受拉钢筋搭接长度的 0.7 倍，且在任何情况下不应小于 200 mm。直径大于 28 mm 的受拉钢筋和直径大于 32 mm 的受压钢筋宜采用机械连接接头，且接头位置宜相互错开，开设在结构受力较小处。当钢筋机械连接接头位于不大于 $35d$（d 为纵向受力钢筋的较大直径）的范围内时，应视为处于同一连接区段内。在受力较大处，位于同一连接区段内的纵向受拉钢筋机械连接接头面积百分率不宜大于 50%。

受力钢筋也可采用焊接接头，纵向受力钢筋的焊接接头应相互错开。当钢筋的焊接接头位于不大于 $35d$ 且不小于 500 mm 的长度范围内时，应视为位于同一连接区段内。位于同一连接区段内纵向受拉钢筋的焊接接头面积百分率应符合下列要求：受拉钢筋接头不应大于 50%；受压钢筋的接头面积百分率可不做限制。

3. 钢筋的弯钩

光面钢筋的黏结性能较差，故除直径 12 mm 以下的受压钢筋及焊接网或焊接骨架中的光面钢筋外，其余光面钢筋的末端均应设置弯钩，如图 3-18 所示。

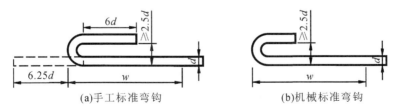

(a)手工标准弯钩　　　　　　　　(b)机械标准弯钩

图 3-18　光面钢筋端部的弯钩

小 结

1. 混凝土的强度有立方体抗压强度、轴心抗压强度和抗拉强度。结构设计中要用到轴心抗压强度和抗拉强度两个强度指标。立方体抗压强度及其标准值(混凝土强度等级)只用作材料性能的基本代表值,其他强度均可与其建立相应的换算关系。混凝土的受压破坏实际是由垂直于压力作用方向的横向胀裂造成的,因而混凝土双轴受压和三轴受压时强度提高,而一向受压一向受拉时强度降低。

2. 混凝土物理力学性能的主要特征:抗拉强度远低于抗压强度;应力—应变关系从一开始就是非线性的,只有当应力很小时才可近似视为线弹性的;混凝土的强度和变形是有明显关系的;徐变和收缩对混凝土结构的性能有重要影响。

3. 混凝土结构用的钢筋可分为普通钢筋和预应力钢筋。普通钢筋主要为热轧钢筋,它有明显的流幅(软钢);预应力钢筋主要为钢绞线、消除应力钢丝和热处理钢筋,这类钢筋没有明显的流幅(硬钢)。钢筋有两个强度指标:屈服强度(软钢)或条件屈服强度(硬钢);极限强度。混凝土结构要求钢筋具有适当的强度和屈强比以及良好的塑形。

4. 将强度较低的热轧钢筋经过冷拉或冷拔等冷加工,提高了钢筋的强度(屈服强度和极限强度),但降低了塑性(屈服平台缩短或消失,极限应变减小)。经过冷拉的钢筋在受压时提前出现塑性应变,故受压屈服强度降低。冷拔可以同时提高钢筋的抗拉和抗压强度。

5. 钢筋与混凝土之间的黏结是两种材料共同工作的基础。黏结强度一般由胶着力、摩擦力和咬合力组成。

纵向受力钢筋的锚固长度,是以锚固强度极限状态或刚度极限状态为依据并考虑钢筋的锚固可靠度及其他因素而确定的。钢筋的搭接长度,是在锚固长度的基础上,考虑搭接受力状态比锚固受力状态差以及同一连接区段的钢筋搭接接头面积百分率确定的。对相同受力状态下的同类钢筋,其搭接长度应大于锚固长度。

思考与练习

1. 混凝土的强度等级是如何确定的?混凝土的基本强度指标有哪些?其相互关系是什么?

2. 混凝土受压时的应力—应变曲线的特点是什么?

3. 我国建筑结构用钢筋有哪些种类?热轧钢筋的级别有哪些?

4. 钢筋混凝土结构对钢筋的性能有哪些要求?

5. 有屈服点钢筋和无屈服点钢筋的应力—应变关系曲线有何不同?为什么取屈服强度作为钢筋的设计强度?

6. 钢筋与混凝土的黏结强度是由哪些组成的?影响钢筋与混凝土之间黏结强度的主要因素有哪些?

课题 4

钢筋混凝土受弯构件

学习要点

1. 单筋矩形梁、T 形梁的正截面承载力的计算方法
2. 受弯构件斜截面承载力的计算方法
3. 钢筋混凝土梁板的一般构造

4.1 板、梁的一般构造

受弯构件是指构件截面上有弯矩和剪力作用的构件。梁、板是建筑工程中典型的受弯构件。二者的区别仅在于,二者宽厚比不同,梁的宽厚比小于等于 1,板的宽厚比大于等于 1。梁的截面高度一般大于截面宽度,而板的截面高度则远小于截面宽度。受弯构件的破坏有两种可能:一种是由弯矩作用引起的正截面破坏;另一种是由弯矩和剪力共同作用而引起的斜截面破坏。受弯构件的设计一般包括正截面受弯承载力计算、斜截面受剪承载力计算、构件的变形和裂缝宽度验算,同时要满足各种构造要求。

4.1.1 板的一般构造要求

1. 板的厚度

板的厚度要满足刚度、承载力、裂缝等方面的要求。单跨板的最小厚度不小于 $l_0/35$(l_0 计算跨度),且不小于 60 mm(民用建筑)或 70 mm(工业建筑),多跨连续板的最小厚度不小于 $l_0/40$,悬挑板最小厚度不小于 $l_0/15$;双向板最小厚度不小于 $l_1/45$(l_1 为短边计算跨度)且不小于 80 mm。板的截面形式一般为矩形、空心板、槽形板等(见图 4-1)。

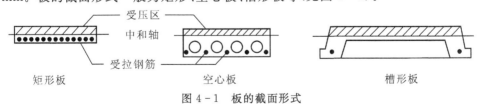

图 4-1 板的截面形式

2. 板的配筋

板通常只配置纵向受力钢筋和分布钢筋(见图 4-2)。

（1）受力钢筋。板中受力钢筋沿板的跨度方向布置在板的受拉区，承受由弯矩产生的拉应力。受力钢筋常采用 HPB300 级和 HRB335 级钢筋，常用直径为 6mm、8mm、10mm、12mm。现浇板的受力钢筋直径不宜小于 8mm。间距一般在 70mm～200mm 之间，当板厚 $h \leqslant$ 150mm 时，钢筋间距不宜大于 200mm；当板厚 $h \geqslant$ 150mm 时，钢筋间距不宜大于 250mm，且不大于 $1.5h$。

（2）分布钢筋。板中的分布钢筋与受力钢筋垂直，并放置于受力钢筋的内侧，其作用是将板上荷载均匀地传递给受力钢筋，在施工中固定受力钢筋的位置，抵抗

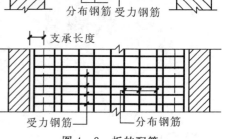

图 4-2　板的配筋

因温度变化及混凝土收缩而产生的拉应力。板中的分布钢筋可按构造要求配置。《规范》规定：板中单位长度上分布钢筋的配筋面积不小于受力钢筋截面面积的 15％，且不小于该方向板截面面积的 0.15％；其直径不宜小于 6 mm，间距不宜大于 250 mm。当有较大的集中荷载作用于板面时，间距不宜大于 200 mm。

3. 板的支承长度

现浇板在砖墙上的支承长度一般不小于 120mm 且不小于板厚，且应满足受力钢筋在支座内的锚固长度要求。预制板的支承长度不宜小于 100mm，在钢筋混凝土梁上不宜小于 80mm。

4.1.2　梁的一般构造要求

1. 梁的截面形式及尺寸

梁常用的截面形式主要有矩形、T 形截面，此外还可做成倒 T 形、L 形、工字形、十字形、花篮形等（见图 4-3）。其中，矩形截面由于构造简单，施工方便而被广泛应用。T 形截面虽然构造较矩形截面复杂，但受力较合理，因而应用也较多。

图 4-3　梁的截面形式

梁的截面尺寸必须满足承载力、刚度和裂缝控制要求，同时还应考虑施工上的方便，满足模数要求，以利模板定型化。

对于一般荷载作用下的梁，从刚度条件考虑，其截面高度 h 可按照高跨比 h/l_0 来估算，如简支梁可取 $h/l_0 = 1/8 \sim 1/14$，设计时可参考已有经验。

按模数要求，梁的截面高度 h 一般可取 250 mm、300 mm、……、750 mm、800 mm，$h \leqslant 800$ mm 时，以 50 mm 为模数；$h > 800$ mm 时，以 100 mm 为模数。

梁的截面宽度可由高宽比来确定：一般矩形截面 h/b 为 2～3；T 形截面 h/b 为 2.5～4。

矩形梁的截面宽度和 T 形截面的肋宽 b 宜采用 100mm、120mm、150mm、180mm、200mm、220mm、250 mm,大于 250 mm 时,以 50 mm 为模数。

2. 梁的配筋

钢筋混凝土梁中,通常配置有纵向受力钢筋、弯起钢筋、箍筋、架立钢筋等,构成钢筋骨架(见图 4-4),有时还配置纵向构造钢筋及相应的拉筋等。

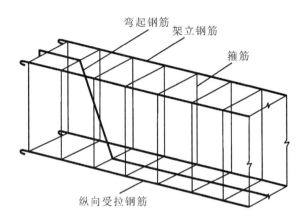

图 4-4 梁的配筋

(1)纵向受力钢筋。根据纵向受力钢筋配置的不同,受弯构件分为单筋截面和双筋截面两种。前者指只在受拉区配置纵向受力钢筋的受弯构件;后者指同时在梁的受拉区和受压区配置纵向受力钢筋的受弯构件。配置在受拉区的纵向受力钢筋主要用来承受由弯矩在梁内产生的拉力,配置在受压区的纵向受力钢筋则是用来补充混凝土受压能力的不足。由于双筋截面利用钢筋来协助混凝土承受压力,一般不经济。因此,实际工程中双筋截面梁一般只在有特殊需要时采用。

梁纵向受力钢筋的直径应当适中,太粗不便于加工,与混凝土的黏结力也差;太细则根数增加,在截面内不好布置,甚至降低受弯应力。梁纵向受力钢筋的常用直径 d 在 12~25 mm 范围。当 $h < 300$ mm 时,$d \geqslant 8$ mm;当 $h \geqslant 300$ mm时,$d \geqslant 10$ mm。一根梁中同一种受力钢筋最好为同一种直径;当有两种直径时,其直径相差不应小于 2 mm,以便施工中能用肉眼辨别。梁中受拉钢筋的根数不应少于 2 根,最好不少于 3~4 根。纵向受力钢筋应尽量布置成一层。当一层排不下时,可布置成两层,但应尽量避免出现两层以上的受力钢筋,以免过多地影响截面受弯承载力。

为了保证钢筋周围的混凝土浇注密实,避免钢筋锈蚀而影响结构的耐久性,梁的纵向受力钢筋间必须留有足够的净间距,如图 4-5 所示。

(2)架立钢筋。架立钢筋设置在受压区外缘

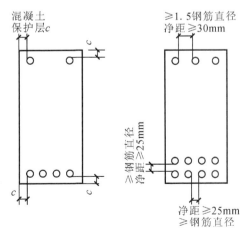

图 4-5 受力钢筋的排列

两侧,并平行于纵向受力钢筋。架立钢筋的作用:一是固定箍筋位置以形成梁的钢筋骨架;二是承受因温度变化和混凝土收缩而产生的拉应力,防止发生裂缝。受压区配置的纵向受压钢筋可兼作架立钢筋。架立钢筋的直径与梁的跨度有关,其最小直径不宜小于表 4－1 所列数值。

表 4－1　架立钢筋的最小直径　　　　　　　　　　　　　　　　单位:N/mm

梁跨(m)	<4	4~6	>6
架立钢筋最小直径(mm)	8	10	12

（3）弯起钢筋。弯起钢筋在跨中是纵向受力钢筋的一部分,在靠近支座的弯起段弯矩较小处则用来承受弯矩和剪力共同产生的主拉应力,即作为受剪钢筋的一部分。

钢筋的弯起角度一般为 45°,梁高 $h>800$ mm 时可采用 60°。

（4）箍筋。箍筋主要用来承受由剪力和弯矩在梁内引起的主拉应力,并通过绑扎或焊接把其他钢筋联系在一起,形成空间骨架。

（5）纵向构造钢筋及拉筋。当梁的截面高度较大时,为了防止在梁的侧面产生垂直于梁轴线的收缩裂缝,同时也为了增强钢筋骨架的刚度,增强梁的抗扭作用,当梁的腹板高度 h_w 大于等于 450 mm 时,应在梁的两个侧面沿高度配置纵向构造钢筋(亦称腰筋),并用拉筋固定(见图 4－6)。每侧纵向构造钢筋(不包括梁的受力钢筋和架立钢筋)的截面面积不应小于腹板截面面积 bh_w 的 0.1%,且其间距不宜大于 200 mm。此处 h_w 的取值为:矩形截面取截面有效高度,T 形截面取有效高度减去翼缘高度,工字形截面取腹板净高。纵向构造钢筋一般不必做弯钩。拉筋直径一般与箍筋相同,间距常取为箍筋间距的两倍。

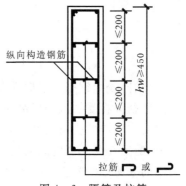

图 4－6　腰筋及拉筋

3.梁的支撑长度

梁在砖墙或砖柱上的支撑长度 a,应满足梁内纵向受力钢筋在支座处的锚固长度要求,并满足支撑处砌体局部受压承载力的要求。当梁高 $h\leqslant500$ mm 时,$a\geqslant180$ mm～240 mm;当梁高 $h>500$ mm 时,$a\geqslant370$ mm。当梁支撑在钢筋混凝土梁(柱)上时,支撑长度 $a\geqslant180$ mm。

4.1.3　混凝土保护层厚度及截面有效高度

为了使钢筋不发生锈蚀,保证钢筋与混凝土间有足够的黏结强度,梁、板受力钢筋的表面必须有足够的混凝土保护层。钢筋外表面到混凝土外表面的距离,称作混凝土保护层厚度 c。

纵向受力钢筋的混凝土保护层的最小厚度应符合表 4－2 的规定要求,且不小于受力钢筋的直径。

表4-2　混凝土保护层最小厚度　　　　　　　单位：mm

环境类别		板、墙、壳			梁			柱		
		≤C20	C25～C45	≥C50	≤C20	C25～C45	≥C50	≤C20	C25～C45	≥C50
一		20	15	15	30	25	25	30	30	30
二	a	—	20	20	—	30	30	—	30	30
	b	—	25	20	—	35	30	—	35	30
三		—	30	25	—	40	35	—	40	35

注：①基础中纵向受力钢筋的混凝土保护层厚度不应小于40 mm；当无垫层时不应小于70 mm。

②处于一类环境中且由工厂生产的预制构件，当混凝土强度等级不低于C20时，其保护层厚度可按表中规定减少5 mm，但预制构件中的预应力钢筋的保护层不应小于15 mm；处于二类环境且由工厂生产的预制构件，当表面采取有效保护措施时，保护层厚度可按表中一类环境数值采用。

③预制钢筋混凝土受弯构件钢筋端头的保护层厚度不应小于10 mm；预制肋形板主肋钢筋的保护层厚度应按梁的数值取用。

④板、墙、壳中分布钢筋的保护层厚度不应小于表中相应数值减10 mm，且不小于10 mm。梁、柱箍筋和构造钢筋的保护层不应小于15 mm。

梁板的截面有效高度 h_0。所谓截面有效高度 h_0 是指受拉钢筋的重心至受压边缘的垂直距离，它与受拉钢筋的直径及排数有关。公式为：

$$h_0 = h - a_s \tag{4.1}$$

式中，h——截面高度；

a_s——受拉钢筋的重心至受拉边缘的垂直距离。

根据钢筋净距、混凝土保护层最小厚度以及梁、板常用钢筋直径，对于室内正常环境下的梁、板，a_s 可近似按表4-3取用。

表4-3　室内正常环境下的梁、板 a_s 的近似值　　　　　　　单位：mm

构件种类	纵向受力钢筋层数	混凝土强度等级	
		≤C20	≥C25
梁	一层	40	35
	二层	65	60
板	一层	25	20

4.2　受弯构件正截面承载力计算

4.2.1　受弯构件正截面承载力的受力特点

1. 构件正截面的破坏形态

为了计算钢筋混凝土受弯构件的正截面承载力和变形，必须通过试验了解钢筋混凝土受弯构件的截面应力分布及其破坏过程，取"纯弯段"实测实验数据进行研究。

试验结果表明,梁的正截面破坏与钢筋含量、混凝土强度等级、截面形式等有关,影响最大的是梁内纵向受力钢筋含量。可用纵向受拉钢筋面积 A_s 与混凝土有效面积 bh_0 的比值来表示,即 $\rho = \dfrac{A_s}{bh_0}$,ρ 称为配筋率。

根据配筋率的不同,钢筋混凝土梁可分为适筋梁、超筋梁、少筋梁。

试验表明,它们的破坏形式是不同的。

(1)适筋梁破坏。配置适量纵向受力钢筋的梁称为适筋梁。破坏的主要特征是受拉区首先开裂,随着荷载增加,裂缝向上发展,钢筋首先屈服,最后受压区边缘混凝土达到极限压应变,构件开始破坏。这种破坏事先有预兆,属于塑性破坏。破坏时钢筋与混凝土的强度得到充分发挥,见图4-7(a)。

(2)超筋梁破坏。这种梁由于纵向钢筋配置过多,受压区混凝土在钢筋屈服前达到极限压应变被压碎而破坏。破坏时钢筋的应力还未达到屈服强度,因而裂缝宽度均较小,且不能形成一条开展宽度较大的主裂缝,见图4-7(b),梁的挠度也较小。这种单纯因混凝土被压碎而引起的破坏,发生得非常突然,没有明显的预兆,属于脆性破坏。实际工程中不应采用超筋梁。

(3)少筋梁破坏。当梁内受拉钢筋配置过少时,这种梁破坏时,裂缝往往集中出现一条,不但开展宽度大,而且沿梁高延伸较高。一旦出现裂缝,钢筋的应力就会迅速增大并超过屈服强度而进入强化阶段,甚至被拉断。在此过程中,裂缝迅速开展,构件严重向下挠曲,最后因裂缝过宽,变形过大而丧失承载力,甚至被折断,见图4-7(c)。这种破坏也是突然的,没有明显预兆,属于脆性破坏。实际工程中不应采用少筋梁。

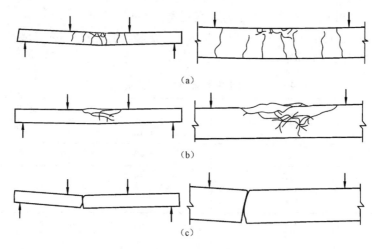

图4-7 梁的正截面破坏形式

2.适筋梁正截面受弯破坏的三个受力阶段

适筋梁从开始加载到完全破坏,其应力变化经历了三个阶段,如图4-8所示。

第Ⅰ阶段(弹性工作阶段):荷载很小时,混凝土的压应力及拉应力都很小,应力和应变几乎成直线关系,如图4-8(a)所示。

当弯矩增大时,受拉区混凝土表现出明显的塑性特征,应力和应变不再呈直线关系,应力分布呈曲线。当受拉边缘纤维的应变达到混凝土的极限拉应变 ε_{tu} 时,截面处于将裂未裂的极限状态,即第 I 阶段末,用 I_a 表示,此时截面所能承担的弯矩称抗裂弯矩 M_{cr},如图 4 - 8(b)所示。I_a 阶段的应力状态是抗裂验算的依据。

第 II 阶段(带裂缝工作阶段):当弯矩继续增加时,受拉区混凝土的拉应变超过其极限拉应变 ε_{tu},受拉区出现裂缝,截面进入第 II 阶段。裂缝出现后,在裂缝截面处,受拉区混凝土大部分退出工作,拉力几乎全部由受拉钢筋承担。随着弯矩的不断增加,裂缝逐渐向上扩展,中和轴逐渐上移,受压区混凝土呈现出一定的塑性特征,应力图形呈曲线形,如图 4 - 8(c)所示。第 II 阶段的应力状态是裂缝宽度和变形验算的依据。

当弯矩继续增加,钢筋应力达到屈服强度 f_y,这时截面所能承担的弯矩称为屈服弯矩 M_y。它标志截面进入第 II 阶段末,以 II_a 表示,如图 4 - 8(d)所示。

第 III 阶段(破坏阶段):弯矩继续增加,受拉钢筋的应力保持屈服强度不变,钢筋的应变迅速增大,促使受拉区混凝土的裂缝迅速向上扩展,受压区混凝土的塑性特征表现得更加充分,压应力呈显著曲线分布,如图 4 - 8(e)所示。到本阶段末(即 III_a 阶段),受压边缘混凝土压应变达到极限压应变,受压区混凝土产生近乎水平的裂缝,混凝土被压碎,甚至崩脱(见图 4 - 7),截面宣告破坏,此时截面所承担的弯矩即为破坏弯矩 M_u。III_a 阶段的应力状态作为构件承载力计算的依据,如图 4 - 8(f)所示。

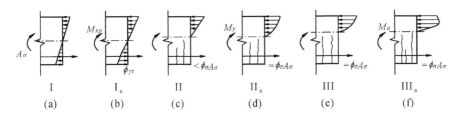

图 4 - 8 适筋梁工作的三个阶段

由上述可知,适筋梁的破坏始于受拉钢筋屈服。从屈服到受压区混凝土被压碎(即弯矩由 M_y 增大到 M_u),需要经历较长过程。由于钢筋屈服后产生很大塑性变形,使裂缝急剧开展和挠度急剧增大,给人以明显的破坏预兆,这种破坏称为延性破坏。适筋梁的材料强度能得到充分发挥。

4.2.2 单筋矩形截面受弯构件正截面承载力计算

1. 计算原则

(1)基本假定。如前所述,钢筋混凝土受弯构件正截面承载力计算以适筋梁 III_a 阶段的应力状态为依据。为便于建立基本公式,现作如下假定:

①构件正截面弯曲变形后仍保持一平面,即在三个阶段中,截面上的应变沿截面高度为线性分布。这一假定称为平截面假定。由实测结果可知,混凝土受压区的应变基本呈线性分布,受拉区的平均应变大体也符合平截面假定。

②钢筋的应力 σ_s 等于钢筋应变 ε_s 与其弹性模量 E_s 的乘积,但不得大于其强度设计值 f_y,即 $\sigma_s = \varepsilon_s E_s \leqslant f_y$。

③不考虑截面受拉区混凝土的抗拉强度。

④受压混凝土采用理想化的应力—应变关系(见图 4-9),当混凝土强度等级为 C50 及以下时,混凝土极限压应变 $\varepsilon_{cu}=0.0033$。

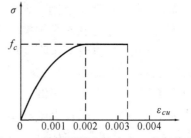

图 4-9　受压混凝土的应力—应变关系

(2)等效矩形应力图。根据前述假定,适筋梁Ⅲ。阶段的应力图形可简化为图 4-10(b)的曲线应力图,其中 x_n 为实际混凝土受压区高度。为进一步简化计算,按照受压区混凝土的合力大小不变、受压区混凝土的合力作用点不变的原则,将其简化为图 4-10(c)所示的等效矩形应力图形。等效矩形应力图形的混凝土受压区高度 $x=\beta_1 x_n$ 等效矩形应力图形的应力值为 $\alpha_1 f_c$,其中 f_c 为混凝土轴心抗压强度设计值,β_1 为等效矩形应力图受压区高度与中和轴高度的比值,α_1 为受压区混凝土等效矩形应力图的应力值与混凝土轴心抗压强度设计值的比值,β_1、α_1 的值见表 4-4。

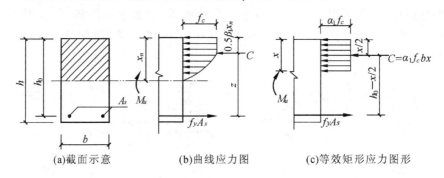

(a)截面示意　　　(b)曲线应力图　　　(c)等效矩形应力图形

图 4-10　第Ⅲa 阶段梁截面应力分布图

表 4-4　β_1、α_1 值

混凝土强度等级	≤C50	C55	C60	C65	C70	C75	C80
β_1	0.8	0.79	0.78	0.77	0.76	0.75	0.74
α_1	1.0	0.99	0.98	0.97	0.96	0.95	0.94

(3)适筋梁与超筋梁的界限——界限相对受压区高度 ξ_b。比较适筋梁和超筋梁的破坏,前者始于受拉钢筋屈服,后者始于受压区混凝土被压碎。理论上,二者间存在一种界限状态,即所谓界限破坏。这种状态下,受拉钢筋达到屈服强度和受压区混凝土边缘达到极限压应变是同时发生的。将受弯构件等效矩形应力图形的混凝土受压区高度 x 与截面有效高度 h_0 之比称为相对受压区高度,用 ξ 表示,$\xi=x/h_0$,适筋梁界限破坏时等效受压区高度与截面有效高度之比称为界限相对受压区高度,用 ξ_b 表示。

ξ_b 值是用来衡量构件破坏时钢筋强度能否充分利用的一个特征值。若 $\xi>\xi_b$,构件破坏时受拉钢筋不能屈服,表明构件的破坏为超筋破坏;若 $\xi\leqslant\xi_b$,构件破坏时受拉钢筋已经达到屈服强度,表明发生的破坏为适筋破坏或少筋破坏。各种钢筋的 ξ_b 值见表 4-5。

表 4-5　相对界限受压区高度 ξ_b 值

钢筋级别	ξ_b						
	≤C50	C55	C60	C65	C70	C75	C80
HPB300	0.614	—	—	—	—	—	—
HRB335	0.550	0.541	0.531	0.522	0.512	0.503	0.493
HRB400 RRB400	0.518	0.508	0.499	0.490	0.481	0.472	0.463

注:表中空格表示高强度混凝土不宜配置低强度钢筋。

(4)适筋梁与少筋梁的界限——截面最小配筋率 ρ_{min}。少筋破坏的特点是"一裂即坏"。为了避免出现少筋情况,必须控制截面配筋率,使之不小于某一界限值,即最小配筋率 ρ_{min}。

理论上讲,最小配筋率的确定原则为:配筋率为 ρ_{min} 的钢筋混凝土受弯构件,按Ⅲ$_a$ 阶段计算的正截面受弯承载力应等于同截面素混凝土梁所能承受的弯矩 M_{cr}(M_{cr} 为按Ⅰ$_a$ 阶段计算的开裂弯矩)。当构件按适筋梁计算所得的配筋率小于 ρ_{min} 时,理论上讲,梁可以不配受力钢筋,作用在梁上的弯矩仅素混凝土梁就足以承受,但考虑到混凝土强度的离散性,加之少筋破坏属于脆性破坏,以及收缩等因素,《混凝土规范》规定梁的配筋率不得小于 ρ_{min}。实用上的 ρ_{min} 往往是根据经验得出的。

梁的截面最小配筋率按表 4-6 查取,对于受弯构件,ρ_{min} 按下式计算:

$$\rho_{min} = \max(0.45 f_y/f_t, 0.2) \tag{4.2}$$

表 4-6　钢筋混凝土结构构件中纵向受力钢筋的最小配筋率(%)

受力类型		最小配筋百分率
受压构件	全部纵向钢筋	0.6
	一侧纵向钢筋	0.2
受弯构件、偏心受拉、轴心受拉一侧的受拉钢筋		$45\dfrac{f_t}{f_y}$,且不小于 0.2

注:①受压构件全部纵向钢筋最小配筋百分率,当采用 HRB400 级、RRB400 级钢筋时,应按表中规定减小 0.1;当混凝土强度等级为 C60 及以上时,应按表中规定增大 0.1;

②受压构件全部纵向钢筋和一侧纵向钢筋的配筋率应按构件的全截面面积计算;

③当钢筋沿构件截面周边布置时,"一侧纵向钢筋"是指沿受力方向两个对边中的一边布置的纵向钢筋。

2. 基本公式及其适用条件

由图 4-10(c)所示等效矩形应力图形,根据静力平衡条件,可得出单筋矩形截面梁正截面承载力计算的基本公式:

$$\alpha_1 f_c bx = f_y A_s \tag{4.3}$$

$$M \leqslant \alpha_1 f_c bx(h_0 - x/2) \tag{4.4}$$

或

$$M \leqslant f_y A_s(h_0 - x/2) \tag{4.5}$$

式中,M——弯矩设计值;

f_c——混凝土轴心抗压强度设计值,按前面表格采用;

f_y——钢筋抗拉强度设计值,按前面表格采用;

x——混凝土受压区高度;

其余符号意义同前。

式(4.3)～(4.5)应满足下列两个适用条件:

(1)为防止发生超筋破坏,需满足 $\xi\leqslant\xi_b$ 或 $x\leqslant\xi_b h_0$,其中 ξ、ξ_b 分别称为相对受压区高度和界限相对受压区高度;在式(4.4)中,取 $x\leqslant\xi_b h_0$,即得到单筋矩形截面所能承受的最大弯矩的表达式:

$$M_{u,\max}=\alpha_1 f_c b h_0^2 \xi_b(1-0.5\xi_b)\qquad(4.6)$$

(2)防止发生少筋破坏,应满足 $\rho\geqslant\rho_{\min}$ 或 $A_s\geqslant A_{s,\min}=\rho_{\min}bh$,其中 $\rho_{\min}$ 为截面最小配筋率。

3. 基本公式的应用

单筋矩形截面受弯构件正截面承载力计算,可以分为两类问题:一是截面设计,二是复核已知截面的承载力。

(1)截面设计。

①基本公式法。

已知:弯矩设计值 M,混凝土强度等级,钢筋级别,构件截面尺寸 b、h。

求:所需受拉钢筋截面面积 A_s。

计算步骤如下:

第一,确定截面有效高度 h_0,$h_0=h-a_s$;

第二,计算混凝土受压区高度 x,并判断是否属超筋梁;

$$x=h_0-\sqrt{h_0^2-\frac{2M}{\alpha_1 f_c b}}\qquad(4.7)$$

若 $x\leqslant\xi_b h_0$,则不属超筋梁;否则为超筋梁,应加大截面尺寸,或提高混凝土强度等级,或改用双筋截面。

第三,计算钢筋截面面积 A_s,并判断是否属少筋梁;

$$A_s=\alpha_1 f_c b x/f_y\qquad(4.8)$$

若 $A_s\geqslant\rho_{\min}bh$,则不属少筋梁;否则为少筋梁,应取 $A_s=\rho_{\min}bh$。

第四,选配钢筋;

根据计算的 A_s,查附录选择钢筋的直径和根数,并复核一排能否放下。如果纵向钢筋需要按两排放置,则应改变截面有效高度 h_0,重新计算 A_s,并再次选择钢筋。

【例4.1】某钢筋混凝土矩形截面简支梁,跨中弯矩设计值 $M=80$ kN·m,梁的截面尺寸 $b\times h=200\times450$ mm,采用C25级混凝土,HRB400级钢筋。试确定跨中截面纵向受力钢筋的数量。

【解】查表得 $f_c=11.9$ N/mm², $f_t=1.27$ N/mm², $f_y=360$ N/mm², $\alpha_1=1.0$, $\xi_b=0.518$;

(1)确定截面有效高度 h_0。

假设纵向受力钢筋为单层,则 $h_0=h-35=450-35=415$ (mm)。

(2)计算 x,并判断是否为超筋梁。

$$x=h_0-\sqrt{h_0^2-\frac{2M}{\alpha_1 f_c b}}=415-\sqrt{415^2-\frac{2\times80\times10^6}{1.0\times11.9\times200}}$$

$$=91.0 \text{（mm）}<\xi_b h_0=0.518\times415=215.0\text{（mm）}$$

不属于超筋梁。

（3）计算 A_s，并判断是否为少筋梁。

$$A_s=\alpha_1 f_c bx/f_y=1.0\times11.9\times200\times91.0/360=601.6\text{（mm}^2\text{）}$$

$$0.45f_t/f_y=0.45\times1.27/360=0.16\%<0.2\%\quad\text{取}\ \rho_{\min}=0.2\%$$

$$A_{s,\min}=0.2\%\times200\times450=180\text{（mm}^2\text{）}<A_s=601.6\text{ mm}^2$$

不属少筋梁。

（4）选配钢筋。

选配 4Φ14（$A_s=615$ mm^2），如图 4-11 所示。

②表格计算法。由上述例题可以看出，用基本公式进行设计，计算烦琐。为了计算方便，可将基本公式变换后，编制成计算表格。

由于相对受压区高度 $\xi=x/h_0$，则 $x=\xi h_0$，由式 4.4，得

$$M=\alpha_1 f_c bx(h_0-x/2)=\alpha_1 f_c bh_0^2\xi(1-0.5\xi)$$

令

$$\alpha_s=\xi(1-0.5\xi) \tag{4.9}$$

则

$$M=\alpha_1 f_c bh_0^2\alpha_s \tag{4.10}$$

同理由式（4.5），得

$$M=A_s f_y(h_0-x/2)=f_y A_s h_0(1-0.5\xi)$$

令

$$\gamma_s=(1-0.5\xi) \tag{4.11}$$

则

$$M=f_y A_s h_0\gamma_s \tag{4.12}$$

公式（4.3）可改为：

$$\alpha_1 f_c b\xi h_0=f_y A_s \tag{4.13}$$

式中，α_s——截面抵抗矩系数，在适筋梁范围内，ρ 越大，α_s 越大，Mu 值越高；

γ_s——截面内力臂系数，是截面内力臂与有效高度的比值，ξ 越大，γ_s 越小。

显然，α_s、γ_s 均为相对受压区高度的函数，利用 α_s、γ_s、ξ 的关系，可编制成计算表格，见表 4-7，供设计时查用。当已知 α_s、γ_s、ξ 三个数中的某一值时，就可查出相应的另外两个系数值。

利用表格进行截面设计时的步骤如下：

第一，计算 α_s。

由式（4.10），得

$$\alpha_s=\frac{M}{\alpha_1 f_c bh_0{}^2} \tag{4.14}$$

第二，由 α_s 查表 4-7 得系数 γ_s 或 ξ_s。

第三，求纵向钢筋面积 A_s。

若 $\xi\leqslant\xi_b$ 或 $\alpha_{s,\max}\leqslant\alpha_{s,\max}$，则由式（4.13），得

$$A_s=\frac{M}{f_y\gamma_s h_0} \tag{4.15}$$

或由式(4.13),得

$$A_s = \frac{\alpha_1 f_c b \xi h_0}{f_y}$$
(4.16)

若 $\xi > \xi_b$ 或 $\alpha_s > \alpha_{s,\max}$,则属超筋梁,重新计算。

第四,验算最小配筋率,即 $A_s \geqslant \rho_{\min} b h$。

表 4-7 钢筋混凝土矩形和 T 形截面受弯构件正截面承载力计算系数表

ξ	γ_s	α_s	ξ	γ_s	α_s
0.01	0.995	0.010	0.32	0.840	0.269
0.02	0.990	0.020	0.33	0.835	0.275
0.03	0.985	0.030	0.34	0.830	0.282
0.04	0.980	0.039	0.35	0.825	0.289
0.05	0.975	0.049	0.36	0.820	0.295
0.06	0.970	0.058	0.37	0.815	0.301
0.07	0.965	0.067	0.38	0.810	0.309
0.08	0.960	0.077	0.39	0.805	0.314
0.09	0.955	0.085	0.40	0.800	0.320
0.1	0.950	0.090	0.41	0.795	0.326
0.11	0.945	0.104	0.42	0.790	0.332
0.12	0.940	0.113	0.43	0.785	0.337
0.13	0.935	0.121	0.44	0.780	0.343
0.14	0.930	0.130	0.45	0.775	0.349
0.15	0.925	0.139	0.46	0.770	0.354
0.16	0.920	0.147	0.47	0.765	0.359
0.17	0.915	0.155	0.48	0.760	0.365
0.18	0.910	0.164	0.49	0.755	0.370
0.19	0.905	0.172	0.50	0.750	0.375
0.20	0.900	0.180	0.51	0.745	0.380
0.21	0.895	0.188	0.518	0.741	0.384
0.22	0.890	0.196	0.52	0.740	0.385
0.23	0.885	0.203	0.53	0.735	0.390
0.24	0.880	0.211	0.54	0.730	0.394
0.25	0.875	0.219	0.55	0.725	0.400
0.26	0.870	0.226	0.56	0.720	0.403
0.27	0.865	0.234	0.57	0.715	0.408
0.28	0.860	0.241	0.58	0.710	0.412
0.29	0.855	0.248	0.59	0.705	0.416
0.3	0.850	0.255	0.60	0.700	0.420
0.31	0.845	0.262	0.614	0.693	0.426

【例4.2】用查表法计算【例4.1】中纵向受拉钢筋的截面面积。

【解】(1) 查表得 $f_c = 11.9$ N/mm², $f_t = 1.27$ N/mm², $f_y = 360$ N/mm², $\alpha_1 = 1.0$, $\xi_b =$

0.518。

(2)计算 α_s，并验算适用条件。

假设纵向受力钢筋为单层，则 $h_0 = h - 35 = 450 - 35 = 415$（mm）。

由公式(4.14)可得

$$\alpha_s = \frac{M}{\alpha_1 f_c b h_0^{\ 2}} = \frac{80 \times 10^6}{1.0 \times 11.9 \times 200 \times 415^2} = 0.195$$

$$\gamma_s = 0.887, \xi = 0.219 < 0.518$$

(3) 计算钢筋截面面积 A_s。

将 $\xi = 0.219$ 代入公式(4.16)，得

$$A_s = \frac{\alpha_1 f_c b \xi h_0}{f_y} = \frac{1.0 \times 11.9 \times 200 \times 0.219 \times 415}{360} = 600.85 \text{（mm}^2\text{）}$$

(4)选配钢筋并验算最小配筋率同【例4.1】。

(2)截面复核。截面复核时，已知材料强度等级(f_c、f_y)、截面尺寸(b、h)和钢筋截面面积(A_s)，要求计算该截面所能承受的弯矩设计值 M_u；或已知弯矩设计值 M，复核该截面是否安全，当 $M_u \geq M$，时安全；当 $M_u < M$ 时不安全，此时应修改原设计。

截面复核时计算步骤如下：

①计算截面受压区高度 x。由公式(4.3)，得 $x = \dfrac{f_y A_s}{\alpha_1 f_c b}$。

②验算适用条件，并计算截面受弯承载力 M_u。若 $x \leq \xi_b h_0$，且 $A_s \geq \rho_{\min} b h$，则为适筋梁；将 x 值代入式(4.4)得 $M_u = \alpha_1 f_c b x (h_0 - \dfrac{x}{2})$；若 $x > \xi_b h_0$，取 $x = \xi_b h_0$，计算 $M_{u,\max} = \alpha_1 f_c b h_0^2 \xi_b (1 - 0.5\xi_b)$；若 $A_s < \rho_{\min} b h$，为少筋梁，应修改设计。

③复核截面是否安全。当 $M_u \geq M$，则截面安全；当 $M_u < M$，则截面不安全。

【例4.3】已知一钢筋混凝土梁，截面尺寸 $b \times h = 200 \text{ mm} \times 450 \text{ mm}$，混凝土强度等级C25，纵向受拉钢筋采用 3Φ22(HRB335级钢筋)，该梁承受的最大弯矩设计值 $M = 112 \text{ k} \cdot \text{N}$，环境类别为二(a)类，复核该梁是否安全。

【解】由已知材料强度等级查表得 $f_c = 11.9 \text{ N/mm}^2$，$f_t = 1.27 \text{ N/mm}^2$，$f_y = 300 \text{ N/mm}^2$，$\alpha_1 = 1.0$，$A_s = 1140 \text{ mm}^2$，混凝土保护层的最小厚度为 30 mm，则

$$h_0 = h - a_s = 450 - 30 - 22/2 = 409 \text{（mm）}$$

$$x = \frac{f_y A_s}{\alpha_1 f_c b} = \frac{300 \times 1140}{1.0 \times 11.9 \times 200} = 143.7 \text{（mm）} < \xi_b h_0 = 0.55 \times 409 = 225.0 \text{（mm）}$$

$$\rho_{\min} = 0.45 \frac{f_c}{f_y} = 0.45 \times \frac{1.27}{300} = 0.191\% < 0.2\% \quad 取 \ \rho_{\min} = 0.2\%$$

$\rho_{\min} b h = 0.2\% \times 200 \times 450 = 180 \text{（mm}^2\text{）} < A_s = 1140 \text{ mm}^2$ 满足适用条件。

由公式(4.4)得

$$M_u = \alpha_1 f_c b x (h_0 - x/2)$$
$$= 1.0 \times 11.9 \times 200 \times (409 - 0.5 \times 143.7)$$
$$= 115.3 \text{（kN} \cdot \text{m）}$$

$M_u > M$，故该梁正截面安全。

4.2.3 单筋 T 形截面受弯构件正截面承载力计算

在单筋矩形截面梁正截面受弯承载力计算中,是不考虑受拉区混凝土的作用的。如果把受拉区两侧的混凝土挖掉一部分,将受拉钢筋配置在肋部,既不会降低截面承载力,又可以节省材料,减轻自重,这样就形成了 T 形截面梁。T 形截面受弯构件在工程实际中应用较广,除独立 T 形梁外,槽形板、空心板以及现浇肋形楼盖中的主梁和次梁的跨中截面(I-I截面)也按 T 形梁计算(见图 4-12)。但是,翼缘位于受拉区的倒 T 形截面梁,当受拉区开裂后,翼缘就不起作用了,因此其受弯承载力应按截面为 $b \times h$ 的矩形截面计算,见图 4-12(d)Ⅱ-Ⅱ截面。

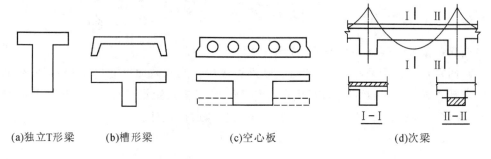

(a)独立T形梁　　(b)槽形梁　　　　(c)空心板　　　　　(d)次梁

图 4-12　T 形梁示例

1. T 形截面受弯构件的翼缘计算宽度

试验表明,T 形梁破坏时,其翼缘上混凝土的压应力是不均匀的,越接近肋部应力越大,超过一定距离时压应力几乎为零。在计算中,为简便起见,假定只在翼缘一定宽度范围内受有压应力,且均匀分布,该范围以外的部分不起作用,这个宽度称为翼缘计算宽度,用 b'_f 表示,其值取表 4-8 中各项的最小值。

表 4-8　T 形、工字形及倒 L 形截面受弯构件翼缘计算宽度 b'_f

项次	考虑情况		T 形截面、工字形截面		倒 L 形截面
			肋形梁、肋形板	独立梁	肋形梁、肋形板
1	按计算跨度 l_0 考虑		$l_0/3$	$l_0/3$	$l_0/6$
2	按梁(纵肋)净距 s_n 考虑		$b+s_n$	—	$b+s_n/2$
3	按翼缘高度 h'_f 考虑	$h_f'/h_0 \geq 0.1$	—	$b+12h'_f$	
		$0.1 > h'_f/h_0 \geq 0.05$	$b+12h'_f$	$b+6h'_f$	$b+5h'_f$
		$h_f'/h_0 < 0.05$	$b+12h_f'$	b	$b+5h'_f$

注:表中 b 为梁的腹板宽度。

2. T 形截面的分类及判别

T 形截面梁,根据其受力后受压区高度 x 的大小或中性轴所在位置的不同,T 形截面可分为两种类型:

(1)第一类 T 形截面:中性轴在翼缘内,即 $x \leq h'_f$,受压区面积为矩形。

(2)第二类 T 形截面:中性轴在梁肋内,即 $x \geq h_f$,受压区面积为 T 形。

两类 T 形截面的界限为 $x = h'_f$，按照图 4-13 所示，由平衡条件可得

$$\sum x = 0 \qquad \sum f_y A_s = \alpha_1 f_c b'_f h'_f \qquad (4.17)$$

$$\sum M_{As} = 0 \qquad M_u = \alpha_1 f_c h'_f (h_0 - h'_f / 2) \qquad (4.18)$$

根据式(4.17)、(4.18)，两类 T 形截面的判别按下列方法进行。

对第一类 T 形截面，有 $x \leqslant h'_f$，则有

$$f_y A_s \leqslant \alpha_1 f_c b'_f h'_f \qquad (4.19a)$$

$$M \leqslant \alpha_1 f_c b'_f h'_f (h_0 - h'_f / 2) \qquad (4.19b)$$

对第二类 T 形截面，有 $x > h'_f$，则有

$$f_y A_s > \alpha_1 f_c b'_f h'_f \qquad (4.20a)$$

$$M_u > \alpha_1 f_c b'_f h'_f (h_0 - h_f / 2) \qquad (4.20b)$$

截面设计时，因受拉钢筋未知，采用公式(4.19b)、(4.20b)判别 T 形截面类型；截面复核时，受拉钢筋已知，用式(4.19a)(4.20a)判别 T 形截面的类型。

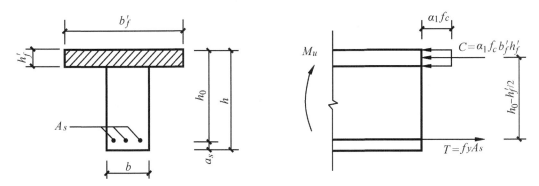

图 4-13　两类 T 形截面的判别界限

3. 基本计算公式及适用条件

(1)第一类 T 形截面(见图 4-14)。

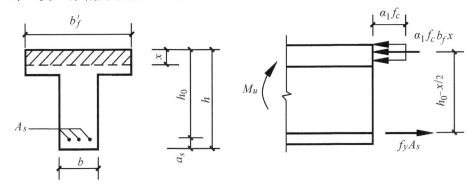

图 4-14　第一类 T 形截面

①基本计算公式。第一类 T 形截面的受压区为矩形，面积为 $b'_f x$。由前述知识可知，梁截面承载力与受压区形状无关。因此，第一类 T 形截面承载力与截面为 $b'_f h$ 的矩形截面完全相同，故其基本公式可表示为：

$$\sum x = 0 \qquad \alpha_1 f_c b'_f x = f_y A_s \qquad\qquad (4.21)$$

$$\sum M_{A_s} = 0 \qquad M \leqslant \alpha_1 f_c b'_f x (h_0 - x/2) \qquad\qquad (4.22)$$

②适用条件。第一，为了防止超筋破坏，应满足 $\xi \leqslant \xi_b$ 或 $x \leqslant \xi_b h_0$，但第一类 T 形截面一般不会超筋，故计算时可不验算这个条件。

第二，为了防止少筋梁，应满足 $A_s \geqslant \rho_{min} bh$ 或 $\rho \geqslant \rho_{min}$。由于最小配筋率是由截面的开裂弯矩 M_{cr} 决定的，而 M_{cr} 主要取决于受拉混凝土的面积，故最小配筋面积 $A_{s,max} = \rho_{min} bh$，而不按 $b'_f h$ 计算。

(2)第二类 T 形截面(见图 4-15)。

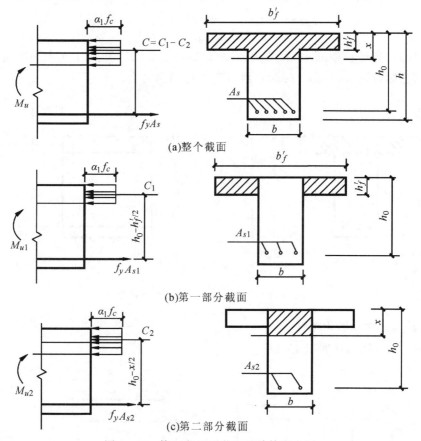

(a)整个截面

(b)第一部分截面

(c)第二部分截面

图 4-15 第二类 T 形截面的计算应力图

①计算公式。第二类 T 形截面的中和轴在梁肋内($h > h'_f$)，其混凝土受压区的形状已由矩形变为 T 形，其计算应力图形如图 4-15(a)所示。根据平衡条件可得

$$\alpha_1 f_c (b'_f - b) h'_f + \alpha_1 f_c bx = f_y A_s \qquad\qquad (4.23)$$

$$M \leqslant \alpha_1 f_c (b'_f - b) h'_f \left(h_0 - \frac{h'_f}{2}\right) + \alpha_1 f_c bx \left(h_0 - \frac{x}{2}\right) \qquad\qquad (4.24)$$

为了便于分析和计算，可将第二类 T 形截面所承担的弯矩 M_u 分为两部分(其应力图也分解为两部分)：第一部分为翼缘挑出部分($b'_f - b$)h'_f 的混凝土和相应的一部分受拉钢筋 A_{s1} 所承担的弯矩 M_{u1}，见图 4-15(b)；第二部分为 $b \times x$ 的矩形截面受压区混凝土与相应的另一部

分受拉钢筋 A_{s2} 所承担的弯矩 M_{u2},见图 $4-15(c)$。于是可得

$$M_u = M_{u1} + M_{u2} \qquad\qquad (4.25)$$

$$A_s = A_{s1} + A_{s2} \qquad\qquad (4.26)$$

对第一部分,由平衡条件可得

$$\alpha_1 f_c (b'_f - b) h'_f = f_y A_{s1} \qquad\qquad (4.27)$$

$$M_{u1} = \alpha_1 f_c (b'_f - b) h'_f (h_0 - \frac{h'_f}{2}) \qquad\qquad (4.28)$$

对于第二部分,由平衡条件可得

$$\alpha_1 f_c b x = f_y A_{s2} \qquad\qquad (4.29)$$

$$M_{u2} = \alpha_1 f_c b x (h_0 - \frac{x}{2}) \qquad\qquad (4.30)$$

②适用条件。

第一,为防止超筋破坏,要求满足 $\xi \leqslant \xi_b$,或 $x \leqslant \xi_b h_0$。

第二,为防止少筋破坏,要求 $A_s \geqslant \rho_{min} b h_0$。

由于第二类 T 形截面梁受压区高度 x 较大,相应的受拉钢筋配筋面积 A_s 较多,故通常都能满足 ρ_{min} 的要求,可不必验算。

4. 基本公式的应用

T 形截面计算时,首先必须判断出截面属于哪一类 T 形截面,然后正确应用两类 T 形截面的基本公式进行计算。

(1)截面设计。已知弯矩设计值 M,截面尺寸(b、h、b'_f、h'_f),材料强度设计值(α_1、f_c、f_y),求纵向受拉钢筋截面面积 A_s。

当 $M \leqslant \alpha_1 f_c b'_f h'_f (h_0 - \frac{h'_f}{2})$ 时,属于第一类 T 形截面。其计算方法与 $b'_f \times h$ 的单筋矩形截面相同。

当 $M > \alpha_1 f_c b'_f h'_f (h_0 - \frac{h'_f}{2})$ 时,属于第二类 T 形截面。其计算步骤如下:

①计算和 A_{s1} 相应所承担的弯矩 M_{u1}。

由式(4.27)得 $\qquad A_{s1} = \dfrac{\alpha_1 f_c (b'_f - b) \cdot h'_f}{f_y}$

由式(4.28)得 $\qquad M_{u1} = \alpha_1 f_c (b'_f - b) h'_f (h_0 - \dfrac{h'_f}{2})$

②计算弯矩 M_{u2}。

由式(4.25)得 $\qquad\qquad M_{u2} = M_u - M_{u1}$

③计算 A_{s2}。

由式(4.30)得 $\qquad\qquad \alpha_s = \dfrac{M_{u2}}{\alpha_1 f_c b h_0^2}$

由 α_s 查表 $4-7$ 得系数 γ_s 和 ξ。

若 $\xi > \xi_b$,则属超筋梁,说明截面尺寸不够,应加大截面,或提高混凝土强度等级,或改为双筋 T 形截面,重新计算。

若 $\xi \leqslant \xi_b$,则

$$A_{s2} = \frac{M_{u2}}{f_y \gamma_s h_0} \quad \text{或} \quad A_{s2} = \frac{\alpha_1 f_c b \xi \cdot h_0}{f_y}$$

④计算全部纵向受拉钢筋截面面积 A_s。

由式(4.26)得 $\qquad A_s = A_{s1} + A_{s2}$

【例4.4】某现浇勒形楼盖中的次梁,如图4-16所示。梁跨中承受弯矩设计值 $M = 112$ kN·m,梁的计算跨度 $l_0 = 5.1$ m,混凝土强度等级为C20,钢筋采用HRB335级,环境类别为一类。求该次梁所需的纵向受拉钢筋截面面积 A_s。

【解】由已知材料强度等级,查表得 $f_c = 9.6$ N/mm^2, $f_t = 1.27$ N/mm^2, $f_y = 300$ N/mm^2, $\alpha_1 = 1.0$。

(1)确定翼缘计算宽度 b'_f。

C20混凝土保护层最小厚度为30 mm 取 $h_0 = 400 - 40 = 360$ (mm)

按计算跨度 l_0 考虑 $\qquad b'_f = l_0/3 = 5100/3 = 1700$ (mm)

按梁肋净距 s_n 考虑 $\qquad b + s_n = 200 + 1600 = 1800$ (mm)

按翼缘高度 h'_f 考虑 $\qquad h'_f/h_0 = 80/360 > 0.1$,不受此项限制

故取三者最小值 $\qquad b'_f = 1700$ mm

(2)判别T形截面类型。

$$\alpha_1 f_c b'_f h'_f \left(h_0 - \frac{h'_f}{2}\right) = 1.0 \times 9.6 \times 1700 \times 80 \times \left(360 - \frac{80}{2}\right)$$

$$= 417.79 \times 10^6 \text{(N·m)}$$

$$= 417.79 \text{(kN·m)} > M = 112 \text{ kN·m}$$

属第一类T形截面,可按截面尺寸为 $b'_f \times h$ 的单筋矩形截面计算。

(3)计算钢筋截面面积并选配钢筋。

$$\alpha_s = \frac{M}{\alpha_1 f_c b'_f h_0^2} = \frac{112 \times 10^6}{1.0 \times 9.6 \times 1700 \times 360^2} = 0.053$$

查表4-7,得 $\xi = 0.054$

$$A_s = \frac{\alpha_1 f_c b'_f \xi h_0}{f_y} = \frac{1.0 \times 9.6 \times 1700 \times 0.054 \times 360}{300} = 1058 \text{ (mm}^2\text{)}$$

选用 2Φ22+1Φ20,实配 $A_s = 1074$ mm^2。

(4)验算适用条件。

$$\rho_{\min} = 0.45 \frac{f_t}{f_y} = 0.45 \times \frac{1.1}{300} = 0.165\% < 0.2\%$$

故取 $\rho_{\min} = 0.2\%$。

$$\rho_{\min} bh = 0.2\% \times 200 \times 400 = 160 \text{ (mm}^2\text{)} < A_s = 1074 \text{ mm}^2$$

符合要求,梁中受力钢筋布置如图4-16(b)所示。

【例4.5】有一T形截面梁,截面尺寸 $b = 250$ mm, $h = 600$ mm, $b'_f = 500$ mm, $h'_f = 100$ mm,承受弯矩设计值 $M = 405$ kN·m,采用C25混凝土,HRB335级钢筋,环境类别为一类,试确定该梁所需受拉钢筋截面面积。

【解】由已知材料强度等级,查表得 $f_c = 11.9$ N/mm^2, $f_t = 1.27$ N/mm^2, $f_y = 300$ N/mm^2, $\alpha_1 = 1.0$。

设采用两排纵向受力钢筋,取 $h_0 = 600 - 60 = 540$ (mm)。

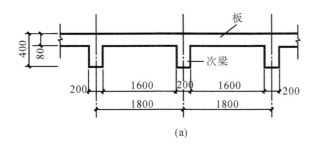
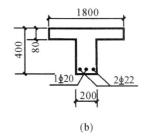

图 4-16

(1)判别 T 形截面类型。

$$\alpha_1 f_c b'_f h'_f \left(h_0 - \frac{h'_f}{2}\right) = 1.0 \times 11.9 \times 500 \times 100 \times \left(540 - \frac{100}{2}\right)$$

$$= 291.55 \times 10^6 (\text{N} \cdot \text{m})$$

$$= 291.55 (\text{kN} \cdot \text{m}) < M = 405 \text{ kN} \cdot \text{m}$$

故属于第二类 T 形截面。

(2)求 A_{s1} 和其相应承担的弯矩 M_{u1}。

由式(4.27)得

$$A_{s1} = \frac{\alpha_1 f_c (b'_f - b) \cdot h'_f}{f_y} = \frac{1 \times 11.9 \times (500 - 250) \times 100}{300} = 992 \text{ (mm}^2)$$

由式(4.28)得

$$M_{u1} = \alpha_1 f_c (b'_f - b) h'_f \left(h_0 - \frac{h'_f}{2}\right)$$

$$= 1.0 \times 11.9 \times (500 - 250) \times 100 \times \left(540 - \frac{100}{2}\right)$$

$$= 145.78 \times 10^6 (\text{N} \cdot \text{mm}) = 145.78 (\text{kN} \cdot \text{m})$$

(3)计算 M_{u2} 和 A_{s2}。

由式(4.25)得 $M_{u2} = M_u - M_{u1} = 405 - 145.78 = 259.22 (\text{kN} \cdot \text{m})$

则

$$\alpha_s = \frac{M_{u2}}{\alpha_1 f_c b h_0^2} = \frac{259.22 \times 10^6}{1.0 \times 11.9 \times 250 \times 540^2} = 0.299$$

查表 4-7 得，系数 $\gamma_s = 0.817, \xi = 0.366 < \xi_b = 0.550$，则

$$A_{s2} = \frac{M_{u2}}{f_y \gamma_s h_0} = \frac{259.22 \times 10^6}{300 \times 0.817 \times 540} = 1959 \text{ (mm}^2)$$

(4)计算全部纵向受拉钢筋截面面积 A_s。

由式(4.26)，得 $A_s = A_{s1} + A_{s2} = 992 + 1959 = 2951$ (mm^2)

选用 8 Φ 22，实配 $A_s = 3041$ mm^2，按两排布置，截面配筋如图 4-17 所示。

(2)截面复核。已知弯矩设计值 M，截面尺寸(b、h、b'_f、h'_f)，纵向受拉钢筋截面面积 As，材料强度设计值

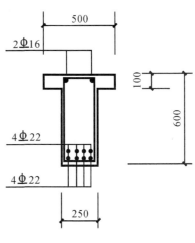

图 4-17

$(\alpha_1$、f_c、$f_y)$，求截面受弯承载力设计值 M_u，或已知弯矩设计值 M，复核该截面是否安全。

计算步骤如下：

首先必须判断出截面属于哪一类 T 形截面，根据相应的计算公式，最后验算适用条件。

满足公式(4.19a)，即 $f_yA_s \leqslant \alpha_1 f_c b'_f h'_f$ 时，属第一类 T 形截面，按 $b'_f \times h$ 的单筋矩形截面承载力复核验算的方法进行。

当满足式(4.20a)，即 $f_yA_s > \alpha_1 f_c b'_f h'_f$ 时，属第二类 T 形截面，由式(4.23)，得

$$x = \frac{f_yA_s - \alpha_1 f_c(b'_f - b)h'_f}{\alpha_1 f_c b} \tag{4.31}$$

验算适用条件，若 $x \leqslant \xi_b h_0$，将 x 代入式(4.24)求得 M_u；若 $x > \xi_b h_0$，则令 $x = \xi_b h_0$ 代入式(4.24)计算 M_u。若 $M_u > M$ 时，则承载力足够，截面安全。

【例 4.6】有一 T 形截面梁，截面尺寸 $b = 300$ mm，$h = 800$ mm，$b'_f = 600$ mm，$h'_f = 100$ mm，若采用 C25 混凝土，梁截面配有 10 根直径为 22 mm 的 HRB335 级钢筋，钢筋按两排布置，每排各 5 根，该梁承受的最大弯矩设计值 $M = 600$ kN·m，环境类别为一类，试复核该梁截面是否安全。

【解】查表得 $f_c = 11.9$ N/mm^2，$f_t = 1.27$ N/mm^2，$f_y = 300$ N/mm^2，$As = 3801$ mm^2（10 φ 22），$\alpha_1 = 1.0$。

C25 混凝土保护层最小厚度为 25 mm，受拉钢筋两排布置，则 $h_0 = 800 - 60 = 740$ (mm)

判别 T 形截面类型：

$$\alpha_1 f_c b'_f h'_f = 1.0 \times 11.9 \times 600 \times 100 = 714000 \text{ (N)}$$

$$f_yA_s = 300 \times 3801 = 1140300 \text{ (N)} > 714000 \text{ N}$$

故属于第二类 T 形截面。

$$x = \frac{f_yA_s - \alpha_1 f_c(b'_f - b)h'_f}{\alpha_1 f_c b} = \frac{300 \times 3801 - 1.0 \times 11.9 \times (600 - 300) \times 100}{1.0 \times 11.9 \times 300}$$

$$= 219.4 \text{ (mm)} < \xi_b h_0 = 0.55 \times 740 = 407 \text{ (mm)}$$

$$M_u = \alpha_1 f_c(b'_f - b)h'_f\left(h_0 - \frac{h'_f}{2}\right) + \alpha_1 f_c bx\left(h_0 - \frac{x}{2}\right)$$

$$= 1.0 \times 11.9 \times (600 - 300) \times 100 \times \left(740 - \frac{100}{2}\right) + 1.0 \times 11.9 \times 300 \times 219.4 \times \left(740 - \frac{219.4}{2}\right)$$

$$= 740.0 \times 10^6 (\text{N·mm}) = 740 \text{ (kN·m)} > = 600 \text{ kN·m}$$

故该梁正截面安全。

4.2.4 双筋截面受弯构件的计算特点

1. 双筋截面受弯构件的应用范围

在截面受拉区和受压区同时按计算配置纵向受力钢筋的受弯构件称为双筋截面受弯构件。

双筋截面梁虽然可以提高承载力，但由于采用受压钢筋来承受截面的部分压力是不经济的，因此，除下列情况外，一般不宜采用双筋截面梁。

(1)构件所承受的弯矩较大,而截面尺寸受到限制,采用单筋梁无法满足要求;

(2)构件在不同的荷载组合下,同一截面可能承受变号弯矩作用;

(3)为了提高截面的延性而要求在受压区配置受力钢筋。在截面受压区配置一定数量的受力钢筋,有利于提高截面的延性。

试验表明,双筋矩形截面梁破坏时的受力特点与单筋矩形截面梁相似,双筋矩形截面适筋梁在满足 $x \leqslant \xi_b h_0$ 的条件下,受拉钢筋应力先达到屈服强度,然后受压区混凝土压碎而破坏。两者不同之处在于双筋截面梁的受压区配有受压钢筋,由平截面应变关系可以推出,当边缘混凝土达到极限压应变 ε_{cu} 时,受压钢筋的最大应力为 400 kN/mm²。当 $x \geqslant 2a'_s$ 时,常用钢筋均能达到抗压强度设计值 f'_y;若 $x < 2a'_s$ 时,受压钢筋离中和轴太近,其应力达不到抗压强度设计值 f'_y,受压钢筋不能充分发挥作用。

为防止纵向受压钢筋在压力作用下发生压屈而侧向凸出,保证受压钢筋充分发挥其作用,《规范》规定,双筋梁必须采用封闭箍筋,且箍筋间距不大于 15 d(d 为受压钢筋最小直径),同时不应大于 400 mm;箍筋直径不小于受压钢筋最大直径的 1/4。当受压钢筋多于 3 根时,应设置复合箍筋。

2. 基本公式及适用条件

(1)基本计算公式。与单筋矩形截面梁相似,双筋矩形截面适筋梁达到受弯极限状态时,受拉钢筋应力先达到抗拉强度设计值,受压区混凝土仍然采用等效矩形应力图形,而受压钢筋在满足一定条件下,其应力能达到抗压强度设计值,双筋矩形截面梁的计算应力简图如图 4-18 所示。

根据平衡条件,可写出下列基本公式:

$$\alpha_1 f_c b x + f'_y A'_s = f_y A_s \tag{4.32}$$

$$M \leqslant M_u = \alpha_1 f_c b x \left(h_0 - \frac{x}{2}\right) + f'_y A'_s (h_0 - a'_s) \tag{4.33}$$

为便于计算双筋截面的受弯承载力,M_u 可分解为两部分:第一部分是由受压钢筋 A'_s 与相应的一部分受拉钢筋 A_{s1} 组成的纯钢筋截面所承担的弯矩 M_{u1},见图 4-18(b);第二部分是由受压区混凝土与相应的另一部分受拉钢筋 A_{s2} 组成的单筋截面所承担的弯矩 M_{u2},见图 4-18(c);并且总受弯承载力 $M_u = M_{u1} + M_{u2}$,总受拉钢筋截面面积 $A_s = A_{s1} + A_{s2}$。

对第一部分,由平衡条件得:

$$f'_y A'_s = f_{y1} A_{s1} \tag{4.34}$$

$$M_{u1} = f'_y A'_s (h_0 - a'_s) \tag{4.35}$$

对第二部分,由平衡条件得:

$$\alpha_1 f_c b x = f_y A_{s2} \tag{4.36}$$

$$M_{u2} = \alpha_1 f_c b x \left(h_0 - \frac{x}{2}\right) \tag{4.37}$$

(2)适用条件。

①为了防止双筋梁发生超筋破坏,应满足

$$x \leqslant \xi_b h_0 \text{ 或 } \xi \leqslant \xi_b \tag{4.38}$$

②为了保证受压钢筋的压力能达到 f'_y,受压钢筋的合力作用点不能距中和轴太近,应满足:

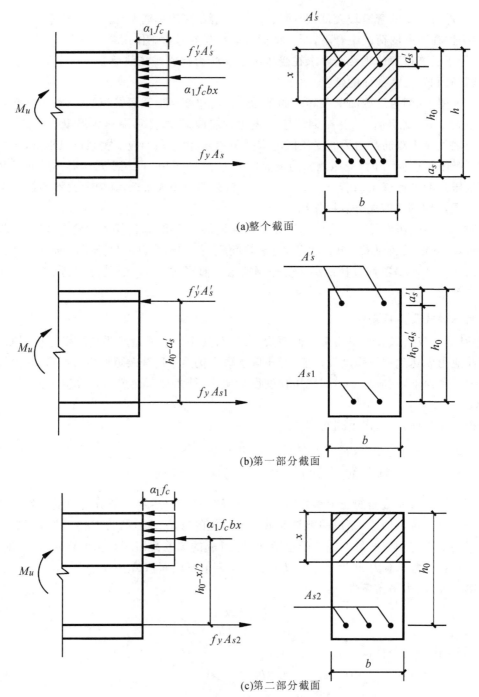

(a)整个截面

(b)第一部分截面

(c)第二部分截面

图 4-18 双筋矩形形截面梁正截面承载力的计算应力图

$$x \geqslant 2a'_s \qquad\qquad (4.39)$$

双筋截面一般不会出现少筋破坏情况,可不必验算最小配筋率。

3. 基本公式的应用

(1)截面设计。

设计双筋截面时,一般是已知弯矩设计值 M、截面尺寸(b、h)和材料强度设计值(f_c、f_y、f'_y、α_1)。计算时有下列两种情况:

①求受拉钢筋和受压钢筋的截面面积 A_s 和 A'_s。

计算步骤如下:

第一,判别是否需配受压钢筋。若 $M > M_{u,\max} = \alpha_1 f_c b h_0^2 \xi_b (1 - 0.5\xi_b)$,则需要按双筋截面梁设计,否则按单筋截面梁设计。

此时,由于两个基本公式中,含有 A_s、A'_s 和 x 三个未知数,因此,还需要补充一个条件。为充分利用混凝土的受压能力,取 $x = \xi_b h_0$,可使钢筋总用量($A'_s + A_s$)最少。

第二,取 $x = \xi_b h_0$,代入式(4.33)得

$$A'_s = \frac{M - \alpha_1 f_c b h_0^2 \xi_b (1 - 0.5\xi_b)}{f'_y (h_0 - a'_s)} \tag{4.40}$$

第三,把计算结果代入式(4.32)得

$$As = \frac{\alpha_1 f_c b h_0 \xi_b + f'_y A'_s}{f_y} \tag{4.41}$$

②已知受压钢筋截面面积 A'_s,求受拉钢筋截面面积 A_s。

这类问题往往是由于变号弯矩的需要,或由于构造要求,已在受压区配置截面面积为 A'_s 的钢筋,因此应充分利用 A'_s,以达到减少受拉钢筋 A_s 用量,节省钢材。

计算步骤如下:

第一,由给定的 A'_s,计算 A_{s1} 和 M_{u1}。

由式(4.34)得
$$A_{s1} = \frac{f'_y A'_s}{f_y}$$

由式(4.35)得
$$M_{u1} = f'_y A'_s (h_0 - a'_s)$$

第二,计算 M_{u2}。
$$M_{u2} = M_u - M_{u1} = M - f'_y A'_s (h_0 - a'_s)$$

第三,求 A_{s2} 和 A_s。

由式(4.14)得
$$\alpha_s = \frac{M_{u2}}{\alpha_1 f_c b h_0^2}$$

查表(4-7)得系数 γ_s 和 ξ。

若 $\xi \leqslant \xi_b$,且 $x = \xi h_0 \geqslant 2a'_s$,则代入式(4.36)求出 A_{s2},则总受拉钢筋截面面积 $A_s = A_{s1} + A_{s2}$。

若 $\xi > \xi_b$,说明已知的 A'_s 数量不足,应增加 A'_s 的数量,按 A'_s 与 A_s 均未知的情况重新计算。

若 $x \leqslant 2a'_s$,说明受压钢筋 A'_s 的应力达不到抗压强度 f'_y,这时应取 $x = 2a'_s$,按下式计算 A_s。

$$A_s = \frac{M}{f_y (h_0 - a'_s)} \tag{4.42}$$

【例 4.7】有一钢筋混凝土矩形截面梁,$b = 200$ mm,$h = 500$ mm,承受弯矩设计值 $M = 211$ kN·m。混凝土强度等级为 C20,钢筋为 HRB335 级,求所需钢筋截面面积。

【解】查表得 $f_c = 9.6$ N/mm²,$f_y = f'_y = 300$ N/mm²,$\xi_b = 0.550$,$\alpha_1 = 1.0$。

(1)验算是否需采用双筋截面。

初步假定受拉钢筋为双排布置，$h_0 = 500 - 60 = 440$ mm

$$M_{u,\max} = \alpha_1 f_c b h_0^2 \xi_b (1 - 0.5\xi_b) = 1.0 \times 9.6 \times 200 \times 440^2 \times 0.55 \times (1 - 0.5 \times 0.55)$$
$$= 148.3 \times 10^6 (\text{N} \cdot \text{mm}) = 148.3 \text{ kN} \cdot \text{m} < M = 211 \text{ kN} \cdot \text{m}$$

故需按双筋截面设计，取 $a'_s = 40$ mm。

(2)计算受压钢筋截面面积 A'_s。

由式(4.40)得 $A'_s = \dfrac{M - M_{u,\max}}{f'_y(h_0 - a'_s)} = \dfrac{211 \times 10^6 - 148.3 \times 10^6}{300 \times (440 - 40)} = 523 \ (\text{mm}^2)$

(3)计算受拉钢筋截面面积 A_s。

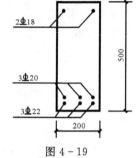

图 4 - 19

由式(4.41)得

$$A_s = \frac{\alpha_1 f_c b \xi_b h_0 + f'_y A'_s}{f_y}$$
$$= \frac{1.0 \times 9.6 \times 200 \times 0.55 \times 440 + 300 \times 523}{300}$$
$$= 2072 \ (\text{mm}^2)$$

(4)选择钢筋。受压钢筋选用 $2\Phi18$，实配 $A'_s = 509$ mm²；受拉钢筋选用 $3\Phi20 + 3\Phi22$，实配 $A_s = 2082$ mm²。截面配筋如图 4 - 19 所示。

(2)截面复核。已知弯矩设计值 M，截面尺寸 $(b、h)$，材料强度设计值 $(f_c、f_y、f'_y、\alpha_1)$，以及钢筋截面面积 $(A_s、A'_s)$，求截面弯矩承载力 M_u，复核截面是否安全。

计算步骤如下：

由式(4.32)求得 $\qquad x = \dfrac{f_y A_s - f'_y A'_s}{\alpha_1 f_c b}$

若 $2a'_s \leqslant x \leqslant \xi_b h_0$，则由式(4.33)直接求 M_u。

$x > \xi_b h_0$，则属超筋梁，此时应取 $x = \xi_b h_0$ 代入式(4.33)求 M_u。

若 $x < 2a'_s$，则由式(4.32)求 M_u。

将求出的 M_u 与实际承受的弯矩 M 进行比较，若 $M_u \geqslant M$，则截面安全。

4.3 受弯构件斜截面承载力计算

4.3.1 受弯构件斜截面承载力的试验

1. 受弯构件斜截面的受剪性能

通过前面学习我们知道，受弯构件在主要承受弯矩的区段将会产生垂直于梁轴线的裂缝，若其受弯承载力不足，则将沿正截面破坏。一般而言，在荷载作用下，受弯构件不仅在各个截面上引起弯矩 M，同时还产生剪力 V。在弯曲正应力和剪应力共同作用下，受弯构件将产生与轴线斜交的主拉应力和主压应力。图 4 - 20(a)为梁在弯矩 M 和剪力 V 共同作用下的主应力迹线，其中实线为主拉应力迹线，虚线为主压应力迹线。由于混凝土抗压强度较高，受弯构件一般不会因主压应力而引起破坏。但当主拉应力超过混凝土的抗拉强度时，混凝土便沿垂直于主拉应力的方向出现斜裂缝,见图4-20(b),进而可能发生斜截面破坏。斜截面破坏通常较为突然,具有脆性性质,其危险性更大。所以,钢筋混凝土受弯构件除应进行正截面承载力计算外,还须对弯矩和剪力共同作用的区段(称为剪弯段)进行斜截面承载力计算。

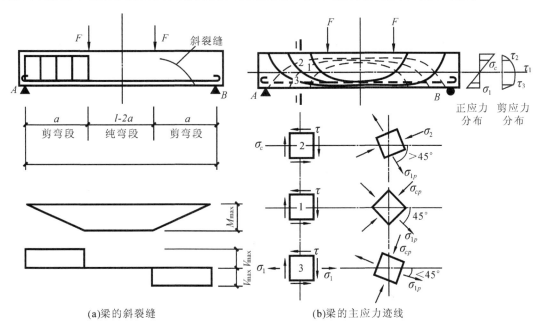

(a)梁的斜裂缝   (b)梁的主应力迹线

图4-20 受弯构件斜裂缝及主应力迹线示意图

梁的斜截面承载能力包括斜截面受剪承载力和斜截面受弯承载力。在实际工程设计中,斜截面受剪承载力通过计算配置腹筋来保证,而斜截面受弯承载力则通过构造措施来保证。

一般来说,板的跨高比较大,具有足够的斜截面承载能力,故受弯构件斜截面承载力计算主要是对梁和厚板而言。

2. 受弯构件斜截面的破坏形态

受弯构件斜截面受剪破坏形态主要取决于箍筋数量和剪跨比 λ。$\lambda = a/h_0$,其中 a 称为剪跨,即集中荷载作用点至支座的距离。随着箍筋数量和剪跨比的不同,受弯构件主要有以下三种斜截面受剪破坏形态。

(1)斜拉破坏。当箍筋配置过少,且剪跨比较大($\lambda > 3$)时,常发生斜拉破坏。其特点是一旦出现斜裂缝,与斜裂缝相交的箍筋应力立即达到屈服强度,箍筋对斜裂缝发展的约束作用消失,随后斜裂缝迅速延伸到梁的受压区边缘,构件裂为两部分而被破坏,见图4-21(a)。斜拉破坏的破坏过程急骤,具有很明显的脆性。

(2)剪压破坏。构件的箍筋适量,且剪跨比适中($1 \leq \lambda \leq 3$)时,将发生剪压破坏。当荷载增加到一定值时,首先在剪弯段受拉区出现斜裂缝,其中一条将发展成临界斜裂缝(即延伸较长和开展较大的斜裂缝)。荷载进一步增加,与临界斜裂缝相交的箍筋应力达到屈服强度。随后斜裂缝不断扩展,斜截面末端剪压区不断缩小,最后剪压区混凝土在正应力和剪应力共同作用下达到极限状态而被压碎,见图4-21(b)。剪压破坏没有明显预兆,属于脆性破坏。

(3)斜压破坏。当梁的箍筋配置过多过密或者梁的剪跨比较小($\lambda < 1$)时,斜截面破坏形态

将主要是斜压破坏。这种破坏是因梁的剪弯段腹部混凝土被一系列平行的斜裂缝分割成许多倾斜的受压柱体,在正应力和剪应力共同作用下混凝土被压碎而导致的,破坏时箍筋应力尚未达到屈服强度,见图 4-21(c)。斜压破坏属脆性破坏。

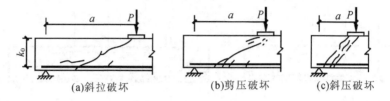

(a)斜拉破坏   (b)剪压破坏   (c)斜压破坏

图 4-21 斜截面破坏形态

上述三种破坏形态,剪压破坏通过计算避免,斜压破坏和斜拉破坏分别通过采用截面限制条件与按构造要求配置箍筋来防止。剪压破坏形态是建立斜截面受剪承载力计算公式的依据。

4.3.2 受弯构件斜截面受剪承载力计算

1. 影响斜截面受剪承载力的主要因素

(1)剪跨比 λ。当 $\lambda \leqslant 3$ 时,斜截面受剪承载力随 λ 增大而减小;当 $\lambda > 3$ 时,其影响不明显。

(2)混凝土强度。混凝土强度对斜截面受剪承载力有着重要影响。试验表明,混凝土强度越高,受剪承载力越大。

(3)配箍率 ρ_{sv}。

$$\rho_{sv} = \frac{A_{sv}}{bs} = \frac{nA_{sv1}}{bs} \qquad (4.43)$$

式中,A_{sv}——配置在同一截面内箍筋各肢的全部截面面积,即 $A_{sv} = nA_{sv1}$,其中 n 为箍筋肢数,A_{sv1} 为单肢箍筋的截面面积;

b——矩形截面的宽度,T 形、工字形截面的腹板宽度;

s——箍筋间距。

梁的斜截面受剪承载力与 ρ_{sv} 呈线性关系,受剪承载力随 ρ_{sv} 增大而增大。

(4)弯起钢筋。与斜裂缝相交的弯起钢筋承担拉力,也能承担一部分剪力,弯起钢筋的截面面积越大,强度越高,梁的受剪承载力也就越高。

(5)纵向钢筋配筋率。纵筋受剪产生销栓力,可以限制斜裂缝的开展。梁的斜截面受剪承载力随纵向钢筋配筋率增大而提高。

除上述因素外,截面形状、荷载种类和作用方式等对斜截面受剪承载力都有影响。

在影响斜截面受剪承载力诸因素中,剪跨比 λ、配箍率 ρ_{sv} 是最主要的因素。

2. 斜截面受剪承载力的计算公式

如前所述,影响斜截面受剪承载力的因素很多,精确计算比较困难,现行计算公式也带有经验性质。

钢筋混凝土受弯构件斜截面受剪承载力计算以剪压破坏形态为依据。为便于理解,现将

受弯构件斜截面受剪承载力表示为三项相加的形式（见图 4-22），即

$$V_u = V_c + V_{sv} + V_{sb} \qquad (4.44)$$

式中，V_u——受弯构件斜截面受剪承载力设计值；

V_c——剪压区混凝土受剪承载力设计值，即无腹筋梁的受剪承载力；

V_{sv}——与斜裂缝相交的箍筋受剪承载力设计值；

V_{sb}——与斜裂缝相交的弯起钢筋受剪承载力设计值。

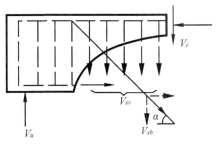

图 4-22 斜截面受剪承载力的组成

需要说明的是，式(4.44)中 V_c 和 V_{sv} 密切相关，无法分开表达，故以 $V_{cs} = V_c + V_{sv}$ 来表达混凝土和箍筋总的受剪承载力，于是有

$$V_u = V_{cs} + V_{sb} \qquad (4.45)$$

《混凝土规范》在理论研究和试验结果基础上，结合工程实践经验给出了以下斜截面受剪承载力计算公式。

(1)仅配箍筋的受弯构件。

①对矩形、T 形及工字形截面一般受弯构件，其受剪承载力计算基本公式为：

$$V \leqslant V_{cs} = 0.7 f_t b h_0 + 1.25 f_{yv} \frac{A_{sv}}{s} h_0 \qquad (4.46)$$

②对集中荷载作用下（包括作用多种荷载，其中集中荷载对支座截面或节点边缘所产生的剪力占该截面总剪力值的 75% 以上的情况）的独立梁，其受剪承载力计算基本公式为：

$$V \leqslant V_{cs} = \frac{1.75}{\lambda + 1} f_t b h_0 + f_{yv} \frac{A_{sv}}{s} h_0 \qquad (4.47)$$

式中，f_t——混凝土轴心抗拉强度设计值，按前面的表格采用；

A_{sv}——配置在同一截面内箍筋各肢的全部截面面积，即 $A_{sv} = n A_{sv1}$，其中 n 为箍筋肢数，A_{sv1} 为单肢箍筋的截面面积；

s——箍筋间距；

f_{yv}——箍筋抗拉强度设计值，按前面的表格采用，$f_{yv} \leqslant 360 \text{ N/mm}^2$；

λ——计算截面的剪跨比。当 $\lambda < 1.5$ 时，取 $\lambda = 1.5$；当 $\lambda > 3$ 时，取 $\lambda = 3$。

(2)同时配置箍筋和弯起钢筋的受弯构件。同时配置箍筋和弯起钢筋的受弯构件，其受剪承载力计算基本公式为：

$$V \leqslant V_u = V_{cs} + 0.8 f_y A_{sb} \sin \alpha_s \qquad (4.48)$$

式中，f_y——弯起钢筋的抗拉强度设计值；

A_{sb}——同一弯起平面内弯起钢筋的截面面积；

其余符号意义同前。

式(4.48)中的系数 0.8，是考虑弯起钢筋与临界斜裂缝的交点有可能过分靠近混凝土剪压区时，弯起钢筋达不到屈服强度而采用的强度降低系数。

3. 基本公式适用条件

(1)防止出现斜压破坏的条件——最小截面尺寸的限制。试验表明，当箍筋量达到一定程度时，再增加箍筋，截面受剪承载力几乎不再增加。相反，若剪力很大，而截面尺寸过小，即使

箍筋配置很多,也不能完全发挥作用,因为箍筋屈服前混凝土已被压碎而发生斜压破坏。所以为了防止斜压破坏,必须限制截面最小尺寸。对矩形、T 形及工字形截面受弯构件,其限制条件为:

当 $h_w/b \leqslant 4.0$(一般梁)时,

$$V \leqslant 0.25\beta_c f_c bh_0 \tag{4.49a}$$

当 $h_w/b \geqslant 6.0$(薄腹梁)时,

$$V \leqslant 0.2\beta_c f_c bh_0 \tag{4.49b}$$

当 $4.0 < h_w/b < 6.0$ 时,按线性内插法确定。

式中,b——矩形截面宽度,T 形和工字形截面的腹板宽度;

h_w——截面的腹板高度;矩形截面取有效高度 h_0,T 形截面取有效高度减去翼缘高度,工字形截面取腹板净高;

β_c——混凝土强度影响系数,当混凝土强度等级 $\leqslant$ C50 时,$\beta_c = 1.0$;当混凝土强度等级为 C80 时,$\beta_c = 0.8$;两者之间按直线内插法取用。

实际上,截面最小尺寸条件也是最大配箍率的条件。

(2)防止出现斜拉破坏的条件——最小配箍率的限制。为了避免出现斜拉破坏,构件配箍率应满足

$$\rho_{sv} = \frac{A_{sv}}{bs} = \frac{nA_{sv1}}{bs} = \geqslant \rho_{sv.\min} = 0.24\frac{f_t}{f_{yv}} \tag{4.50}$$

在工程设计中,如不能满足上述要求,则应按 $\rho_{sv.\min}$ 配箍筋,并满足构造要求。

4. 斜截面受剪承载力的计算截面位置

由于受剪承载力不足而出现的剪压破坏可能在多处发生,因而在进行斜截面受剪承载力计算时,计算截面的位置应选取剪力设计值最大的危险截面或受剪承载力较为薄弱的截面。在设计中,计算截面的位置,一般按下列规定采用:

(1)支座边缘处的斜截面,见图 4-23 截面 1-1;

(2)弯起钢筋弯起点处的斜截面,见图 4-23 截面 2-2;

(3)受拉区箍筋截面面积或间距改变处的斜截面,见图 4-23 截面 3-3;

(4)腹板宽度改变处的截面,见图 4-23 截面 4-4。

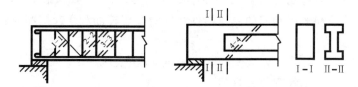

图 4-23　斜截面受剪承载力计算位置

在计算弯起钢筋时,其计算截面的剪力设计值应取相应截面上的最大剪力,通常按以下方法采用:

如图 4-24 所示,计算第一排(对支座而言)弯起钢筋时,取支座边缘处的剪力值 V;计算以后的每一排弯起钢筋时,取前一排(对支座而言)弯起钢筋弯起点处的剪力值;同时,箍筋间距及前一排弯起钢筋的弯起点至后一排弯起钢筋弯终点的距离均应符合箍筋的最大间距要求

S_{max},而且靠近支座的第一排弯起钢筋的弯起点距支座边缘的距离满足不大于S_{max},且不小于50 mm,一般可取50 mm。

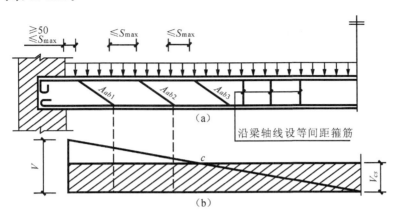

图4-24 弯起钢筋承担剪力的位置要求

5. 斜截面受剪承载力的计算方法和步骤

与正截面受弯承载力计算一样,受弯构件斜截面承载力计算也有截面设计和截面复核两类问题。

(1)截面设计。

已知:剪力设计值V,截面尺寸,混凝土强度等级,箍筋级别,纵向受力钢筋的级别和数量。

求:腹筋数量。

计算步骤如下:

第一,复核截面尺寸。梁的截面尺寸应满足式(4.49a)或式(4.49b)的要求,否则,应加大截面尺寸或提高混凝土强度等级。

第二,确定是否需按计算配置箍筋。当满足下式条件时,可按构造配置箍筋;否则,需按计算配置箍筋。

$$V \leqslant 0.7 f_t b h_0 \tag{4.51}$$

或

$$V \leqslant \frac{1.75}{\lambda + 1} f_t b h_0 \tag{4.52}$$

第三,确定腹筋数量。仅配箍筋时,

$$\frac{A_{sv}}{s} \geqslant \frac{V - 0.7 f_t b h_0}{1.25 f_{yv} h_0} \tag{4.53}$$

或

$$\frac{A_{sv}}{s} \geqslant \frac{V - \frac{1.75}{\lambda + 1} f_t b h_0}{f_{yv} h_0} \tag{4.54}$$

求出$\frac{A_{sv}}{s}$的值后,即可根据构造要求选定箍筋肢数n和直径d,然后求出间距s,或者根据构造要求选定n、s,然后求出d。箍筋的间距和直径应满足4.1节的构造要求。

同时配置箍筋和弯起钢筋时,一般先选定箍筋的肢数、直径和间距,并计算出V_{cs},然后计

算弯起钢筋的截面面积 A_{sb},由式(4.48),得

$$A_{sb} = \frac{V - V_{cs}}{0.8 f_y \sin\alpha_s} \qquad (4.55)$$

第四,验算配箍率。配箍率应满足式(4.50)要求。

【例4.8】某办公楼矩形截面简支梁,截面尺寸 250×500 mm,$h_0 = 465$ mm,承受均布荷载作用,以求得支座边缘剪力设计值为 185.85 kN。混凝土为 C25 级,箍筋采用 HPB300 级钢筋。试确定箍筋数量。

【解】查表得 $f_c = 11.9$ N/mm²,$f_t = 1.27$ N/mm²,$f_{yv} = 210$ N/mm²,$\beta_c = 1.0$。

(1)复核截面尺寸。

$$h_w/b = h_0/b = 465/250 = 1.86 < 4.0$$

按式(4.49a)复核截面尺寸。

$$V \leqslant 0.25\beta_c f_c bh_0 = 0.25 \times 1.0 \times 11.9 \times 250 \times 465 = 345843.75(\text{N}) > V = 185.85 \text{ kN}$$

截面尺寸满足要求。

(2)确定是否需按计算配置箍筋。

$$0.7 f_t bh_0 = 0.7 \times 1.27 \times 250 \times 465 = 103346.25(\text{N}) < V = 185.85 \text{ kN}$$

需按计算配置箍筋。

(3)确定箍筋数量。

$$\frac{A_{sv}}{s} \geqslant \frac{V - 0.7 f_t bh_0}{1.25 f_{yv} h_0} = \frac{185.85 \times 10^3 - 103346.25}{1.25 \times 210 \times 465} = 0.676 \ (\text{mm}^2/\text{mm})$$

按构造要求,箍筋直径不宜小于 6 mm,现选用 $\phi 8$ 双肢箍筋($A_{sv1} = 50.3$ mm²),则箍筋间距为:

$$s \leqslant \frac{A_{sv}}{0.676} = \frac{n A_{sv1}}{0.676} = \frac{2 \times 50.3}{0.676} = 149 \ (\text{mm})$$

查表 4-11 得 $s_{max} = 200$ mm,取 $s = 140$ mm。

(4)验算配箍率。

$$\rho_{sv} = \frac{n A_{sv1}}{bs} = \frac{2 \times 50.3}{250 \times 140} = 0.29\%$$

$$\rho_{sv,min} = 0.24 f_t/f_{yv} = 0.24 \times 1.27/210 = 0.15\% < \rho_{sv} = 0.29\%$$

配箍率满足要求。

所以箍筋选用 $\phi 8 @140$,沿梁长均匀布置。

【例4.9】已知一钢筋混凝土矩形截面简支梁,截面尺寸 $b \times h = 200 \times 600$ mm,$h_0 = 530$ mm,计算简图和剪力图如图 4-25 所示,采用 C25 级混凝土,箍筋采用 HPB300 级钢筋。试配置箍筋。

【解】$f_c = 11.9$ N/mm²,$f_t = 1.27$ N/mm²,$f_{yv} = 210$ N/mm²。

(1)验算截面尺寸。

$$h_w/b = h_0/b = 530/200 = 2.65 < 4$$

$$V \leqslant 0.25\beta_c f_c bh_0 = 0.25 \times 1.0 \times 11.9 \times 200 \times 530 = 315000(\text{N}) > V = 98.5 \text{ kN}$$

截面尺寸满足要求。

(2)判断是否可按构造要求配置箍筋。

集中荷载在支座边缘截面产生的剪力为 85 kN,占支座边缘截面总剪力 98.5 kN 的

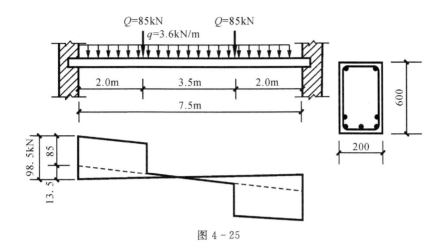

图 4-25

86.3%,大于75%,应按以承受集中荷载为主的构件计算。

$$\lambda=a/h_0=2000/530=3.77>3,\ 取\ \lambda=3$$

$$\frac{1.75}{\lambda+1}f_tbh_0=\frac{1.75}{3+1}\times1.27\times200\times530=59000\ (N)<V=98.5\ kN$$

需按计算配置箍筋。

(3)计算箍筋数量。

$$\frac{A_{sv}}{s}=\frac{V-\dfrac{1.75}{\lambda+1}f_tbh_0}{f_{yv}h_0}=\frac{98.5\times10^3-59000}{210\times530}=0.356\ (mm^2/mm)$$

选用φ6双肢箍,$n=2$,$A_{sv1}=28.3\ mm^2$,$A_{sv}=nA_{sv1}=2\times28.3=56.6\ (mm^2)$。

$$s\leqslant A_{sv}/0.356=56.6/0.356=159\ mm\quad 取\ s=150\ mm$$

$$\rho_{sv}=\frac{A_{sv}}{bs}=\frac{56.6}{200\times150}=0.19\%$$

$$\rho_{sv,min}=0.24f_t/f_{yv}=0.24\times1.27/210=0.145\%<\rho_{sv}$$

配箍率满足要求。

(2)截面复核。

受弯构件的斜截面复核是在已知截面尺寸(b、h、h_0),配箍量(n、A_{sv1}、s),弯起钢筋截面面积(A_{sb}),材料强度(f_c、f_t、f_y、f_{yv})的条件下,验算梁的斜截面受剪承载力是否满足要求,即计算斜截面受剪的最大承载力 V_u 或能承受的最大剪力设计值。计算步骤如下:

①用公式(4.50)验算最小配箍率要求;

②用公式(4.48)求出受剪承载力 V_u;

③用公式(4.49a)或(4.49b)复核最小截面尺寸要求。

【例4.10】一钢筋混凝土简支梁,截面尺寸及配筋如图4-26所示。混凝土采用C20,箍筋采用双肢φ8@200 的 HPB300 级钢筋,纵向受拉钢筋为 HRB335 级 3φ22 钢筋。计算该梁能承担的最大剪力设计值 V_u。

【解】(1)查出材料强度设计值。

$$f_c=9.6\ N/mm^2,f_t=1.1\ N/mm^2,f_{yv}=210\ N/mm^2,\beta_c=1.0,A_{sv1}=50.3\ mm^2。$$

(2)验算配箍率。

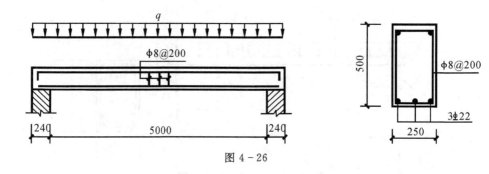

图 4 - 26

$$\rho_{sv} = \frac{nA_{sv1}}{bs} = \frac{2 \times 50.3}{250 \times 200} = 0.2\% > \rho_{sv,\min} = 0.24\frac{f_t}{f_{yv}} = 0.24 \times \frac{1.1}{210} = 0.13\%$$

配箍率符合要求。

（3）计算梁的受剪承载力 V_u。

$$V_u = V_{cs} = 0.7f_t bh_0 + 1.25f_{yv}\frac{A_{sv}}{s}h_0$$

$$= 0.7 \times 1.1 \times 250 \times 460 + 1.25 \times 210 \times \frac{2 \times 50.3}{200} \times 460$$

$$= 149287 \text{ (N)} \approx 149.3 \text{ kN}$$

（4）复核截面尺寸。

$$\frac{h_w}{b} = \frac{h_0}{b} = \frac{460}{250} = 1.84 < 4$$

$$0.25\beta_c f_c bh_0 = 0.25 \times 1.0 \times 9.6 \times 250 \times 460 = 276000 \text{ (N)} = 276 \text{ (kN)} > 149.3 \text{ kN}$$

截面尺寸符合要求。

故该梁能承担的最大剪力设计值 $V_u = 149.3$ kN。

4.3.3 保证斜截面受弯承载力的构造要求

受弯构件在弯矩和剪力的共同作用下，沿斜截面除了有可能发生受剪破坏外，由于弯矩的作用还有可能发生斜截面的弯曲破坏。纵向受拉钢筋是按照正截面最大弯矩计算确定的，如果纵向受拉钢筋在梁的全跨内既不弯起，也不截断，可以保证任何截面都不会发生弯曲破坏，也能满足任何斜截面的受弯承载力。但是如果一部分纵向受拉钢筋在某一位置弯起或截断时，则有可能使斜截面的受弯承载力得不到保证。而斜截面受弯承载力，是靠一定的构造措施来保证的。《规范》对纵向受拉钢筋正确的弯起或截断的位置，以及对纵向钢筋的锚固等构造要求作出相应的规定，而这些构造要求一般要通过绘制正截面的抵抗弯矩图（材料图）予以判断。

1. 抵抗弯矩图的概念

按构件实际配置的纵向受拉钢筋所绘出的梁上各正截面所能承受的弯矩图形称为抵抗弯矩图，也叫材料图。

设梁截面所配钢筋总截面积为 A_s，每根钢筋截面积为 A_{si}，则截面抵抗弯矩 M_R 及第 i 根钢筋的抵抗弯矩 M_{Ri} 可分别表示为：

$$M_R = f_y A_s \gamma_s h_0 \qquad (4.56)$$

$$M_{Ri} = \frac{A_{si}}{A_s} M_R$$

绘制抵抗弯矩图时,与设计弯矩图相同的比例,将每根钢筋在各正截面上的抵抗弯矩绘在设计弯矩图上,便可得到抵抗弯矩图。

图 4-27 为某承受均布荷载的简支梁的抵抗弯矩图。在纵向受力钢筋既不弯起又不截断的区段内,抵抗弯矩图是一条平行于梁纵轴线的直线。当①号钢筋在 E 点弯起时,由于钢筋的弯起,梁所能承受的弯矩将逐渐减小,到弯起钢筋与梁轴线的交点 F 处抵抗弯矩减小为零,因此在纵向受力钢筋弯起的范围内,抵抗弯矩图为一条斜直线段,该斜线段始于钢筋弯起点,终于弯起钢筋与梁纵轴线的交点,如图 4-27 中 ef、gh 段。在 a 点所在截面,弯矩设计值恰好等于①号钢筋的抵抗弯矩,也就是说在这一截面,①号钢筋的强度得到了充分发挥,同理,在 b、c 点所在截面,②、③号钢筋的强度分别被充分利用,因而从正截面承载力角度看,①号钢筋在 b 点所在截面外(向支座方向)就不再需要,②号钢筋在 c 点所在截面外也不再需要。将 a、b、c 点所在截面分别称为 ①、②、③号钢筋的充分利用截面,而 b、c 点所在截面分别称为①、②号钢筋的不需要点或理论截断点。

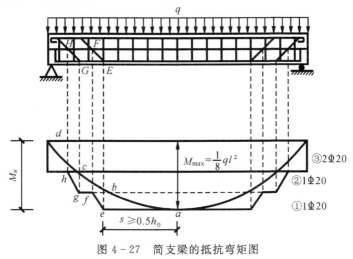

图 4-27 简支梁的抵抗弯矩图

抵抗弯矩图能包住设计弯矩图,则表明沿梁长各个截面的正截面受弯承载力是足够的。抵抗弯矩图越接近设计弯矩图,则说明设计越经济。

应当注意的是,使抵抗弯矩图能包住设计弯矩图,只是保证了梁的正截面受弯承载力。实际上,纵向受力钢筋的弯起与截断还必须考虑梁的斜截面受弯承载力的要求。受弯构件斜截面受弯承载力是通过构造措施来保证的。

2. 纵向受力钢筋的弯起

为了保证构件的正截面受弯承载力,弯起钢筋与梁轴线的交点必须位于该钢筋的理论截断点之外。同时,弯起钢筋的实际起弯点必须伸过其充分利用点一段距离 s,以保证纵向受力钢筋弯起后斜截面的受弯承载力。s 的精确计算很复杂。为简便起见,《混凝土规范》规定,不论钢筋的弯起角度为多少,均统一取 $s \geqslant 0.5h_0$(见图 4-27)。

弯起钢筋在弯终点外应有一直线段的锚固长度,以保证在斜截面处发挥其强度。《混凝土规范》规定,当直线段位于受拉区时,其长度不小于 $20d$,位于受压区时不小于 $10d$(d 为弯起钢筋的直径)。光面钢筋的末端应设弯钩。为了防止弯折处混凝土挤压力过于集中,弯折半径应不小于 $10d$(见图 4-28)。

当纵向受力钢筋不能在需要的地方弯起或弯起钢筋不足以承受剪力时,可单独为抗剪设置弯起钢筋。此时,弯起钢筋应采用"鸭筋"形式,严禁采用"浮筋"(见图 4-29)。"鸭筋"的构造与弯起钢筋基本相同。

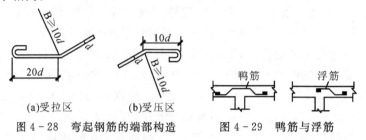

(a)受拉区   (b)受压区

图 4-28　弯起钢筋的端部构造

图 4-29　鸭筋与浮筋

3. 纵向受拉钢筋的截断

梁的正、负纵向钢筋都是根据跨中或支座最大弯矩值计算配置的。从经济角度,当截面弯矩减小时,纵向受力钢筋的数量也应随之减小。对于正弯矩区段内的纵向钢筋,通常采用弯向支座(用来抗剪或承受负弯矩)的方式来减少多余钢筋,而不应将梁底部承受正弯矩的钢筋在受拉区截断。这是因为纵向受拉钢筋在跨间截断时,钢筋截面面积会发生突变,混凝土中会产生应力集中现象,在纵筋截断处提前出现裂缝。如果截断钢筋的锚固长度不足,则会导致黏结破坏,从而降低构件承载力。对于连续梁和框架梁承受支座负弯矩的钢筋则往往采用截断的方式来减少多余纵向钢筋,但其截断点的位置应满足两个控制条件:一是该批钢筋截断后斜截面仍有足够的受弯承载力,即保证从不需要该钢筋的截面伸出的长度不小于 l_1;二是被截断的钢筋应具有必要的锚固长度,即保证从该钢筋充分利用截面伸出的长度不小于 l_2。l_1 和 l_2 的值根据剪力大小按表 4-9 取用。钢筋的延伸长度取 l_1 和 l_2 的较大值(见图 4-30)。

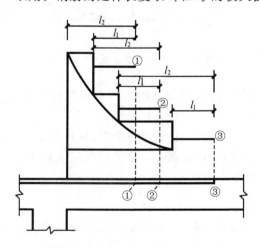

图 4-30　纵向钢筋截断的构造

表 4-9 负弯矩钢筋延伸长度的最小值

截面条件	l_1	l_2
$V \leqslant 0.7 f_t b h_0$	$20d$	$1.2 l_a$
$V > 0.7 f_t b h_0$	$\max(20d, h_0)$	$1.2 l_a + h_0$
$V > 0.7 f_t b h_0$，且按上述规定确定的截断点仍位于负弯矩受拉区内	$\max(20d, 1.3h_0)$	$1.2 l_a + 1.7 h_0$

注：l_1 为从该钢筋理论截断点伸出的长度，l_2 为从该钢筋强度充分利用截面伸出的长度。

4. 纵向受力钢筋在支座处的锚固

为了保证钢筋混凝土构件正常可靠地工作，防止纵向受力钢筋在支座处被拔除而导致构件发生沿斜截面的弯曲破坏，钢筋混凝土梁和板中的纵向受力钢筋伸入支座内的锚固长度应满足《规范》规定的要求。

(1)梁。在钢筋混凝土简支梁和连续梁简支端支座处，存在着横向压应力，这将使钢筋与混凝土间的黏结力增大，因此，下部纵向受力钢筋伸入支座内的锚固长度 l_{as} 可比基本锚固长度 l_a 略小，如图 4-31 所示。l_{as} 与支座边截面的剪力有关。《混凝土规范》规定，l_{as} 的数值不应小于表 4-10 的规定。伸入梁支座范围内锚固的纵向受力钢筋的数量不宜少于 2 根，但梁宽 $b < 100$ mm 的小梁可为 1 根。

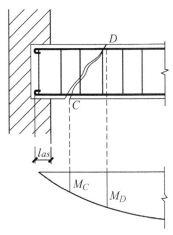

图 4-31 荷载作用下梁简支端纵筋受力状态

理论上讲，简支支座处弯矩等于零，纵向受力钢筋的应力也应接近零，为什么下部纵向受力钢筋在支座内须有足够的锚固长度呢？首先，支座以外的纵向受力钢筋存在应力，其向支座内延伸的部份应有一定的锚固长度，才能在支座边建立起承载所必须的应力；其次，支座处弯矩虽较小，但剪力最大，在弯、剪共同作用下，容易在支座附近发生斜裂缝。斜裂缝产生后，与裂缝相交的纵筋所承受的弯矩会由原来的 M_C 增加到 M_D（见图 4-31），纵筋的拉力明显增大。若纵筋无足够的锚固长度，就会从支座内拔出而使梁发生沿斜截面的弯曲破坏。

表 4-10 简支支座的钢筋锚固长度 l_{as}

锚固条件		$V \leqslant 0.7 f_t b h_0$	$V > 0.7 f_t b h_0$
钢筋类型	光面钢筋(带弯钩)	$5d$	$15d$
	带肋钢筋		$12d$
	C25 及以下混凝土，跨边有集中力作用		$15d$

注：①d 为纵向受力钢筋直径；

②跨边有集中力作用，是指混凝土梁的简支支座跨边 $1.5h$ 范围内有集中力作用，且其对支座截面所产生的剪力占总剪力值的 75% 以上。

因条件限制不能满足上述规定锚固长度时，可将纵向受力钢筋的端部弯起，或采取附加锚固措施，如在钢筋上加焊锚固钢板或将钢筋端部焊接在梁端的预埋件上等（见图 4-32）。

(2)板。简支板或连续板简支端下部纵向受力钢筋伸入支座的锚固长度 $l_{as} \geqslant 5d$（d 为受

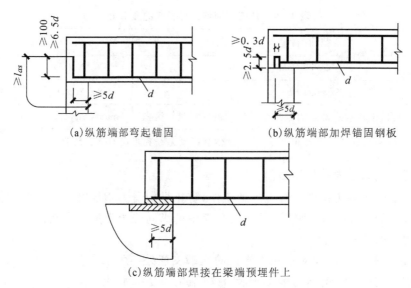

(a)纵筋端部弯起锚固 (b)纵筋端部加焊锚固钢板

(c)纵筋端部焊接在梁端预埋件上

图 4-32 锚固长度不足时的措施

力钢筋直径)。伸入支座的下部钢筋的数量,当采用弯起式配筋时,其间距不应大于 400 mm,截面面积不应小于跨中受力钢筋截面面积的 1/3;当采用分离式配筋时,跨中受力钢筋应全部伸入支座。

5. 悬臂梁纵筋的弯起与截断

试验表明,在剪力作用较大的悬臂梁内,由于梁全长受负弯矩作用,临界斜裂缝的倾角较小,而延伸较长,因此不应在梁的上部截断负弯矩钢筋。此时,负弯矩钢筋可以分批向下弯折并锚固在梁的下边(其弯起点位置和钢筋端部构造按前述弯起钢筋的构造确定),但必须有不少于 2 根上部钢筋伸至悬臂梁端部,并向下弯折不小于 $12d$,如图 4-33 所示。

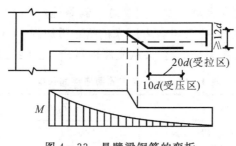

图 4-33 悬臂梁钢筋的弯折

6. 箍筋的构造要求

箍筋主要用来承受由弯矩和剪力在梁内引起的主拉应力,此外箍筋还把受压区混凝土与其他钢筋紧密地联系在一起,形成钢筋骨架。因此,在设计中箍筋要求具有合理的形式、直径和间距,同时还要有足够的锚固长度。

(1)箍筋的形式与肢数。箍筋可分为开口箍筋和封闭箍筋两种形式,一般情况采用封闭箍筋。封闭箍筋的端头应做成 135°弯钩,弯钩端部平直段的长度不应小于 5 d(d 为箍筋直径)和 50 mm。

箍筋的肢数一般有单肢箍、双肢箍及四肢箍,如图 4-34 所示,通常采用双肢箍。当梁宽 $b \geqslant 400$ mm,且一层的纵向受压钢筋超过 3 根,或梁宽 $b < 400$ mm,但纵向受压钢筋多于 4 根,宜采用四肢箍筋。当梁宽 $b \leqslant 150$ mm 时,可采用单肢箍筋。

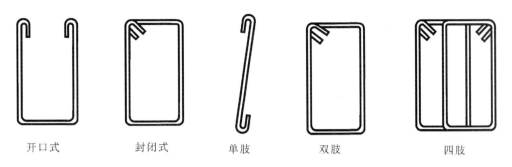

| 开口式 | 封闭式 | 单肢 | 双肢 | 四肢 |

图 4-34　箍筋的形式与肢数

(2)箍筋的直径。为保证箍筋与纵筋形成的骨架具有一定刚度,箍筋的直径不能太小。《规范》规定:截面高度 $h > 800$ mm 的梁,箍筋直径不宜小于 8 mm;对截面高度 $h \leqslant 800$ mm 的梁,箍筋直径不宜小于 6 mm。当梁中配有计算需要的纵向受压钢筋时,箍筋直径不应小于纵向受压钢筋最大直径的 0.25 倍。

(3)箍筋的间距与布置。梁中箍筋间距除满足计算要求外,还应符合最大间距的要求。这是为了防止箍筋间距过大,出现不与箍筋相交的斜裂缝。箍筋的最大间距应满足表 4-11 的规定。

当梁中配有按计算需要的纵向受压钢筋时,箍筋应做成封闭式;此时,箍筋的间距不应大于 15 d (d 为纵向受压钢筋的最小直径),同时不应大于 400 mm;当一层内的纵向受压钢筋多于 5 根且直径大于 18 mm 时,箍筋间距不应大于 10 d。

表 4-11　梁中箍筋和弯起钢筋的最大间距 s_{max}　　　　单位:mm

梁高 h(mm)	$V > 0.7 f_t bh_0$	$V \leqslant 0.7 f_t bh_0$
$150 < h \leqslant 300$	150	200
$300 < h \leqslant 500$	200	300
$500 < h \leqslant 800$	250	350
$h > 800$	300	400

《规范》还规定,按计算不需要箍筋的梁,当截面高度 $h > 300$ mm 时,应按构造要求沿梁全长设置箍筋;当截面高度 $150 \leqslant h \leqslant 300$ mm 时,可仅在构件端部 1/4 跨度范围内设置箍筋,但当在构件的 1/2 跨度范围内有集中荷载作用时,则应沿梁全长设置箍筋;当截面高度 $h < 150$ mm 时,可不设置箍筋。

4.4　受弯构件的变形及裂缝宽度验算

钢筋混凝土结构或构件应满足两种极限状态要求,一是承载能力极限状态,二是正常使用极限状态。这是因为构件过大的挠度和裂缝会影响结构的正常使用。例如,楼盖构件挠度过大,将造成楼层地面不平;屋面构件挠度过大会妨碍屋面排水;吊车梁挠度过大会影响吊车的正常运行,等等。而构件裂缝过大时,会使钢筋锈蚀,从而降低结构的耐久性,并且裂缝的出现和扩展还会降低构件的刚度,从而使变形增大,甚至影响正常使用。可见,受弯构件除应满足承载力要求外,必要时还需进行变形和裂逢宽度验算,以保证其不超过正常使用极限状态,确保结构构件的耐久性和正常使用。

4.4.1　钢筋混凝土受弯构件的变形验算

1.钢筋混凝土受弯构件的截面刚度

(1)钢筋混凝土受弯构件截面刚度的特点。钢筋混凝土受弯构件变形计算的实质是刚度验算。

在材料力学中,我们学习了受弯构件挠度(变形)计算的方法。例如,均布荷载作用下简支梁的跨中最大挠度为 $f=\dfrac{5ql_0^4}{384EI}=\dfrac{5Ml_0^2}{48EI}$,其中 EI 为截面弯曲刚度(抗弯刚度),它是一常量。材料力学公式是假想梁为理想的匀质弹性体建立起来的,而钢筋混凝土既非匀质材料,又非弹性材料(仅在混凝土开裂前呈弹性性质),并且由于钢筋混凝土受弯构件在使用阶段一般已开裂,这些裂缝把构件的受拉区混凝土沿梁纵轴线分成许多短段,使受拉区混凝土成为非连续体。可见,钢筋混凝土受弯构件不符合材料力学的假定,因此挠度计算公式不能直接应用。

研究表明,钢筋混凝土构件的截面刚度为一变量,其特点可归纳为:

①随弯矩的增大而减小。这意味着,某一根梁的某一截面,当荷载变化而导致弯矩不同时,其弯曲刚度会随之变化,并且即使在同一荷载作用下的等截面梁中,由于各个截面的弯矩不同,其弯曲刚度也会不同。

②随纵向受拉钢筋配筋率的减小而减小。

③荷载长期作用下,由于混凝土徐变的影响,梁的某个截面的刚度将随时间增长而降低。

影响受弯构件刚度的因素有弯矩、纵筋配筋率与弹性模量、截面形状和尺寸、混凝土强度等级等,在长期荷载作用下刚度会随时间而降低。在上述因素中,梁的截面高度 h 影响最大。

(2)刚度计算公式。

①短期刚度 B_s。钢筋混凝土受弯构件出现裂缝后,在荷载效应的标准组合作用下的截面弯曲刚度称为短期刚度,用 B_s 表示。根据理论分析和试验研究的结果,矩形、T 形、倒 T 形、工字形截面钢筋混凝土受弯构件的短期刚度表达式为:

$$B_s = \frac{E_s A_s h_0^2}{1.15\psi + 0.2 + \dfrac{6\alpha_E \rho}{1 + 3.5\gamma_f'}} \tag{4.57}$$

式中,E_s——受拉纵筋的弹性模量,按表采用;

A_s——受拉纵筋的截面面积;

h_0——受弯构件截面有效高度;

ψ——裂缝间纵向受拉钢筋应变不均匀系数,

$$\psi = 1.1 - 0.65 \frac{f_{tk}}{\rho_{te}\sigma_{sk}} \tag{4.58}$$

当计算出的 $\psi < 0.2$ 时,取 $\psi = 0.2$;当 $\psi > 1.0$ 时,取 $\psi = 1.0$;

f_{tk}——混凝土轴心抗拉强度标准值,按前面的表采用;

ρ_{te}——按截面的有效受拉混凝土截面面积 A_{te} 计算的纵向受拉钢筋配筋率,

$$\rho_{te} = A_s / A_{te} \tag{4.59}$$

对受弯构件,A_{te} 按下式计算(见图 4-35)

$$A_{te} = 0.5bh + (b_f - b)h_f \tag{4.60}$$

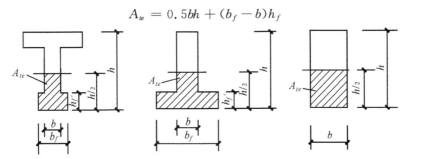

图 4-35 有效受拉混凝土截面面积 A_{te}

当计算出的 $\rho_{te} < 0.01$ 时,取 $\rho_{te} = 0.01$;

σ_{sk}——按荷载效应的标准组合计算的钢筋混凝土构件纵向受拉钢筋的应力,

$$\sigma_{sk} = \frac{M_k}{0.87 h_0 A_s} \tag{4.61}$$

M_k——按荷载效应标准组合计算的弯矩;

α_E——钢筋弹性模量 E_s 与混凝土弹性模量 E_c 的比值,即 $\alpha_E = E_s / E_c$;

ρ——纵向受拉钢筋配筋率;

γ'_f——受压翼缘截面面积与腹板有效截面面积的比值,

$$\gamma'_f = \frac{(b'_f - b)h'_f}{bh_0} \tag{4.62}$$

当 $h'_f > 0.2h_0$ 时,取 $h'_f = 0.2h_0$。当截面受压区为矩形时,$\gamma'_f = 0$。

②长期刚度 B。前面讲到,在载荷长期作用下,构件截面弯曲刚度将随时间增长而降低。而实际工程中,总是有部分荷载长期作用在构件上,因此计算挠度时,必须采用按荷载效应的标准组合并考虑荷载效应的长期作用影响的刚度,即长期刚度,以 B 表示。

$$B = \frac{M_k}{M_q(\theta - 1) + M_k} B_s \tag{4.63}$$

式中,M_q——按荷载效应准永久组合计算的弯矩;

θ——考虑荷载长期作用对挠度增大的影响系数,对钢筋混凝土受弯构件,当 $\rho' = 0$ 时,取 $\theta = 2.0$;当 $\rho' = \rho$ 时,取 $\theta = 1.6$;当 ρ' 为中间数值时,θ 按直线内插法取用,即

$$\theta = 2.0 - 0.4\rho'/\rho \text{。}$$

式中，ρ'、ρ 为纵向受压及受拉钢筋的配筋率，$\rho' = \dfrac{A'_s}{bh_0}$，$\rho = \dfrac{A_s}{bh_0}$。

对于翼缘位于受拉区的倒 T 形截面，θ 值应增大 20%。

长期刚度实质上是考虑荷载长期作用部分使刚度降低的因素后，对短期刚度 B_s 进行的修正。

2.钢筋混凝土受弯构件的挠度计算

如前所述，钢筋混凝土受弯构件开裂后，其截面弯曲刚度是随弯矩增大而降低的，因此，较准确的计算方法似乎应该将构件按弯曲刚度大小分段计算挠度，但这样计算无疑会显得十分繁琐。为简化计算，可取同号弯矩区段内弯矩最大截面的弯曲刚度作为该区段的弯曲刚度，即在简支梁中取最大正弯矩截面的刚度为全梁的弯曲刚度，而在外伸梁、连续梁或框架梁中，则分别取最大正弯矩截面和最大负弯矩截面的刚度作为相应正、负弯矩区段的弯曲刚度。很明显，按这种处理方法所算出的弯曲刚度值最小，所以称这种处理原则为"最小刚度原则"。

梁的弯曲刚度确定后，就可以根据材料力学公式计算其挠度。但需注意的是，公式中的弯曲刚度 EI 应以长期刚度 B 代替，公式中的荷载应按荷载效应标准组合取值，即

$$f = \beta_t \frac{M_k l_0^2}{B} \tag{4.64}$$

式中，f——按最小刚度原则并采用长期刚度计算的挠度；

β_f——与荷载形式和支承条件有关的系数。例如，简支梁承受均布荷载作用时，$\beta_f = 5/48$；简支梁承受跨中集中荷载作用时，$\beta_f = 1/12$；悬臂梁受杆端集中荷载作用时，$\beta_f = 1/3$。

3.变形验算的步骤

挠度验算是在承载力计算完成后进行的，此时，构件的截面尺寸、跨度、荷载、材料强度以及钢筋配置情况都是已知的，故挠度验算可按下述步骤进行：①计算荷载效应标准组合及准永久组合下的弯矩 M_k、M_q；②计算短期刚度 B_s；③计算长期刚度 B；④计算最大挠度 f，并判断挠度是否符合要求。

钢筋混凝土受弯构件的挠度应满足：

$$f \leqslant [f] \tag{4.65}$$

式中，$[f]$——钢筋混凝土受弯构件的挠度限值，按表 4-12 采用。

表 4-12　受弯构件的挠度限值

构件类型		挠度限值
吊车梁	手动吊车	$l_0/500$
	电动吊车	$l_0/600$
屋盖、楼盖及楼梯构件	$l_0 < 7\text{m}$	$l_0/200(l_0/250)$
	$7\text{m} \leqslant l_0 \leqslant 9\text{m}$	$l_0/250(l_0/300)$
	$l_0 > 9m$	$l_0/300(l_0/400)$

注：①表中 l_0 为构件的计算跨度。计算悬臂构件的挠度限值时，l_0 按实际悬臂长度的 2 倍取用；

②如果构件制作时预先起拱，且使用上也允许，则在验算挠度时，可将计算所得的挠度值减去起拱值；

③表中括号内的数值适用于使用对挠度有较高要求的构件。

当不能满足式(4.65)时,说明受弯构件的弯曲刚度不足,应采取措施后重新验算。理论上讲,提高混凝土强度等级,增加纵向钢筋的数量,选用合理的截面形状(如T形、工字形等)都能提高梁的弯曲刚度,但其效果并不明显,最有效的措施是增加梁的截面高度。

【例4.11】某办公楼钢筋混凝土矩形截面简支梁,计算跨度 $l_0=6$ m,截面尺寸 $b×h=200×500$ mm;承受恒载标准值 $g_k=8$ kN/m(含自重),活荷载标准值 $q_k=10$ kN/m,准永久值系数 $\psi_q=0.4$;纵向受拉钢筋为HRB335级 3Φ20($A_s=941$ mm²),混凝土强度等级为C20,挠度限值为 $l_0/200$,试验算其挠度。

【解】(1)求梁内最大弯矩值。

按荷载标准值组合计算的弯矩值为:

$$M_k=\frac{1}{8}(g_k+q_k)l_0^2=\frac{1}{8}×(8+10)×6^2=81 \text{ (kN·m)}$$

按荷载准永久值组合计算的弯矩值为:

$$M_q=\frac{1}{8}(g_k+\psi_c q_k)l_0^2=\frac{1}{8}×(8+0.4×10)×6^2=54 \text{ (kN·m)}$$

(2)计算钢筋应变不均匀系数。

$$h_0=500-40=460 \text{ (mm)}$$

$$f_{tk}=1.54 \text{ N/mm}^2, E_c=2.55×10^4 \text{ N/mm}^2, E_s=2×10^5 \text{ N/mm}^2$$

$$\rho_{te}=\frac{A_s}{0.5bh}=\frac{941}{0.5×200×500}=0.019>0.01$$

$$\sigma_{sk}=\frac{M_k}{0.87h_0A_s}=\frac{81×10^6}{0.87×460×941}=215.1 \text{ (N/mm}^2)$$

$$\psi=1.1-0.65\frac{f_{tk}}{\rho_{te}\sigma_{sk}}=1.1-0.65×\frac{1.54}{0.019×215.1}=0.855>0.2,且<1.0$$

(3)计算短期刚度 B_s。

因为矩形截面:$\gamma'_f=0$

$$\alpha_E=\frac{E_s}{E_c}=\frac{20×10^5}{2.55×10^4}=7.84$$

$$\rho=\frac{A_s}{bh_0}=\frac{941}{200×460}=0.0102$$

$$B_s=\frac{E_s A_s h_0^2}{1.15\psi+0.2+\dfrac{6\alpha_E\rho}{1+3.5\gamma'_f}}$$

$$=\frac{2×10^5×941×460^2}{1.15×0.855+0.2+6×7.84×0.0102}$$

$$=2.39×10^{13}(\text{N·mm}^2)$$

(4)计算长期刚度 B。

由于 $\rho'=0$,故 $\theta=2.0$,

$$B=\frac{M_k}{M_k+(\theta-1)M_q}B_s=\frac{81×10^6}{81×10^6+(2-1)×54×10^6}×2.39×10^{13}$$

$$=1.43×10^{13}(\text{N·mm}^2)$$

(5)计算最大挠度 f,并判断挠度是否符合要求。

$$f = \frac{5}{48} \frac{M_k l_0^2}{B} = \frac{5}{48} \times \frac{81 \times 10^6 \times 6000^2}{1.43 \times 10^{13}} = 21 \ (\text{mm}) < [f] = \frac{6000}{200} = 30 \ (\text{mm})$$

故该梁的挠度满足要求。

4.4.2 裂缝宽度验算

钢筋混凝土受弯构件形成裂缝的原因有两种:一种是由于混凝土的收缩、温度变化、地基不均匀沉降等非荷载原因引起的;另一种则是由荷载引起的。对于前一种裂缝,主要是采取控制混凝土浇筑质量,改善水泥性能,选择集料成份,改进结构形式,设置伸缩缝等措施解决,不需进行裂缝宽度计算。下面介绍的裂缝宽度验算均指由荷载引起的裂缝。

1. 裂缝的发生及其分布

我们知道,混凝土的抗拉强度很低。当构件受拉区外边缘混凝土的拉应力达到其抗拉强度时,由于混凝土的塑性变形,尚不会马上开裂,但当受拉区外边缘混凝土在构件抗弯最薄弱的截面达到其极限拉应变时,就会在垂直于拉应力方向形成第一批(一条或若干条)裂缝。由于混凝土具有离散性,因而裂缝发生的部位是随机的。在裂缝出现瞬间,裂缝截面处混凝土退出工作,应力降低为零,见图 4-36(a),原来的拉应力全部由钢筋承担,使钢筋应力突然增大,见图 4-36(b)。裂缝出现后,原来处于拉伸状态的混凝土便向裂缝两侧回缩,混凝土与受拉纵向钢筋之间产生相对滑移而使裂缝不断开展。但是,由于混凝土与钢筋之间的黏结作用,使混凝土的回缩受到钢筋的约束,在离开裂缝某一距离 $l_{cr,\min}$ 的截面 B 处,混凝土不再回缩(见图 4-36),此处混凝土的拉应力仍保持裂缝出现前瞬时的数值。由于在长度 $l_{cr,\min}$ 范围内(A、B 之间)混凝土的应力 σ_{ct} 小于其抗拉强度 f_t,因此,若荷载不增加,该范围内不会产生新的裂缝。当荷载继续增加时,有可能在距离已裂截面大于等于 $l_{cr,\min}$ 的另一薄弱截面出现新的

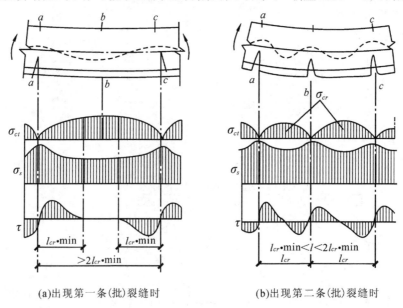

(a)出现第一条(批)裂缝时　　(b)出现第二条(批)裂缝时

图 4-36　梁中裂缝的发生、分布及应力变化

裂缝。

沿裂缝深度,裂缝的宽度是不相同的。钢筋表面处的裂缝宽度大约只有构件混凝土表面裂缝宽度的 1/5～1/3。我们所要验算的裂缝宽度是指受拉钢筋重心水平外构件侧表面上混凝土的裂缝宽度。

2. 平均裂缝间距 l_{cr}

试验和理论分析表明,平均裂缝间距不仅与钢筋和混凝土的黏结特性有关,而且还与纵筋的直径、纵筋表面形状、纵筋配筋率、混凝土保护层厚度等因素有关。《规范》采用下式计算构件的平均裂缝间距:

$$l_{cr} = \beta\left(1.9c + 0.08\frac{d_{eq}}{\rho_{te}}\right) \tag{4.66}$$

式中,β——与构件受力状态有关的系数。受弯构件,取 $\beta=1.0$;轴拉构件,$\beta=1.1$;

c——最外层纵向受拉钢筋外边缘至受拉区边缘的距离。当 $c<20$ mm 时,取 $c=20$ mm;当 $c>65$ mm 时,取 $c=65$ mm;

ρ_{te}——按有效受拉混凝土面积 A_{te} 计算的纵向受拉钢筋配筋率;

d_{eq}——纵向受拉钢筋的等效直径;公式如下:

$$d_{eq} = \frac{\sum n_i d_i^2}{\sum n_i v_i d_i} \tag{4.67}$$

d_i——第 i 种纵向受拉钢筋的公称直径;

n_i——第 i 种纵向受拉钢筋的根数;

v_i——第 i 种纵向受拉钢筋的相对黏结特征系数。对光面钢筋,$v_i=0.7$;对带肋钢筋,$v_i=1.0$。

3. 平均裂缝宽度 w_{cr}

裂缝的产生是由于混凝土的回缩造成的,因此,纵向受拉钢筋重心处的平均裂缝宽度 w_{cr} 应等于钢筋与混凝土在平均裂缝间距 l_{cr} 之间的平均伸长值的差值。

$$w_{cr} = 0.85\psi\frac{\sigma_{sk}}{E_s}l_{cr} \tag{4.68}$$

符号意义同前。

4. 最大裂缝宽度 w_{max}

最大裂缝宽度由平均裂缝宽度乘以扩大系数得到,《规范》给出的最大裂缝宽度计算公式为:

$$w_{max} = \alpha_{cr}\psi\frac{\sigma_{sk}}{E_s}\left(1.9c + 0.08\frac{d_{eq}}{\rho_{te}}\right) \tag{4.69}$$

α_{cr} 为构件受力特征系数,对受弯构件,$\alpha_{cr}=2.1$;对轴拉构件,$\alpha_{cr}=2.7$。其余符号意义同前。

从式(4.69)可以看出,当混凝土保护层 c 为定值时,最大裂缝主要与钢筋应力、有效配筋率、钢筋直径等有关。当裂缝宽度超过裂缝宽度限值不大时,常采用减小钢筋直径的办法解决,必要时可适当增大配筋率或提高混凝土强度等级;如裂缝宽度超过裂缝宽度限值较大时,最有效的措施是施加预应力。

表 4 - 13　钢筋混凝土结构构件的裂缝控制等级及最大裂缝宽度限值 $w_{\lim}$

环境类别	一	二	三
裂缝控制等级	三	三	三
最大裂缝宽度限值 $w_{\lim}$（mm）	0.3(0.4)	0.2	0.2

注：①表中规定是用于采用热轧钢筋的钢筋混凝土构件，当采用其他类别的钢筋时，其裂缝控制要求可按专门标准确定；

　　②对处于年平均相对湿度小于60％地区的一类环境下的受弯构件，其最大裂缝宽度限值可采用括号内的数值；

　　③在一类环境下，对钢筋混凝土屋架、托架及需作疲劳验算的吊车梁，其最大裂缝宽度限值应取为 0.2 mm；对钢筋混凝土屋面梁和托架，其最大裂缝宽度限值应取为 0.3 mm。

【例 4.12】某矩形截面简支梁，已知条件同【例 4.11】，最大裂缝宽度限值 $w_{\min}$ 为 0.3 mm，试对该梁进行裂缝宽度验算。

【解】查取基本参数 $E_s = 2 \times 10^5$ N/mm^2，$c = 30$ mm，因受力钢筋为同一直径，故 $d_{eq} = 20$ mm。

由【例 4.11】知，$\rho_{te} = 0.019$，$\sigma_{sk} = 215.1$ N/mm^2，$\psi = 0.855$。

则计算最大裂缝宽度为：

$$
\begin{aligned}
w_{\max} &= 2.1\psi \frac{\sigma_{sk}}{E_s}\left(1.9c + 0.08\frac{d_{eq}}{\rho_{te}}\right) \\
&= 2.1 \times 0.855 \times \frac{215.1}{2 \times 10^5} \times \left(1.9 \times 30 + 0.08 \times \frac{20}{0.019}\right) \\
&= 0.27 \text{ (mm)} < w_{\lim} = 0.3 \text{ mm}
\end{aligned}
$$

故裂缝宽度满足要求。

小　结

1. 梁和板是最常见的受弯构件，在工程设计中要满足构造要求。

2. 钢筋混凝土受弯构件的破坏形式主要与梁内纵向受拉钢筋含量有关。根据配筋率的不同，钢筋混凝土梁有适筋梁、超筋梁、少筋梁三种破坏形式。其中适筋梁破坏为塑性破坏，超筋和少筋破坏属脆性破坏，可通过限制条件加以避免。

3. 钢筋混凝土受弯构件适筋梁破坏可分三个阶段：第Ⅰ阶段（弹性阶段）、第Ⅱ阶段（带裂缝工作）、第Ⅲ阶段（破坏阶段）。受弯构件正截面承载力计算是以Ⅲ$_a$阶段的应力图形为依据建立的。受弯构件在进行正截面承载力计算时，要遵守以下原则：①不考虑受拉区混凝土参加工作，拉力完全由钢筋承担；②受压区混凝土以等效矩形应力图形代替实际应力图。

4. 单筋矩形截面正截面承载力的计算，就是要求由荷载设计值在构件内产生的弯矩小于或等于按材料强度设计值计算得出的构件受弯承载力设计值，即 $M \leqslant M_u$。为保证受弯构件为适筋破坏，不出现超筋和少筋破坏，计算基本公式应满足相关适用条件。

5. 在设计中,为了方便计算,一般用表格法计算。单筋矩形截面受弯构件正截面承载力的计算有两种情况,即截面设计与承载力校核。

6. 双筋矩形截面就是在受拉区和受压区同时设置受力钢筋的截面,双筋截面不经济,施工不便,除特殊情况外,一般不宜采用。

7. T形截面根据中和轴位置的不同分为两类:第一类 T 形截面的中和轴在翼缘高度范围内,可以把梁截面视为宽度为 b'_f 的矩形来计算;第二类 T 形截面的中和轴通过翼缘下的肋部,不能按矩形截面计算。

8. 在受弯构件设计时,除了进行正截面承载力设计外,还应同时进行斜截面承载力的计算与校核。斜截面破坏有三种形式:①剪压破坏;②斜压破坏;③斜拉破坏。剪压破坏形式是斜截面受剪承载力计算的依据,通过计算可以防止这种破坏;斜压破坏和斜拉破坏为脆性破坏,通过限制截面尺寸和配筋率来防止这两种破坏。为防止斜截面破坏,可以采用仅配置箍筋和配有箍筋和弯起钢筋两种方案。为保证斜截面有足够的承载力,必须满足抗剪和抗弯两个条件。其中,抗剪条件由配置箍筋和弯起钢筋来满足,而抗弯条件则必须由纵向钢筋的构造措施来保证,这些构造措施包括纵向钢筋的锚固、弯起和截断等。

9. 钢筋混凝土受弯构件在使用阶段应验算其裂缝宽度和挠度。

思考与练习

1. 钢筋混凝土梁和板中通常配置哪几种钢筋?各起何作用?

2. 混凝土保护层的作用是什么?室内正常环境中梁、板保护层的最小厚度取多少?

3. 适筋梁正截面受弯全过程可划分为几个阶段?受弯构件正截面承载力计算是以哪个阶段为依据的?

4. 钢筋混凝土梁正截面有哪几种破坏形态?各有何特点?

5. 何谓等效矩形应力图形?确定等效矩形应力图形的原则是什么?

6. 单筋矩形截面受弯构件正截面承载力计算公式建立的依据是什么?说明适用条件的意义。

7. 什么是界限破坏?界限破坏时的相对受压区高度 ξ_b 与什么有关?ξ_b 与梁的最大配筋率有何关系?

8. 两类 T 形截面梁如何判断?为何第一类 T 形截面梁可按 $b'_f \times h$ 的矩形计算?

9. 整体现浇梁板结构中的连续梁,其跨中截面和支座截面应按哪种截面梁计算?为什么?

10. 什么是双筋截面梁?在什么情况下才采用双筋截面?双筋截面中的受压钢筋和单筋截面中的架立钢筋有何不同?

11. 如图 4-37 所示四种截面形式梁,若混凝土强度等级、钢筋级别和数量均相同时,试比较各梁正截面承载力的大小。

12. 受弯构件斜截面受剪破坏有哪几种形态?如何防止各种破坏形态的发生?

13. 影响梁斜截面受剪承载力的主要因素有哪些?它们与受剪承载力有何关系?

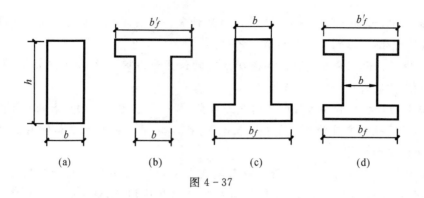

图 4-37

14.钢筋混凝土梁中纵筋的弯起和截断应满足哪些方面的要求?如何满足要求?

15.什么是抵抗弯矩图?抵抗弯矩图与设计弯矩图比较能说明什么问题?什么是钢筋的充分利用点和理论截断点?

16.钢筋混凝土受弯构件与匀质弹性材料受弯构件的挠度计算有何异同?

17.什么是最小刚度原则?为什么采用最小刚度原则?

18.如何减小梁的挠度?最有效的措施是什么?

19.影响钢筋混凝土构件裂缝宽度的主要因素有哪些?若 $w_{max} > w_{lim}$,可采用哪些措施?最有效的措施是什么?

20.已知钢筋混凝土矩形截面简支梁,截面尺寸 $b \times h = 250 \text{ mm} \times 550 \text{ mm}$,需承受弯矩设计值 $M = 175 \text{ kN} \cdot \text{m}$,$\gamma_0 = 1$,环境类别为一类,混凝土强度等级为 C25,纵向受拉钢筋为 HRB400 级,试分别用基本公式法和表格计算法计算纵向受拉钢筋的截面面积 A_s,并选配钢筋。

21.某教学楼内廊为简支在砖墙上的钢筋混凝土现浇板,板厚 $h = 80 \text{ mm}$,计算跨度 $l_0 = 2.45 \text{ m}$,承受均布荷载设计值为 6.6 kN/mm^2(包括板自重),采用 C20 混凝土,HPB300 级钢筋,环境类别为一类,试求板中受拉钢筋的截面面积。

22.某矩形截面梁,$b = 250 \text{ mm}$,$h = 500 \text{ mm}$,采用 C25 混凝土,HRB335 级钢筋,承受均布恒荷载标准值为 $g_k = 12 \text{ kN/m}$(包括梁自重),均布活荷载标准值为 $q_k = 7.5 \text{ kN/m}$,计算跨度 $l_0 = 6 \text{ m}$,试求该梁的纵向受拉钢筋截面面积,并绘制截面配筋图。若改用 HRB400 级钢筋,截面配筋情况是怎样的?

23.有一钢筋混凝土矩形截面梁,$b \times h = 250 \text{ mm} \times 450 \text{ mm}$,混凝土等级为 C25,钢筋采用 HRB335 级,受拉钢筋为 $4\phi18$($A_s = 1017 \text{ mm}^2$),环境类别为一类,弯矩设计值 $M = 108 \text{ kN} \cdot \text{m}$,构件安全等级为二级。试复核该梁的正截面承载力是否安全。

24.已知某肋形楼盖的次梁如图 4-38 所示。梁跨中承受弯矩设计值 $M = 150 \text{ kN} \cdot \text{m}$,梁的计算跨度 $l_0 = 6 \text{ m}$,混凝土强度等级为 C30,钢筋采用 HRB335 级钢筋配筋,环境类别为一类。求该次梁所需的纵向受拉钢筋截面面积 A_s。

25.已知某 T 形截面独立梁,截面尺寸 $b'_f = 600 \text{ mm}$,$h'_f = 100 \text{ mm}$,$b = 300 \text{ mm}$,$h = 800$ mm,承受弯矩设计值 $M = 550 \text{ kN} \cdot \text{m}$,采用 C20 级混凝土,HRB335 级钢筋,求该梁的受拉钢筋截面面积。

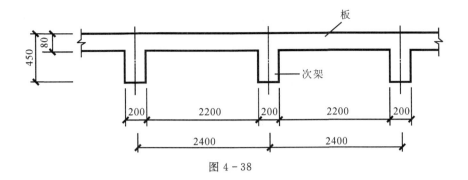

图 4-38

26.某 T 形截面梁,截面尺寸 $b'_f=400$ mm,$h'_f=100$ mm,$b=200$ mm,$h=600$ mm,采用 C20 混凝土,HRB400 级钢筋,受拉钢筋为 $4\phi16(A_s=804$ mm$^2)$,弯矩设计值 $M=160$ kN·m,环境类别为一类,构件安全等级为二级。试验算该梁的正截面承载力是否安全。

27.某钢筋混凝土矩形截面梁,$b=200$ mm,$h=500$ mm,混凝土强度等级为 C25,钢筋为 HRB335 级,承受弯矩设计值 $M=215$ kN·m,环境类别为一类。求该梁所需钢筋截面面积。

28.已知条件同题 8,按构造等原因,在受压区已配置了 $3\phi20$ 的受压钢筋($A'_s=942$ mm^2),试求受拉钢筋截面面积 A_s。

29.某钢筋混凝土矩形截面梁,截面尺寸 $b=250$ mm,$h=450$ mm,$a_s=35$ mm,梁的净跨度 $l_n=5.4$ m,承受均布荷载设计值(包括梁自重)$q=45$ kN·m,混凝土采用 C25,箍筋采用级 HPB300,采用只配箍筋方案,试对该梁的斜截面进行计算。

30.两端支承在砖墙上的钢筋混凝土简支梁,其截面尺寸 $b=250$ mm,$h=500$ mm,$a_s=35$ mm,梁的净跨度 $l_n=4$ m,承受均布荷载设计值(包括梁自重)$q=90$ kN·m,混凝土采用 C25,箍筋采用级 HRB335,根据正截面承载力计算已配置 $2\phi16+2\phi25$ 的 HRB400 级纵向受拉钢筋,试分别按下列两种腹筋配置方案对梁进行斜截面受剪承载力计算:

(1)梁内仅配箍筋时,确定箍筋的数量。

(2)箍筋按构造沿梁长均匀布置,试计算所需弯起钢筋的数量。

31.已知矩形截面梁,如图 4-39 所示,截面尺寸 $b=250$ mm,$h=600$ mm,承受集中荷载设计值 $p=110$ kN,均布荷载设计值 $g=20.0$ kN/m(包括梁的自重),混凝土采用 C25,箍筋采用级 HPB300,梁中已配有 $4\phi22$ 的 HRB335 级纵向受拉钢筋,试配置抗剪腹筋。

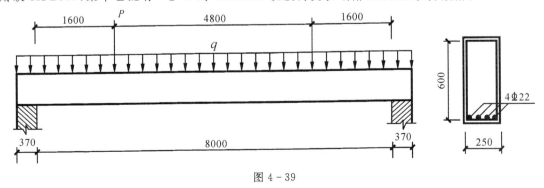

图 4-39

32.有一钢筋混凝土矩形截面简支梁,$b\times h=200$ mm$\times400$ mm,净跨 $l_n=3.5$ m,该梁承

受均布荷载,弯起钢筋采用 HRB335 级,箍筋采用 HPB300 级,混凝土采用 C25,梁内配有双肢 $\phi 6@140$ 的箍筋,在支座边缘处有 $2\phi 12$ 的弯起钢筋,弯起角度为 $45°$,试计算该梁所能承担的最大剪力设计值 V_u。

33. 一钢筋混凝土矩形截面简支梁,$b \times h = 200\ \text{mm} \times 450\ \text{mm}$,计算跨跨 $l_0 = 5.2\ \text{m}$。承受均布荷载,其中永久荷载标准值 $g_k = 5\ \text{kN/m}$,可变荷载标准值 $q_k = 10\ \text{kN/m}$,准永久值系数 $\psi_q = 0.5$。混凝土采用 C20,配 $3\phi 16$(HRB335 级)纵向受拉钢筋。梁的允许挠度 $f = l_0/250$,试验算该梁的跨中最大挠度是否满足要求。

34. 某钢筋混凝土矩形截面简支梁,$b \times h = 200\ \text{mm} \times 500\ \text{mm}$,计算跨跨 $l_0 = 5\ \text{m}$。承受均布恒载标准值(含自重)$g_k = 25\ \text{kN/m}$,均布活荷载标准值 $q_k = 14\ \text{kN/m}$,准永久值系数 $\psi_q = 0.5$。采用 C20 混凝土,HRB335 钢筋,实配 $6\phi 18$($A_s = 1562\ \text{mm}^2$),梁的允许裂缝宽度为 $w_{\min} = 0.2\ \text{mm}$,混凝土保护层厚度 $c = 25\ \text{mm}$,试验算该梁的裂缝宽度。

课题 5

钢筋混凝土受压构件

学习要点

1. 受压构件的一般构造要求
2. 轴心受压构件正截面承载力计算方法
3. 偏心受压构件正截面承载力计算方法

5.1 受压构件概述

受压构件是工程结构中最基本和最常见的构件之一,如图 5-1 所示,框架结构房屋的柱、单层厂房柱及屋架的受压腹杆等均为受压构件。与受弯构件一样,受压构件除需满足承载力计算要求外,还应满足相应的构造要求。

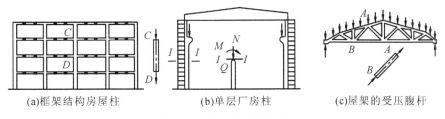

(a)框架结构房屋柱   (b)单层厂房柱   (c)屋架的受压腹杆

图 5-1 常见的受压构件

受压构件主要传递轴向压力,若轴向压力通过截面的形心,称为轴心受压构件,见图 5-2 (a);若轴向压力偏离截面的形心(有偏心距),或者轴向压力虽然通过形心而同时伴有弯矩的作

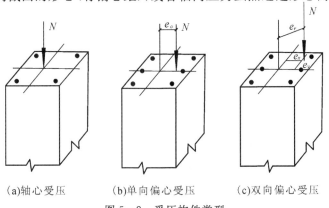

(a)轴心受压   (b)单向偏心受压   (c)双向偏心受压

图 5-2 受压构件类型

用,称为偏心受压构件。如果轴向压力作用点只对构件正截面的一个主轴存在偏心距,则这种构件称为单向偏心受压构件,见图 5 - 2(b);如果轴向压力作用点只对构件正截面的两个主轴存在偏心距,则称为双向偏心受压构件,见图 5 - 2(c)。

本章只介绍轴心受压构件和单向偏心受压构件。

5.2　受压构件的一般构造要求

5.2.1　截面形式及尺寸要求

确定截面形状和尺寸的原则是除了保证承载力外,还应有足够的刚度,同时节约材料,方便施工。尺寸不宜过小,否则柱的承载力将因长细比过大而降低很多。

钢筋混凝土受压构件大多采用方形或矩形截面,以便制作模板。一般轴心受压构件以方形为主,也可采用圆形、环形、正多边形等。偏心受压构件以矩形为主,矩形截面长边与弯矩作用方向平行,还可用工字形、T 形等,如图 5 - 3 所示。为了节约混凝土和减轻柱的自重,特别是在装配式柱中,较大尺寸的柱常常采用工字形截面;拱结构的肋则多做成 T 形截面;采用离心法制造的柱、桩、电杆以及烟囱、水塔支筒等常用环形截面;圆形截面主要用于桥墩、桩和公共建筑中的柱。

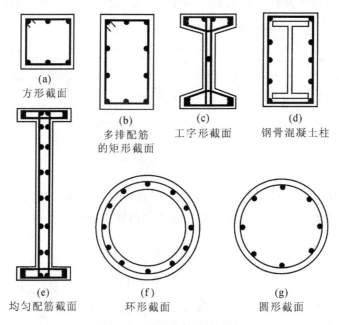

(a)
方形截面

(b)
多排配筋
的矩形截面

(c)
工字形截面

(d)
钢骨混凝土柱

(e)
均匀配筋截面

(f)
环形截面

(g)
圆形截面

图 5 - 3　受压构件截面型式

对于方形和矩形截面,其尺寸不宜小于 250×250 mm。长细比一般应控制在 $l_0/h \leqslant 25$ 及 $l_0/b \leqslant 30$(其中 l_0 为柱的计算长度,h 和 b 分别为截面的长边边长和短边边长)范围之内。对于工字形截面,翼缘厚度不宜小于 120 mm,腹板厚度不宜小于 100 mm,抗震区使用工字形截面柱时,其腹板宜再加厚些。为了便于模板尺寸模数化,柱截面边长在 800 mm 以下者,宜取

50 mm 的倍数;在 800 mm 以上者,取为 100 mm 的倍数。

5.2.2 材料强度等级

受压构件的承载能力主要取决于混凝土强度,采用较高强度的混凝土是经济的,但应采取合理措施保证对延性的要求。在设计中宜采用 C25、C30、C35、C40 或强度等级更高的混凝土。

在受压构件中,钢筋与混凝土共同承压,两者变形保持一致,受混凝土峰值应变的控制,钢筋的压应力最高只能达到 400 N/mm² ,采用高强度钢材不能充分发挥其作用。因此,一般设计中常采用 HRB335、HRB400 和 HRBF400 级钢筋做为纵向受力钢筋,采用 HPB300 级钢筋做为箍筋,也可采用 HRB335 级和 HRB400 级钢筋做为箍筋。

5.2.3 纵向受力钢筋

纵向受力钢筋的作用是协助混凝土承受压力,以减小构件尺寸;承受可能的弯矩,以及混凝土收缩和温度变形引起的拉应力;防止构件突然的脆性破坏。

柱中纵向钢筋的配置应符合下列规定:

(1)为了增强钢筋骨架的刚度,减小钢筋在施工时的纵向弯曲及减少箍筋用量,受压构件中宜采用根数较少,直径较粗的纵筋,以保证骨架的刚度。纵向受力钢筋的直径 d 不宜小于 12 mm,通常在 16~32 mm 范围内选用。

(2)纵向受力钢筋的截面面积应由计算确定。纵向受力钢筋的配筋率需满足最小配筋率的要求(见表 5-1),同时为了施工方便和经济考虑,柱中全部纵向钢筋的配筋率不宜大于 5%,受压钢筋的配筋率一般不超过 3%,通常在 0.5%~2% 之间。

表 5-1 纵向受力钢筋的最小配筋百分率(%)

受力类型			最小配筋百分率
受压构件	全部纵向钢筋	强度等级 500 MPa	0.50
		强度等级 400 MPa	0.55
		强度等级 300 MPa、335 MPa	0.60
	一侧纵向钢筋		0.20
受弯构件、偏心受拉、轴心受拉构件一侧的受拉钢筋			0.20 和 $45 f_t/f_y$ 中的较大值

注:①受压构件全部纵向钢筋最小配筋百分率,当采用 C60 以上强度等级的混凝土时,应按表中规定增加 0.10;

②板类受弯构件(不包括悬臂板)的受拉钢筋,当采用强度等级 400MPa、500MPa 的钢筋时,其最小配筋率应允许采用 0.20 和 $45 f_t/f_y$ 中的较大值;

③偏心受拉构件中的受压钢筋,应按受压构件一侧纵向钢筋考虑;

④受压构件的全部纵向钢筋和一侧纵向钢筋的配筋率以及轴心受拉构件和小偏心受拉构件的配筋率,均应按构件的全截面面积计算;

⑤受弯构件、大偏心受拉构件一侧受拉钢筋的配筋率应按全截面面积扣除受压翼缘面积 $(b'_f-b)h'_f$ 后的截面面积计算;

⑥当钢筋沿构件截面周边布置时,"一侧纵向钢筋"系指沿受力方向两个对边中一边布置的纵向钢筋。

（3）方形和矩形截面受压构件中，纵向受力钢筋根数不得不少于 4 根，以便与箍筋形成钢筋骨架。轴心受压构件中，纵向受力钢筋应沿构件截面四周均匀对称布置，见图 5-4（a）。偏心受压构件中的纵向受力钢筋应布置在弯矩作用方向的两对边。圆截面柱中纵向受力钢筋宜沿圆周边均匀布置，根数不宜少于 8 根且不应少于 6 根。

（4）柱内纵筋的净距不应小于 50 mm，且不宜大于 300 mm；在偏心受压柱中垂直于弯矩作用平面的侧面上的纵向受力钢筋以及轴心受压柱中各边的纵向受力钢筋，其中距不宜大于 300 mm（见图 5-4）。对水平浇筑的预制柱，其纵向钢筋的最小净距可按梁的有关规定采用，其纵筋最小净距可减小，但不应小于 30 mm 和 $1.5d$（d 为钢筋的最大直径）。

（5）当偏心受压柱截面高度 h 大于等于 600 mm 时，为防止构件因混凝土收缩和温度变化产生裂缝，应沿长边设置直径为 10～16 mm 的纵向构造钢筋，且间距不应超过 500 mm，并相应地配置复合箍筋或拉筋，见图 5-4（b）。

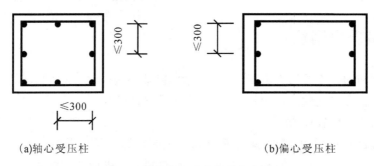

(a)轴心受压柱　　　　　　　　　　　　(b)偏心受压柱

图 5-4　柱纵向受力钢筋的布置

5.2.4　箍筋

受压构件中箍筋的作用是保证纵向钢筋的位置正确，防止纵向钢筋压屈，从而提高柱的承载能力。箍筋对核心混凝土的约束作用，使柱能承受更大的变形，对改善柱的受力性能和增强抗力有重要作用。圆形柱中常配置螺旋箍筋，是在纵筋外围配置连续环绕、间距较密的螺旋箍筋或焊接环筋。

柱中的箍筋应符合下列规定：

（1）受压构件中的周边箍筋应做成封闭式。箍筋直径不应小于 $d/4$（d 为纵向钢筋的最大直径），且不应小于 6 mm。箍筋间距不应大于 400 mm 及构件截面的短边尺寸，且不应大于 $15d$（d 为纵向受力钢筋的最小直径）。

（2）柱中全部纵向受力钢筋的配筋率大于 3% 时，箍筋直径不应小于 8 mm，间距不应大于 $10d$（d 为纵向受力钢筋的最小直径），且不应大于 200 mm；箍筋末端应做成 135° 弯钩且弯钩末端平直段长度不应小于 $10d$（d 为纵向受力钢筋的最小直径）。

（3）当柱截面短边尺寸大于 400 mm 且各边纵向钢筋多于 3 根时，或当柱截面短边尺寸不大于 400 mm 但各边纵向钢筋多于 4 根时，应设置复合箍筋（见图 5-5），以防止中间钢筋被压屈。复合箍筋的直径、间距与前述箍筋相同。

（4）在纵筋搭接长度范围内，箍筋的直径不宜小于搭接钢筋直径的 0.25 倍，箍筋间距应加密。当搭接钢筋为受拉时，其箍筋间距不应大于 $5d$，且不应大于 100 mm；当搭接钢筋为受压

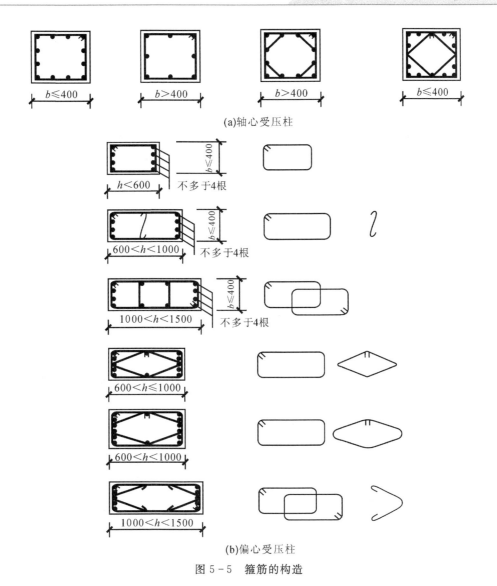

(a)轴心受压柱

(b)偏心受压柱

图5-5 箍筋的构造

时,其箍筋间距不应大于 $10d$,且不应大于 $200\ mm$。d 为受力钢筋中的最小直径。当搭接的受压钢筋直径大于 $25\ mm$ 时,应在搭接接头两个端面外 $50\ mm$ 范围内各设置两根箍筋。

(5)截面形状复杂的构件,不可采用具有内折角的箍筋,避免产生向外的拉力,致使折角处的混凝土保护层崩裂(见图5-6)。

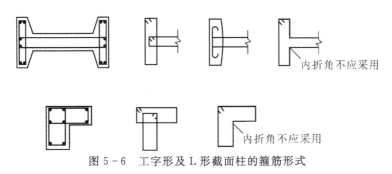

图5-6 工字形及L形截面柱的箍筋形式

5.3 轴心受压构件承载力计算

在实际工程结构中,几乎不存在真正的轴心受压构件。通常由于混凝土材料的非均质性、荷载作用位置的偏差、纵向钢筋的不对称布置以及施工时不可避免的尺寸误差等原因,总是或多或少存在初始偏心距。但为简化计算,初始偏心距很小的受压杆件可近似按轴心受压构件计算,如以恒载为主的等跨多层框架房屋的内柱、只承受节点荷载屋架中的受压腹杆等。此外,单向偏心受压构件垂直于弯矩平面的承载力验算也按轴心受压构件计算。

柱是工程中最具有代表性的受压构件。柱中所配置箍筋有普通箍筋和间接钢筋(螺旋箍筋或焊接环式箍筋)之分(见图 5-7)。不同箍筋的轴心受压柱,其受力性能及计算方法不同。下面就配有普通箍筋轴心受压柱的受力性能与承载力计算进行分析。

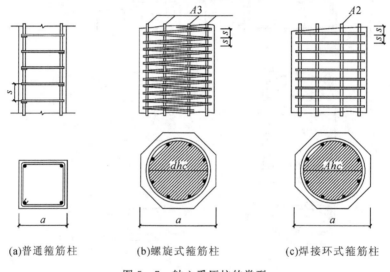

(a)普通箍筋柱　　　　　(b)螺旋式箍筋柱　　　　　(c)焊接环式箍筋柱

图 5-7　轴心受压柱的类型

5.3.1 配置普通箍筋轴心受压构件的破坏特征

钢筋混凝土轴心受压构件可分为短柱和长柱两类。当矩形截面柱长细比 $l_0/b \leqslant 8$、圆形截面柱 $l_0/d \leqslant 7$、任意截面柱 $l_0/i \leqslant 28$ 时,称为轴心受压短柱;否则为轴心受压长柱。式中 l_0 为柱的计算长度,b 为矩形截面的短边尺寸,d 为圆形截面的直径,i 为任意截面的最小回转半径。

1. 轴心受压短柱的破坏特征

试验表明:配有普通箍筋的矩形截面短柱,当轴向压力 N 较小时,构件的压缩变形主要为弹性变形,N 在截面上产生的压应力由混凝土和钢筋共同承担,截面应变基本上是均匀分布的,由于钢筋与混凝土之间黏结力的存在,使两者的应变基本相同,即 $\varepsilon_c = \varepsilon'_s$。随着荷载的增大,构件变形迅速增大,混凝土塑性变形增加,弹性模量降低,混凝土应力增长逐渐减慢,而钢筋应力的增长则越来越快。对配置 HRB335、HRB400 等中等强度钢筋的构件,钢筋应力先达到其屈服强度,即 $\sigma'_s = f'_y$,此后增加的荷载全部由混凝土承受。然后混凝土达到极限压应变,柱子表面出现明显的纵向裂缝,混凝土保护层开始剥落,最后箍筋之间的纵向钢筋压屈而向外凸出,混凝土被压碎崩裂而破坏,见图 5-8 (a),混凝土的应力达到轴心抗压强度 f_c,轴心受压短柱的破坏形态属于材料破坏。当短柱破坏时,混凝土达到极限压应变 $\varepsilon'_c = 0.002$,相应的纵向钢筋应力 $\sigma_s = E_s\varepsilon'_c = 2.0 \times 10^5 \times 0.002$ N/mm^2 = 400 N/mm^2。因此,当纵向钢筋为高强度钢筋时,构件破坏时纵向钢筋可能达不到

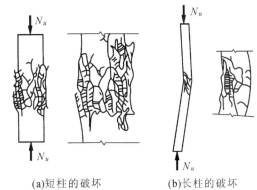

(a)短柱的破坏   (b)长柱的破坏

图 5-8　钢筋混凝土轴心受压柱的破坏形态

屈服强度。设计中,对于屈服强度超过 400 N/mm^2 的钢筋,其抗压强度设计值 f'_y 只能取 400 N/mm^2。显然,在受压构件内配置高强度的钢筋不能充分发挥其作用,这是不经济的。

2. 轴心受压长柱的破坏特征

试验表明,长柱的破坏形式有两种:对于长细比较大的长柱,由于各种偶然因素造成的初始偏心距的影响,破坏时既有压缩变形又有纵向弯曲变形。在轴向压力 N 作用下,初始偏心距将产生附加弯矩,附加弯矩产生的水平挠度又加大了原来的初始偏心距,这样互相影响的结果,促使了构件截面材料破坏较早到来,导致构件承载能力的降低。长柱的受压破坏是由于压缩变形和弯曲变形过大,导致材料强度不足而破坏,属于材料破坏。破坏时首先在凹边出现纵向裂缝,接着混凝土被压碎,纵向钢筋被压弯向外凸出,侧向挠度急速发展,最终柱子失去平衡并将凸边混凝土拉裂而破坏,见图 5-8(b);对于长细比很大的长柱,主要是纵向弯曲过大,导致材料未到设计强度之前而发生"失稳破坏"。在长期荷载作用下,由于徐变的影响,使细长受压构件的侧向挠度增加更大,因而,构件的承载力降低更多。

试验还表明:由于纵向弯曲的影响,长柱承载力低于条件完全相同(即截面相同,配筋相同,材料相同)的短柱。在确定轴心受压构件承载力计算公式时,《混凝土结构设计规范》采用稳定系数 φ 来表示长柱承载力降低的程度。试验的实测结果表明(见表 5-2),稳定系数 φ 主要与构件的长细比 l_0/b 有关,长细比愈大,φ 值愈小。对短柱,可不考虑纵向弯曲的影响,取 $\varphi = 1$。

表 5-2　钢筋混凝土轴心受压构件的稳定系数 φ

l_0/b	$\leqslant 8$	10	12	14	16	18	20	22	24	26	28
l_0/d	$\leqslant 7$	8.5	10.5	12	14	15.5	17	19	21	22.5	24
l_0/i	$\leqslant 28$	35	42	48	55	62	69	76	83	90	97
φ	1.00	0.98	0.95	0.92	0.87	0.81	0.75	0.70	0.65	0.60	0.56
l_0/b	30	32	34	36	38	40	42	44	46	48	50
l_0/d	26	28	29.5	31	33	34.5	36.5	38	40	41.5	43
l_0/i	104	111	118	125	132	139	146	153	160	167	174
φ	0.52	0.48	0.44	0.40	0.36	0.32	0.29	0.26	0.23	0.21	0.19

注:表中 l_0 为构件的计算长度,b 为矩形截面的短边尺寸;d 为圆形截面的直径;i 为截面最小回转半径。

构件的计算长度 l_0 与构件两端的支承情况有关,在实际工程中,由于构件支承情况并非完全符合理想条件,应结合具体情况按《混凝土结构设计规范》的规定取用。刚性屋盖排架柱、露天吊车柱和栈桥柱的计算长度 l_0 可按表 5-3 取用;梁柱刚接的多层房屋框架结构中,各层柱的计算长度 l_0 可按表 5-4 取用。

表 5-3　刚性屋盖单层房屋排架柱、露天吊车柱和栈桥柱的计算长度

柱的类别		l_0		
		排架方向	垂直排架方向	
			有柱间支撑	无柱间支撑
无吊车房屋柱	单跨	1.5 H	1.0 H	1.2 H
	两跨及多跨	1.25 H	1.0 H	1.2 H
有吊车房屋柱	上柱	2.0 H	1.25 H	1.5 H
	下柱	1.0 H	0.8 H	1.0 H
露天吊车柱和栈桥柱		2.0 H	1.0 H	—

注:表中 H 为底层柱从基础顶面到一层楼盖顶面的高度;对其余各层柱为上下两层楼盖顶面之间的高度。

表 5-4　框架结构各层柱的计算长度

楼盖类型	柱的类别	l_0
现浇楼盖	底层柱	1.0 H
	其余各层柱	1.25 H
装配式楼盖	底层柱	1.25 H
	其余各层柱	1.5 H

注:表中 H 为底层柱从基础顶面到一层楼盖顶面的高度;对其余各层柱为上下两层楼盖顶面之间的高度。

5.3.2　普通箍筋柱的正截面承载力计算

1. 基本公式

根据上述试验分析,在轴心受压构件正截面承载力计算时,混凝土应力达到其轴心抗压强度设计值 f_c,受压钢筋应力达到其抗压强度设计值 f'_y。轴心受压构件破坏时的应力情况如图 5-9 所示。考虑到实际工程中多为细长受压构件,需要考虑纵向弯曲对构件截面受压承载力降低的影响。根据力的平衡条件,轴心受压构件正截面承载力计算公式为:

$$N \leqslant N_u = 0.9\varphi(f_c A + f'_y A'_s) \tag{5.1}$$

式中,N——轴向压力设计值;

N_u——构件的截面轴心受压承载力设计值;

f_c——混凝土轴心抗压强度设计值;

f'_y——纵向钢筋抗压强度设计值;

A——构件截面面积,当纵向钢筋配筋率($\rho' = A'_s/A$)大于 3% 时,A 中应扣除纵筋截面的

面积,改为 A_c,即 $A_c = A - A'_s$;

A'_s——全部纵向钢筋的截面面积;

φ——钢筋混凝土构件的稳定系数,按表 5-2 采用;

0.9——折减系数,是考虑可能存在的初始偏心影响,以及主要承受恒载作用的轴心受压柱的可靠性,引入的承载力折减系数。

式(5.1)的适用条件为 $0.6\% \leqslant \rho' = A'_s/A \leqslant 3\%$。当 $\rho' > 3\%$ 时,公式中的 A 用 $A - A'_s$ 代替,但 $\rho'_{max} \leqslant 5\%$。

2. 计算方法

轴心受压构件的设计问题可分为截面设计和截面复核两类。

(1)截面设计。

已知:构件截面尺寸 $b \times h$,轴向力设计值 N,构件的计算长度 l_0,材料强度等级 f_c。

求:纵向钢筋截面面积 A'_s。

计算步骤如图 5-10 所示。

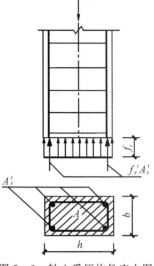

图 5-9 轴心受压构件应力图

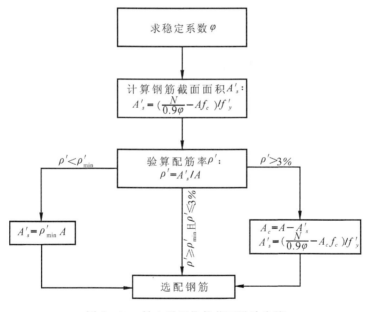

图 5-10 轴心受压构件截面设计步骤

若构件截面尺寸 $b \times h$ 为未知,则可先根据构造要求并参照同类工程假定柱截面尺寸 $b \times h$,然后按上述步骤计算 A'_s。纵向钢筋配筋率宜在 $0.5\% \sim 2\%$ 之间。若配筋率 ρ' 过大或过小,则应调整 b、h,重新计算 A'_s。也可先假定 φ 和 ρ' 的值(常假定 $\varphi = 1.0$,$\rho' = 1\%$),由下式计算出构件截面面积,进而得出 $b \times h$,由长细比 l_0/b 查表 5-2 确定 φ,再代入公式(5.1)求实际的 A'_s。当然,最后还应检查是否满足最小配筋率要求。

$$A = \frac{N}{0.9\varphi(f_c + \rho' f'_y)} \qquad (5.2)$$

(2)截面承载力复核。

已知：柱截面尺寸 $b \times h$，计算长度 l_0，纵向钢筋数量及级别，混凝土强度等级。

求：柱的受压承载力 N_u，或已知轴向力设计值 N，判断截面是否安全。

计算步骤如图 5-11 所示。

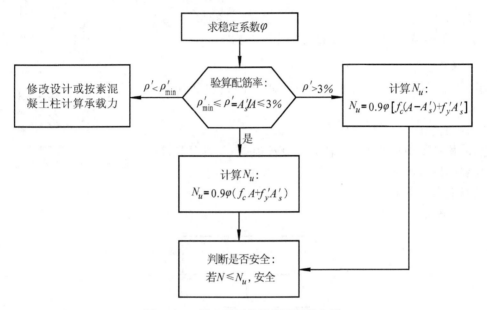

图 5-11　轴心受压构件截面复核步骤

【例 5.1】已知某多层现浇钢筋混凝土框架结构，首层中柱按轴心受压构件计算。该柱安全等级为二级，计算长度 $l_0 = 4.5$ m，承受轴向压力设计值 $N = 1400$ kN，采用 C30 级混凝土和 HRB400 级钢筋。求该柱截面尺寸及纵向钢筋截面面积。

【解】查表得 $f_c = 14.3$ N/mm²，$f'_y = 360$ N/mm²。

(1)初步确定柱截面尺寸。

假定 $\rho' = \dfrac{A'_s}{A} = 1\%$，$\varphi = 1.0$，得：

$$A = \frac{N}{0.9\varphi(f_c + \rho' f'_y)} = \frac{1400 \times 10^3}{0.9 \times 1.0 \times (14.3 + 0.01 \times 360)} = 86902.55 \text{ （mm}^2\text{）}$$

选用方形截面，则 $b = h = \sqrt{A} = \sqrt{86902.55} = 294.79$ （mm），取用 $b = h = 300$ mm，$A = 122500$ mm²。

(2)计算稳定系数 φ。

长细比 $l_0/b = 4500/300 = 15$，查表 5-2 得，$\varphi = 0.895$。

(3)求纵筋面积。

由公式(5.1)得：

$$A'_s = \frac{\dfrac{N}{0.9\varphi} - f_c A}{f'_y} = \frac{\dfrac{1400 \times 10^3}{0.9 \times 0.895} - 14.3 \times 300^2}{360} = 1252.92 \text{ （mm}^2\text{）}$$

(4)验算配筋率。

配筋率 $\rho' = \dfrac{A'_s}{A} = \dfrac{1252.92}{300 \times 300} = 1.39\%$

$\rho' > \rho'_{\min} = 0.6\%$，且$<3\%$，满足最小配筋率要求，且无需重算。

(5)选配钢筋。

纵向钢筋选用 4 ϕ 20 钢筋($A'_s = 1256$ mm^2)。

箍筋为：箍筋直径 d $\begin{cases} \geqslant \dfrac{d}{4} = \dfrac{20}{4} = 5 \text{ mm} \\ \geqslant 6 \text{ mm} \end{cases}$ 取ϕ8

间距 s $\begin{cases} \leqslant 400 \text{ mm} \\ \leqslant b = 300 \text{ mm} \\ \leqslant 15d = 15 \times 20 = 300 \text{ mm} \end{cases}$ 取 $s = 300$ mm

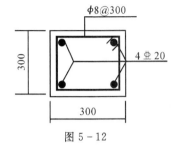

图 5 - 12

箍筋选用ϕ8@300，柱截面配筋见图 5 - 12。

【例 5.2】某轴心受压截面尺寸 $b \times h = 300$ mm$\times 300$ mm，配有 HRB400 级 4 ϕ 20 钢筋，计算长度 $l_0 = 4$ m，混凝土强度等级为 C25。求该柱所能承受的最大轴向压力设计值。

【解】查表得 $f_c = 11.9$ N/mm^2，$f'_y = 360$ N/mm^2，$A'_s = 1256$ mm^2。

(1)确定稳定系数 φ。

长细比 $l_0/b = 4000/300 = 13.3$，查表 5 - 2 得，稳定系数 $\varphi = 0.931$。

(2)验算配筋率。

$$\rho'_{\min} = 0.5\% < \rho' = \dfrac{A'_s}{A} = \dfrac{1256}{300 \times 300} = 1.4\% < 3\%$$

(3)柱截面承载力设计值。

$$N_u = 0.9\varphi(f_c A + f'_y A'_s) = 0.9 \times 0.931 \times (11.9 \times 300 \times 300 + 360 \times 1256)\text{N}$$
$$= 1276 \text{ kN}$$

5.3.3 螺旋箍筋柱简介

在普通箍筋柱中，箍筋是构造钢筋。柱破坏时，混凝土处于单向受压状态。而螺旋箍筋柱的箍筋既是构造钢筋又是受力钢筋。由于螺旋筋或焊接环筋的套箍作用可约束核心混凝土(螺旋筋或焊接环筋所包围的混凝土)的横向变形，使得核心混凝土处于三向受压状态，从而间接地提高混凝土的纵向抗压强度。当混凝土纵向压缩产生横向膨胀时，将受到密排螺旋筋或焊接环筋的约束，在箍筋中产生拉力而在混凝土中产生侧向压力。当构件的压应变超过无约束混凝土的极限应变后，尽管箍筋以外的表层混凝土会开裂甚至剥落而退出工作，但核心混凝土还能继续承担更大的压力，直至箍筋屈服。显然，混凝土抗压强度的提高程度与箍筋的约束力的大小有关。为了使箍筋对混凝土有足够大的约束力，箍筋应为圆形，当为圆环时应焊接。由于螺旋筋或焊接环筋间接地起到了纵向受压钢筋的作用，故又称之为间接钢筋。

需要说明的是，螺旋箍筋柱虽可提高构件承载力，但施工复杂，用钢量较大，一般仅用于轴力很大，截面尺寸又受限制，采用普通箍筋柱会使纵向钢筋配筋率过高，而混凝土强度等级又不宜再提高的情况。

螺旋箍筋柱的截面形状一般为圆形或正八边形。箍筋为螺旋环或焊接圆环，间距不应大于 80 mm 和 $0.2d_{cor}$（d_{cor} 为按箍筋内表面确定的核心截面直径），且不宜小于 40 mm。间接钢筋的直径应符合柱中箍筋直径的规定。

5.4 偏心受压构件正截面承载力计算

工程中偏心受压构件应用颇为广泛，如常见的多高层框架柱、单层刚架柱、单层厂房排架柱；水塔、烟囱的筒壁和屋架、托架的上弦杆以及某些受压腹杆等。

5.4.1 偏心受压构件正截面的破坏特征

偏心受压构件截面在承受轴向压力 N 和弯矩 M 的同时作用时，等效于承受一个偏心距为 $e_0 = M/N$ 的偏心力 N 的作用。当弯矩 M 相对较小时，e_0 就很小，构件接近于轴心受压；相反，当 N 相对较小时，e_0 就很大，构件接近于受弯。因此，随着 e_0 的改变，偏心受压构件的受力性能和破坏形态介于轴心受压与受弯之间。

按照轴向压力的偏心距和配筋情况的不同，钢筋混凝土偏心受压构件正截面的破坏可分为以下两类：第一类——受拉破坏，亦称为"大偏心受压破坏"；第二类——受压破坏，亦称为"小偏心受压破坏"。

1. 受拉破坏——大偏心受压破坏

当构件截面中轴向压力的偏心距 e_0 较大，而且没有配置过多的受拉钢筋时，就将发生这种类型的破坏。

这类构件由于 e_0 较大，即弯矩 M 的影响较为显著，它具有与适筋受弯构件类似的受力特点。在偏心距较大的轴向压力 N 作用下，远离纵向偏心力一侧截面受拉。当 N 增大到一定程度时，受拉边缘混凝土将达到极限拉应变，出现垂直于构件轴线的裂缝。这些裂缝将随着荷载的增大而不断加宽并向受压一侧发展，裂缝截面中的拉力将全部转由受拉钢筋承担。随着荷载的增大，受拉钢筋将首先屈服。随着钢筋屈服后的塑性伸长，裂缝将明显加宽并进一步向受压一侧延伸，从而使受压区面积减小，受压区边缘混凝土的压应变逐步增大。最后当受压区边缘混凝土达到其极限压应变 ε_{cu} 时，受压区混凝土被压碎而导致构件的最终破坏。这类构件的混凝土压碎区一般都不太长，破坏时受拉区形成一条较宽的主裂缝。试验所得的典型破坏状况如图 5-13(a) 所示。只要受压区相对高度不致过小，混凝土保护层不是太厚，即受压钢筋不是过分靠近中和轴，而且受压钢筋的强度也不是太高，则在混凝土开始压碎时，受压钢筋应力一般都能达到屈服强度。

大偏心受压构件关键的破坏特征是受拉钢筋首先达到屈服强度，然后受压钢筋也能达到屈服强度，最后由于受压区混凝土达到极限压应变而被压碎，导致构件破坏。这种破坏形态在破坏前有明显的预兆，属于塑性破坏，所以这类破坏也称为受拉破坏。破坏阶段截面中的应变及应力分布图形如图 5-14(a) 所示。

2. 受压破坏——小偏心受压破坏

若构件截面中轴向压力的偏心距较小或虽然偏心距较大，但配置过多的受拉钢筋时，构件就会发生这种类型的破坏。此时,截面可能处于大部分受压而少部分受拉状态。当荷载增加到一定程度时,受拉边缘混凝土将达到其极限拉应变,从而沿构件受拉边将出现一些垂直于构件轴线的裂缝。在构件破坏时,中和轴距受拉钢筋较近,钢筋中的拉应力较小,受拉钢筋达不到屈服强度,因此也不可能形成明显的主拉裂缝。构件的破坏是由受压区混凝土的压碎所引起的,而且压碎区的长度往往较大。当柱内配置的箍筋较少时,还可能于混凝土压碎前在受压区内出现较长的纵向裂缝。在混凝土压碎时,受压一侧的纵向钢筋只要强度不是过高,其压应力一般都能达到屈服强度。这种情况

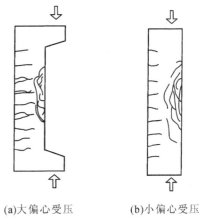

(a)大偏心受压　　　(b)小偏心受压

图 5 - 13　偏心受压构件的破坏

下的构件典型破坏状况见图 5 - 13(b)。破坏阶段截面中的应变及应力分布图形则如图 5 - 14(b)所示。这里需要注意的是,由于受拉钢筋中的应力没有达到屈服强度,因此在截面应力分布图形中其拉应力只能用 σ_s 来表示。

　　当轴向压力的偏心距很小时,也发生小偏心受压破坏。此时,构件截面将全部受压,只不过一侧压应变较大,另一侧压应变较小。这类构件的压应变较小一侧在整个受力过程中自然也就不会出现与构件轴线垂直的裂缝。构件的破坏是由压应变较大一侧的混凝土压碎所引起的。在混凝土压碎时,接近纵向偏心力一侧的纵向钢筋只要强度不是过高,其压应力一般均能达到屈服强度。这种受压情况破坏阶段截面中的应变及应力分布图形如图 5 - 14(c)所示。由于受压较小一侧的钢筋压应力通常也达不到屈服强度,故在应力分布图形中它的应力也用 σ_s 表示。

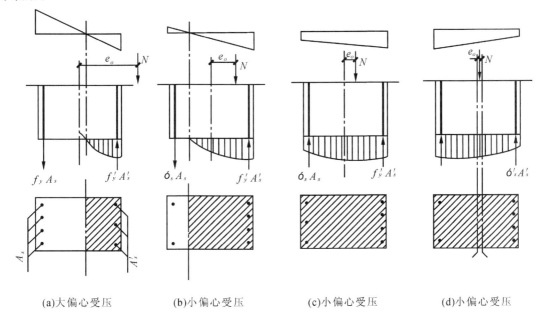

(a)大偏心受压　　　(b)小偏心受压　　　(c)小偏心受压　　　(d)小偏心受压

图 5 - 14　偏心受压构件破坏时截面中的应变及应力分布图

此外,小偏心受压的一种特殊情况是:当轴向压力的偏心距很小,而远离纵向偏心压力一侧的钢筋配置得过少,靠近纵向偏心压力一侧的钢筋配置较多时,截面的实际重心和构件的几何形心不重合,重心轴向纵向偏心压力方向偏移,且越过纵向压力作用线。此时,破坏阶段截面中的应变和应力分布图形如图 5-14(d)所示。可见,远离纵向偏心压力一侧的混凝土的压应力反而大,出现远离纵向偏心压力一侧边缘混凝土的应变先达到极限压应变,混凝土被压碎,导致构件破坏的现象,称反向破坏。假如采用对称配筋,则可避免此情况发生。由于压应力较小一侧钢筋的应力通常也达不到屈服强度,故在截面应力分布图形中其应力只能用 σ'_s 来表示。

综上所述,小偏心受压破坏的破坏特征为:构件的破坏是由受压区混凝土达到极限压应变而被压碎所引起的。构件在破坏前变形不会急剧增长,但受压区垂直裂缝不断发展,破坏时没有明显预兆,属脆性破坏。具有这类特征的破坏形态统称为"受压破坏"。

5.4.2　大、小偏心受压界限

综上可知,受拉破坏和受压破坏都属于"材料破坏"。其相同之处是,截面的最终破坏都是受压区边缘混凝土达到极限压应变而被压碎。不同之处在于截面破坏的起因不同,即截面受拉部分和受压部分谁先发生破坏,前者是受拉钢筋先屈服而后受压混凝土被压碎,后者是受压部分先发生破坏。在两种破坏之间存在一种界限破坏,即在受拉钢筋达到屈服强度 f_y 的同时,受压区混凝土应变也达到极限压应变 ε_{cu} 而被压碎,构件破坏。

根据界限破坏的特征和截面假定,可知大小偏心受压破坏的界限与受弯构件正截面适筋与超筋的界限是相同的。因此,相应于界限破坏形态的相对受压区高度 ξ_b 与受弯构件相同。当 $\xi \leqslant \xi_b$ 时,为大偏心受压破坏;当 $\xi > \xi_b$ 时,为小偏心受压破坏。

5.4.3　附加偏心距 e_a 和初始偏心距 e_i

偏心受压构件的破坏特征,与轴向压力的相对偏心距大小有着直接关系。为此,必须掌握几个不同的偏心距概念。

已知偏心受压构件截面上的弯矩 M 和轴向力 N,便可求出轴向力对截面重心的荷载偏心距 $e_0 = \dfrac{M}{N}$。

同时,考虑到实际工程中由于荷载实际作用位置和大小的不确定性、施工的误差以及混凝土质量的不均匀性等原因,以致轴向压力在偏心方向产生附加偏心距 e_a。因此,《混凝土结构设计规范》规定,在偏心受压构件的正截面承载力计算时,应计入轴向压力在偏心方向存在的附加偏心距 e_a,其值应取 20 mm 和偏心方向截面最大尺寸的 1/30 两者中的较大值,即 $e_a = \max(h/30, 20 \text{ mm})$。

考虑附加偏心距后,在计算偏心受压构件正截面承载力时,应将轴向力对截面重心的偏心距取为 e_i,称为初始偏心距,e_i 按下式计算:

$$e_i = e_0 + e_a = \frac{M}{N} + e_a \tag{5.3}$$

5.4.4 偏心受压构件的纵向弯曲影响

在偏心压力作用下,钢筋混凝土受压构件将产生纵向弯曲变形,即会产生侧向挠度,从而导致截面的初始偏心距增大(见图5-15)。如1/2柱高处的初始偏心距将由 e_i 增大为 $e_i + f$,截面最大弯矩也将由 Ne_i 增大为 $N_{(e_i+f)}$,这种偏心受压构件截面内的弯矩受轴向压力和侧向挠度变化影响的现象称为"压弯效应"。截面弯矩中的 Ne_i 称为一阶弯矩,将 $N \cdot f$ 称为二阶弯矩或附加弯矩。把由于结构挠曲(或结构侧移)引起的二阶弯矩(附加内力和附加变形)称为二阶效应(P-δ 效应)。显然由于二阶效应的影响,偏心受压长柱的承载力将显著降低。

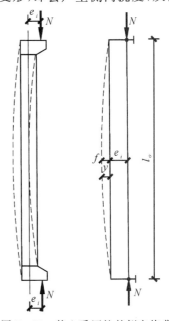

图5-15 偏心受压柱的侧向挠曲

对于计算内力时已考虑侧移影响和无侧移结构的偏心受压构件,若杆件的长细比较大时,在轴向压力作用下,应考虑由于杆件自身挠曲对截面弯矩产生的不利影响。

《混凝土结构设计规范》(GB 50010—2010)根据分析结果和参考国外规范,给出了可不考虑 P-δ 效应的条件。规范规定:弯矩作用平面内截面对称的偏心受压构件,当同一主轴方向的杆端弯矩比 M_1/M_2 不大于 0.9,且设计轴压比不大于 0.9 时,若构件的长细比满足公式(5.4)的要求,可不考虑轴向压力在该方向挠曲杆件中产生的附加弯矩影响;否则应按截面的两个主轴方向分别考虑轴向压力在挠曲杆件中产生的附加弯矩影响,见公式(5.5)～(5.8)。

$$l_0/i \leqslant 34 - 12(M_1/M_2) \tag{5.4}$$

式中,M_1、M_2——分别为已考虑侧移影响的偏心受压构件两端截面按结构弹性分析确定的对同一主轴的组合弯矩设计值,绝对值较大端为 M_2,绝对值较小端为 M_1,当构件按单曲率弯曲时,M_1/M_2 取正值,否则取负值;

l_0——构件的计算长度,可近似取偏心受压构件相应主轴方向上下支撑点之间的距离;

i——偏心方向的截面回转半径。

根据国内所做的系列试验结果,并参照国外规范的相关内容,《混凝土结构设计规范》给出了偏心受压构件端部截面偏心距调节系数的表达式:

$$C_m = 0.7 + 0.3 \frac{M_1}{M_2} \tag{5.5}$$

规范规定:除排架结构柱外,其他偏心受压构件考虑轴向压力在挠曲杆件中产生的二阶效应后控制截面弯矩设计值应按下列公式计算:

$$M = C_m \eta_{ns} M_2 \tag{5.6}$$

当 $C_m \eta_{ns}$ 小于 1.0 时,取 1.0;对剪力墙及核心筒墙,可取 $C_m \eta_{ns}$ 等于 1.0。

式中，C_m——构件端截面偏心距调节系数，当小于 0.7 时，取 0.7；

η_{ns}——弯矩增大系数，可按式(5.7)计算：

$$\eta_{ns} = 1 + \frac{1}{1300(M_2/N + e_a)/h_0}\left(\frac{l_0}{h}\right)^2 \zeta_c \tag{5.7}$$

N——与弯矩设计值 M_2 相应的轴向压力设计值；

e_a——附加偏心距；

ζ_c——截面曲率修正系数，当计算值大于 1.0 时，取 1.0；

$$\zeta_c = \frac{0.5 f_c A}{N} \tag{5.8}$$

h——截面高度；对环形截面，取外直径；对圆形截面，取直径；

h_0——截面有效高度；对环形截面，取 $h_0 = r_2 + r_s$；对圆形截面，取 $h_0 = r + r_s$；r 为圆形截面的半径，r_2 为环形截面的外半径，r_s 为纵向钢筋重心所在圆周的半径。

A——构件截面面积。

5.4.5 矩形截面偏心受压构件正截面承载力基本公式

1. 基本假定

偏心受压构件正截面承载力计算的基本假定同受弯构件相同，即：

(1)截面应变符合平截面假定；

(2)不考虑混凝土的抗拉强度；

(3)纵向钢筋的应力 σ_s 取钢筋应变与其弹性模量的乘积，但不得大于其强度设计值，即 $-f'_y \leqslant \sigma_s = \varepsilon_s E_s \leqslant f_y$

(4)受压区混凝土采用等效矩形应力图，折算后混凝土抗压强度取值 $\alpha_1 f_c$，矩形应力图形的受压区高度为 $x = \beta_1 x_n$，x_n 为平截面假定确定的中性轴高度。

2. 大偏心受压 $\xi < \xi_b$

矩形截面大偏心受压构件破坏时的应力分布如图 5-16(a)所示。为简化计算，将其简化为图 5-16(b)所示等效矩形应力图。由静力平衡条件可得出大偏心受压的基本公式：

$$\sum N = 0 \qquad N \leqslant N_u = \alpha_1 f_c x + f'_y A'_s - f_y A_s \tag{5.9}$$

$$\sum M = 0 \qquad Ne \leqslant N_u e = \alpha_1 f_c b x\left(h_0 - \frac{x}{2}\right) + f'_y A'_s(h_0 - a'_s) \tag{5.10}$$

$$Ne' \leqslant N_u e = f_y A_s(h_0 - a'_s) - \alpha_1 f_c b x\left(\frac{x}{2} - a'_s\right) \tag{5.11}$$

式中，N——轴向压力设计值；

α_1——系数，当混凝土强度等级不超过 C50 时，取 1.0；混凝土强度等级为 C80 时，取 0.94；两者之间按线性内插法确定；

x——受压区计算高度；

e——轴向压力作用点至纵向受拉钢筋合力点之间的距离，其值为：

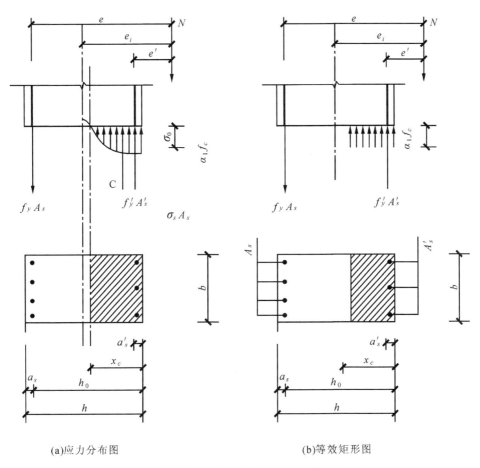

(a)应力分布图　　　　　　　　(b)等效矩形图

图 5-16　矩形截面大偏心受压构件破坏时的应力分布

$$e = e_i + \frac{h}{2} - a_s \qquad (5.12)$$

$$e_i = e_0 + e_a$$

式中,e_i——初始偏心距;

e_0——轴向压力对截面重心的偏心距,取 M/N,当需要考虑二阶效应时,M 为按规范规定确定的弯矩设计值;

e_a——附加偏心距,取 $\max(20 \text{ mm}, h/30)$;

e'——轴向压力作用点至纵向受压钢筋合力点之间的距离,其值为:

$$e' = e_i - \frac{h}{2} + a'_s \qquad (5.13)$$

以上基本公式的适用条件:

(1)为保证截面为大偏心受压破坏,即破坏时受拉钢筋应力先达到抗拉强度设计值 f_y,必须满足:

$$x \leqslant \xi_b h_0 \text{ 或 } \xi \leqslant \xi_b$$

(2)为了保证构件破坏时,受压钢筋应力能达到抗压强度设计值 f'_y,必须满足:

$$x \geqslant 2a'_s \quad \text{或} \quad \xi \geqslant \frac{2a'_s}{h_0}$$

当 $x < 2a'_s$ 时,表示受压钢筋的应力可能达不到 f'_y,此时,近似取 $x = 2a'_s$,并对受压钢筋合力点取力矩,可得:

$$Ne' = f_y A_s (h_0 - a'_s) \tag{5.14}$$

$$A_s = \frac{Ne'}{f_y (h_0 - a'_s)} \tag{5.15}$$

3. 小偏心受压($\xi > \xi_b$)(以下简称小偏压)

矩形截面小偏心受压的基本公式可按大偏心受压的方法建立。但应注意,小偏心受压构件在破坏时,远离轴向力一侧的钢筋应力无论受压还是受拉均未达到强度设计值,其应力用 σ_s 来表示,即 $-f'_y < \sigma_s < f_y$。根据如图 5-17 所示等效矩形应力图,由静力平衡条件可得出小偏心受压构件承载力计算的基本公式为:

$$\sum N = 0 \quad N \leqslant N_u = \alpha_1 f_c bx + f'_y A'_s - \sigma_s A_s = \alpha_1 f_c b h_0 \xi + f_y A'_s - \sigma_s A_s \tag{5.16}$$

$$\sum M = 0 \quad Ne \leqslant N_u e = \alpha_1 f_c bx \left(h_0 - \frac{x}{2} \right) + f'_y A' (h_0 - a'_s)$$

$$= \alpha_1 f_c b h_0^2 \xi \left(1 - \frac{\xi}{2} \right) + f'_y A' (h_0 - a'_s) \tag{5.17}$$

$$Ne' \leqslant N_u e = \alpha_1 f_c bx \left(\frac{x}{2} - a'_s \right) - \sigma_s A_s (h_0 - a'_s) \tag{5.18}$$

式中

$$e = e_i + \frac{h}{2} - a_s \tag{5.19}$$

$$e' = \frac{h}{2} - e_i - a'_s \tag{5.20}$$

该组公式与大偏压公式不同的是,远离轴向力一侧的钢筋应力为 σ_s,其大小和方向有待确定。《规范》根据大量试验资料的分析,建议按下列简化公式计算:

$$\sigma_s = \frac{\frac{x}{h_0} - \beta_1}{\xi_b - \beta_1} f_y = \frac{\xi - \beta_1}{\xi_b - \beta_1} f_y \tag{5.21}$$

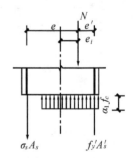

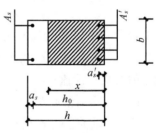

式中,σ_s——距轴向力较远一侧钢筋的应力。σ_s 计算值为正号时,表示拉应力;σ_s 为负号时,表示压应力,其取值范围为 $-f'_y \leqslant \sigma_s \leqslant f_y$;

β_1——系数,当混凝土等级不超过 C50 时,$\beta_1 = 0.80$;当混凝土等级为 C80 时,$\beta_1 = 0.74$;其间按线性内插法确定。

图 5-17　矩形截面小偏心受压
构件等效矩形应力图

以上基本公式的适用条件:①$x > \xi_b h_0$ 或 $\xi > \xi_b$;②$x \leqslant h$ 或 $\xi \leqslant h/h_0$。如不满足适用条件②,即 $x > h$ 时,取 $x = h$ 计算。

上述小偏心受压计算公式仅适用于轴向压力近侧先压坏的一般情况,对于采用非对称配筋的小偏心受压构件,当偏心距很小且轴力较大时,若 A_s 配置不足,或附加偏心距 e_a 与荷载偏心距 e_0 相反,则可能出现远离轴向压力的一侧混凝土首先达到受压破坏的情况,见图 5-14

(d)。因此,为避免发生这种反向破坏,《规范》规定:对非对称配筋小偏压构件,当 $N > f_c bh$ 时,为防止发生受压破坏,还应按下列公式进行验算:

$$Ne' \leqslant N_u e = f_c bh(h'_0 - \frac{h}{2}) + f'_y A_s(h'_0 - a_s) \tag{5.22}$$

$$e' = \frac{h}{2} - a'_s - (e_0 - e_a) \tag{5.23}$$

式中,e'——轴向压力作用点至轴向力近侧钢筋合力点之间的距离;

h'_0——纵向受压钢筋 A'_s 合力点至离轴向压力较远一侧边缘的距离,即 $h'_0 = h - a'_s$。

按反向受压破坏计算时引入了 $e_i = e_0 - e_a$,这是考虑了不利方向(反向)的附加偏心距,按这样考虑计算的 e_i 会增大,从而使 A_s 用量增加,偏于安全。

5.4.6 对称配筋矩形截面偏心受压构件正截面承载力计算

偏心受压构件的纵向钢筋的配置方式有两种。一种是在柱弯矩作用方向的两对边对称配置相同的纵向受力钢筋,这种方式称为对称配筋。对称配筋构造简单,施工方便,不易出错,但用钢量较大。另一种是非对称配筋,即在柱弯矩作用方向的两对边配置不同的纵向受力钢筋。非对称配筋的优缺点与对称配筋相反。

实际工程中,常见的单层厂房排架柱、多层房屋框架柱等偏心应力受压构件,在不同荷载(如风荷载、竖向荷载)组合下,同一截面内可能承受变号弯矩。在变号弯矩作用下,截面的纵向钢筋也将变号,受拉变成受压,受压变成受拉。因此,当这两种不同符号的弯矩相差不大时,为便于设计和施工,截面通常采用对称配筋。此外,为了保证吊装不出差错,装配式柱一般宜采用对称配筋。因此,在实际工程中广泛采用对称配筋。

由于非对称配筋在实际工程中极少采用,所以在此不再介绍该方法。

对称配筋矩形截面偏心受压构件正截面承载力计算有两种方法,即截面设计和截面复核。这里仅介绍截面设计的方法。

1. 对称配筋时,对大小偏心的判别

对称配筋是在柱截面两侧配置相同的钢筋,即 $A_s = A'_s$,$f_y = f'_y$,$a_s = a'_s$,将其代入大偏心受压构件基本公式(5.9)中,

$$N \leqslant N_u = \alpha_1 f_c bx = \alpha_1 f_c bh_0 \xi \tag{5.24}$$

由(5.21)可得

$$\xi = \frac{N}{\alpha_1 f_c bh_0} \tag{5.25}$$

当 $\xi \leqslant \xi_b$ 时,为大偏心受压构件;当 $\xi > \xi_b$ 时,为小偏心受压构件。

2. 截面设计

(1)大偏心受压($\xi \leqslant \xi_b$)。

已知:材料、截面尺寸、弯矩设计值 M、轴力设计值 N、计算长度 l_0。

求:确定受拉钢筋截面面积 A_s 和受压钢筋截面面积 A'_s。

计算步骤如下:

①判别是否需考虑构件自身挠曲引起的附加弯矩。

②计算柱控制截面的弯矩设计值。

③判别大小偏压。

$$x = \frac{N}{\alpha_1 f_c b} \tag{5.26}$$

若 $x \leqslant x_b = \xi_b h_0$，为大偏心受压。

④计算 A'_s、A_s。

当 $x \geqslant 2a'_s$ 时，

$$A_s = A'_s = \frac{Ne - \alpha_1 f_c bx \left(h_0 - \frac{x}{2}\right)}{f'_y (h_0 - a'_s)} \geqslant \rho'_{\min} bh \tag{5.27}$$

当 $x < 2a'_s$ 时，近似取 $x = 2a'_s$，

$$A_s = A'_s = \frac{Ne'}{f_y (h_0 - a'_s)} \geqslant \rho'_{\min} bh \tag{5.28}$$

若 $A'_s = A_s < \rho'_{\min} bh$，取 $A'_s = A_s = 0.002bh$。

(2)小偏心受压($\xi > \xi_b$)。

将 $A_s = A'_s$，$f_y = f'_y$ 及 σ_s 代入小偏心受压构件基本公式(5.16)和(5.17)中，得到对称配筋小偏心受压的基本公式为：

$$N = \alpha_1 f_c bx + f'_y A'_s - f_y A_s \frac{\xi - \beta_1}{\xi_b - \beta_1} = \alpha_1 f_c bx + f'_y A'_s \frac{\xi_b - \xi}{\xi_b - \beta_1} \tag{5.29}$$

$$Ne = \alpha_1 f_c bx \left(h_0 - \frac{x}{2}\right) + f'_y A'_s (h_0 - a'_s) \tag{5.30}$$

由公式(5.29)和(5.30)可解得一个关于 ξ 的三次方程，但 ξ 值很难求解。可按《规范》给出的近似计算公式求解：

$$\xi = \frac{N - \alpha_1 f_c bh_0 \xi_b}{\dfrac{Ne - 0.43\alpha_1 f_c bh_0^2}{(\beta_1 - \xi_b)(h_0 - a'_s)} + \alpha_1 f_c bh_0} + \xi_b \tag{5.31}$$

显然，$\xi > \xi_b$，为小偏心受压情况。将 ξ 代入公式(5.30)可求得

$$A_s = A'_s = \frac{Ne - \alpha_1 f_c bh_0^2 \xi(1 - 0.5\xi)}{f'_y (h_0 - a'_s)} \tag{5.32}$$

当求得 $A_s + A'_s > 0.05bh_0$ 时，说明截面尺寸过小，宜加大柱截面尺寸。

当求得 $A'_s < 0$ 时，说明柱的截面尺寸较大。这时，应按受压钢筋最小配筋率配置钢筋，取 $A'_s = A_s = 0.002bh_0$。

小偏心受压构件的截面设计如下：

已知：材料、截面尺寸、弯矩设计值 M、轴力设计值 N、计算长度 l_0。

求：确定受拉钢筋截面面积 A_s 和受压钢筋截面面积 A'_s。

计算步骤如下：

①判别是否需考虑构件自身挠曲引起的附加弯矩。

②计算柱控制截面的弯矩设计值。

③判别大小偏压。

$$x = \frac{N}{\alpha_1 f_c b}$$

若 $x>x_b=\xi_b h_0$，为小偏心受压。

④计算 ξ 和 σ_s。

$$\xi=\frac{N-\alpha_1 f_c b h_0 \xi_b}{\dfrac{Ne-0.43\alpha_1 f_c b h_0^2}{(\beta_1-\xi_b)(h_0-a'_s)}+\alpha_1 f_c b h}+\xi_b$$

$$\sigma_s=\frac{\xi-\beta_1}{\xi_b-\beta_1}f_y$$

σ_s 的其取值范围为：$-f'_y \leqslant \sigma_s \leqslant f_y$。

⑤计算 A'_s、A_s（取 $A_s=A'_s$）。

$$A_s=A'_s=\frac{Ne-\alpha_1 f_c b h_0^2 \xi(1-0.5\xi)}{f'_y(h_0-a'_s)}\geqslant \rho'_{min}bh$$

若 $A'_s=A_s<\rho'_{min}bh$，取 $A'_s=A_s=0.002bh$。

【例5.3】钢筋混凝土框架柱，截面尺寸 $b\times h=400\ mm\times450\ mm$，柱的计算长度 $l_0=5\ m$，承受轴向压力设计值 $N=480\ kN$，柱端弯矩设计值 $M_1=M_2=350\ kN\cdot m$。混凝土强度等级为 C30（$f_c=14.3\ N/mm^2$），钢筋采用 HRB400 级钢筋（$f_y=f'_y=360\ N/mm^2$），$a_s=a'_s=40\ mm$，采用对称配筋，试确定纵向钢筋截面面积 A_s 和 A'_s。

【解】（1）判断是否需要考虑二阶效应。

$$h_0=400-40=360\ (mm)$$

$$A=b\times h=400\times450=180000\ (mm^2)$$

$$I=\frac{1}{12}bh^3=\frac{1}{12}\times400\times450^3=3037.5\times10^6\ (mm^4)$$

$$i=\sqrt{\frac{I}{A}}=\sqrt{\frac{3037.5\times10^6}{180000}}=129.90\ (mm)$$

$$\frac{l_0}{i}=\frac{5000}{129.90}=38.49>34-12\times\frac{M_1}{M_2}=34-12\times1=22$$

故需考虑二阶效应的影响。

（2）计算控制截面的弯矩设计值。

$$C_m=0.7+0.3\frac{M_1}{M_2}=0.7+0.3\times1=1.0$$

$$e_a=\max\left\{\frac{450}{30},\ 20\ mm\right\}=\max\{15\ mm,\ 20\ mm\}=20\ mm$$

$$\zeta_c=\frac{0.5f_c A}{N}=\frac{0.5\times14.3\times180000}{480\times10^3}=2.681>1.0,\ 取\ \zeta_c=1.0$$

$$\eta_{ns}=1+\frac{1}{1300(M_2/N+e_a)/h_0}\left(\frac{l_0}{h}\right)^2\zeta_c$$

$$=1+\frac{1}{1300\times\dfrac{350\times10^6/480\times10^3+20}{410}}\times\left(\frac{5000}{450}\right)^2\times1.0=1.052$$

计算控制截面的弯矩设计值：

$$M=C_m\eta_{ns}M_2=1.0\times1.052\times350=368.2\ (kN)$$

（3）判断大小偏心受压。

HRB400 级钢筋，C30 混凝土，$\xi_b=0.518$。

$$x=\frac{N}{\alpha_1 f_c b}=\frac{480\times10^3}{1.0\times14.3\times400}=84.05 \text{ mm}<\xi_b h_0=0.518\times410=212.38 \text{ (mm)}$$

故属于大偏心受压,且 $x=84.05 \text{ mm}>2a_s=2\times40=80 \text{ (mm)}$。

(4)计算配筋,求 A_s 及 A'_s。

$$e_0=\frac{M}{N}=\frac{368.2\times10^6}{480\times10^3}=767.1 \text{ (mm)}$$

$$e_a=\max\left\{\frac{450}{30}, 20 \text{ mm}\right\}=\max\{15 \text{ mm}, 20 \text{ mm}\}=20 \text{ (mm)}$$

$$e_i=e_0+e_a=937.5+20=957.5 \text{ (mm)}$$

$$e'=e_i-\frac{h}{2}+a_s=957.5-\frac{450}{2}+40=772.5 \text{ (mm)}$$

按式(5.27)计算

$$A_s=A'_s=\frac{Ne-\alpha_1 f_c bx(h_0-0.5x)}{f'_y(h_0-a'_s)}$$

$$=\frac{480\times10^3\times972.1-1.0\times14.3\times400\times84.05\times(410-0.5\times84.05)}{360\times(410-40)}$$

$$=2174 \text{ (mm}^2)$$

故截面每侧各配置 $2\ \phi\ 22+4\ \phi\ 25$ 钢筋($A_s=2233 \text{ mm}^2$)。

全部纵向钢筋的配筋率 $\rho=\frac{A_s+A'_s}{bh}=\frac{2\times2233}{400\times450}=2.48\%>\rho_{\min}0.55\%$。

【例5.4】钢筋混凝土框架柱,截面尺寸 $b\times h=400 \text{ mm}^2\times450 \text{ mm}^2$,柱的计算长度 $l_0=4$ m,承受轴向压力设计值 $N=320 \text{ kN}$,柱端弯矩设计值 $M_1=-100 \text{ kN·m}$,$M_2=300 \text{ kN·m}$,$a_s=a'_s=40 \text{ mm}$,混凝土强度等级为 C30($f_c=14.3 \text{ N/mm}^2$),钢筋采用 HRB400 级钢筋($f_y=f'_y=360 \text{ N/mm}^2$)。采用对称配筋,试确定纵向钢筋截面面积 A_s 和 A'_s。

【解】(1)判断是否需要考虑二阶效应。

$$h_0=450-40=410 \text{ (mm)}$$

$$i=\sqrt{\frac{I}{A}}=i=\sqrt{\frac{I}{A}}=\sqrt{\frac{\frac{1}{12}bh^3}{bh}}=\sqrt{\frac{1}{12}h}=\sqrt{\frac{1}{12}}\times450=129.90 \text{ (mm)}$$

$$\frac{M_1}{M_2}=\frac{-100}{300}<0.9$$

$$\frac{N}{f_c bh}=\frac{320\times10^3}{143.3\times400\times450}=0.124<0.9$$

故可不考虑二阶效应的影响。

(2)判断大小偏心受压。

HRB400 级钢筋,C30 混凝土,$\xi_b=0.518$,

$$x=\frac{N}{\alpha_1 f_c b}=\frac{320\times10^3}{1.0\times14.3\times400}=55.76 \text{ (mm)}<\xi_b h_0=0.518\times410=212.38 \text{ (mm)}$$

属于大偏心受压,且 $x=55.76 \text{ mm}<2a_s=2\times40=80 \text{ mm}$。

(3) 计算配筋,求 A_s 及 A'_s。

$$e_0=\frac{M_2}{N}=\frac{300\times10^6}{320\times10^3}=937.5 \text{ (mm)}$$

$$e_i = e_0 + e_a = 767.1 + 20 = 787.1 \text{ (mm)}$$

$$e = e_i + \frac{h}{2} - a_s = 787.1 + \frac{450}{2} - 40 = 972.1 \text{ (mm)}$$

按式(5.28)计算

$$A_s = A'_s = \frac{Ne'}{f'_y(h_0 - a'_s)}$$

$$= \frac{320 \times 10^3 \times 772.5}{360 \times (410 - 40)} = 1856 \text{ (mm}^2)$$

故截面每侧各配置 4 Φ 25 钢筋($A_s = 1964$ mm^2)。

全部纵向钢筋的配筋率 $\rho = \dfrac{A_s + A'_s}{bh} = \dfrac{2 \times 1964}{400 \times 450} = 2.18\% > \rho_{\min} 0.55\%$。

【例 5.5】钢筋混凝土框架柱,截面尺寸 $b \times h = 400 \text{ mm} \times 600 \text{ mm}$,$a_s = a'_s = 40$ mm,轴向压力设计值 $N = 2900$ kN,柱端弯矩设计值 $M_1 = 50$ kN·m, $M_2 = 80$ kN·m,柱的计算长度 $l_0 = 6$ m,混凝土强度等级为 C25($f_c = 11.9$ N/mm^2),钢筋采用 HRB335 级钢筋($f_y = f'_y = 300$ N/mm^2)。采用对称配筋,试确定纵向钢筋截面面积 A_s 和 A'_s。

【解】(1)判断是否需要考虑二阶效应。

$$h_0 = 600 - 40 = 560 \text{ (mm)}$$

$$A = b \times h = 400 \times 600 = 240000 \text{ (mm}^2)$$

$$I = \frac{1}{12}bh^3 = \frac{1}{12} \times 400 \times 600^3 = 7200 \times 10^6 \text{ (mm}^4)$$

$$i = \sqrt{\frac{I}{A}} = \sqrt{\frac{7200 \times 10^6}{240000}} = 173.20 \text{ (mm)}$$

$$\frac{l_0}{i} = \frac{6000}{173.20} = 43.7 > 34 - 12 \times \frac{M_1}{M_2} = 34 - 12 \times \left(\frac{50}{80}\right) = 26.5$$

故需考虑二阶效应的影响。

(2)计算控制截面的弯矩设计值。

$$C_m = 0.7 + 0.3\frac{M_1}{M_2} = 0.7 + 0.3 \times \frac{50}{80} = 0.888$$

$$e_a = \max\left\{\frac{600}{30}, \ 20 \text{ mm}\right\} = \max\{20\text{mm}, \ 20\text{mm}\} = 20 \text{ mm}$$

$$\zeta_c = \frac{0.5f_c A}{N} = \frac{0.5 \times 11.9 \times 240000}{2900 \times 10^3} = 0.492$$

$$\eta_{ns} = 1 + \frac{1}{1300(M_2/N + e_a)/h_0}\left(\frac{l_0}{h}\right)^2 \zeta_c$$

$$= 1 + \frac{1}{1300 \times \dfrac{80 \times 10^6/2500 \times 10^3 + 20}{560}} \times \left(\frac{6000}{600}\right)^2 \times 0.571 = 1.446$$

计算控制截面的弯矩设计值:

$$M = C_m \eta_{ns} M_2 = 0.888 \times 1.473 \times 80 = 102.71 \text{ (kN)}$$

(3)判断大小偏心受压。

HRB335 级钢筋,C25 混凝土,$\xi_b = 0.550$。

$$x=\frac{N}{\alpha_1 f_c b}=\frac{2500\times10^3}{1.0\times11.9\times400}=609.2\ (\text{mm})>\xi_b h_0=0.550\times560=308\ (\text{mm})$$

故属于小偏心受压。

(4)计算配筋,求 A_s 及 A'_s。

$$e_0=\frac{M}{N}=\frac{102.71\times10^6}{2900\times10^3}=35.42\ (\text{mm})$$

$$e_a=\max\left\{\frac{450}{30},\ 20\ \text{mm}\right\}=\max\{15\ \text{mm},\ 20\ \text{mm}\}=20\ (\text{mm})$$

$$e_i=e_0+e_a=35.42+20=55.42\ (\text{mm})$$

$$e=e_i+\frac{h}{2}-a_s=55.42+\frac{600}{2}-40=315.42\ (\text{mm})$$

$$\zeta=\frac{N-\alpha_1 f_c b h_0 \xi_b}{\dfrac{Ne-0.43\alpha_1 f_c b h_0^2}{(\beta_1-\xi_b)(h_0-a'_s)}+\alpha_1 f_c b h_0}+\xi_b$$

$$=\frac{2500\times10^3-1.0\times11.9\times400\times560\times0.550}{\dfrac{2500\times10^3\times321.8-0.43\times1.0\times11.9\times400\times560^2}{(0.8-0.55)(560-40)}+1.0\times11.9\times400\times560}+0.550$$

$$=0.851$$

$$x=\xi h_0=0.851\times560=476.54\ (\text{mm})$$

按式(5.32)计算

$$A_s=A'_s=\frac{Ne-\alpha_1 f_c b x(h_0-0.5x)}{f'_y(h_0-a'_s)}$$

$$=\frac{2900\times10^3\times315.42-1.0\times11.9\times400\times476.54\times(560-0.5\times476.54)}{300(560-40)}$$

$$=1185.3\ (\text{mm}^2)$$

故截面每侧各配置 4Φ20 钢筋($A_s=1256\ \text{mm}^2$)。

全部纵向钢筋的配筋率 $\rho=\dfrac{A_s+A'_s}{bh}=\dfrac{2\times1256}{400\times600}=1.05\%>\rho_{\min}0.55\%$。

5.5 偏心受压构件斜截面承载力计算

一般情况下偏心受压构件的剪力值相对较小,可不进行斜截面承载力的验算;但对于有较大水平力作用的框架柱,有横向力作用的桁架上弦压杆等,剪力影响较大,必须进行斜截面受剪承载力计算。

试验表明,轴向压力对构件抗剪起有利作用,主要是因为轴向压力的存在不仅能阻滞斜裂缝的出现和开展,而且能增加混凝土剪压区的高度,使剪压区的面积相对增大,从而提高了剪压区混凝土的抗剪能力。

轴向压力对构件受剪承载力的有利作用是有限度的,图5-18为一组构件的试验结果。在轴压比 $N/f_c bh$ 较小时,构件的受剪承载力随轴压比的增大而提高,当轴压比 $N/f_c bh$ 在0.3~0.5范围时,受剪承载力达到最大值。若再增大轴向压力,将导致受剪承载力的降低,并转变为带有斜裂缝的正截面小偏心受压破坏,因此应对轴向压力的受剪承载力提高范围予以限制。

基于试验分析,《混凝土结构设计规范》规定,对于矩形、T形和工字形钢筋混凝土偏心受压构件,其受剪承载力计算,作如下规定:

(1)为了防止斜压破坏,截面尺寸应符合下列要求:

当 $\frac{h_w}{b} \leqslant 4$ 时, $V \leqslant 0.25\beta_c f_c bh_0$。

$$(5.33)$$

当 $\frac{h_w}{b} \geqslant 6$ 时, $V \leqslant 0.2\beta_c f_c bh_0$。

$$(5.34)$$

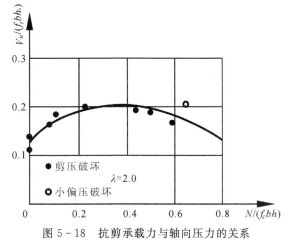

图 5-18 抗剪承载力与轴向压力的关系

当 $4 < \frac{h_w}{b} < 6$ 时,按线性内插法确定,其中 h_w 为截面的腹板高度。

(2)矩形、T形和工字形钢筋混凝土偏心受压构件,其斜截面受剪承载力应按下列公式计算:

$$V \leqslant \frac{1.75}{\lambda + 1.0} f_t bh_0 + f_{yv} \frac{A_{sv}}{s} h_0 + 0.07N \qquad (5.35)$$

式中,V——剪力设计值;

N——与剪力设计值 V 相应的轴向压力设计值,当 $N > 0.3 f_c A$ 时,取 $N = 0.3 f_c A$,A 为构件的截面面积。

λ——偏心受压构件计算截面的剪跨比,取 $\lambda = \frac{M}{Vh_0}$;

计算截面的剪跨比 λ 应按下列规定采用:

①对框架结构中的框架柱,当其反弯点在层高范围内时,可取为 $h_n/(2h_0)$,h_n 为柱净高。当 $\lambda < 1$ 时,取 $\lambda = 1$;当 $\lambda > 3$ 时,取 $\lambda = 3$。

②对其他偏心受压构件,当承受均布荷载时,取 $\lambda = 1.5$;当承受集中荷载时(包括作用有多种荷载,其集中荷载对支座截面或节点边缘所产生的剪力值占总剪力值的 75% 以上的情况),取 $\lambda = a/h_0$,且当 $\lambda < 1.5$ 时,取 $\lambda = 1.5$;当 $\lambda > 3$ 时,取 $\lambda = 3$;a 为集中荷载到支座或节点边缘的距离。

(3)矩形、T形和工字形钢筋混凝土偏心受压构件,当符合下列条件时,则不需进行斜截面受剪承载力计算,仅需按构造要求配置箍筋。

$$V \leqslant \frac{1.75}{\lambda + 1.0} f_t bh_0 + 0.07N \qquad (5.36)$$

【例 5.6】某偏心受压柱,截面尺寸 $b = 400$ mm,$h = 600$ mm,柱净高 $H_n = 3.2$ m,取 $a_s = a'_s = 40$ mm,混凝土强度等级 C30,箍筋用 HRB335 钢筋。在柱端作用剪力设计值 $V = 280$ kN,相应的轴向压力设计值 $N = 750$ kN。确定该柱所需的箍筋数量。

【解】(1)验算截面尺寸是否满足要求。

$$\frac{h_w}{b} = \frac{560}{400} = 1.4 < 4$$

$0.25\beta_c f_c bh_0 = 0.25 \times 1.0 \times 14.3 \times 400 \times 560 = 800800 \text{ (N)} = 800.8 \text{ (kN)} > V = 280 \text{ kN}$

故截面尺寸满足要求。

(2)验算截面是否需按计算配置箍筋。

$$\lambda = \frac{H_n}{2h_0} = \frac{3200}{2 \times 560} = 2.857$$

故 $1 < \lambda < 3$。

$0.3 f_c A = 0.3 \times 14.3 \times 400 \times 600 = 1029600 \text{ (N)} = 1029.6 \text{ (kN)} > N = 750 \text{ kN}$

$$\frac{1.75}{\lambda+1} f_t bh_0 + 0.07h = \frac{1.75}{2.857+1} \times 1.43 \times 400 \times 560 + 0.07 \times 750000 \text{ (N)}$$
$$= 197.8 \text{ (kN)} < V = 280 \text{ kN}$$

故应按计算配箍筋。

(3)计算箍筋用量。

由 $\quad V \leqslant \dfrac{1.75}{\lambda+1} f_t bh_0 + f_{yv}\dfrac{A_{sv}}{s} h_0 + 0.07N$

$$nA_{sv1} = A_{sv}$$

得 $\dfrac{nA_{sv1}}{s} \geqslant \dfrac{V - \left(\dfrac{1.75}{\lambda+1} f_t bh_0 + 0.07N\right)}{f_{yv}h_0} = \dfrac{280000 - 197835.75}{300 \times 560} = 0.489 \text{ (mm}^2/\text{mm)}$

故采用 ϕ8@200 双肢箍筋。

$\dfrac{nA_{sv1}}{s} = \dfrac{2 \times 50.3}{200} = 0.503 > 0.489$，满足要求。

小　结

1.配有普通箍筋的轴心受压构件承载力由混凝土和纵向受力钢筋两部分抗压承载力组成，同时，对长细比较大的柱子还要考虑纵向弯曲的影响，其计算公式为

$$N \leqslant N_u = 0.9\varphi(f_c A + f'_y A'_s)$$

2.偏心受压构件按其破坏特征不同，分为大偏心受压和小偏心受压。大偏心受压破坏时，受拉钢筋先达到屈服强度，最后另一侧受压区混凝土被压碎，并且受压钢筋也达到屈服强度。小偏心受压破坏时，距轴向压力较近一侧混凝土先被压碎，受压钢筋达到屈服强度，而距轴向压力较远一侧钢筋无论受拉还是受压均未达到屈服强度。此外，对非对称配筋的小偏心受压构件，还可能发生距轴向压力远侧混凝土先被压坏的反向破坏。

3.从小偏心受压破坏过渡到大偏心受压破坏，中间存在一种界限状态，这时受拉区钢筋和受压区混凝土同时达到各自强度限值，相应的受压区高度称为大小偏心界限高度，用 x_b 表示，相对界限受压区高度用 ξ_b 表示。当 $\xi \leqslant \xi_b$ 时，为大偏心受压；当 $\xi > \xi_b$ 时，为小偏心受压。

4.初始偏心距 $e_i = e_0 + e_a$，此处 $e_0 = \dfrac{M}{N}$，e_a 相为附加偏心距，其值取 $h/30$ 和 20 mm 中的较

大值。

5.当 $M_1/M_2 \leqslant 0.9$,且轴压比 $N/f_cbh \leqslant 0.9$ 时,如构件长细比满足条件:$l_0/i \leqslant 34-12$ (M_1/M_2),可不考虑轴向压力在该方向挠曲杆件中产生的附加弯矩的影响。

6.除排架柱外,端弯矩不等的偏心受压构件,考虑轴向压力在挠曲杆件中产生的二阶效应后,控制截面弯矩设计值可按 $M=C_m\eta_{ns}M_2$ 计算。其中,构件端截面偏心距调节系数计算公式为 $C_m=0.7+0.3\dfrac{M_1}{M_2}$。

7.偏心受压构件斜截面受剪承载力计算公式是在受弯构件受剪承载力计算公式基础上加上一项影响得到的。这项影响是由于轴向压力存在对构件受剪承载力产生的有利影响。

思考与练习

1.受压构件中纵向钢筋有什么作用?

2.在受压构件中配置箍筋的作用是什么?对箍筋直径、间距有什么规定?什么情况下需设置复合箍筋?

3.轴心受压短柱、长柱的破坏特征各是什么?为什么轴心受压长柱的受压承载力低于短柱?承载力计算时如何考虑纵向弯曲的影响?

4.偏心受压构件分哪两类?怎样划分?它们的破坏特征如何?

5.偏心受压构件计算时为什么要考虑附加偏心距?如何考虑?

6.对称配筋矩形截面大偏心受压构件的正截面承载力如何计算?

7.如何计算偏心受压构件的斜截面受剪承载力?

8.某钢筋混凝土正方形截面轴心受压构件,截面边长 350 mm,计算长度 6 m,承受轴向力设计值 $N=1500$ kN,采用 C25 级混凝土,HRB335 级钢筋。试计算所需纵向受压钢筋截面面积。

9.某钢筋混凝土正方形截面轴心受压构件,计算长度 9 m,承受轴向力设计值 $N=1700$ kN,采用 C25 级混凝土,HRB400 级钢筋。试确定构件截面尺寸和纵向钢筋截面面积,并绘出配筋图。

10.矩形截面轴心受压构件,截面尺寸为 $b \times h=450$ mm$\times$600 mm,计算长度 8 m,混凝土强度等级 C30,已配纵向受力钢筋 8ϕ22(HRB400 级),试计算截面承载力。

11.某矩形截面钢筋混凝土柱,构件环境类别为一类。截面尺寸为 $b \times h=400$ mm$\times$600 mm,计算长度 7.2 m,承受轴向力设计值 $N=1000$ kN,柱两端弯矩设计值分别为 $M_1=400$ kN·m,$M_2=450$ kN·m。该柱采用 C30 级混凝土,HRB400 级钢筋,若采用对称配筋,试计算所需纵向受压钢筋截面面积并绘截面配筋图。

12.已知矩形柱截面尺寸 $b \times h=400$ mm$\times$500 mm,计算长度 5.0 m,承受轴向力设计值 $N=2800$ kN,柱两端弯矩设计值分别为 $M_1=M_2=100$ kN·m,取 $a_s=a'_s=40$ mm,该柱采用 C30 级混凝土,HRB400 级钢筋,若采用对称配筋,试计算所需纵向受压钢筋截面面积。

课题 6

钢筋混凝土受拉构件

学习要点

1. 轴心受拉构件的受力全过程和破坏特征
2. 轴心受拉构件正截面承载力的计算方法
3. 偏心受拉构件的受力特性及正截面承载力计算

6.1 受拉构件的受力特点

钢筋混凝土受拉构件按纵向拉力作用位置的不同分为轴心受拉和偏心受拉两种类型。

拉力作用在截面形心的构件称为轴心受拉构件。理想的轴心受拉构件在实际工程中其实并不存在,但是由于其设计计算简单,钢筋混凝土桁架或拱拉杆、受内压力作用的环形截面管壁及圆形贮液池的筒壁等构件可近似地按轴心受拉构件进行设计计算。

拉力作用偏离截面形心,或截面上既有拉力又有弯矩的构件称为偏心受拉构件。矩形水池的池壁、矩形剖面料仓或煤斗的壁板、受地震作用的框架边柱,以及双肢柱的受拉肢,属于偏心受拉构件。受拉构件除轴向拉力外,还同时受弯矩和剪力作用。

钢筋混凝土轴心受拉构件无论采用何种形式的截面,其纵向钢筋在截面中都应对称布置或沿周边均匀布置,偏心受拉构件的截面多为矩形。由于偏心受拉构件的截面作用有弯矩,所以矩形截面的长边宜和弯矩作用平面平行,纵向钢筋宜布置在短边上。

轴心受拉和偏心受拉构件中的纵向钢筋配筋率均应满足最小配筋率的要求。箍筋一般间距不宜大于 200 mm,直径为 4~6 mm。偏心受拉构件需进行斜截面抗剪承载力计算,配置箍筋时应予考虑。

受拉构件的受力特点如下:

1. 轴心受拉构件

轴心受拉构件见图 6-1。

从加载开始到破坏为止,其受力过程可分为三个受力阶段:

(1)第一阶段为从加载到混凝土受拉开裂前,也称为整体工作阶段。此时混凝土与钢筋共

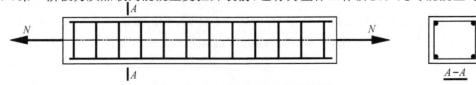

图 6-1 轴心受拉截面应力计算图形

同工作,但应力和应变都很小,并大致成正比,应力与应变曲线接近于直线。在第一工作阶段末,混凝土拉应变达到极限拉应变,裂缝即将产生。此阶段作为轴心受拉构件不允许开裂的抗裂验算的依据。

(2)第二阶段为混凝土开裂后至钢筋即将屈服,也称为带裂缝工作阶段。当荷载增加到某一数值时,在构件较薄弱的部位会首先出现法向裂缝。构件裂缝截面处的混凝土随即退出工作,拉力全部由钢筋承担;随着荷载继续增大,其他一些截面上也先后出现法向裂缝,裂缝的产生使截面刚度降低,在曲线上出现第一个转折点,导致应变的发展远远大于应力的增加,反映出钢筋和混凝土之间发生了应力重分布。将构件分割为几段的贯通横截面的裂缝处只有钢筋联接着,但裂缝间的混凝土仍能协同钢筋承担一部分拉力,此时构件受到的使用荷载大约为破坏荷载的 $50\%\sim70\%$。此阶段作为构件正常使用进行裂缝宽度和变形验算的依据。

(3)第三阶段为受拉钢筋开始屈服到构件破坏,也称为破坏阶段。当荷载继续增加到某一数值时,在某一裂缝截面处的个别薄弱钢筋首先达到屈服,应变增大,裂缝迅速扩展,这时荷载稍稍增加,甚至不增加,都会导致截面上的钢筋全部达到屈服。此时应变突增,整个构件达到极限承载能力。此阶段作为轴心受拉构件正截面承载力计算的依据。

在这个过程中,有两点值得注意:①由于破坏时的实际变形值很难得到,因此,轴心受拉构件破坏的标准不是构件拉断,而是钢筋屈服;②应力重分布的概念,在截面出现裂缝之前,混凝土与钢筋共同工作,承担拉力,两者具有相同的拉伸应变,但二者的应力却与它们各自的弹性模量(或割线模量)成正比,即钢筋的拉应力远远高于混凝土的拉应力。而当混凝土开裂后,裂缝截面处受拉混凝土随即退出工作,原来由混凝土承担的拉应力将转嫁给钢筋承担,这时钢筋的应力突增,混凝土的应力降至零。这种在截面上混凝土与钢筋之间应力的转移,称为截面上的应力重分布。

2. 偏心受拉构件

偏心受拉构件,按纵向拉力 N 作用在截面上的位置不同,分为小偏心受拉与大偏心受拉两种。当纵向拉力 N 的作用点在截面两侧钢筋之内,即 $e_0 \leqslant h/2 - a_s$,属于小偏心受拉(见图 6-2);当纵向拉力 N 的作用点在截面两侧钢筋之外,即 $e_0 > h/2 - a_s$,属于大偏心受拉(见图 6-3)。

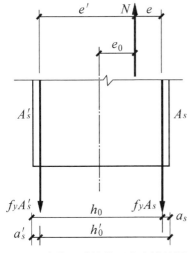

图 6-2 小偏心受拉截面应力计算图形

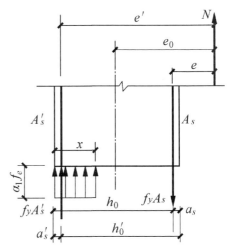

图 6-3 大偏心受拉截面应力计算图形

（1）小偏心受拉构件的受力特征。当纵向拉力作用在两侧钢筋以内时，截面在接近纵向拉力一侧受拉，而远离纵向拉力一侧可能受拉也可能受压。当偏心距较小时，全截面受拉，接近纵向力一侧应力较大，远离纵向力一侧应力较小；当偏心距较大时，接近纵向力一侧受拉，远离纵向力一侧受压。

随着纵向拉力 N 的增大，截面应力也逐渐增大，当拉应力较大一侧边缘混凝土达到其抗拉极限拉应变时，截面开裂。对于偏心距较小的情形，开裂后裂缝将迅速贯通；对于偏心距较大的情形，由于拉区裂缝处混凝土退出工作，根据截面上力的平衡条件，压区的压应力也随之消失，而转换成拉应力，随即裂缝贯通。这就是小偏心受拉的受力特征。

总之，小偏心受拉构件形成贯通裂缝后，全截面混凝土退出工作，拉力全部由钢筋承担，当钢筋应力达到其屈服强度时，构件达到正截面极限承载能力而破坏。

（2）大偏心受拉构件的受力特征。当纵向拉力作用在两侧钢筋以外时，截面在接近纵向拉力一侧受拉，而远离纵向拉力一侧受压。随着拉力 N 的增大，受拉一侧混凝土拉应力逐渐增大，应变达到其极限拉应变开裂，截面虽开裂，但始终有受压区，否则内外力不能保持平衡。既然有受压区，截面就不会裂通，这就是大偏心受拉的受力特征。

当受拉一侧的钢筋配置适中时，随着纵向拉力 N 的增大，受拉钢筋首先屈服，裂缝进一步开展，受压区减小，压应力增大，直至受压边缘混凝土达到极限压应变，最终受压钢筋屈服，混凝土压碎。其破坏特征与大偏心受压特征类似。

当受拉一侧的钢筋配置过多时，有可能出现受压一侧混凝土先压碎，而受拉侧钢筋始终不屈服，其破坏特征与受弯构件超筋梁破坏特征类似。这种情况属于脆性破坏，应在设计中避免。

6.2 轴心受拉构件正截面承载力计算

根据承载力极限状态设计法的基本原则及力的平衡条件，轴心受拉构件正截面承载力的计算公式为：

$$N \leqslant N_u = f_y A_s \tag{6.1}$$

式中，N——为轴向拉力的设计值；

N_u——轴心受拉构件正截面承载力设计值；

f_y——钢筋抗拉强度设计值，为防止构件在正常使用阶段变形过大，裂缝过宽，取值应不大于 $300 \ N/mm^2$；

A_s——全部受拉钢筋的截面面积。

由式（6.1）可知，轴心受拉构件正截面承载力只与纵向受拉钢筋有关，与构件的截面尺寸及混凝土的强度等级等无关。

【例 6.1】某钢筋混凝土屋架下弦，截面尺寸为 200 mm×200 mm，其所受的轴向拉力设计值为 300 kN，混凝土强度等级为 C25，纵向钢筋用 HRB335 级钢筋。求截面纵向钢筋面积。

【解】由附表得 $f_y = 300 \ N/mm^2$，$f_t = 1.27 \ N/mm^2$，

$$A_s = \frac{N}{f_y} = \frac{300 \times 10^3}{300} = 1000 \ （mm^2）$$

选用 4 ϕ18(1017 mm²)。

验算截面一侧配筋率：

$$\rho = \frac{0.5A_s}{A} = \frac{0.5 \times 1017}{200 \times 200} = 0.013$$

$$\rho_{\min} = \max\left[0.002, \frac{0.45f_t}{f_y}\right] = \max\left[0.002, \frac{0.45 \times 1.27}{300}\right] = 0.002 < 0.013$$

故满足条件。

6.3 偏心受拉构件承载力计算

6.3.1 大偏心受拉构件正截面承载力的计算

1. 基本公式

如图 6-3 所示,大偏心受拉构件破坏时,如果钢筋 A_s 和 A'_s 均达到屈服强度,根据截面平衡条件可得大偏心受拉构件正截面承载力的基本计算公式为:

$$N \leqslant A_s f_y - A'_s f'_y - a_1 f_c bx \tag{6.2}$$

$$Ne \leqslant a_1 f_c bx\left(h_0 - \frac{x}{2}\right) + f'_y A'_s(h_0 - a'_s) \tag{6.3}$$

式中,e——轴向拉力 N 作用点至钢筋 A_s 合力作用点距离,$e = e_0 - 0.5h + a'_s$;

a_s——截面抵抗系数。

2. 公式的适用条件

为了保证大偏心受拉构件不发生超筋和少筋破坏,并且在破坏时纵向受压钢筋 A'_s 也达到屈服强度,式(6.2)和(6.3)应满足下列适用条件:

$$2a'_s \leqslant x \leqslant \xi_b h_0 \tag{6.4}$$

或

$$\frac{2a'_s}{h_0} \leqslant \xi \leqslant \xi_b \tag{6.5}$$

且钢筋 A_s 和 A'_s 均应满足《规范》规定的受拉构件最小配筋率($\rho_{\min}$)的要求。

若 $x > \xi_b h_0$,则受压区混凝土可能先于受拉钢筋屈服而被压碎,破坏时受拉钢筋未达到屈服,这与超筋受弯构件的破坏形式类似。由于这种破坏是一种无预兆的脆性破坏,而且受拉钢筋的强度没有得到充分利用,在设计中应当避免这种情况。

若 $x < 2a'_s$,则截面破坏时受压钢筋不能屈服,此时可取 $x = 2a'_s$,即假定受压区混凝土压应力的合力与受压钢筋承担的压力的合力作用点重合,对受压钢筋 A'_s 合力点取矩,得:

$$A_s = \frac{Ne'}{f_y(h_0 - a'_s)} \tag{6.6}$$

即

$$Ne' = f_y A_s(h_0 - a'_s) \tag{6.7}$$

设计时,为了使钢筋总量($A_s + A'_s$)最少,同偏心受压构件一样,应取 $x = x_b$,代入式(6.2)且由式(6.3)得:

$$A'_s = \frac{Ne - a_1 f_c b h_0^2 \xi_b (1 - 0.5\xi_b)}{f'_s (h_0 - a'_s)} \tag{6.8}$$

$$A_s = \frac{N + a_1 f_c b h_0 \xi_b}{f_y} + \frac{f'_y A'_s}{f_y} \tag{6.9}$$

式中，x_b——界限破坏时受压区计算高度。

【例 6.2】 已知截面尺寸为 $b \times h = 300 \text{ mm} \times 500 \text{ mm}$ 的钢筋混凝土偏拉构件，承受轴向拉力设计值 $N = 300 \text{ kN}$，弯矩设计值 $M = 90 \text{ kN} \cdot \text{m}$。采用的混凝土强度等级为 C30，钢筋为 HRB335。试确定该柱所需的纵向钢筋截面面积 A_s 和 A'_s。

【解】 (1)判别大小偏心受拉构件。

$$e_0 = \frac{M}{N} = \frac{90 \times 10^6}{300 \times 10^3} = 300 \text{ (mm)} > \left(\frac{h}{2} - a_s\right) = 215 \text{ mm}$$

所以，属于大偏心受拉构件。

(2)求纵向受力钢筋截面面积 A_s 和 A'_s。

$$e = e_0 - 0.5h + a'_s = 300 - 500/2 + 35 = 85 \text{ (mm)}$$

为了使总的用钢量最少，取 $x = \xi_b h_0 = 0.55 \times 465 = 255.75 \text{ (mm)}$

则可得：

$$A'_s = \frac{Ne - a_1 f_c b h_0^2 \xi_b (1 - 0.5\xi_b)}{f'_s (h_0 - a'_s)}$$

$$= \frac{300 \times 10^3 \times 85 - 1.0 \times 14.3 \times 300 \times 465^2 \times 0.55(1 - 0.5 \times 0.55)}{300 \times (465 - 35)} < 0$$

按照构造要求，

$$\rho_{\min} = \max\left[0.002, \frac{0.45 f_t}{f_y}\right] = \max\left[0.002, \frac{0.45 \times 1.43}{300}\right] = 0.215\%$$

$$A_s = \rho_{\min} bh = 0.215\% \times 300 \times 500 = 322 \text{ (mm}^2\text{)}$$

6.3.2 小偏心受拉构件正截面承载力的计算

1. 基本公式

如图 6-2 所示，由截面平衡条件，分别对 A_s 和 A'_s 的合力点取矩，得小偏心受拉构件正截面承载力计算的基本公式为：

$$Ne' \leqslant A_s f_y (h - a_s - a'_s) \tag{6.10}$$

$$Ne \leqslant A'_s f_y (h - a_s - a'_s) \tag{6.11}$$

式中，e——轴向拉力 N 作用点至钢筋 A_s 合力作用点的距离，$e = 0.5h - a_s - e_0$；

e'——轴向拉力 N 作用点至钢筋 A'_s 合力作用点的距离，$e' = e_0 + 0.5h - a'_s$；则可得：

$$A_s = \frac{Ne'}{f_y (h - a_s - a'_s)} \tag{6.12}$$

$$A'_s = \frac{Ne}{f'_y (h - a_s - a'_s)} \tag{6.13}$$

若采用对称配筋，远离轴向力一侧的钢筋 A'_s 达不到其屈服强度，但为了保持截面内外力的平衡，设计时可按式(6.13)计算纵向钢筋截面面积，即：

$$A_s = A'_s = \frac{Ne}{f_y(h - a_s - a'_s)} \tag{6.14}$$

【**例 6.3**】已知截面尺寸为 $b \times h = 300 \text{ mm} \times 500 \text{ mm}$ 的钢筋混凝土偏拉构件,承受轴向拉力设计值 $N = 900 \text{ kN}$,弯矩设计值 $M = 90 \text{ kN} \cdot \text{m}$。采用的混凝土强度等级为C30,钢筋为 HRB335。试确定该柱所需的纵向钢筋截面面积。

【**解**】(1)判别大小偏心受拉构件。

$$e_0 = \frac{M}{N} = \frac{90 \times 10^6}{900 \times 10^3} = 100 \ (\text{mm}) < \left(\frac{h}{2} - a_s\right) = 215 \text{ mm}$$

所以,属于小偏心受拉构件。

(2)求纵向受力钢筋截面面积 A_s 和 A'_s。

$$e' = e_0 + 0.5h - a'_s = 100 + 250 - 35 = 315 \ (\text{mm})$$

$$e = 0.5h - e_0 - a'_s = 250 - 100 - 35 = 115 \ (\text{mm})$$

$$A'_s = \frac{Ne}{f_y(h_0 - a'_s)} = \frac{900 \times 10^3 \times 115}{300 \times (465 - 35)} = 802 \ (\text{mm}^2)$$

$$A_s = \frac{Ne'}{f_y(h'_0 - a_s)} = \frac{900 \times 10^3 \times 315}{300 \times (465 - 35)} = 2197 \ (\text{mm}^2)$$

$$\rho_{min} = \rho'_{min} = \max\left[0.002, \frac{0.45f_t}{f_y}\right] = \max\left[0.002, \frac{0.45 \times 1.43}{300}\right] = 0.215\%$$

$$\rho = \frac{A_s}{bh} = \frac{2197}{300 \times 500} = 1.465\% > \rho_{min}$$

$$\rho' = \frac{A'_s}{bh} = \frac{802}{300 \times 500} = 0.535\% > \rho'_{min}$$

故满足构造要求。

小　结

1.钢筋混凝土受拉构件按纵向拉力作用位置的不同分为轴心受拉和偏心受拉两种类型。拉力作用在截面形心的构件称为轴心受拉构件。拉力作用偏离截面形心,或截面上既有拉力又有弯矩的构件称为偏心受拉构件。钢筋混凝土轴心受拉构件无论采用何种形式的截面,其纵向钢筋在截面中都应对称布置或沿周边均匀布置,偏心受拉构件的截面多为矩形。由于偏心受拉构件的截面作用有弯矩,所以矩形截面的长边宜和弯矩作用平面平行,纵向钢筋布置在短边上。轴心受拉和偏心受拉构件中的纵向钢筋配筋率均应满足最小配筋率的要求。

2.轴心受拉构件破坏特征:从加载开始到破坏为止,其受力过程可分为三个受力阶段:第一阶段为从加载到混凝土受拉开裂前,也称为整体工作阶段。此阶段作为轴心受拉构件不允许开裂的抗裂验算的依据;第二阶段为混凝土开裂后至钢筋即将屈服,也称为带裂缝工作阶段,此阶段作为构件正常使用进行裂缝宽度和变形验算的依据;第三阶段为受拉钢筋开始屈服到构件破坏,也称为破坏阶段,此阶段作为轴心受拉构件正截面承载力计算的依据。

3.偏心受拉构件,按纵向拉力 N 作用在截面上的位置不同,分为小偏心受拉与大偏心受拉两种:当纵向拉力 N 的作用点在截面两侧钢筋之内,即 $e_0 \leqslant h/2 - a_s$,属于小偏心受拉;当纵

向拉力 N 的作用点在截面两侧钢筋之外,即 $e_0 > h/2 - a_s$,属于大偏心受拉。

4.小偏心受拉构件的受力特征:当纵向拉力作用在两侧钢筋以内时,截面在接近纵向拉力一侧受拉,而远离纵向拉力一侧可能受拉也可能受压。

大偏心受拉构件的受力特征:当纵向拉力作用在两侧钢筋以外时,截面在接近纵向拉力一侧受拉,而远离纵向拉力一侧受压。

5.基本公式。

轴心受拉构件正截面承载力计算公式:

$$N \leqslant N_u = f_y A_s$$

大偏心受拉构件正截面承载力的计算公式:

$$N \leqslant A_s f_y - A'_s f'_y - a_1 f_c b x$$

$$Ne \leqslant a_1 f_c b x \left(h_0 - \frac{x}{2} \right) + f'_y A'_s (h_0 - a'_s)$$

公式的适用条件:$2a'_s \leqslant x \leqslant \xi_b h_0$。

小偏心受拉构件正截面承载力的计算:

$$Ne' \leqslant A_s f_y (h - a_s - a'_s)$$

$$Ne \leqslant A'_s f_y (h - a_s - a'_s)$$

$$e = 0.5h - a_s - e_0$$

$$e' = e_0 + 0.5h - a'_s$$

思考与练习

1.如何判断是大偏心受拉还是小偏心受拉?

2.简述大偏心受拉和小偏心受拉构件强度计算的差别。

3.举例说明哪些结构构件可以按偏心受拉构件计算。

4.比较双筋梁、非对称配筋大偏心受压构件及大偏心受拉构件三者正截面承载力计算的异同。

5.某钢筋混凝土轴心受拉构件,截面尺寸 $b \times h = 300 \text{ mm} \times 200 \text{ mm}$,其所受的轴向拉力设计值 $N = 350 \text{ kN}$,钢筋为 HRB400 级,混凝土强度等级为 C20,求钢筋面积 A_s。

6.钢筋混凝土偏心受拉构件,截面尺寸 $b \times h = 250 \text{ mm} \times 400 \text{ mm}$,$a_s = a'_s = 40 \text{ mm}$,纵柱承受轴向拉力设计值 $N = 26 \text{ kN}$,弯矩设计值 $M = 45 \text{ kN} \cdot \text{m}$,混凝土强度等级 C25,纵向钢筋采用 HRB335 级钢筋,混凝土保护层厚度 $c = 30 \text{ mm}$。求钢筋面积 A_s 和 A'_s。

7.钢筋混凝土偏心受拉构件,截面尺寸 $b \times h = 250 \text{ mm} \times 400 \text{ mm}$,$a_s = a'_s = 40 \text{ mm}$,纵柱承受轴向拉力设计值 $N = 715 \text{ kN}$,弯矩设计值 $M = 86 \text{ kN} \cdot \text{m}$,混凝土强度等级 C30,纵向钢筋采用 HRB400 级钢筋,混凝土保护层厚度 $c = 30 \text{ mm}$。求钢筋面积 A_s 和 A'_s。

课题 7
钢筋混凝土受扭构件承载力计算

学习要点

1. 受扭构件的受力特性与钢筋构造
2. 受扭构件的承载力计算

7.1 受扭构件概述

7.1.1 受扭构件

凡是在构件截面中有扭矩作用的构件,都称为受扭构件(见图 7-1)。扭转是构件受力的基本形式之一,受扭构件也是钢筋混凝土结构中常见的构件形式。一般情况下,构件中除了扭矩的作用以外,同时还受到弯矩和剪力的作用。通常将同时受弯矩与扭矩作用的构件称为弯扭构件,同时受剪力与扭矩作用的称为剪扭构件,同时受弯矩、剪力与扭矩作用的称为弯剪扭构件,这些构件与仅受扭矩作用的纯扭构件统称为受扭构件。在实际工程中,纯扭构件、剪扭构件和弯扭构件比较少见,弯剪扭构件则比较普遍。钢筋混凝土结构中的受扭构件大都是矩形截面。

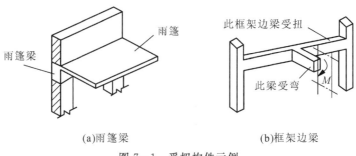

(a)雨篷梁   (b)框架边梁

图 7-1 受扭构件示例

7.1.2 钢筋混凝土受扭构件的受力特性

1. 矩形截面素混凝土纯扭构件

构件在扭矩作用下,横截面上主要产生剪应力。矩形截面匀质弹塑性材料构件在纯扭作用下横截面上的剪应力分布如图 7-2 所示,其最大剪应力产生在长边中点处,与该点剪应力作用相对应的主拉应力 σ_{tp} 和主压应力 σ_{cp} 分别与构件轴线成 $45°$ 角,其大小为 $\sigma_{tp} = \sigma_{cp} = \tau_{max}$。对于抗拉强度显著小于抗压强度的材料,当主拉应力超过材料的抗拉强度时,构件将首先在截面长边中点处,沿垂直于主拉应力的方向开裂,并随着扭矩的增大逐渐延伸。所以,在纯扭构件中,构件裂缝与轴线大约成 $45°$ 角。矩形截面纯扭构件的开裂扭矩计算如下:

$$T_{cr} = f_t W_t \tag{7.1}$$

式中,f_t——材料抗拉强度设计值;

W_t——截面受扭塑性抵抗矩,对于矩形截面,$W_t = \dfrac{b^2}{6}(3h - b)$,其中 b, h 分别为矩形截面的短边边长和长边边长。

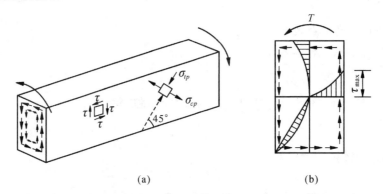

图 7-2　矩形截面纯扭构件横截面上的剪应力分布

　　为了实用时计算方便,素混凝土纯扭构件的开裂扭矩计算采用上述理想弹塑性模型。但考虑混凝土材料的非均匀性及较大的脆性,开裂扭矩值要适当降低。混凝土纯扭构件开裂扭矩设计值统一计算公式为:

$$T_{cr} = 0.7 f_t W_t \tag{7.2}$$

素混凝土受扭构件表面开裂后,迅速失去承载能力。

2. 钢筋混凝土纯扭构件

　　由于钢筋塑性远大于混凝土,因此钢筋混凝土受扭构件中的钢筋对构件的抗裂性能作用不大,但能够使构件的抗扭承载力大大提高。当混凝土开裂后可由钢筋继续承担拉力,同时阻止裂缝的继续扩展,使得构件能够继续承受扭矩荷载。如前所述,受扭构件的主拉应力方向与构件轴线成 $45°$ 角,因此最合理的配筋方式应该是在靠近构件表面处配置沿主拉应力方向的 $45°$ 走向的螺旋形钢筋。但这种配筋方式不便于施工,且当扭矩改变方向后则将完全失去效用。在实际工程中,一般是采用由靠近构件表面设置的横向箍筋和沿构件周边均匀对称布置的纵向钢筋共同组成的抗扭钢筋骨架(见图 7-3),它恰好与构件中受弯钢筋和受剪钢筋的配置方向相协调。

　　配置了适量受扭钢筋的构件,在裂缝出现以后不会立即破坏。随着外扭矩的不断增大,在构件表面逐渐形成多条大致沿 $45°$ 方向呈螺旋形发展的裂缝,见图 7-3(b)。在裂缝处,原来由混凝土承担的主拉应力主要改由与裂缝相交的钢筋来承担。多条螺旋形裂缝形成后的钢筋混凝土构件可以看成图 7-3(c)所示的空间桁架,其中纵向钢筋与箍筋承受拉力,而裂缝之间接近构件表面一定厚度的混凝土则承担斜向压力。随着其中一条裂缝所穿越的纵筋和箍筋达到屈服时,该裂缝不断加宽,直到最后形成三面开裂一边受压的空间扭曲破坏面,进而受压边混凝土被压碎,构件破坏。整个破坏过程具有一定延性和较明显的预兆,类似受弯构件适筋破坏。

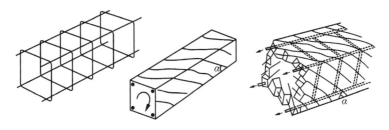

(a)抗扭钢筋骨架　　　(b)受扭构件的裂缝　　　(c)受扭构件的空间桁架模型

图 7-3　受扭构件的受力性能

当受扭箍筋或纵筋配置过少时,配置过少的钢筋起不到应有的作用,构件的受扭承载力与素混凝土没有实质性差别,破坏过程迅速而突然,类似于受弯构件的少筋破坏,称为少筋受扭构件。如果箍筋和纵筋配置过多,钢筋未达到屈服强度,构件由于斜裂缝间混凝土被压碎而破坏,这种破坏与受弯构件的超筋梁类似,称为超筋受扭构件。少筋受扭构件和超筋受扭构件均属脆性破坏,设计中应避免。

3. 钢筋混凝土弯剪扭构件

当构件处于弯、剪、扭共同作用的复合应力状态时,其受力情况比较复杂。试验表明,扭矩与弯矩或剪力同时作用于构件时,一种承载力会因另一种内力的存在而降低,例如受弯承载力会因扭矩的存在而降低,受剪承载力也会因扭矩的存在而降低,反之亦然,这种现象称为承载力之间的相关性。

弯扭相关性,是因为扭矩的作用使纵筋产生拉应力,加重了受弯构件纵向受拉钢筋的负担,使其应力提前达到屈服,因而降低了受弯承载能力。剪扭相关性,则是因为两者的剪应力在构件一个侧面上是叠加的。

7.1.3　受扭构件的配筋构造要求

1. 受扭纵筋

受扭纵筋应沿构件截面周边均匀对称布置。矩形截面的四角以及 T 形和工字形截面各分块矩形的四角,均必须设置受扭纵筋。受扭纵筋的间距不应大于 200mm,也不应大于梁截面短边长度(见图 7-4)。受扭纵向钢筋的接头和锚固要求均应按受拉钢筋的相应要求考虑。架立筋和梁侧构造纵筋也可利用作为受扭纵筋。

2. 受扭箍筋

在受扭构件中,箍筋在整个周长上均承受力。因此,受扭箍筋必须做成封闭式,且应沿截面周边布置,这样可

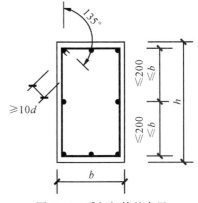

图 7-4　受扭钢筋的布置

保持构件受力后,箍筋不至于被拉开,可以很好地约束纵向钢筋。为了能将箍筋的端部锚固在截面的核心部分,当钢筋骨架采用绑扎骨架时,应将箍筋末端弯折135°,弯钩端头平直段长度不应小于$10d$(d为箍筋直径)。

受扭箍筋的间距s及直径d均应满足课题4中受弯构件的最大箍筋间距s_{max}及最小箍筋直径的要求。

7.2 不同受扭构件承载力计算

7.2.1 矩形截面钢筋混凝土纯扭构件

如前所述,钢筋混凝土纯扭构件表面开裂后并不立即失去承载力,而能由钢筋继续受拉而承受较大扭矩荷载。因此,钢筋混凝土纯扭构件扭曲截面计算包括两个方面内容:①结构受扭的开裂扭矩计算;②结构受扭的承载力计算。如果结构扭矩大于开裂扭矩值时,应按计算配置受扭纵筋和箍筋用以满足截面承载力要求,同时还应满足结构受扭构造要求。

1. 开裂扭矩计算

如前所述,由于钢筋的塑性较大,不能明显提高构件的抵抗开裂的能力,因此钢筋混凝土纯扭构件的开裂扭矩计算同素混凝土纯扭构件相同,仍采用(7.2)式计算。

2. 矩形截面钢筋混凝土纯扭构件承载力计算

钢筋混凝土纯扭构件的试验结果表明,构件的抗扭承载力由混凝土的抗扭承载力T_c和箍筋与纵筋的抗扭承载力T_s两部分构成,即:

$$T_u = T_c + T_s \tag{7.3}$$

对于混凝土的抗扭承载力T_c,可以借用$f_t W_t$作为基本变量;而对于箍筋与纵筋的抗扭承载力T_s,选取箍筋的单肢配筋承载力$f_{yv} A_{st1}/s$与截面核芯部分面积A_{cor}的乘积作为基本变量,再用$\sqrt{\zeta}$来反映纵筋与箍筋的共同工作,于是式(7.3)可进一步表达为:

$$T_u = \alpha_1 f_t W_t + \alpha_2 \sqrt{\zeta} \frac{f_{yv} A_{st1}}{s} A_{cor} \tag{7.4}$$

式中,α_1和α_2两个系数可由实验数据确定。

根据国内大量试验研究的结果,《规范》建议矩形截面钢筋混凝土纯扭构件的抗扭承载力计算公式为:

$$T \leqslant T_u = 0.35 f_t W_t + 1.2 \sqrt{\zeta} \frac{f_{yv} A_{st1}}{s} A_{cor} \tag{7.5}$$

式中,T——扭矩设计值;

$\quad f_t$——混凝土的抗拉强度设计值;

$\quad W_t$——截面的抗扭塑性抵抗矩;

$\quad f_{yv}$——箍筋的抗拉强度设计值;

$\quad A_{st1}$——箍筋的单肢截面面积;

$\quad s$——箍筋的间距;

A_{cor}——截面核芯部分的面积，$A_{cor}=b_{cor}h_{cor}$，b_{cor} 和 h_{cor} 分别为箍筋内表面计算的截面核芯部分的短边和长边尺寸；

ζ——抗扭纵筋与箍筋的配筋强度比，按下式计算：

$$\zeta = \frac{f_y}{f_{yv}}\frac{A_{stl}s}{A_{st1}u_{cor}} \tag{7.6}$$

式中，A_{stl}——受扭计算中对称布置在截面周边的全部抗扭纵筋的截面面积；

f_y——受扭纵筋的抗拉强度设计值；

u_{cor}——截面核芯部分的周长，$u_{cor}=2(b_{cor}+h_{cor})$。

《规范》规定，ζ 应满足 $0.6 \leqslant \zeta \leqslant 1.7$；当 $\zeta > 1.7$ 时，取 $\zeta = 1.7$。一般设计中取 $\zeta = 1.2$。

为了避免出现"少筋"和"完全超配筋"这两类具有脆性破坏性质的构件，在按式(7.6)进行抗扭承载力计算时还需满足一定的构造要求。

7.2.2 矩形截面弯、剪、扭构件承载力计算

钢筋混凝土结构在弯矩、剪力和扭矩作用下，其受力状态及破坏形态十分复杂，结构的破坏形态及其承载力，与结构弯矩、剪力和扭矩的比值，即与扭弯比 φ_m（$\varphi_m = T/M$）和扭剪比 φ_v（$\varphi_v = T/V$）有关，还与结构的截面形状、尺寸、配筋形式、数量和材料强度等因素有关。

《规范》给出了弯扭及弯剪扭构件承载力的实用计算法。

受弯扭(M,T)构件的承载力计算，分别按受纯弯矩(M)和受纯扭矩(T)计算纵筋和箍筋，然后将相应的钢筋截面面积进行叠加，即弯扭构件的纵筋用量为受弯的纵筋和受扭的纵筋截面面积之和，而箍筋用量则由受扭箍筋所决定。

弯剪扭(M,V,T)构件承载力计算，分别按受弯和受扭计算的纵筋截面面积相叠加，分别按受剪和受扭计算的箍筋截面面积相叠加。

受弯构件的纵筋用量可按纯弯公式进行计算。

受剪和受扭承载力计算公式中都考虑了混凝土的作用，因此剪扭承载力计算公式中，应考虑扭矩对混凝土受剪承载力和剪力对混凝土受扭承载力的相互影响。这个影响用混凝土受扭承载力降低系数来考虑，其计算公式如下：

对一般剪扭构件：

$$\beta_t = \frac{1.5}{1+0.5\dfrac{VW_t}{T_bh_0}} \tag{7.7}$$

对矩形截面独立梁，当集中荷载在支座截面中产生的剪力占该截面总剪力 75% 以上时，则改为：

$$\beta_t = \frac{1.5}{1+0.2(\lambda+1)\dfrac{VW_t}{T_bh_0}} \tag{7.8}$$

为简化计算，当 $\beta_t > 1.0$ 时，应取 $\beta_t = 1.0$；当 $\beta_t < 0.5$ 时，则取 $\beta_t = 0.5$。

矩形截面弯剪扭构件的承载力计算可按以下步骤进行：

(1)按受弯构件单独计算在弯矩作用下所需的受弯纵向钢筋截面面积 A_s 及 A'_s。

(2)按抗剪承载力计算需要的抗剪箍筋 nA_{svl}/S_v。

考虑剪扭相关性后,构件的抗剪承载力按以下公式计算:

$$V \leqslant 0.7(1.5 - \beta_t)f_t bh_0 + 1.25 f_{yv} \frac{nA_{svl}}{S_v}h_0 \tag{7.9}$$

(3)按抗扭承载力计算需要的抗扭箍筋 A_{st}/s_t。

考虑剪扭相关性后构件的抗扭承载力应在公式(7.5)的基础上考虑降低系数按以下公式计算:

$$T \leqslant 0.35\beta_t f_t W_t + 1.2\sqrt{\zeta}f_{yv}\frac{A_{st}}{s}A_{cor} \tag{7.10}$$

(4)按抗扭纵筋与箍筋的配筋强度比关系,确定抗扭纵筋 A_{stl}。

$$S = \frac{A_{stl}s}{A_{st1}u_{cor}} \cdot \frac{f_y}{f_{yv}} \tag{7.11}$$

(5)按照叠加原则计算抗剪扭总的纵筋和箍筋用量,方法为:将抗剪计算所需要的箍筋用量中的单侧箍筋用量 A_{sv1}/s(如采用双肢箍筋,A_{sv1}/s_v 即为需要量 nA_{sv1}/s_v 中的一半;如采用四肢箍筋,A_{sv1}/s_v 即为需要量的 1/4)与抗扭所需的单肢箍筋用量 A_{st1}/s_t 相加,从而得到每侧箍筋总的需要量为:

$$A_{sv}/s = A_{sv1}/s_v + A_{st1}/s_t \tag{7.12}$$

如图 7-5 所示,值得注意的是,抗剪所需的受剪箍筋 A_{sv} 是指同一截面内箍筋各肢的全部截面面积,而抗扭所需的受扭箍筋 A_{st} 则是沿截面周边配置的单肢箍筋截面面积,叠加时抗剪外侧单肢箍 A_{sv1} 与抗扭截面周边单肢箍筋 A_{st1} 相加。当采用复合箍筋时,位于截面内部的箍筋则只能抗剪而不能抗扭。受弯纵筋 A_s、A'_s 是配置在截面受拉区底边的和截面受压区顶边的,而受扭纵筋 A_{stl} 则应在截面周边对称均匀布置。如果受扭纵筋 A_{stl} 准备分三层配置,则每一层的受扭纵筋面积为 $A_{stl}/3$,因此,叠加时截面底层(受拉区)所需的纵筋面积为 $A_{stl}/3 + A_s$;顶层纵筋(受压区)为 $A_{stl}/3 + A'_s$;中间层纵筋为 $A_{stl}/3$,如图 7-6 所示。钢筋面积叠加后,顶、底层钢筋可统一配筋。

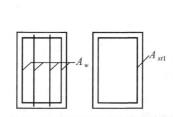

图 7-5 弯剪扭构件的箍筋配置

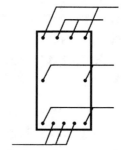

图 7-6 弯剪扭构件的纵向钢筋配置

7.2.3 计算公式的适用范围和构造要求

1. 截面限制条件

《规范》规定:

当高宽比 $\frac{h_w}{b} \leqslant 4$ 时,

$$\frac{V}{bh_0} + \frac{T}{0.8W_t} \leqslant 0.25\beta_c f_c \tag{7.13}$$

当 $\dfrac{h_w}{b} \geqslant 6$ 时，

$$\frac{V}{bh_0} + \frac{T}{0.8W_t} \leqslant 0.2\beta_c f_c \tag{7.14}$$

当 $4 < \dfrac{h_w}{b} < 6$ 时，按线性内插法取用。

式中，T——扭矩设计值；

b——矩形截面的短边尺寸；

W_t——受扭构件的截面受扭塑性抵抗矩；

h_w——截面的腹板高度，矩形截面取有效高度 h_0，T 形截面取有效高度减去翼缘高度，工字形截面取腹板净高；

β_c——混凝土强度影响系数，当混凝土强度等级不超过 C50 时，取 $\beta_c = 1.0$；当混凝土等级为 C80 时，取 $\beta_c = 0.8$；两者之间按线形内插法取用；

f_c——混凝土轴心抗压强度设计值。

当不满足上式的要求时，应增大截面尺寸或提高混凝土强度等级。

2. 最小配筋率

为防止构件发生少筋性质的破坏，在弯、剪、扭构件中，纵筋和箍筋的配筋率应满足以下要求：

（1）纵向钢筋的配筋率：

$$\rho_{tl} = \frac{A_{stl}}{bh} \geqslant \rho_{tl,min} = 0.6\sqrt{\frac{T}{Vb}}\frac{f_t}{f_y} \tag{7.15}$$

式中，当 $T/Vb > 2$ 时，取 $T/Vb = 2$。

（2）箍筋的配筋率：

$$\rho_{sv} = \frac{A_{sv}}{bs} \geqslant \rho_{sv,min} = 0.28\frac{f_t}{f_{yv}} \tag{7.16}$$

【例 7.1】 某矩形截面纯扭构件，$b \times h = 250 \text{ mm} \times 500 \text{ mm}$，扭矩设计值 $T = 15 \text{ kN} \cdot \text{m}$，采用 C20 级混凝土（$f_c = 9.6 \text{ N/mm}^2$，$f_t = 1.1 \text{ N/mm}^2$），纵筋采用 HRB335 级钢筋（$f_y = 300 \text{ N/mm}^2$），箍筋采用 HPB300 级钢筋（$f_{yv} = 210 \text{ N/mm}^2$），求所需纵筋与箍筋。

【解】（1）验算截面尺寸。

$$W_t = \frac{b^2}{6}(3h - b) = \frac{250^2}{6}(3 \times 500 - 250) = 13 \times 10^6 \text{ (mm)}$$

$$\frac{T}{W_t} = \frac{15 \times 10^6}{13 \times 10^6} = 1.154 \text{ (N/mm}^2\text{)}$$

$$0.7f_t = 0.77 \text{ N/mm}^2 < 1.154 \text{ N/mm}^2 < 0.25f_c = 2.4 \text{ N/mm}^2$$

说明截面尺寸符合要求，但需按计算配筋。

（2）计算箍筋。

$$A_{cor} = 450 \times 200 = 9 \times 10^4 \text{ (mm}^2\text{)}，取 \zeta = 1.0$$

$$\frac{A_{st1}}{s} = \frac{T - 0.35f_t W_t}{1.2\sqrt{\zeta}f_{yv}A_{cor}} = \frac{1.5 \times 10^6 - 0.35 \times 1.1 \times 13 \times 10^6}{1.2 \times \sqrt{1.0} \times 210 \times 9 \times 10^4} = 0.4407 \text{ (mm}^2/\text{mm)}$$

选用 $\phi8$ 箍筋，其中 $A_{st1}=50.3 \text{ mm}^2$，则 $s=\dfrac{50.3}{0.4407}=114$（mm），取 $s=100$ mm。

验算配箍率为：

$$\rho_{sv}=\frac{2A_{st1}}{bs}=\frac{2\times50.3}{250\times100}=0.4\%$$

$\rho_{sv,min}=0.28f_t/f_{yv}=0.28\times1.1/210=0.15\%<\rho_{sv}$
满足最小配箍率要求。

（3）计算纵筋。

$$u_{cor}=2\times(450+200)=1300\text{（mm）}$$

$$A_{st1}=\frac{\zeta f_{yv}A_{st1}u_{cor}}{f_ys}=\frac{1\times210\times50.3\times1300}{300\times100}=458\text{（mm}^2\text{）}$$

要求纵筋间距不大于 200 mm，或梁宽 250 mm，故需 6 根钢筋，选 $6\phi12$（$A_s=678\text{ mm}^2$）即可。

显然

$$\rho_{tl,min}=0.6\sqrt{\frac{T}{Vb}\frac{f_t}{f_y}}=0.6\times1.414\times\frac{1.1}{300}$$

$$=0.31\%<\frac{A_{st1}}{bh}=\frac{678}{250\times500}=0.542\%$$

故满足要求，配筋见图 7-7。

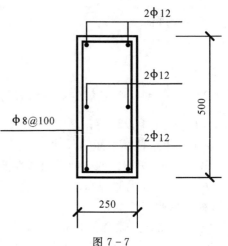

图 7-7

【例 7.2】某矩形截面纯扭构件，截面尺寸 $b\times h=200\text{ mm}\times500\text{ mm}$，采用 C20 级混凝土（$f_c=9.6\text{ N/mm}^2$，$f_t=1.1\text{ N/mm}^2$），纵筋采用 HRB335 级钢筋（$f_y=300\text{ N/mm}^2$），$6\phi12$（$A_s=678\text{ mm}^2$），箍筋采用 HPB300 级钢筋（$f_{yv}=210\text{ N/mm}^2$），$\phi8@100$（$A_{st}=50.3\text{ mm}^2$），求此构件所能承受的极限扭矩 T_u 值。

【解】本题属于截面复核类型。

（1）计算配筋强度比 ζ。

$$\rho_{sv}=\frac{2A_{st1}}{bs}=\frac{2\times50.3}{200\times100}=0.50\%>\rho_{sv,min}=0.15\%$$

$$\rho_{tl}=\frac{A_{st1}}{bh}=\frac{678}{200\times500}=0.678\%>\rho_{tl,min}=0.31\%$$

显然箍筋及纵筋均满足最小值要求。

$b_{cor}=150\text{ mm}$，$h_{cor}=450\text{ mm}$，$u_{cor}=1200\text{ mm}$，则

$$\zeta=\frac{f_yA_{stl}s}{f_{ys}A_{st}u_{cor}}=\frac{300\times678\times100}{210\times50.3\times1200}=1.605<1.7$$

（2）计算极限扭矩 T_u。

$$W_t=\frac{b^2}{6}(3h-b)=\frac{200^2}{6}(3\times500-200)=8.67\times10^6\text{（mm}^3\text{）}$$

$$A_{cor}=b_{cor}h_{cor}=150\times450=67500\text{（mm}^2\text{）}$$

$$T_u=0.35f_tW_t+1.2\sqrt{\zeta}\frac{A_{st1}f_{yv}A_{cor}}{s}$$

$$=0.35\times1.1\times8.67\times10^6+1.2\times\sqrt{1.685}\times\frac{50.3\times210\times67500}{100}$$

$$= 3.34 \times 10^6 + 10.84 \times 10^6 = 14.18 \ (\mathrm{kN \cdot m})$$

(3)验算截面尺寸。

由 $h_w/b = 500/200 = 2.5 < 4$，得：

$$\frac{T}{0.8W_t} = \frac{14360000}{0.8 \times 8.67 \times 10^6} = 2.07 \leqslant 0.25\beta_c f_c = 0.25 \times 1.0 \times 9.6 = 2.4$$

说明截面尺寸符合要求。故极限扭矩为 $T_u = 14.18 \ \mathrm{kN \cdot m}$。

小　结

1. 是在构件截面中有扭矩作用的构件，都称为受扭构件。一般情况下，构件中除了扭矩的作用以外，往往同时还受到弯矩和剪力的作用，这种构件称为弯剪扭构件。

矩形截面素混凝土纯扭构件破坏时，首先在长边中点处被拉裂形成与杆轴线大约成 $45°$ 角的裂缝，然后裂缝迅速延伸扩展，构件随即失去承载能力。因此，其抗扭承载力等于开裂扭矩。开裂扭矩计算公式如下：

$$T_{cr} = 0.7 f_t W_t$$

钢筋混凝土受扭构件一般配置受扭纵筋和受扭箍筋。当配筋适当时，构件破坏具有一定的延性和明显的预兆，称为适筋破坏；当受扭纵筋或受扭箍筋过少时，构件破坏与素混凝土构件破坏一样，属脆性破坏，称为少筋破坏；当钢筋配置过多时，钢筋还未达到屈服，由于混凝土首先被压碎而破坏，也属脆性破坏，称为超筋破坏。

矩形截面钢筋混凝土纯扭构件，当混凝土表面开裂时继续由钢筋承受拉力，能够继续承受较大扭矩荷载，因此其抗扭承载力要远远大于开裂扭矩。开裂扭矩仍采用式(7.2)计算，《规范》建议抗扭承载力计算公式如下：

$$T \leqslant T_u = 0.35 f_t W_t + 1.2\sqrt{\zeta} \frac{f_{yv} A_{sv1}}{s} A_{cor}$$

为了避免少筋和超筋破坏，钢筋混凝土构件钢筋除了应满足计算要求，还应满足《规范》规定的构造要求。

2. 矩形截面钢筋混凝土弯剪扭(M, V, T)构件，钢筋配置原则如下：

纵筋 = 按纯弯计算得到的抗弯纵筋式(3.5) + 按纯扭(考虑剪扭相关性)计算得到的抗扭纵筋式(7.11)

箍筋 = 按剪切(考虑剪扭相关性)计算得到的抗剪箍筋式(7.9) + 按纯扭(考虑剪扭相关性)计算得到的抗扭箍筋式(7.10)

特别需要注意的是，钢筋叠加时要注意区分钢筋的配置方式及配置部位。

综上所述，矩形截面钢筋混凝土弯剪扭(M, V, T)构件，承载力计算过程如下：

(1)检查构件截面是否满足《规范》要求。

(2)按受弯构件单独计算在弯矩作用下所需的受弯纵向钢筋截面面积 A_s 及 A'_s。

(3)按抗剪承载力计算需要的抗剪箍筋 nA_{sv1}/S_v。

$$V \leqslant 0.7(1.5 - \beta_t) f_t b h_0 + 1.25 f_{yv} \frac{nA_{sv1}}{S_v} h_0$$

(4)按抗扭承载力计算需要的抗扭箍筋 A_{st}/s_t。

$$T \leqslant 0.35\beta_t f_t W_t + 1.2\sqrt{\zeta}f_{yv}\frac{A_{st1}}{s}A_{cor}$$

(5)按抗扭纵筋与箍筋的配筋强度比关系,确定抗扭纵筋 A_{stl}。

$$S = \frac{A_{st1}s}{A_{stl}u_{cor}} \cdot \frac{f_y}{f_{yv}}$$

(6)按照叠加原则计算总的纵筋和箍筋用量。

思考与练习

1.简述钢筋混凝土受扭构件的破坏形式及其各自特点。

2.在抗扭计算中如何避免少筋破坏和超筋破坏?

3.纯扭承载力计算公式中 ζ 的物理意义是什么?起什么作用?有何限制?

4.为什么受弯构件在同时受到扭矩作用时,其抗扭及抗剪承载力均有所降低?这时纵向钢筋应如何计算和构造?

5.试总结纯扭、弯剪扭构件配筋计算的步骤。

6.受扭构件的配筋有哪些构造要求?

7.钢筋混凝土矩形截面纯扭构件,$b \times h = 250$ mm $\times 500$ mm,承受的扭矩设计值 $T = 15$ kN·m,混凝土为 C20 级,纵筋为 HRB300 级,箍筋 HPB300 级。试配置构件所需的抗扭钢筋。

8.如图 7-8 所示的纯扭构件,混凝土用 C25 级,纵筋用 HRB335 级,箍筋用 HPB300 级。试计算构件所能承受的扭矩设计值 T。

9.已知一钢筋混凝土矩形截面受扭构件,截面尺寸为 $b \times h = 300$ mm $\times 500$ mm,配有 4 根直径为 14 mm 的 HRB335 纵向钢筋,箍筋为 HPB300 级,间距为 150mm,混凝土为 C30 级。试求该截面所能承受的扭矩设计值。

10.某雨篷剖面见图 7-9,雨篷板上承受均布荷载设计值(已包括板的自重)$q = 3.6$ kN/m,在雨篷自由端沿板宽方向每米承受活荷载设计值 $p = 1.4$ kN/m。雨篷梁截面尺寸 $b \times h = 240$ mm $\times 240$ mm,计算跨度 $l_0 = 2$ m,采用混凝土的强度等级为 C30,箍筋为 HPB300 级钢筋,纵筋采用 HRB400 级钢筋,环境类别为二级。经计算知:雨篷梁弯矩设计值 $M = 14$ kN·m,剪力设计值 $V = 26$ kN,$\zeta = 1.0$,试确定雨篷梁的配筋数量。

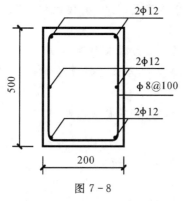

图 7-8

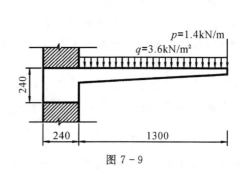

图 7-9

课题 8

预应力混凝土构件

学习要点

1. 预应力混凝土结构的基本概念、各项预应力损失值的意义和计算方法、预应力损失值的组合

2. 预应力轴心受拉构件各阶段的应力状态、设计计算方法

3. 预应力混凝土构件的主要构造要求

8.1 预应力混凝土概述

在钢筋混凝土构件中,由于混凝土的抗拉强度太低,用钢筋代替混凝土来承受拉力。但是,混凝土的极限拉应变也很小,每米仅能伸长 $0.10 \sim 0.15$ mm,若混凝土伸长值超过该极限值就会出现裂缝。要使构件在使用时混凝土不开裂,则钢筋的拉应力只能达到 $20 \sim 30$ MPa;即使允许开裂,为了保证构件的耐久性,常需将裂缝宽度限制在 $0.2 \sim 0.25$ mm 以内,此时钢筋拉应力也只能达到 $150 \sim 250$ MPa。可见,高强度钢筋是无法在钢筋混凝土结构中充分发挥其抗拉强度的。

由上可知,钢筋混凝土结构在使用中存在如下两个问题:一是需要带裂缝工作。由于裂缝的存在,不仅使构件刚度下降,而且使得钢筋混凝土构件不能应用于不允许开裂的场合;二是无法充分利用高强材料。当荷载增加时,靠增加钢筋混凝土构件的截面尺寸或增加钢筋用量的方法来控制构件的裂缝和变形是不经济的,因为这必然使构件自重(恒载)增加,特别是对于桥梁结构,随着跨度的增大,自重作用所占的比例也增大。这使得钢筋混凝土结构在建筑工程中的使用范围受到很大限制。要使钢筋混凝土结构得到进一步的发展,就必须克服混凝土抗拉强度低这一缺点,于是人们在长期的工程实践及研究中,创造出了预应力混凝土结构。

8.1.1 预应力混凝土结构的分类

1. 预应力度的定义

《公路桥梁建筑设计规范》以下简称《公路桥规》,将受弯构件的预应力度(λ)定义为由预加应力大小确定的消压弯矩 M_0 与外荷载产生的弯矩 M_s 的比值,即

$$\lambda = M_0/M_s \tag{8.1}$$

式中，M_0——消压弯矩，也就是构件抗裂边缘预压应力抵消到零时的弯矩；

M_s——按作用（或荷载）短期效应组合计算的弯矩；

λ——预应力混凝土构件的预应力度。

2. 加筋混凝土构件的分类

（1）全预应力混凝土构件：在作用（荷载）短期效应组合下控制的正截面受拉边缘不允许出现拉应力（不得消压），即 $\lambda \geqslant 1$。

（2）部分预应力混凝土构件：在作用（荷载）短期效应组合下控制的正截面受拉边缘出现拉应力或出现不超过规定宽度的裂缝，即 $0 < \lambda < 1$。

（3）钢筋混凝土构件：不预加应力的混凝土构件，即 $\lambda = 0$。

3. 部分预应力混凝土构件的分类

部分预应力混凝土构件是指其预应力度介于以全预应力混凝土构件和钢筋混凝土构件为两个界限的中间区域的预应力混凝土构件。《公路桥规》又将在作用（荷载）短期效应组合下控制的正截面受拉边缘允许出现拉应力的部分预应力混凝土构件分为以下两类。

A 类指在正常使用极限荷载状态下，构件预压区混凝土正截面的拉应力不超过规定的容许值。

B 类则指在正常使用极限荷载状态下，构件预压区混凝土正截面的拉应力允许超过规定的限值，但当裂缝出现时，其宽度不超过容许值。

4. 先张法预应力混凝土和后张法预应力混凝土

钢筋混凝土构件中配有纵向受力钢筋，通过这些纵向受力钢筋并使其产生回缩，对构件施加预应力。根据张拉预应力钢筋和浇捣混凝土的先后顺序，将建立预应力的方法分为先张法和后张法。

（1）先张法预应力混凝土。先张法的主要工序是：①钢筋就位；②张拉预应力钢筋；③临时锚固钢筋，浇注混凝土；④切断预应力筋，混凝土受压，此时混凝土强度约为设计强度的 75%。采用先张法时，预应力的建立主要依靠钢筋与混凝土之间的黏结力，如图 8-1（a）所示。

该方法适用于以钢丝或 $d < 16$ mm 钢筋配筋的中、小型构件，如预应力混凝土空心板等。

先张法工艺简单，质量比较容易保证，成本低，所以，先张法是目前我国生产预应力混凝土构件的主要方法之一。

（2）后张法预应力混凝土。后张法的主要工序是：①制作构件，预留孔道（塑料管，铁管）；②穿筋；③张拉预应力钢筋；④锚固钢筋，孔道灌浆。采用后张法时，预应力的建立主要依靠构件两端的锚固装置，如图 8-1（b）所示。

该方法适用于钢筋或钢铰线配筋的大型预应力构件，如屋架、吊车梁、屋面梁。

后张法施加预应力方法的缺点是工序多，预留孔道占截面面积大，施工复杂，压力灌浆费时，造价高。

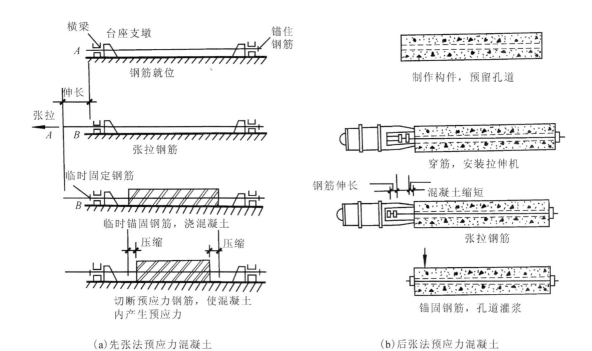

图 8-1 先张法和后张法预应力混凝土构件

8.1.2 预应力混凝土结构的优缺点

预应力混凝土结构主要具有下列优点：

(1)提高了构件的抗裂度和刚度。对构件施加预应力后,使构件在使用荷载作用下可不出现裂缝,或可使裂缝大大推迟出现,有效地改善了构件的使用性能,提高了构件的刚度,增加了结构的耐久性。

(2)可以节省材料,减少自重。预应力混凝土由于采用高强材料,因而可减少构件截面尺寸,节省钢材与混凝土用量,降低结构物的自重。这对自重比例很大的大跨径桥梁来说,更有着显著的优越性。大跨度和重荷载结构,采用预应力混凝土结构一般是经济合理的。

(3)可以减小混凝土梁的竖向剪力和主拉应力。预应力混凝土梁的曲线钢筋(束),可使梁中支座附近的竖向剪力减小;又由于混凝土截面上预压应力的存在,使荷载作用下的主拉应力也相应减小。这有利于减小梁的腹板厚度,使预应力混凝土梁的自重可以进一步减小。

(4)结构质量安全可靠。施加预应力时,钢筋(束)与混凝土都同时经受了一次强度检验。如果在张拉钢筋时构件质量表现良好,那么,在使用时也可以认为是安全可靠的。因此,预应力混凝土结构被称为经过预先检验的结构。

(5)预应力可作为结构构件连接的手段,促进了桥梁结构新体系与施工方法的发展。

此外,预应力还可以提高结构的耐疲劳性能。因为具有强大预应力的钢筋,在使用阶段由加荷或卸荷所引起的应力变化幅度相对较小,所以引起疲劳破坏的可能性也小。这对承受动荷载的桥梁结构来说是很有利的。

预应力混凝土结构存在以下缺点:

（1）工艺较复杂，对施工质量要求甚高，因而需要配备一支技术较熟练的专业队伍。

（2）需要有专门设备，如张拉机具、灌浆设备等。先张法需要有张拉台座；后张法还要耗用数量较多、质量可靠的锚具等。

（3）预应力反拱度不易控制。它随混凝土徐变的增加而加大，如存梁时间过久再进行安装，就可能使反拱度很大，造成桥面不平顺。

（4）预应力混凝土结构的开工费用较大，对于跨径小、构件数量少的工程，成本较高。

但是，以上缺点是可以设法克服的。例如应用于跨径较大的结构，或跨径虽不大，但构件数量很多时，采用预应力混凝土结构较经济。总之，只要从实际出发，因地制宜地进行合理设计和妥善安排，预应力混凝土结构就能充分发挥其优越性，所以它在近数十年来得到了迅猛的发展，尤其对桥梁新体系的发展起了重要的推动作用是一种极具发展前途的工程结构。

8.2 预应力混凝土材料及预应力损失

8.2.1 预应力混凝土材料

1. 混凝土

预应力混凝土结构构件所用的混凝土，需满足下列要求：

（1）强度高。高强度混凝土与高强度钢筋配合使用可以有效地减小构件的截面尺寸，减轻结构自重，从而获得较高的有效预压应力，提高构件的抗裂能力。对于先张法构件，随混凝土强度等级的提高可增大混凝土的黏结强度。对于后张法构件，采用高强度混凝土，可承受构件端部强大的预压力。

（2）收缩、徐变小。这样可减少收缩、徐变引起的预应力损失。

（3）快硬、早强。这样可以尽早施加预应力，加快台座、锚具、夹具的周转率，加快施工进度。

选择混凝土强度等级时，应综合考虑施工方法（先张法或后张法）、构件跨度、使用情况（如有无振动荷载）以及钢筋种类等因素。《混凝土结构设计规范》（GB 50010—2010）规定预应力混凝土构件的混凝土强度等级不宜低于C30，当采用钢绞线、钢丝、热处理钢筋作预应力钢筋时，混凝土强度等级不宜低于C40。

2. 预应力筋

为了达到良好的预应力效果，要求预应力筋具有很高的强度，以保证在钢筋中能建立较高的张拉应力，提高预应力混凝土构件的抗裂能力，此外，预应力钢筋还应具有一定的塑性，以及良好的可焊性、镦头加工性能等。对先张法构件的预应力钢筋，要求与混凝土之间具有良好的黏结性能。用于预应力混凝土构件中的预应力钢材主要有钢绞线、钢丝和热处理钢筋。非预应力钢筋宜采用 HRB400 级和 HRB335 级钢筋，也可采用 HPB300 级钢筋和 RRB400 级钢筋。近年来为防止预应力钢筋的锈蚀，采用 FRP 预应力筋代替预应力钢筋的研究正在世界各地进行，有的已在试点工程中应用，但是大范围的工程应用还需要一个过程。

（1）热处理钢筋。热处理钢筋是沿钢筋纵向轧有规律性的螺纹肋条，可用螺丝套筒连接和螺帽锚固,因此不需要再加工螺丝,也不需要焊接。目前,这种高强钢筋仅用于中、小型预应力混凝土构件或作为箱梁的竖向、横向预应力钢筋。

(2)高强度钢丝。预应力混凝土结构常用的高强钢丝是用优质碳素钢(含碳量为 $0.7\%\sim1.4\%$)轧制成盘圆,经温铅浴淬火处理后,再冷拉加工而成的钢丝。对于采用冷拔工艺生产的高强钢丝,冷拔后还需经过回火矫直处理,以消除钢丝在冷拔中所存在的内部应力,提高钢丝的比例极限、屈服强度和弹性模量。《公路桥规》中采用的消除应力高强钢丝有光圆钢丝、螺旋肋钢丝和刻痕钢丝。预应力钢丝含碳量较高,极限伸长率较小,约为 $2\%\sim6\%$。预应力钢丝抗拉强度设计值可达 1770 MPa,多用于大型构件。

(3)钢绞线。钢绞线是把多根高强钢丝捻制在一起而成的,例如用七根钢丝捻制的钢绞线,其抗拉强度标准值可达 1860 MPa。钢绞线具有截面集中,比较柔软、盘弯运输方便,与混凝土黏结性能良好等特点,可大大简化现场成束的工序,施工方便,是一种较理想的预应力钢筋。钢绞线多用于后张法大型构件中。

3. 孔道及灌浆材料

后张法混凝土构件的预留孔道是通过制孔器来形成的,常用的制孔器的形式有两类:一类为抽拔式制孔器,即在预应力混凝土构件中根据设计要求预留制孔器具,待混凝土初凝后抽拔出制孔器具,形成预留孔道。常用橡胶抽拔管作为抽拔式制孔器。另一类为埋入式制孔器,即在预应力混凝土构件中根据设计要求永久埋置制孔器(管道),形成预留孔道。常用铁皮管或金属波纹管作为埋入式制孔器。

目前,常用的留孔方法是预留金属波纹管。金属波纹管是由薄钢带用卷管机压波后卷成,具有重量轻、刚度好、弯折和连接简便、与混凝土黏结性好等优点,是预留后张预应力钢筋孔道的理想材料。

对于后张预应力混凝土构件为避免预应力筋腐蚀,保证预应力筋与其周围混凝土共同变形,应向孔道中灌入水泥浆。要求水泥浆应具有一定的黏结强度,且收缩也不能过大。

4. 锚具和夹具

预应力混凝土结构和构件中锚固预应力钢筋的器具有锚具和夹具两种。

在先张法预应力混凝土构件施工时,为保持预应力筋的拉力并将其固定在生产台座(或设备)上的临时性锚固装置;在后张法预应力混凝土结构或结构施工时,在张拉千斤顶或设备上夹持预应力筋的临时性锚固装置称为夹具(代号 J)。夹具根据工作特点分为张拉夹具和锚固夹具。

在后张法预应力混凝土结构中,为保持预应力筋的拉力并将其传递到混凝土上所用的永久性锚固装置称为锚具(代号 M)。锚具根据工作特点分为张拉端锚具(张拉和锚固)和固定端锚具(只能固定)。根据锚固方式的不同,锚具可分为以下几种类型:

(1)夹片式锚具,代号 J,如 JM 型锚具(JM12);QM 型、XM 型(多孔夹片锚具)、OVM 型锚具;夹片式扁锚(BM)体系。

(2)支承式锚具,代号 L(螺丝)和 D(镦头),如螺丝端杆锚具(LM)、镦头锚具(DM)。

(3)锥塞式锚具,代号 Z,如钢质锥形锚具(GZ)。

(4)握裹式锚具,代号 W,如挤压锚具和压花锚具等。

锚具的标记由型号、预应力筋直径、预应力筋根数和锚固方式等四部分组成。如锚固 6 根直径为 12 mm 预应力筋束的 JM12 锚具,标记为 JM12—6。

对锚具的要求,首先是安全可靠,其本身应有足够的强度和刚度,以确保预应力构件能发挥其设计强度;其次,锚具应使预应力钢筋尽可能不产生滑移,以保证预应力可靠传递;此外,还要求制作简单、使用方便、节省钢材和造价经济。

锚具设计应根据结构要求、产品技术性能和张拉施工方法,按表 8-1 选用。

表 8-1 锚具选用

预应力筋品种	选用锚具形式		
	张拉端	固定端	
		安装在结构之外	安装在结构之内
钢绞线及钢绞线束	夹片锚具	夹片锚具 挤压锚具	压花锚具 挤压锚具
高强钢丝束	夹片锚具 镦头锚具 锥塞锚具	夹片锚具 镦头锚具 挤压锚具	挤压锚具 镦头锚具
精轧螺纹钢筋	螺母锚具	螺母锚具	—

下面简略介绍几种国内常用的锚具。

(1)螺丝端杆锚具和帮条锚具。这是单根预应力粗钢筋的常用锚具,一般在张拉端采用螺丝端杆锚具,非张拉端采用帮条锚具。螺丝端杆锚具由端杆和螺母两部分组成,见图 8-2(a)。预应力钢筋张拉端通过对焊与一根螺丝端杆连接。张拉端的螺丝端杆连在张拉设备上,张拉后预应力钢筋通过螺帽和钢垫板将预应力传到构件上。帮条锚具由三根按 120°分布在预应力筋端部,长度为 50~60 mm 的短钢筋帮条和厚度为 15~20 mm 的钢垫板组成,见图 8-2(b)。帮条一般采用与预应力筋同级的钢筋,垫板采用普通低碳钢钢板。螺丝端杆锚具,帮条锚具适用于直径 12~40 mm 的钢筋。

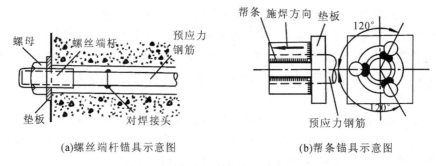

(a)螺丝端杆锚具示意图　　　　(b)帮条锚具示意图

图 8-2 螺丝端杆锚具和帮条锚具

(2)夹片式锚具。夹片式锚具是一种由夹片、锚板及锚垫板等部分组成的锚具(见图 8-3),由两分式或三分式夹片构成的一副锚塞,共同夹持住一根钢绞线。每个锚板上设有锥形的孔洞,夹持钢绞线的夹片按楔块作用的原理,在钢绞线回缩过程中将其拉紧从而达到锚固的目的。夹片的接缝有平行钢绞线轴向的直接缝和呈一定角度的斜接缝两种。国内目前常用的夹片锚具有 OVM,HVM,QM,STM,XM,XYM,YM 等,这些锚具主要用于锚固 7 股 φ4 和 7 股

φ5 的预应力钢绞线,锚固的钢绞线根数从一根至几十根。配套的还有固定端锚具及连接器等。

(3)锥形锚楦锚具。这种锚具又称锥形锚楦或弗列西捏锚具,适用于由 12～24 根直径为 5 mm 的碳素钢丝组成的钢丝束。它由锚环和锚塞组成(见图 8-4)。张拉时,需用专门的双作用千斤顶,在张拉钢丝束的同时,将锚楦压入锚环顶紧,使钢丝夹紧在锚环和锚楦之间,依靠摩阻力锚固。

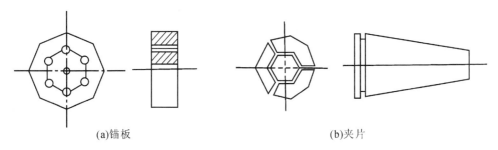

(a)锚板   (b)夹片

图 8-3 夹片式锚具

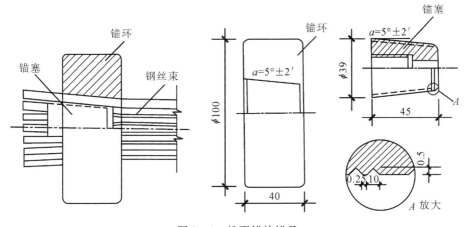

图 8-4 锥形锚楦锚具

(4)钢丝束镦头锚具。这种锚具由被镦粗的钢丝头、锚杯和螺母组成(见图 8-5),借镦粗头将许多单根钢丝锚定在锚杯的锚板上,组合成束,张拉后依靠螺帽把整个预应力束锚固在结构上。它具有锚固性能可靠,锚固吨位大,张拉操作方便,便于重复张拉,用钢量较省等优点。

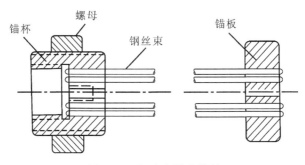

图 8-5 钢丝束镦头锚具

但也有其特殊要求,如钢丝下料长度要求精度高,管道端部要求扩孔,需要专用的液压冷镦器等。钢丝镦头锚具适用于锚固 12～54 根直径 5 mm 的碳素钢丝组成的钢丝束。

8.2.2 张拉控制应力

预应力钢筋锚固前张拉设备(如千斤顶油压表)所控制的总张拉力除以预应力钢筋截面面积所得到的应力值称为张拉控制应力 σ_{con}。对于有锚圈口摩阻损失的锚具,σ_{con} 应为扣除锚圈口摩擦损失后的锚下拉应力值,故《公路桥规》特别指出,σ_{con} 为张拉钢筋的锚下控制应力。

为了提高预应力钢筋的利用率,张拉控制应力宜尽可能高一些,使混凝土得到较高的预压应力,从而节约预应力钢筋,减小截面尺寸。但若张拉控制应力过高,可能出现以下问题:σ_{con} 过高,裂缝出现时的预应力钢筋应力将接近于其抗拉设计强度,使构件破坏前缺乏足够的预兆,延性较差;σ_{con} 过高,将使预应力筋的应力松弛增大;当进行超张拉时(为了减小摩擦及应力松弛引起的预应力损失),由于 σ_{con} 过高可能使个别钢筋(丝)超过屈服(抗拉)强度,产生永久变形(脆断)。因此,对预应力钢筋的张拉应力必须加以控制。

σ_{con} 的限值应根据构件的具体情况,按照预应力钢筋种类及施加预应力的方法予以确定,见表 8-2。

为了充分发挥预应力筋的作用,克服预应力损失,σ_{con} 不宜过小,《混凝土结构设计规范》(GB 50010—2010)规定张拉控制应力限值不应小于 $0.4f_{ptk}$。

表 8-2 张拉控制应力限值

钢筋种类	张拉方法	
	先张法	后张法
高强度钢丝、钢绞线	$0.75f_{ptk}$	$0.75f_{ptk}$
热处理钢筋	$0.70f_{ptk}$	$0.65f_{ptk}$

注:①表中 f_{ptk} 表示预应力钢筋的抗拉强度标准值。

②设计预应力构件时,本表所列限值可根据具体情况和施工经验作适当调整,可将 σ_{con} 提高 $0.05f_{ptk}$:要求提高构件在施工阶段的抗裂性能而在使用阶段受压区内设置的预应力钢筋;要求部分抵消由于应力松弛、摩擦、钢筋分批张拉以及预应力钢筋与张拉台座间的温差因素产生的预应力损失。

8.2.3 预应力损失

1. 预应力筋与管道壁间摩擦引起的应力损失(σ_{l1})

后张法的预应力筋,一般由直线段和曲线段组成。张拉时,预应力筋将沿管道壁滑移而产生摩擦力,形成钢筋中的预应力张拉端较高,向构件跨中方向逐渐减小的情况。钢筋在任意两个截面间的应力差值,就是这两个截面间由摩擦所引起的预应力损失值。从张拉端至计算截面的摩擦应力损失值以 σ_{l1} 表示。

摩擦损失主要是由管道的弯曲和管道位置偏差引起的。对于直线管道,由于施工中位置偏差和孔壁不光滑等原因,在钢筋张拉时,局部孔壁也将与钢筋接触从而引起摩擦损失,一般称此为管道偏差影响(或称长度影响)摩擦损失,其数值较小;对于弯曲部分的管道,除存在上述管道偏差影响之外,还存在因管道弯转,预应力筋对弯道内壁的径向压力所起的摩擦损失,将此称为弯道影响摩擦损失,其数值较大,并随钢筋弯曲弧度之和的增加而增加。曲线部分摩擦损失是由以上两部分影响构成的,故要比直线部分摩擦损失大得多。

一般可采用如下措施减少摩擦损失:

(1)采用两端张拉,以减小弧度 θ 值及管道长度 x 值。

(2)采用超张拉。对于后张法预应力钢筋,其张拉工艺按下列要求进行:

对于钢绞线束:0→初应力(0.1~0.15σ_{con}左右)→1.05σ_{con}(持荷 2 min)→σ_{con}(锚固)

对于钢丝束:0→初应力(0.1~0.15σ_{con}左右)→1.05σ_{con}(持荷 2 min)→0→σ_{con}(锚固)

由于超张拉 5%~10%,使构件其他截面应力也相应提高,当张拉力回降至 σ_{con} 时,钢筋因要回缩而受到反向摩擦力的作用,对于简支梁来说,这个回缩影响一般不能传递到受力最大的跨中截面(或者影响很小),这样跨中截面的预加应力也就因超张拉而获得提高。

应当注意,对于一般夹片式锚具,不宜采用超张拉工艺。因为,它是一种钢筋回缩自锚式锚具,超张拉后的钢筋拉应力无法在锚固前回降至 σ_{con},一回降钢筋就回缩,同时就会带动夹片进行锚固,这样就相当于提高了 σ_{con} 值,而与超张拉的意义不符。

2. 锚具变形、钢筋回缩和接缝压缩引起的应力损失(σ_{l2})

后张法构件,当张拉结束并进行锚固时,锚具将受到巨大的压力并使锚具自身及锚下垫板压密而变形,同时有些锚具的预应力钢筋还要向内回缩;此外,拼装式构件的接缝,在锚固后也将继续被压密变形,所有这些变形都将使锚固后的预应力钢筋放松,因而引起应力损失。其值用 σ_{l2} 表示,按下式计算:

$$\sigma_{l2} = \frac{\sum \Delta l}{l} E_p \tag{8.2}$$

式中,$\sum \Delta l$——张拉端锚具变形、钢筋回缩和接缝压缩值之和(mm),可根据试验确定;

l——张拉端至锚固端之间的距离(mm);

E_p——预应力钢筋的弹性模量。

实际上,由于锚具变形所引起的钢筋回缩同样也会受到管道摩阻力的影响,这种摩阻力与钢筋张拉时的摩阻力方向相反,称之为反摩阻。式(8.2)未考虑钢筋回缩时的摩阻影响,所以 σ_{l2} 沿钢筋全长不变。这种计算方法只能近似适用于直线管道的情况,而对于曲线管道则与实际情况不符,应考虑摩阻影响。《公路桥规》规定:后张法预应力混凝土构件应计算由锚具变形、钢筋回缩等引起反摩阻后的预应力损失。反向摩阻的管道摩阻系数可假定与正向摩阻的相同。

减小 σ_{l2} 值的方法如下:①采用超张拉;② 注意选用 $\sum \Delta l$ 值小的锚具,对于短小构件尤为重要。

3. 钢筋与台座间的温差引起的应力损失(σ_{l3})

此项应力损失,仅在先张法构件采用蒸汽或其他加热方法养护混凝土时才予以考虑。

假设张拉时钢筋与台座的温度均为 t_1,混凝土加热养护时的最高温度为 t_2,此时钢筋尚未与混凝土黏结,温度由 t_1 升为 t_2 后钢筋可在混凝土中自由变形,产生一个温差变形 Δl_t,即

$$\Delta l_t = \alpha \cdot (t_2 - t_1) \cdot l \tag{8.3}$$

式中，α——钢筋的线膨胀系数，一般可取 $\alpha = 1 \times 10^{-5}$；

　　l——钢筋的有效长度；

　　t_1——张拉钢筋时，制造场地的温度（℃）；

　　t_2——混凝土加热养护时，已张拉钢筋的最高温度（℃）。

　　如果在对构件加热养护时，台座长度也能因升温而相应地伸长一个 Δl_t，则锚固于台座上的预应力钢筋的拉应力将保持不变，仍与升温之前的拉应力相同。但是，张拉台座一般埋置于土中，其长度并不会因对构件加热而伸长，而是保持原长不变，并约束预应力钢筋的伸长，这就相当于将预应力钢筋压缩了一个 Δl_t 长度，使其应力下降。当停止升温养护时，混凝土已与钢筋黏结在一起，钢筋和混凝土将同时随温度变化而共同伸缩，因养护升温所降低的应力已不可恢复，于是形成温差应力损失 σ_{l3}，即

$$\sigma_{l3} = \frac{\Delta l_t}{l} \cdot E_p = \alpha(t_2 - t_1) \cdot E_p \tag{8.4}$$

取预应力钢筋的弹性模量 $E_p = 2 \times 10^5$ MPa，则有

$$\sigma_{l3} = 2(t_2 - t_1) \ (\text{MPa}) \tag{8.5}$$

减小 σ_{l3} 值的方法如下：

　　(1)采用二次升温的养护方法，即第一次由常温 t_1 升温至 t_2 进行养护。初次升温的温度一般控制在 20℃ 以内，待混凝土达到一定强度（例如 7.5～10 MPa）能够阻止钢筋在混凝土中自由滑移后，再将温度升至 t_2 进行养护。此时，钢筋将和混凝土一起变形，不会因第二次升温而引起应力损失，故计算 σ_{l3} 的温差只是 $(t'_2 - t_1)$，比 $(t_2 - t_1)$ 小很多（因为 $t_2 \gg t'_2$），所以 σ_{l3} 也就小多了。

　　若张拉台座与被养护构件共同受热、共同变形，则不计入此项预应力损失。

　　(2)钢模上张拉预应力钢筋。由于预应力钢筋是锚固在钢模上的，升温时两者温度相同，可以不考虑此项损失。

4. 混凝土弹性压缩引起的应力损失 (σ_{l4})

　　当预应力混凝土构件受到预压应力而产生压缩变形时，则对于已张拉并锚固于该构件上的预应力钢筋来说，将产生一个与该预应力钢筋重心水平处混凝土同样大小的压缩应变 $\varepsilon_p = \varepsilon_c$，因而也将产生预拉应力损失，这就是混凝土弹性压缩损失 σ_{l4}，它与构件预加应力的方式有关。

　　(1)先张法构件。先张法构件的预应力钢筋张拉与对混凝土施加预压应力是先后完全分开的两个工序，当预应力钢筋被放松（称为放张）对混凝土预加压力时，混凝土所产生的全部弹性压缩应变将引起预应力钢筋的应力损失，其值为

$$\sigma_{l4} = \varepsilon_p \cdot E_p = \varepsilon_c \cdot E_p = \frac{\sigma_{pc}}{E_c} \cdot E_p = \alpha_{EP} \cdot \sigma_{pc} \tag{8.6}$$

式中，α_{EP}——预应力钢筋弹性模量 E_p 与混凝土弹性模量 E_c 的比值；

　　σ_{pc}——在先张法构件计算截面钢筋重心处，由预加力 N_{p0} 产生的混凝土预压应力，可按 $\sigma_{pc} = \dfrac{N_{p0}}{A_0} + \dfrac{N_{p0} e_p^2}{I_0}$ 计算，其中：

　　N_{p0}——全部钢筋的预加力（扣除相应阶段的预应力损失）；

　　A_0、I_0——构件全截面的换算截面面积和换算截面惯性矩；

e_p——预应力钢筋重心至换算截面重心轴间的距离。

(2)后张法构件。后张法构件预应力钢筋张拉时混凝土所产生的弹性压缩是在张拉过程中完成的,故对于一次张拉完成的后张法构件,混凝土弹性压缩不会引起应力损失。但是,由于后张法构件预应力钢筋的根数较多,一般是采用分批张拉锚固且大多采用逐束进行张拉锚固。这样,当张拉后批钢筋时所产生的混凝土弹性压缩变形将使先批已张拉并锚固的预应力钢筋产生应力损失,通常称此为分批张拉应力损失,也以 σ_{l4} 表示。《公路桥规》规定 σ_{l4} 按下式计算:

$$\sigma_{l4} = \alpha_{EP} \sum \Delta \sigma_{pc} \tag{8.7}$$

式中,α_{EP}——预应力钢筋弹性模量 E_p 与混凝土的弹性模量 E_c 的比值;

$\sum \Delta \sigma_{pc}$——在计算截面上先张拉的钢筋重心处,由后张拉各批钢筋所产生的混凝土法向应力之和。

5. 钢筋松弛引起的应力损失(σ_{l5})

与混凝土一样,钢筋在持久不变的应力作用下,也会产生随持续加荷时间延长而增加的徐变变形(又称蠕变)。如果钢筋在一定拉应力值下,将其长度固定不变,则钢筋中的应力将随时间延长而降低,一般称这种现象为钢筋的松弛或应力松弛。钢筋松弛一般有如下特点:

(1)钢筋的初应力越大,应力松弛越显著。

(2)钢筋松弛与钢筋的品质有关。

(3)钢筋松弛与时间有关。初期发展最快,第一小时内松弛最大,24h 内可完成 50%,以后渐趋稳定,但在持续 5~8 年的试验中,仍可测到其影响。

(4)采用超张拉,即用超过设计拉应力 5%~10% 的应力张拉并保持数分钟后,再回降至设计拉应力值,可使钢筋应力松弛减少 40%~60%。

(5)钢筋松弛与温度变化有关,它随温度升高而增加,这对采用蒸汽养护的预应力混凝土构件会有所影响。

试验表明:当初始应力小于钢筋极限强度的 50% 时,其松弛量很小,可略去不计。一般预应力钢筋的持续拉应力多为钢筋极限强度的 60%~70%,若以此应力持续 1000h,对于普通松弛的钢丝、钢绞线的松弛率约为 4.5%~8.0%;低松弛级钢丝、钢绞线的松弛率约为 1.0%~2.5%。由钢筋松弛引起的应力损失终值,按下列规定计算:

对于热处理钢筋,按下式计算

一次张拉

$$\sigma_{l5} = 0.05 \sigma_{con} \tag{8.8}$$

超张拉

$$\sigma_{l5} = 0.035 \sigma_{con} \tag{8.9}$$

对普通松弛预应力钢丝、钢铰线,按下式计算

$$\sigma_{l5} = 0.4 \psi \left(\frac{\sigma_{con}}{f_{ptk}} - 0.5 \right) \sigma_{con} \tag{8.10}$$

一次张拉 $\quad \psi = 1$ (8.11)

超张拉 $\quad \psi = 0.9$ (8.12)

对于低松弛预应力钢丝、钢铰线,按下式计算

当 $\sigma \leqslant 0.7 f_{ptk}$ 时，

$$\sigma_{l5} = 0.125 \left(\frac{\sigma_{con}}{f_{ptk}} - 0.5 \right) \sigma_{con} \tag{8.13}$$

当 $0.7 f_{ptk} < \sigma_{con} < 0.8 f_{ptk}$ 时，

$$\sigma_{l5} = 0.2 \left(\frac{\sigma_{con}}{f_{ptk}} - 0.575 \right) \sigma_{con} \tag{8.14}$$

当取用上述超张拉的应力松弛损失值时，张拉程序应符合现行国家标准《混凝土结构工程施工质量验收规范》(GB 50204—2002)的要求。

当需要考虑与时间有关的预应力筋应力松弛产生的预应力损失时，可将按前述计算方法得到的预应力损失值乘以表 8-3 中相应的系数。

表 8-3　随时间变化的预应力损失系数

时间（天）	2	10	20	30	≥40
松弛损失系数	0.50	0.77	0.88	0.95	1.0

减少 σ_{l5} 值的措施如下：即采用短时间超张拉方法。由于在高应力下短时间所产生的松弛损失可达到在低应力下较长时间才能完成的松弛数值，故先施加控制张拉应力至 $(1.05 \sim 1.1)\sigma_{con}$，持荷 $2 \sim 5$ min，然后卸载至零，再施加张拉应力至 σ_{con}，这样可以减少松弛引起的预应力损失。

6. 混凝土收缩和徐变引起的应力损失 (σ_{l6})

混凝土在一般温度条件下结硬时会发生体积收缩，而在预应力作用下，沿压力方向混凝土发生徐变。二者均使构件的长度缩短，预应力钢筋也随之内缩，造成预应力损失。收缩与徐变虽是两种性质完全不同的现象，但它们的影响因素、变化规律较为相似，故一般将这两项预应力损失合在一起考虑。

混凝土收缩、徐变引起受拉区和受压区预应力钢筋的预应力损失 σ_{l6} 和 σ'_{l6}，可分别按式下式计算。

对于先张法构件，

$$\sigma_{l6} = \frac{45 + 280 \dfrac{\sigma_{pc}}{f'_{cu}}}{1 + 15\rho} \tag{8.15a}$$

$$\sigma'_{l6} = \frac{45 + 280 \dfrac{\sigma'_{pc}}{f'_{cu}}}{1 + 15\rho'} \tag{8.15b}$$

对于后张法构件，

$$\sigma_{l6} = \frac{35 + 280 \dfrac{\sigma_{pc}}{f'_{cu}}}{1 + 15\rho} \tag{8.16a}$$

$$\sigma'_{l6} = \frac{35 + 280 \dfrac{\sigma'_{pc}}{f'_{cu}}}{1 + 15\rho'} \tag{8.16b}$$

式中，σ_{pc}、σ'_{pc}——受拉区、受压区预应力钢筋在各自合力点处混凝土法向压应力。此时，预应力损失值仅考虑混凝土预压前(第一批)的损失,其非预应力钢筋中的应力 σ_{l6}、σ'_{l6} 值应取等于零;σ_{pc}、σ'_{pc} 值不得大于 $0.5f'_{cu}$;当 σ'_{pc} 为拉应力时,则公式(8.15b)、公式(8.16b)中 σ'_{pc} 应取等于零。计算混凝土法向应力 σ_{pc}、σ'_{pc} 时可根据构件制作情况考虑自重的影响。

f'_{cu}——施加预应力时混凝土的立方体抗压强度。

ρ、ρ'——受拉区、受压区预应力钢筋和非预应力钢筋的配筋率。

对于先张法构件,有

$$\rho = \frac{A_p + A_s}{A_0} \quad \rho' = \frac{A'_p + A'_s}{A_0} \tag{8.17a}$$

对于后张法构件,有

$$\rho = \frac{A_p + A_s}{A_n} \quad \rho' = \frac{A'_p + A'_s}{A_n} \tag{8.17b}$$

式中,A_0——混凝土换算截面面积;

A_n——混凝土净截面面积。

对于对称配置预应力筋和非预应力钢筋的构件,取 $\rho=\rho'$,此时配筋率应按钢筋总截面面积的一半进行计算。

当结构处于年平均相对湿度低于 40% 的环境下,σ_{l6} 及 σ'_{l6} 值应增加 30%。

对重要的预应力结构构件,当需要考虑与时间相关的混凝土收缩和徐变及钢筋应力松弛预应力损失值时,可按《混凝土结构设计规范》(GB 50010—2002)附录 E 进行计算。

当采用泵送混凝土时,宜根据实际情况考虑混凝土收缩、徐变引起预应力损失值的增大。

混凝土收缩和徐变引起的预应力损失在预应力总损失中所占比重较大,减少此项损失的措施如下:

(1)控制混凝土法向压应力,其值不大于 $0.5f'_{cu}$。

(2)采用高强度等级的水泥,以减少水泥用量,减少水灰比,采用干硬性混凝土。

(3)采用级配良好的骨料及掺加高效减水剂,加强振捣,提高混凝土的密实性。

(4)加强养护,以减少混凝土的收缩。

7. 预应力损失值的组合

预应力钢筋的有效预应力 σ_{pe} 的定义为预应力钢筋锚下控制应力 σ_{con} 扣除相应阶段的应力损失 σ_l 后实际存余的预拉应力值。但应力损失在各个阶段出现的项目是不同的,前面所述的六项预应力损失,它们有的只发生在先张法构件中,有的只发生于后张法构件中,有的两种构件均有,而且是分批产生的。为了便于分析和计算,预应力构件在各阶段的预应力损失值应按一定的规则进行组合。表 8-4 给出了《混凝土结构设计规范》(GB 50010—2002)中关于预应力损失值组合的相关规定。

表 8-4 各阶段预应力损失值的组合

预应力损失值的组合	先张法构件	后张法构件
传力锚固时的损失(第一批)σ_{lI}	$\sigma_{l2}+\sigma_{l3}+\sigma_{l4}+0.5\sigma_{l5}$	$\sigma_{l1}+\sigma_{l2}+\sigma_{l4}$
传力锚固后的损失(第二批)σ_{lII}	$0.5\sigma_{l5}+\sigma_{l6}$	$\sigma_{l5}+\sigma_{l6}$

考虑到各项预应力损失的离散性,实际损失值有可能高于按规范计算值。所以如果求得

的预应力总损失值小于下列数值时，则按下列数值取用：先张法构件：$\sigma_{l\min}=100\ \mathrm{N/mm^2}$，后张法构件：$\sigma_{l\min}=80\ \mathrm{N/mm^2}$。

8. 预应力钢筋的有效预应力（σ_{pe}）

在预加应力阶段，预应力筋中的有效预应力为

$$\sigma_{pe}=\sigma_{p\mathrm{I}}=\sigma_{con}-\sigma_{l\mathrm{I}} \tag{8.18}$$

在使用阶段，预应力筋中的有效预应力，即永存预应力为

$$\sigma_{pe}=\sigma_{p\mathrm{II}}=\sigma_{con}-(\sigma_{l\mathrm{I}}+\sigma_{l\mathrm{II}}) \tag{8.19}$$

8.3 预应力混凝土轴心受拉构件

8.3.1 预应力混凝土轴心受拉构件的受力分析

预应力混凝土轴心受拉构件从张拉预应力钢筋开始直到构件破坏，可分为两个阶段：施工阶段和使用阶段。每个阶段又包括若干个受力过程。下面按先张法和后张法两种情况来分析和讨论。

1. 先张法构件

（1）施工阶段。表 8-5 为先张法预应力混凝土轴心受拉构件，从钢筋张拉应力开始直到构件破坏各阶段的截面应力状态和应力分析。

①钢筋张拉。在台座上张拉钢筋，使其应力达到张拉控制应力 σ_{con}，此时，非预应力钢筋不受力。

表 8-5 先张法预应力混凝土轴心受拉构件各阶段的应力分析

应力阶段		截面应力分析	预应力钢筋 σ_p	混凝土 σ_{pc}	非预应力钢筋 σ_s
施工阶段	①钢筋张拉		σ_{con}	—	—
	②完成第一批预应力损失 $\sigma_{l\mathrm{I}}$		$\sigma_{con}-\sigma_{l\mathrm{I}}$	0	0
	③钢筋放张后瞬间		$\sigma_{p\mathrm{I}}=\sigma_{con}-\sigma_{l\mathrm{I}}-\alpha_p\sigma_{pc\mathrm{I}}$	$\sigma_{pc\mathrm{I}}=\dfrac{(\sigma_{con}-\sigma_{l\mathrm{I}})A_p}{A_0}$	$\sigma_{s\mathrm{I}}=\alpha_E\sigma_{pc\mathrm{I}}$（压）
	④完成第二批预应力损失 $\sigma_{l\mathrm{II}}$		$\sigma_{p\mathrm{II}}=\sigma_{con}-\sigma_l-\alpha_p\sigma_{pc\mathrm{II}}$	$\sigma_{pc\mathrm{II}}=\dfrac{(\sigma_{con}-\sigma_l)A_p-\sigma_{l6}A_s}{A_0}$	$\sigma_{s\mathrm{II}}=\sigma_{l6}+\alpha_E\sigma_{pc\mathrm{II}}$（压）

应力阶段		截面应力分析	预应力钢筋 σ_p	混凝土 σ_{pc}	非预应力钢筋 σ_s
使用阶段	①加载至混凝土应力为零	$N_0 \Leftarrow$ σ_{s0} σ_{p0}	$\sigma_{p0} = \sigma_{con} - \sigma_l$	$\sigma_{pc} = 0$	$\sigma_{s0} = \sigma_{l6}$（压）
	②加载至裂缝即将出现瞬间	$N_{cr} \Leftarrow$ f_{tk} σ_x σ_p	$\sigma_{p0} + \alpha_E f_{tk}$	f_{tk}	$-\sigma_{l6} + \alpha_E f_{tk}$（拉）
	③加载至裂缝开裂后瞬间	$N_{cr} \Leftarrow$ σ_x σ_p	$\sigma_{p0} + \dfrac{f_{tk} A_0}{A_p + A_s}$	0	$-\sigma_{l6} + \dfrac{f_{tk} A_0}{A_p + A_s}$（拉）
	④加载至轴力 $N > N_{cr}$	$N \Leftarrow$ σ_x σ_p	$\sigma_{p0} + \dfrac{N - N_0}{A_p + A_s}$ $N_0 = \sigma_{pc\,II} A_0$	0	$-\sigma_{l6} + \dfrac{N - N_0}{A_p + A_s}$（拉）
	⑤加载至破坏	$N_u \Leftarrow$ f_y f_{py}	$\sigma_{pu} = f_{py}$	0	$\sigma_{su} = f_{py}$（拉）

②完成第一批预应力损失 $\sigma_{l\,I}$。张拉完毕,锚固好钢筋。由于锚具变形,钢筋松弛、温差等使一部分预应力产生损失。预应力钢筋应力由 σ_{con} 降为 $\sigma_{con} - \sigma_{l\,I}$,这时,浇注混凝土尚未受力,应力为零。同样,非预应力钢筋中应力损失亦为零。

③钢筋放张后瞬间。待混凝土硬结后,放松预应力钢筋(一般要求混凝土强度达到设计强度的 75% 以上),依靠钢筋与混凝土之间的握裹力,钢筋回缩时使混凝土受到弹性压缩,构件的长度缩短,钢筋随之缩短,因而,预应力钢筋的拉应力降低。

设此时混凝土所获得的预压应力为 $\sigma_{pc\,I}$,由于钢筋与混凝土的变形协调,预应力筋的拉应力相应地减小 $\alpha_p \sigma_{pc\,I}$。其中,α_p 为预应力钢筋弹性模量与混凝土弹性模量之比,即 $\alpha_p = E_p / E_c$;α_E 为非预应力钢筋弹性模量与混凝土弹性模量之比,即 $\alpha_E = E_s / E_c$。

此时,预应力钢筋应力:

$$\sigma_{p\,I} = \sigma_{con} - \sigma_{l\,I} - \alpha_p \sigma_{pc\,I} \tag{8.20}$$

非预应力钢筋应力:

$$\sigma_{s\,I} = \alpha_E \sigma_{pc\,I} \tag{8.21}$$

由内力平衡,得

$$\sigma_{p\,I} A_p = \sigma_{pc\,I} A_c + \sigma_{s\,I} A_s \tag{8.22}$$

则混凝土预压应力

$$\sigma_{pc\,I} = \frac{(\sigma_{con} - \sigma_{l\,I}) A_p}{A_c + \alpha_E A_s + \alpha_p A_p} = \frac{N_{p\,I}}{A_0} \tag{8.23}$$

式中，N_{pI}——产生第一批损失后预应力钢筋中的总拉力，$N_{pI} = (\sigma_{con} - \sigma_{lI})A_p$；

A_c——混凝土截面面积；

A_0——换算截面面积，$A_0 = A_c + \alpha_E A_s + \alpha_p A_p$。

④完成第二批预应力损失 σ_{lII}。当混凝土收缩、徐变出现后，产生第二批预应力损失。这时预应力钢筋总损失 $\sigma_l = \sigma_{lI} + \sigma_{lII}$，构件进一步缩短。预应力钢筋的拉应力由 σ_{pI} 降低为 σ_{pII}。混凝土预压应力也由 σ_{pcI} 降低为 σ_{pcII}，此时非预应力筋所获压应力近似认为降至 $\sigma_{sII} = \alpha_E \sigma_{pcII}$。同时，考虑混凝土收缩、徐变使非预应力中产生压应力增量 σ_{l6}。

此时，非预应力钢筋应力：

$$\sigma_{sII} = \sigma_{l6} + \alpha_E \sigma_{pcII} \tag{8.24}$$

预应力钢筋应力：

$$\begin{aligned}\sigma_{pII} &= \sigma_{pI} - \sigma_{lII} - \alpha_p(\sigma_{pcII} - \sigma_{pcI}) \\ &= (\sigma_{con} - \sigma_{lI} - \alpha_p \sigma_{pcI}) - \sigma_{lII} - \alpha_p \sigma_{pcII} + \alpha_p \sigma_{pcI} \\ &= \sigma_{con} - \sigma_l - \alpha_p \sigma_{pcII}\end{aligned} \tag{8.25}$$

由内力平衡，得

$$\sigma_{pII} A_p = \sigma_{pcII} A_c + \sigma_{sII} A_s \tag{8.26}$$

则混凝土预压应力 σ_{pcII}：

$$\sigma_{pcII} = \frac{(\sigma_{con} - \sigma_l)A_p - \sigma_{l6} A_s}{A_c + \alpha_E A_s + \alpha_p A_p} = \frac{N_{pII}}{A_0} \tag{8.27}$$

式中，N_{pII}——完成全部损失后预应力钢筋中的总拉力，$N_{pII} = (\sigma_{con} - \sigma_l)A_p - \sigma_{l6} A_s$。$\sigma_{pcII}$ 称为预应力混凝土"有效预应力"。

（2）使用阶段。

①加载至混凝土应力为零（消压状态）。构件承受外荷载，即施加轴向拉力，这时预应力钢筋的拉应力要增加，而混凝土预压应力要减小。现在求一个特定的荷载 N_0，它的大小恰好把混凝土的有效预压应力 σ_{pcII} 全部抵消，使混凝土应力为零。这时预压应力筋的拉应力 σ_{p0} 是在 σ_{pII} 基础上增加 $\alpha_p \sigma_{pcII}$。即

$$\sigma_{p0} = \sigma_{pII} + \alpha_p \sigma_{pcII} = \sigma_{con} - \sigma_l - \alpha_p \sigma_{pcII} + \alpha_p \sigma_{pcII} = \sigma_{con} - \sigma_l \tag{8.28}$$

非预应力钢筋中压应力：

$$\sigma_{s0} = \sigma_{l6} \tag{8.29}$$

此时，外力

$$N_0 = \sigma_{p0} A_p - \sigma_{l6} A_s = (\sigma_{con} - \sigma)A_p - \sigma_{l6} A_s = N_{pII} = \sigma_{pcII} A_0 \tag{8.30}$$

②加载至裂缝即将出现瞬间。当轴向拉力超过 N_0 后，混凝土开始受拉。当加载至 N_{cr}，使混凝土拉应力达到 f_{tk} 时，裂缝即将出现，这时预应力筋的拉应力 σ_p 是在 σ_{p0} 基础上再增加 $\alpha_p f_{tk}$，即 $\sigma_p = \sigma_{con} - \sigma_l + \alpha_p f_{tk}$。非预应力钢筋的应力由受压转为受拉，其值为 $\sigma_s = \alpha_E f_{tk} - \sigma_{l6}$。

由平衡条件，得：

$$\begin{aligned}N_{cr} &= f_{tk} A_c + \sigma_s A_s + \sigma_p A_p \\ &= N_{pII} + f_{tk} A_0 = (\sigma_{pcII} + f_{tk})A_0\end{aligned} \tag{8.31}$$

上式表明，由于预压应力 σ_{pcII} 的作用，使预应力混凝土轴心受拉构件 N_{cr} 要比普通混凝土轴心受拉构件大得多。这就是预应力构件抗裂度提高的原因。

③加载至裂缝开裂后瞬间。混凝土开裂后退出工作，它所负担的拉力将由 A_p 与 A_s 承

受，A_p 与 A_s 中拉应力增量为 $\dfrac{f_{tk}A_c}{A_p+A_s}$。

此时，预应力钢筋应力（取 $\alpha_E \approx \alpha_p$）：

$$\sigma_p = \sigma_{con} - \sigma_l + \alpha_p f_{tk} + \frac{f_{tk}A_c}{A_p+A_s} = \sigma_{con} - \sigma_l + \frac{f_{tk}A_0}{A_p+A_s} \tag{8.32}$$

非预应力钢筋应力：

$$\sigma_s = -\sigma_{l6} + \alpha_E f_{tk} + \frac{f_{tk}A_c}{A_p+A_s} = -\sigma_{l6} + \frac{f_{tk}A_0}{A_p+A_s} \tag{8.33}$$

④加载至轴力 $N > N_{cr}$。混凝土开裂后进一步增加荷载所增加的轴力全部由 A_p 与 A_s 承受。在轴力增量 $(N-N_{cr})$ 作用下，A_p 与 A_s 中应力增量为 $\dfrac{N-N_{cr}}{A_p+A_s}$。

此时，预应力钢筋应力：

$$\sigma_p = \sigma_{con} - \sigma_l + \frac{f_{tk}A_0}{A_p+A_s} + \frac{N-N_{cr}}{A_p+A_s} = \sigma_{con} - \sigma_l + \frac{N-N_0}{A_p+A_s} \tag{8.34}$$

非预应力钢筋应力：

$$\sigma_s = -\sigma_{l6} + \frac{f_{tk}A_0}{A_p+A_s} + \frac{N-N_{cr}}{A_p+A_s} = -\sigma_{l6} + \frac{N-N_0}{A_p+A_s} \tag{8.35}$$

⑤加载至破坏。随着荷载继续增大，钢筋应力将继续增大。当预应力钢筋和非预应力钢筋均达到屈服时，构件即告破坏。此时，构件极限承载力：

$$N_u = f_{py}A_p + f_y A_s \tag{8.36}$$

2. 后张法构件

（1）施工阶段。表 8-6 为后张法预应力混凝土轴心受拉构件，从制作到破坏的各阶段截面应力状态和应力分析。

①钢筋张拉。张拉预应力钢筋的同时，依靠锚具使混凝土受压，摩擦损失 σ_{l1} 也同时产生，此时，预应力钢筋应力：

$$\sigma_p = \sigma_{con} - \sigma_{l1} \tag{8.37}$$

非预应力钢筋应力：

$$\sigma_s = \alpha_E \sigma_c \tag{8.38}$$

由平衡条件，得

$$\sigma_p A_p = \sigma_c A_c - \sigma_s A_s \tag{8.39}$$

此时，混凝土压应力：

$$\sigma_c = \frac{(\sigma_{con} - \sigma_{l1})A_p}{A_n} \tag{8.40}$$

式中，A_n——净截面换算面积，$A_n = A_c + \alpha_E A_s$。

②完成第一批预应力损失 σ_{lI}。预应力钢筋张拉完毕，在构件上用锚具锚住钢筋，锚具变形引起的应力损失 σ_{l2}，此时，预应力筋完成了第一阶段损失 $\sigma_{lI} = \sigma_{l1} + \sigma_{l2}$，其拉应力由 $\sigma_{con} - \sigma_{l1}$ 降为 $\sigma_{con} - \sigma_{l2}$。

预应力钢筋应力：

$$\sigma_{pI} = \sigma_{con} - \sigma_{lI} \tag{8.41}$$

表 8-6 后张法预应力混凝土轴心受拉构件各阶段的应力分析

应力阶段		截面应力分析	预应力钢筋 σ_p	混凝土 σ_{pc}	非预应力钢筋 σ_s
施工阶段	①钢筋张拉		$\sigma_{con}-\sigma_{l1}$	σ_{pc}	$\alpha_E\sigma_{pc}$ （压）
	②完成第一批预应力损失		$\sigma_{p\,I}=\sigma_{con}-\sigma_{l\,I}$	$\sigma_{pc\,I}=\dfrac{(\sigma_{con}-\sigma_{l\,I})A_p}{A_n}$	$\alpha_E\sigma_{pc\,I}$ （压）
	③完成第二批预应力损失		$\sigma_{p\,II}=\sigma_{con}-\sigma_l$	$\sigma_{pc\,II}=\dfrac{(\sigma_{con}-\sigma_l)A_p-\sigma_{l6}A_s}{A_n}$	$\sigma_{s\,II}=\sigma_{l6}+\alpha_E\sigma_{pc\,II}$
使用阶段	①加载至混凝土应力为零		$\sigma_{p0}=\sigma_{con}-\sigma_l$ $-\alpha_E\sigma_{pc\,II}$	$\sigma_{pc}=0$	$\sigma_{s0}=\sigma_{l6}$ （压）
	②加载至裂缝即将出现瞬间		$\sigma_{p0}+\alpha_E f_{tk}$	f_{tk}	$-\sigma_{l6}+\alpha_E f_{tk}$ （拉）
	③加载至裂缝开裂后瞬间		$\sigma_{p0}+\dfrac{f_{tk}A_0}{A_p+A_s}$	0	$-\sigma_{l6}+\dfrac{f_{tk}A_0}{A_p+A_s}$ （拉）
	④加载至轴力（$N>N_{cr}$）		$\sigma_{p0}+\dfrac{N-N_0}{A_p+A_s}$ $N_0=\sigma_{pc\,II}A_0$	0	$-\sigma_{l6}+\dfrac{N-N_0}{A_p+A_s}$ （拉）
	⑤加载至破坏		$\sigma_{pu}=f_{py}$	0	$\sigma_{su}=f_y$（拉）

非预应力钢筋应力:

$$\sigma_{s\,I}=\alpha_E\sigma_{c\,I} \tag{8.42}$$

由平衡条件,得

$$\sigma_{pI} A_p = \sigma_{pcI} A_c + \sigma_{sI} A_s \tag{8.43}$$

此时,混凝土压应力为:

$$\sigma_{pcI} = \frac{(\sigma_{con} - \sigma_{lI}) A_p}{A_n} = \frac{N_{pI}}{A_n} \tag{8.44}$$

式中,N_{pI}——产生第一批损失后预应力钢筋中的总拉力,$N_{pI} = (\sigma_{con} - \sigma_{lI}) A_p$。

③完成第二批预应力损失 σ_{lII}。预应力钢筋完成第二批预应力损失 σ_{lII} 后,预应力钢筋预应力的总损失 $\sigma_l = \sigma_{lI} + \sigma_{lII}$,预应力钢筋应力由 σ_{pI} 降为 σ_{pII},即

$$\sigma_{pII} = \sigma_{con} - (\sigma_{lI} + \sigma_{lII}) = \sigma_{con} - \sigma_l \tag{8.45}$$

非预应力钢筋应力:

$$\sigma_{sII} = \sigma_{l6} + \alpha_E \sigma_{pcII} \tag{8.46}$$

由平衡条件,得

$$\sigma_{pII} A_p = \sigma_{pcII} A_c + \sigma_{sII} A_s \tag{8.47}$$

此时,混凝土压应力:

$$\sigma_{pcII} = \frac{(\sigma_{con} - \sigma_l) A_p - \sigma_{l6} A_s}{A_n} = \frac{N_{pII}}{A_n} \tag{8.48}$$

式中,N_{pII}——完成全部预应力损失后预应力钢筋中的总拉力,$N_{pII} = (\sigma_{con} - \sigma_l) A_p - \sigma_{l6} A_s$。
σ_{pcII} 称为预应力混凝土"有效预应力"。

(2)使用阶段。

①加载至混凝土应力为零(消压状态)。构件承受外荷载,混凝土预压应力减小,直至为零。这时预压应力筋的拉应力 σ_{p0} 是在 σ_{pII} 基础上增加 $\alpha_p \sigma_{pcII}$。即

$$\sigma_{p0} = \sigma_{pII} + \alpha_p \sigma_{pcII} = \sigma_{con} - \sigma_l + \alpha_p \sigma_{pcII} \tag{8.49}$$

非预应力钢筋中压应力:

$$\sigma_{s0} = \sigma_{l6} + \alpha_E \sigma_{pcII} - \alpha_E \sigma_{pcII} = \sigma_{l6} \tag{8.50}$$

此时,外力

$$\begin{aligned}
N_0 &= \sigma_{p0} A_p - \sigma_{l6} A_s = (\sigma_{con} - \sigma_l + \alpha_p \sigma_{pcII}) A_p - \sigma_{l6} A_s \\
&= \sigma_{pcII} A_n + \alpha_p \sigma_{pcII} A_p = \sigma_{pcII} (A_n + \alpha_p A_p) = \sigma_{pcII} A_0
\end{aligned} \tag{8.51}$$

②加载至裂缝即将出现瞬间。加载至 N_{cr},混凝土拉应力达到 f_{tk} 时,裂缝即将出现,这时预应力筋的拉应力 σ_p 是在 σ_{p0} 基础上再增加 $\alpha_p f_{tk}$,即 $\sigma_p = \sigma_{p0} + \alpha_p f_{tk}$。非预应力钢筋的应力由受压转为受拉,其值为 $\sigma_s = \alpha_E f_{tk} - \sigma_{l6}$。

由平衡条件,得:

$$\begin{aligned}
N_{cr} &= f_{tk} A_c + \sigma_s A_s + \sigma_p A_p \\
&= N_{pII} + f_{tk} A_0 = (\sigma_{pcII} + f_{tk}) A_0
\end{aligned} \tag{8.52}$$

③加载至裂缝开裂后瞬间。混凝土退出工作,它所负担的拉力将由 A_p 与 A_s 承受,A_p 与 A_s 中拉应力增量为 $\dfrac{f_{tk} A_c}{A_p + A_s}$。此时,预应力钢筋应力(取 $\alpha_E \approx \alpha_p$):

$$\sigma_p = \sigma_{p0} + \alpha_p f_{tk} + \frac{f_{tk} A_c}{A_p + A_s} = \sigma_{p0} + \frac{f_{tk} A_0}{A_p + A_s} \tag{8.53}$$

非预应力钢筋应力:

$$\sigma_s = -\sigma_{l6} + \alpha_E f_{tk} + \frac{f_{tk} A_c}{A_p + A_s} = -\sigma_{l6} + \frac{f_{tk} A_0}{A_p + A_s} \tag{8.54}$$

④加载至轴力($N > N_{cr}$)。混凝土开裂后进一步增加荷载所增加的轴力全部由 A_p 与 A_s 承受。在轴力增量($N - N_{cr}$)作用下，A_p 与 A_s 中应力增量为 $\dfrac{N - N_{cr}}{A_p + A_s}$。

此时，预应力钢筋应力：

$$\sigma_p = \sigma_{p0} + \frac{f_{tk}A_0}{A_p + A_s} + \frac{N - N_{cr}}{A_p + A_s} = \sigma_{p0} + \frac{N - N_0}{A_p + A_s} \tag{8.55}$$

非预应力钢筋应力：

$$\sigma_s = -\sigma_{l6} + \frac{f_{tk}A_0}{A_p + A_s} + \frac{N - N_{cr}}{A_p + A_s} = -\sigma_{l6} + \frac{N - N_0}{A_p + A_s} \tag{8.56}$$

⑤加载至破坏阶段。当预应力钢筋和非预应力钢筋均达到屈服时，构件即宣告破坏。此时，构件极限承载力：

$$N_u = f_{py}A_p + f_y A_s \tag{8.57}$$

3. 轴心受拉构件应力比较

(1)先张法预应力混凝土构件和后张法预应力混凝土构件的比较。

①混凝土完成弹性压缩的时间不同。先张法预应力混凝土构件在放松预应力钢筋时完成弹性压缩；后张法预应力混凝土构件在张拉钢筋至 σ_{con} 完成弹性压缩。

②先张法和后张法的张拉控制应力 σ_{con} 符号相同，但物理意义不同，先张法预应力钢筋张拉是在混凝土浇灌之前进行的（即先施加在台座上），后张法预应力钢筋的张拉是在混凝土构件上进行的（即直接施加于构件上）。

③施工阶段预应力钢筋对构件施加的预压力不同。从建立混凝土初始预压应力开始，一直到构件出现裂缝之前，后张法构件预应力筋的应力比先张法构件各相应阶段高，即 $\sigma_{pI后} = \sigma_{pI先} + \alpha_p\sigma_{cI}$。

④使用阶段 N_0、N_{cr}、N_u 的计算公式形式相同，但 σ_{pII} 与 σ_{pcII} 值不同。

(2)预应力混凝土构件与普通钢筋混凝土构件比较。

①预应力构件从制作→使用→破坏，预应力钢筋始终处于高应力状态，混凝土在 N_0 前始终处于受压状态，发挥了两种材料各自的特长。

②预应力混凝土构件与普通钢筋混凝土构件具有相同的极限承载力，即预加应力既不会提高，也不会降低构件的承载能力。

③预应力混凝土构件的开裂荷载 N_{cr} 大大高于普通钢筋混凝土构件开裂荷载 $N_{cr普}$。这正是对构件施加预应力的目的所在。

8.3.2　预应力轴心受拉构件的设计

1. 轴心受拉构件使用阶段的计算

预应力轴心受拉构件的设计计算分为使用阶段承载力计算、抗裂度验算、裂缝宽度验算、施工阶段张拉（或放松）预应力钢筋时构件的承载力和端部锚固区局部受压验算（对采用锚具的后张法构件）等内容。

(1)使用阶段的承载力计算。由前节的分析可知，当加荷至构件破坏时，全部荷载由预应力钢筋和非预应力钢筋承担，破坏时截面的计算图如图 8-6 所示。其正截面受拉承载力可按式(8.36)或式(8.57)计算。

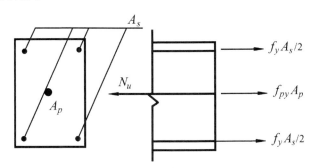

图 8-6 预应力构件轴心受拉使用阶段承载力计算图

进行构件设计时,为了保证构件不至因为承载力不足而破坏,应使外荷载在构件中产生的轴向拉力 $N \leqslant N_u$。于是使用阶段基于承载力的设计公式为

$$N \leqslant N_u = f_{py}A_p + f_yA_s \tag{8.58}$$

式中,N——轴心拉力设计值;

N_u——轴心受拉构件承载力设计值;

f_{py}、f_y——预应力钢筋、非预应力钢筋抗拉强度设计值;

A_p、A_s——预应力钢筋、非预应力钢筋截面面积。

(2)抗裂度验算。在混凝土中施加预应力的主要目的是提高混凝土的抗裂度,因此,抗裂度验算是预应力混凝土轴心受拉构件设计计算的主要内容之一。

若构件由荷载标准值产生的轴心拉力 N_k 不超过 N_{cr},构件就不会开裂。

$$N_k \leqslant N_{cr} = (\sigma_{pcII} + f_{tk})A_0 \tag{8.59}$$

将此式用应力形式表达,则变为:

$$\frac{N_k}{A_0} \leqslant \sigma_{pcII} + f_{tk} \tag{8.60}$$

$$\sigma_{ck} - \sigma_{pcII} \leqslant f_{tk} \tag{8.61}$$

由于各种预应力构件的功能要求和所处环境类别的不同,按下列规定进行受拉应力或正截面裂缝宽度验算。

①一级:严格要求不出现裂缝的构件,在荷载效应标准组合下应符合下列规定:

$$\sigma_{ck} - \sigma_{pcII} \leqslant 0 \tag{8.62}$$

②二级:一般要求不出现裂缝的构件,在荷载效应标准组合下应符合下列规定:

$$\sigma_{ck} - \sigma_{pcII} \leqslant f_{tk} \tag{8.63}$$

在荷载效应的准永久组合下宜符合下列规定:

$$\sigma_{cq} - \sigma_{pcII} \leqslant 0 \tag{8.64}$$

式中,σ_{ck}、σ_{cq}——分别为荷载效应的标准组合、准永久组合下抗裂验算的混凝土法向应力:

$$\sigma_{ck} = \frac{N_k}{A_0} \tag{8.65a}$$

$$\sigma_{cq} = \frac{N_q}{A_0} \tag{8.65b}$$

式中,N_k、N_q——分别为荷载效应标准组合、荷载效应准永久组合计算的轴向拉力值。

③三级：允许出现裂缝的构件，按荷载效应的标准组合并考虑长期作用影响计算的最大裂缝宽度 ω_{max}，应符合下列规定：

$$\omega_{max} \leqslant \omega_{lim} \tag{8.66}$$

对于允许出现裂缝的轴心受拉构件，要求裂缝开展宽度小于宽度限值 ω_{lim}，其最大裂缝宽度的计算公式与钢筋混凝土构件的计算方法相同。即：

$$\omega_{max} = \alpha_{cr}\psi\frac{\sigma_{sk}}{E_s}(1.9c + 0.08\frac{d_{eq}}{\rho_{te}}) \leqslant \omega_{lim} \tag{8.67a}$$

$$\psi = 1.1 - \frac{0.65f_{tk}}{\rho_{te}\sigma_{sk}} \tag{8.67b}$$

$$\sigma_{sk} = \frac{N_k - N_{p0}}{A_p + A_s} \tag{8.67c}$$

$$d_{eq} = \frac{\sum n_i d_i^2}{\sum n_i \nu_i d_i} \tag{8.67d}$$

$$\rho_{te} = \frac{A_s + A_p}{A_{te}} \tag{8.67e}$$

式中，α_{cr}——构件受力特征系数，对轴心受拉构件，取 $\alpha_{cr}=0.27$；

ψ——裂缝间纵向受拉钢筋应变不均匀系数：当 $\psi < 0.2$ 时，取 $\psi=0.2$；当 $\psi > 1.0$ 时，取 $\psi=1.0$，对于直接承受重复荷载构件，取 $\psi=1.0$；

σ_{sk}——按荷载效应的标准组合计算的预应力混凝土构件纵向受拉钢筋的等效应力；

N_k——按荷载效应的标准组合计算的轴向拉力值；

N_{p0}——混凝土法向应力等于零时，全部纵向预应力和非预应力钢筋的合力；

c——最外层受拉钢筋外边缘至受拉区底边的距离(mm)：当 $c < 20$ 时，取 $c=20$；当 $c > 65$ 时，取 $c=65$；

ρ_{te}——以有效受拉混凝土面积计算的纵向受拉钢筋配筋率：当 $\rho_{te} < 0.01$ 时，取 $\rho_{te}=0.01$；

A_{te}——有效受拉混凝土面积；对轴心受拉构件，取构件截面面积；

d_{eq}——纵向受拉钢筋的等效直径(mm)；

d_i——第 i 种纵向受拉钢筋的公称直径(mm)；

n_i——第 i 种纵向受拉钢筋的根数；

ν_i——第 i 种纵向受拉钢筋的相对黏结特性系数；对光面钢筋，取为 0.7，对带肋钢筋，取为 1.0；

ω_{lim}——裂缝宽度限值，对一类环境条件取为 0.3 mm；对二、三类环境条件取为 0.2 mm；

ω_{max}——按荷载的标准组合并考虑长期作用影响计算的构件最大裂缝宽度。

2. 轴心受拉构件施工阶段的验算

当放松预应力钢筋(先张法)或张拉预应力钢筋完毕(后张法)时，混凝土将受到最大的预压应力 σ_{cc}，而这时混凝土强度通常仅达到设计强度的 75%，构件强度是否足够，应予验算。它包括两个方面：

(1)张拉(或放松)预应力钢筋时，构件的承载力验算。

混凝土的预压应力应符合下列条件：

$$\sigma_{cc} \leqslant 0.8f'_{ck} \tag{8.68}$$

式中，f'_{ck}——放松预应力钢筋或张拉完毕时混凝土的轴心抗压强度标准值；

σ_{cc}——放松预应力钢筋或张拉完毕时，混凝土承受的预压应力。

先张法构件按第一批损失出现后计算 σ_{cc}，即

$$\sigma_{cc} = \frac{(\sigma_{con} - \sigma_{l\,I})A_p}{A_0} \qquad (8.69)$$

后张法构件按不考虑损失值计算 σ_{cc}，即

$$\sigma_{cc} = \frac{\sigma_{con}A_p}{A_n} \qquad (8.70)$$

(2)构件端部锚固区的局部受压验算。后张法构件的预应力通过锚具经过垫板传给混凝土。由于预压力很大，而锚具下的垫板与混凝土的传力接触面往往较小，锚具下的混凝土将承受较大的局部压力。因此，设计时既要保证在张拉钢筋时锚具下的锚固区的混凝土不开裂和不产生过大的变形，又要计算锚具下所配置的间接钢筋以满足局部受压承载力的要求。

①局部受压截面尺寸验算。为了避免局部受压区混凝土由于施加预应力而出现沿构件长度方向的裂缝，对配置间接钢筋的混凝土构件，其局部受压区截面尺寸应符合下列要求：

$$F_1 \leqslant 1.35\beta_c\beta_1 f_c A_{1n} \qquad (8.71)$$

$$\beta_1 = \sqrt{\frac{A_b}{A_1}} \qquad (8.72)$$

式中，F_1——局部受压面上作用的局部荷载或局部压力设计值；在后张法预应力混凝土构件中的锚头局压区的压力设计值，应取 1.2 倍张拉控制力；

β_c——混凝土强度影响系数：当混凝土强度不超过 C50 时，取 $\beta_c = 1.0$；当混凝土强度等级为 C80 时，取 $\beta_c = 0.8$；其间按线性内插法取用；

A——混凝土局部受压面积；

β_1——混凝土局部受压时的强度提高系数；

A_{1n}——混凝土局部受压净面积；对后张法构件，应在混凝土局部受压面积中扣除孔道、凹槽部分的面积；

A_b——局部受压时的计算底面积，可由局部受压面积与计算底面积按同心、对称原则确定，常用情况如图 8-7 所示。

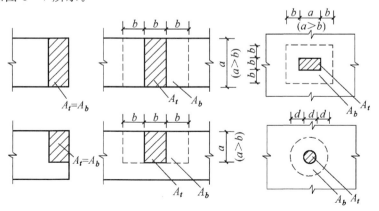

图 8-7 局部受压的计算底面积 A_b

②局部受压承载力计算。当配置方格网式或螺旋式间接钢筋且其核心面积 $A_{cor} \geqslant A_1$ 时（如图8-8所示），局部受压承载力应按下列公式计算：

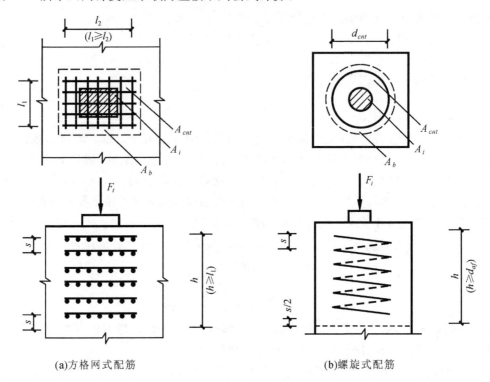

(a)方格网式配筋　　　　　　　　　　　(b)螺旋式配筋

图8-8　局部受压区的间接钢筋

$$F_1 \leqslant 0.9(\beta_c \beta_1 f_c + 2\alpha\rho_v \beta_{cor} f_y) A_{1n} \tag{8.73}$$

$$\beta_{cor} = \sqrt{\frac{A_{cor}}{A_1}} \tag{8.74}$$

当为方格网配筋时，如图8-8(a)所示，其体积配筋率应按下式计算：

$$\rho_v = \frac{n_1 A_{s1} l_1 + n_2 A_{s2} l_2}{A_{cor} s} \tag{8.75}$$

此时，在钢筋网两个方向的单位长度内钢筋截面面积的比值不宜大于1.5。

当为螺旋式钢筋时，如图8-8(b)所示，其体积配筋率应按下式计算：

$$\rho_v = \frac{4A_{ss1}}{d_{cor} s} \tag{8.76}$$

式中，β_{cor}——配置间接钢筋的局部受压承载力提高系数：当 $A_{cor} > A_b$ 时，应取 $A_{cor} = A_b$；

α——间接钢筋对混凝土约束折减系数：当混凝土强度等级不超过C50时，取1.0；当混凝土强度等级为C80时，取0.85；其间按线性内插法取用；

A_{cor}——配置方格网或螺旋式间接钢筋内表面范围内的混凝土核芯面积，其重心应与 A_1 重心重合，计算中仍按同心、对称原则取值；

ρ_v——间接钢筋体积配筋率（核心面积 A_{cor} 范围内单位混凝土体积所含间接钢筋体积）；

n_1, A_{s1}——方格网沿 l_1 方向的钢筋根数、单根钢筋的截面面积；

n_2、A_{s2}——方格网沿 l_2 方向的钢筋根数,单根钢筋的截面面积;

A_{ss1}——单根螺旋式间接钢筋的截面面积;

d_{cor}——螺旋式间接钢筋范围内的混凝土直径;

s——方格网或螺旋式间接钢筋的间距,宜取 30 mm～80 mm。

间接钢筋配置在图 8-8 规定的高度 h 范围内,对方格网式钢筋,不应少于 4 片;对螺旋式钢筋不应少于 4 圈。对柱接头,h 尚不应小于 $15d$(d 为柱的纵向钢筋直径)。

3. 预应力轴心受拉构件的设计步骤

(1)确定截面尺寸、混凝土、预应力钢筋和非预应力钢筋的强度及弹性模量、放张时混凝土强度等级、预应力钢筋的张拉控制应力、施工方法(先张法、后张法)、外荷载引起的内力、结构重要性系数。

(2)根据使用阶段承载力,计算确定 A_p。

(3)计算预应力损失值 σ_l。

(4)计算混凝土有效预压应力值 σ_{pcII}。

(5)使用阶段抗裂度验算或裂缝宽度验算。如不满足要求,回到第一步调整初始参数,重新计算。

(6)施工阶段的验算。对先张法应验算放松预应力钢筋时混凝土的强度;对后张法应验算张拉预应力钢筋时混凝土的强度,还应进行构件端部的局部受压验算。如不满足应回到第一步,调整初始参数,重新计算。

8.4　预应力混凝土构件的构造要求

对于预应力混凝土构件,其构造除应满足普通钢筋混凝土结构的有关规定外,还应根据预应力张拉工艺、锚固措施、预应力钢筋种类的不同,相应的构造要求也不尽相同。

8.4.1　一般规定

(1)预应力混凝土构件的截面形式应根据构件的受力特点进行合理选择。对于轴心受拉构件,通常采用正方形或矩形截面;对于受弯构件,宜选用 T 形、工字形或其他空心截面。此外,沿受弯构件纵轴,其截面形式可以根据受力要求改变,如预应力混凝土屋面大梁和吊车梁,其跨中可采用薄壁工字形截面,而在支座处,为了承受较大的剪力以及能有足够的面积布置曲线预应力钢筋和锚具,往往要加宽截面厚度。

和相同受力情况的普通混凝土构件的截面尺寸相比,预应力构件的截面尺寸可以设计得小些,因为预应力构件具有较大的抗裂度和刚度。确定截面尺寸时,既要考虑构件承载力,又要考虑抗裂度和刚度的需要,而且还必须考虑施工时模板制作、钢筋、锚具的布置等要求。截面的宽高比宜小,翼缘和腹部的厚度也不宜大。梁高通常可取普通钢筋混凝土梁高的 70%。

(2)预应力混凝土结构的混凝土强度等级不应低于 C30;当采用钢绞线,钢丝,热处理钢筋作预应力钢筋时,混凝土强度等级不宜低于 C40。预应力钢筋宜采用预应力钢绞线、钢丝,也可采用热处理钢筋。

（3）当跨度和荷载不大时，预应力纵向钢筋可用直线布置，如图 8-9（a）所示，施工时采用先张法或后张法均可；当跨度和荷载较大时，预应力钢筋可用曲线布置，如图 8-9（b）所示，施工时一般采用后张法；当构件有倾斜受拉边的梁时，预应力钢筋可用折线布置，如图 8-9（c）所示，施工时一般采用先张法。

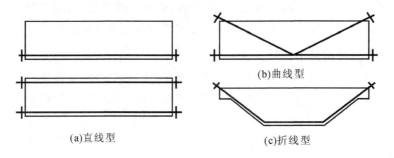

（a）直线型　　　　　　　　　　（c）折线型

图 8-9　预应力钢筋的布置

（4）为了在预应力混凝土构件制作、运输、堆放和吊装时防止预拉区出现裂缝或减小裂缝宽度，可在构件上部（即预拉区）布置适量的非预应力钢筋。当受拉区部分钢筋施加预应力已能满足构件使用阶段的抗裂度要求时，则按承载力计算所需的其余受拉钢筋允许采用非预应力钢筋。

8.4.2　先张法构件的构造要求

（1）先张法预应力钢筋之间的净间距应根据浇筑混凝土、施加预应力及钢筋锚固等要求确定。预应力钢筋之间的净间距不应小于其公称直径或等效直径的 1.5 倍，且应符合下列规定：对热处理钢筋及钢丝，不应小于 15 mm；对三股钢绞线，不应小于 20 mm；对 7 股钢绞线，不应小于 25 mm。

（2）对先张法预应力混凝土构件，预应力钢筋端部周围的混凝土应采取下列加强措施：

①对单根配置的预应力钢筋，其端部宜设置长度不小于 150 mm 且不少于 4 圈的螺旋筋；当有可靠经验时，亦可利用支座垫板上的插筋代替螺旋筋，但插筋数量不应少于 4 根，其长度不宜小于 120 mm。

②对分散布置的多根预应力钢筋，在构件端部 10 d（d 为预应力钢筋的公称直径）范围内应设置 3~5 片与预应力钢筋垂直的钢筋网。

③对采用预应力钢丝配筋的薄板，在板端 100 mm 范围内应适当加密横筋。

（3）对槽形板类构件，应在构件端部 100 mm 范围内沿构件板面设置附加横筋，其数量不应少于 2 根。对预制肋形板，宜设置加强其整体性和横向刚度的横肋。端横肋的受力钢筋应弯入纵肋内。当采用先张长线法生产有端横肋的预应力混凝土肋形板时，应在设计和制作上采取防止放张预应力时端横肋产生裂缝的有效措施。

（4）在预应力混凝土屋面梁、吊车梁等构件靠近支座的斜向主拉应力较大部位，宜将一部分预应力钢筋弯起。

(5)对预应力钢筋在构件端部全部弯起的受弯构件或直线配筋的先张法构件,当构件端部与下部支承结构焊接时,应考虑混凝土收缩、徐变及温度变化所产生的不利影响,宜在构件端部可能产生裂缝的部位设置足够的非预应力纵筋。

8.4.3 后张法构件的构造要求

(1)后张法预应力钢丝束、钢绞线束的预留孔道应符合下列规定:

①对预制构件,孔道之间的水平净间距不宜小于 50 mm;孔道至构件边缘的净间距不宜小于 30 mm,且不宜小于孔道直径的一半。

②在框架梁中,预留孔道在竖直方向的净间距不应小于孔道外径,水平方向的净间距不应小于 1.5 倍孔道外径;从孔壁算起的混凝土保护层厚度,梁底不宜小于 50 mm,梁侧不宜小于 40 mm。

③预留孔道的内径应比预应力钢丝束或钢绞线束外径及需穿过孔道的连接器外径大 10 mm~15 mm。

④在构件两端及跨中应设置灌浆孔或排气孔,其孔距不宜大于 12 m。

⑤凡制作时需要预先起拱的构件,预留孔道宜随构件同时起拱。

(2)对后张法预应力混凝土构件的端部锚固区,应按下列规定配置间接钢筋:

①应按规定进行局部受压承载力计算,并配置间接钢筋,其体积配筋率不应小于 0.5%。

②在局部受压间接钢筋配置区以外,在构件端部长度 l 不小于 $3e$(e 为截面重心线上部或下部预应力钢筋的合力点至邻近边缘的距离)但不大于 $1.2h$(h 为构件端部截面高度)、高度为 $2e$ 的附加配筋区范围内,应均匀配置附加箍筋或网片,其体积配筋率不应小于 0.5%。

(3)在后张法预应力混凝土构件端部宜按下列规定布置钢筋:

①宜将一部分预应力钢筋在靠近支座处弯起,弯起的预应力钢筋宜沿构件端部均匀布置。

②当构件端部预应力钢筋需集中布置在截面下部或集中布置在上部和下部时,应在构件端部 $0.2h$(h 为构件端部截面高度)范围内设置附加竖向焊接钢筋网、封闭式箍筋或其他形式的构造钢筋。

(4)附加竖向钢筋宜采用带肋钢筋,其截面面积应符合下列要求:

①当 $e\leqslant0.1h$ 时,$A_{sv}\geqslant0.3N_p/f_y$;当 $0.1h<e\leqslant0.2h$ 时,$A_{sv}\geqslant0.15N_p/f_y$。当 $e>0.2h$ 时,可根据实际情况适当配筋。

式中,N_p——作用在构件端部截面重心线上部或下部预应力钢筋的合力,并乘以预应力分项系数 1.2,此时,仅考虑混凝土预压前的预应力损失值;

e——截面重心线上部或下部预应力钢筋的合力点至截面近边缘的距离。

②当端部截面上部和下部均有预应力钢筋时,附加竖筋的总截面积应按上部和下部的预应力合力分别计算的数值叠加后采用。

(5)当构件在端部有局部凹进时,应增设折线构造钢筋或其他有效的构造钢筋。

(6)后张法预应力混凝土构件中,曲线预应力钢丝束、钢绞线束的曲率半径不宜小于 4m;对折线配筋的构件,在预应力钢筋弯折处的曲率半径可适当减小。

(7)在后张法预应力混凝土构件的预拉区和预压区中,应设置纵向非预应力构造钢筋;在预应力钢筋弯折处,应加密箍筋或沿弯折处内侧设置钢筋网片。

(8)构件端部尺寸应考虑锚具的布置、张拉设备的尺寸和局部受压的要求,必要时应适当加大。在预应力钢筋锚具下及张拉设备的支承处,应设置预埋钢垫板并按规定设置间接钢筋和附加钢筋。

对外露金属锚具,应采取可靠的防锈措施。

小 结

1.预应力混凝土按预加应力的方法可分为先张法和后张法预应力混凝土;按预应力程度的不同,可分为全预应力混凝土、部分预应力混凝土和钢筋混凝土结构。对于部分预应力混凝土,我国又将其分为 A 类和 B 类。

2.预应力混凝土结构的主要优点如下:①提高了构件的抗裂度和刚度。②可以节省材料,减少自重。③可以减小混凝土梁的竖向剪力和主拉应力。④结构质量安全可靠。⑤预应力可作为结构构件连接的手段,促进了桥梁结构新体系与施工方法的发展。

预应力混凝土结构的缺点如下:①工艺较复杂,施工质量要求高,需要配备一支技术较熟练的专业队伍。②需要有专门设备,如张拉机具、灌浆设备等。③预应力反拱度不易控制。④预应力混凝土结构的开工费用较大,对于跨径小、构件数量少的工程,成本较高。

3.预应力混凝土结构构件所用的混凝土需满足强度高,收缩、徐变小,快硬、早强的要求;预应力混凝土结构构件所用的钢筋有热处理钢筋、高强度钢丝、钢绞线。

4.预应力钢筋锚固前张拉设备(如千斤顶油压表)所控制的总张拉力除以预应力钢筋截面面积所得到的应力值称为张拉控制应力 σ_{con}。

5.预应力混凝土轴心受拉构件从张拉预应力钢筋开始直到构件破坏,可分为施工阶段和使用阶段。对于轴心受拉的先张法预应力混凝土构件和后张法预应力混凝土构件,主要有以下几点不同:

(1)混凝土完成弹性压缩的时间不同。先张法预应力混凝土构件在放松预应力钢筋时完成弹性压缩;后张法预应力混凝土构件在张拉钢筋至 σ_{con} 完成弹性压缩。

(2)先张法和后张法的张拉控制应力 σ_{con} 符号相同,但物理意义不同,先张法预应力钢筋张拉是在混凝土浇灌之前进行的(即先施加在台座上),后张法预应力钢筋的张拉是在混凝土构件上进行的(即直接施加于构件上)。

(3)施工阶段预应力钢筋对构件施加的预压力不同。从建立混凝土初始预压应力开始,一直到构件出现裂缝之前,后张法构件预应力筋的应力比先张法构件各相应阶段高,即 $\sigma_{pI后} = \sigma_{pI先} + \alpha_p \sigma_{cI}$。

(4)使用阶段 N_0、N_σ、N_u 的计算公式形式相同,但 σ_{pII} 与 σ_{pcII} 值不同。

6.预应力轴心受拉构件的设计步骤:

(1)确定截面尺寸、混凝土、预应力钢筋和非预应力钢筋的强度及弹性模量、放张时混凝土强度等级、预应力钢筋的张拉控制应力、施工方法(先张法、后张法)、外荷载引起的内力、结构重要性系数。

(2)根据使用阶段承载力,计算确定 A_p。

(3)计算预应力损失值 σ_l。

(4)计算混凝土有效预压应力值 σ_{pcII}。

(5)使用阶段抗裂度验算或裂缝宽度验算。如不满足要求,回到第一步调整初始参数,重新计算。

(6)施工阶段的验算。对先张法应验算放松预应力钢筋时混凝土的强度;对后张法应验算张拉预应力钢筋时混凝土的强度,还应进行构件端部的局部受压验算。如不满足应回到第一步,调整初始参数,重新计算。

思考与练习

1.什么是预应力混凝土结构?

2.预应力混凝土结构的优点是什么?为什么预应力混凝土结构中必须使用较高强度等级的混凝土和较高强度的钢筋作为预应力钢筋?

3.什么叫全预应力混凝土结构?什么叫部分预应力混凝土结构?什么叫预应力度?

4.什么叫先张法预应力混凝土结构和后张法预应力混凝土结构?

5.在预应力混凝土构件中,对钢材和混凝土性能有何要求?为什么?

6.张拉控制应力 σ_{con} 为什么不能过高?

7.引起预应力损失的因素有哪些?如何减少各项预应力损失?

8.预应力混凝土结构的构造措施与普通混凝土结构的构造措施的主要异同点是什么?

课题 9

钢筋混凝土梁板结构

学习要点

1. 钢筋混凝土梁板结构的主要分类及其各自特点
2. 单向板肋梁楼盖的设计思路和方法
3. 现浇双向板肋梁楼盖
4. 装配式楼盖的构件类型、计算特点和构造要求
5. 楼梯和悬挑构件的组成、布置

9.1 钢筋混凝土梁板结构概述

钢筋混凝土梁板结构是土木工程中常用的结构。它广泛应用于工业与民用建筑的楼盖、屋盖、筏板基础、阳台、雨篷、楼梯等，还可应用于蓄液池的底板、顶板、挡土墙及桥梁的桥面结构。钢筋混凝土屋盖、楼盖是建筑结构的重要组成部分，占建筑物总造价相当大的比例。混合结构中，主要钢筋用量在楼盖、屋盖中。因此，梁板结构的结构形式选择和布置的合理性以及结构计算和构造的正确性，对建筑物的安全使用和经济性有重要的意义。

混凝土楼盖按施工方法可分为现浇式、装配式和装配整体式三种。

(1)现浇式楼盖整体性好、刚度大、防水性好和抗震性强，并能适应于房间的平面形状、设备管道、荷载或施工条件比较特殊的情况。其缺点是费工，费模板、工期长、施工受季节的限制，故现浇式楼盖通常用于建筑平面布置不规则的局部楼面或运输吊装设备不足的情况。

(2)装配式楼盖，楼板采用预制构件在现场安装连接而成，便于工业化生产，具有施工进度快、工人劳动强度小等优点，在多层民用建筑和多层工业厂房中得到广泛应用。但是，这种楼面由于整体性、防水性和抗震性较差，不适用于开设孔洞，故不适用于高层建筑、有抗震设防要求的建筑以及使用上有防水和开设孔洞要求的楼面。

(3)装配整体式楼盖，其整体性较装配式要好，又较现浇式的节省模板和支撑。但这种楼盖需要进行混凝土的二次浇筑，有时还须增加焊接工作量，故对施工进度和造价都带来一些不利影响。因此，这种楼盖仅适用于荷载较大的多层工业厂房、高层民用建筑及有抗震设防要求的建筑。采用装配式楼盖可以克服现浇式楼盖的缺点，而装配整体式楼盖则兼具现浇式和装配式楼盖的优点。

现浇混凝土楼盖主要有单向板肋梁楼盖、双向板肋梁楼盖、井字楼盖、无梁楼盖等四种形式(见图 9-1)。

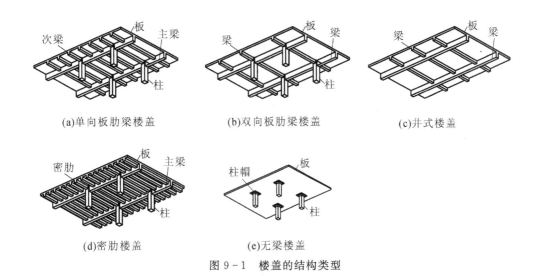

(a)单向板肋梁楼盖　　(b)双向板肋梁楼盖　　(c)井式楼盖

(d)密肋楼盖　　(e)无梁楼盖

图9-1　楼盖的结构类型

　　肋梁楼盖由板、次梁、主梁组成。板的四周支承在次梁、主梁上,一般将四周支承在主、次梁上的板称为一个区格。当板区格的长边 l_2 与短边 l_1 的比值为 $2<l_2/l_1<3$ 时,板上的荷载主要沿短边 l_1 的方向传递到支承梁上,而沿长边 l_2 方向传递的荷载很小,可以忽略不计。板仅沿短边方向受力时,称为单向板肋梁楼盖。当板区格的长边 l_2 与短边 l_1 比值 $l_2/l_1 \leqslant 2$ 时,板上荷载将通过两个方向传递到相应支承梁上。板沿两个方向受力时,称为双向板助梁楼盖。当板区格的长边 l_2 与短边 l_1 的比值为 $2<l_2/l_1<3$ 时,宜按双向板计算。当按短边方向受力的单向板计算时,应按长边方向布置足够数量的构造钢筋。

　　为了建筑上的需要或柱间距较大时,常将楼板划分为若干个正方形小区格,两个方向梁截面相同,无主、次之分,梁格布置呈"井"字形,故称井字楼盖。楼盖不设梁,而将板直接支承在柱上的楼盖称为无梁楼盖。无梁楼盖又可分为无柱帽平板和有柱帽平板。

9.2　现浇单向板肋梁楼盖

9.2.1　单向板楼盖的结构布置

　　设计单向板肋梁楼盖时,首先就要确定梁板结构的布置,主要是主梁和次梁的布置。一般在建筑设计中已经确定了建筑物的柱网尺寸或承重墙的布置,柱网和承重墙的间距决定了主梁的跨度,主梁的间距决定了次梁的跨度,次梁的间距又决定了板跨度。因此进行结构平面布置时,应综合考虑建筑功能、造价及施工条件等因素。合理地进行主、次梁的布置,对楼盖的适用性、经济性都十分重要。

　　主梁的布置方案有两种情况,一种沿房屋横向布置,另一种纵向布置。当主梁横向布置,而次梁纵向布置时,见图9-2(a),主梁与柱形成横向框架受力体系。各榀横向框架通过纵向次梁联系,整体性好,房屋的横向刚度较大。由于主梁与外纵墙垂直,外纵墙的窗洞高度可较大,有利于室内采光。

　　当主梁纵向布置,次梁横向布置时,见图9-2(b),这种布置适用于横向柱距大于纵向柱距较多时的情况,其优点是减小了主梁的截面高度,增加了室内净高。

此外,对于中间为走道、两侧为房间的建筑物,其楼盖布置可利用内外纵墙承重,此种情况可仅布置次梁而不设主梁,见图9-2(c),如病房楼、招待所、集体宿舍等建筑物楼盖可采用此种结构。

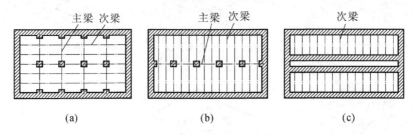

图9-2 单向板肋梁楼盖结构布置

梁格布置应尽可能规整、统一,荷载传递直接。减少梁板跨度的变化,尽量统一梁、板截面尺寸,以简化设计、方便施工,获得好的经济效果和建筑效果。楼盖中板的混凝土用量占整个楼盖混凝土用量的50%~70%,因此板厚宜取较小值。根据工程实践,板的跨度一般为1.7~2.7 m,不宜超过3.0 m,荷载较大时宜取较小值;次梁跨度一般为4.0~6.0 m;主梁的跨度一般为5.0~8.0 m。板厚及梁的截面尺寸在各跨内应尽量统一,一般高跨比为h/l_0,次梁h/l_0为1/18~1/12,主梁h/l_0为1/18~1/14。主梁的高度应至少比次梁大50 mm,梁截面宽高比h/b可取2~3。

9.2.2 单向板楼盖的计算简图

1.荷载的传递和计算

单向板肋梁楼盖的荷载传递路线为:板→次梁→主梁→柱(墙)→基础。

(1)板承受均布荷载。由于沿板长边方向的荷载相同,故在计算板的荷载效应(内力)时,可取1 m宽度的单位板宽(即$b=1000$ mm),如图9-3所示。板支承在次梁或墙上,其支座按铰支座考虑。

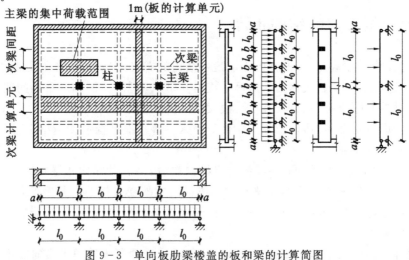

图9-3 单向板肋梁楼盖的板和梁的计算简图

（2）次梁承受由板传来的荷载和次梁的自重，也是均布荷载，次梁负荷面积为次梁两侧各延伸1/2次梁间距范围内面积，如图9-3所示。次梁支承在主梁上，其支座按铰支座考虑。

（3）主梁承受次梁传下的荷载以及主梁自重。次梁传下的荷载是集中荷载，主梁的自重可简化为集中荷载计算，故主梁的荷载通常按集中荷载考虑。当主梁支承在砖柱（或砖墙）上时，其支座按铰支座考虑；当主梁与钢筋混凝土柱整浇时，若梁柱的线刚度比大于5，柱对主梁的转动约束影响也可忽略，相应的支座可视为不动铰支座。否则应按梁、柱刚结进行内力分析。

2.计算简图

（1）折算荷载。由于计算简图假定次梁对板、主梁对次梁的支承为简支，忽略了次梁对板、主梁对次梁转动的约束作用，即忽略了支座抗扭刚度对梁板内力的影响。

从图9-4可以看出实际结构与计算简图的差异。在恒载 g 作用下，由于各跨荷载基本相等，$\theta \approx 0$，支座抗扭刚度的影响较小。在活荷载 q 作用下，如求某跨跨中最大弯矩时，某跨邻跨布置 q，如图9-4(a)所示，由于支座约束，实际转角 θ' 小于计算转角 θ，使得计算的跨中弯矩大于实际跨中弯矩。精确地考虑计算假定带来的误差是复杂的，实用上可用调整荷载的方法解决。减小活荷载，加大恒荷载，即以折算荷载代替实际荷载。对板和次梁，折算荷载为：

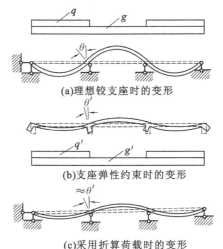

(a)理想铰支座时的变形

(b)支座弹性约束时的变形

(c)采用折算荷载时的变形

图9-4　板与次梁及次梁与主梁整体连接的影响

板　　折算恒载：$g' = g + \dfrac{q}{2}$　　折算活载：$q' = \dfrac{q}{2}$

次梁　折算恒载：$g' = g + \dfrac{q}{4}$　　折算活载：$q' = \dfrac{3q}{4}$

式中，g、q——实际的恒载、活载设计值；

　　　　g'、q'——折算的恒载、活载设计值。

这样调整的结果，对作用有活荷载的跨 $g' + p' = g + q$，总值不变，而相邻无活荷载的跨，$g' = g + \dfrac{q}{2} > g$，或 $g' = g + \dfrac{q}{4} > g$；邻跨加大的荷载使本跨正弯矩减小，以此调整支座抗扭刚度对内力计算的影响。当板或梁搁置在砖墙或钢梁上时，不需要调整荷载。

（2）跨数。对于连续梁、板的某一跨，其相邻两跨以外的其余各跨对其内力的影响很小。因此，对于超过五跨的等刚度连续梁、板，若各跨的相差不超过10%时，除距端部的两边跨外，所有中间的内力是十分接近的。简化计算,可将所有中间跨均以第三跨来代表,其计算简图如图9-5所示。

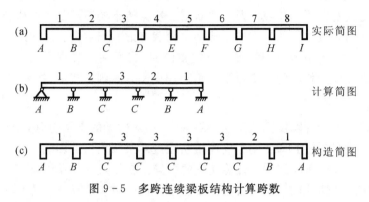

图9-5 多跨连续梁板结构计算跨数

(3)跨度。当连续梁(板)各跨跨度不相等时,如各跨计算跨度相差不超过10%,则可按等跨度连续梁(板)考虑。连续板、梁的计算跨度 l_0 按表9-1选用。

表9-1 梁板的计算跨度

按弹性理论计算	单跨	两端搁置	$l_0 = l_n + a$ 且 $l_0 \leqslant l_n + h$(板) $l_0 \leqslant 1.05 l_n$(梁)
		一端搁置,一端与支承构件整浇	$l_0 = l_n + a/2$ 且 $l_0 \leqslant l_n + h/2$(板) $l_0 \leqslant 1.025 l_n$(梁)
		两端与支承构件整浇	$l_0 = l_n$
	多跨	边跨	$l_0 = l_n + a/2 + b/2$ 且 $l_0 \leqslant l_n + h/2 + b/2$(板) $l_0 \leqslant 1.025 l_n + b/2$(梁)
		中间跨	$l_0 = l_c$ 且 $l_0 \leqslant 1.1 l_n$(板) $l_0 \leqslant 1.05 l_n$(梁)
按塑性理论计算		两端搁置	$l_0 = l_n - a$ 且 $l_0 \leqslant l_n + h$(板) $l_0 \leqslant 1.05 l_n$(梁)
		一端搁置,一端与支承构件整浇	$l_0 = l_n + a/2$ 且 $l_0 \leqslant l_n + h/2$(板) $l_0 \leqslant 1.025 l_n$(梁)
		两端与支承构件整浇	$l_0 = l_n$

注:l_0——板、梁的计算跨度;l_c——支座中心线间的距离;l_n——板、梁净跨;h——板厚;a——板、梁端支承长度;b——中间支座宽度。

9.2.3 单向板楼盖的内力计算——弹性计算法

钢筋混凝土连续梁、板的内力计算方法有两种：①按弹性计算方法；②按塑性内力重分布计算方法。

按弹性计算方法，计算连续板、梁的内力时，将钢筋混凝土梁、板视为理想弹性体，以"结构力学"的一般方法来进行结构的内力计算。为设计方便，对于等跨连续梁、板且荷载规则的情况，其内力均已制成表，在实际应用中，利用这种计算表格即可快速求得连续板、梁的内力。

1. 活荷载的最不利位置

作用在楼盖上的荷载有永久荷载（恒荷载）和可变荷载（活荷载），恒载包括自重、构造层重等，对于工业建筑，还有永久设备自重。活荷载包括使用时的人群、家具、办公设备以及堆料等产生的自重。

在连续梁中，恒载作用于各跨，而活荷载的布置可以变化。由于活荷载的布置方式不同，会使连续结构构件各截面产生不同的内力。为了保证结构的安全性，就需要找出产生最大内力的活荷载布置方式及内力，并与恒荷载内力叠加作为设计的依据，这就是荷载最不利组合的概念。

下面以5跨连续梁为例分析一下，为了求得某一截面可能出现的最大内力，活荷载在各跨应如何布置。图9-6给出了在恒载作用下，以及每跨单独作用活荷载时五跨连续梁的内力。

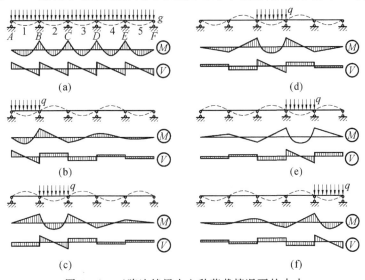

图9-6 五跨连续梁在六种荷载情况下的内力

若欲求 AB 跨内弯矩最大值，除恒载永远存在必须考虑外，活荷载在各跨应如何布置呢？由图9-6(b)、(d)、(f)，三种情况 AB 跨跨度内都产生正弯矩，由此可见活荷载布置在1、3、5跨使该跨出现跨内最大正弯矩。那么怎样布置活荷载可使支座 B 出现最大负弯矩呢？显然除恒载外，活荷载作用于1、2、4跨时都将在支座 B 截面产生负弯矩。当求 B 支座截面最大剪力时，除恒载外，活载应布置在1、2、4跨。把上述活荷载分布情况归纳分析，则可总结为以下规律：

(1)当求连续梁、板某跨跨内最大正弯矩时,应在该跨布置活荷载,然后向左右两边每隔一跨布置活荷载。

(2)当求某支座最大(绝对值)负弯矩时,应在该支座左右两跨布置活荷载,然后每隔一跨布置活荷载。

(3)当求某跨跨内最大(绝对值)负弯矩时,该跨不布置活荷载,而在左右相邻两跨布置活荷载,然后每隔一跨布置活荷载。

(4)求某支座截面最大剪力时,应在该支座左右相邻两跨布置活荷载,然后每隔一跨布置活荷载。

2. 计算内力

当活荷载最不利布置明确后,等跨连续梁、板的内力可由附表查出相应弯矩及剪力系数,利用下列公式计算跨内或支座截面的最大内力。

当均布荷载作用时

$$M = k_1 g l_0{}^2 + k_2 q l_0^2 \tag{9.1}$$

$$V = k_3 g l_0 + k_4 q l_0 \tag{9.2}$$

当集中荷载作用时

$$M = k_1 G l_0 + k_2 P l_0 \tag{9.3}$$

$$V = k_3 G + k_4 P \tag{9.4}$$

式中,g——单位长度上的均布恒荷载设计值;

$\quad q$——单位长度上的均布活荷载设计值;

$\quad G$——集中恒荷载;

$\quad P$——集中活荷载;

$\quad k_1 \sim k_4$——内力系数;

$\quad l_0$——梁的计算跨度,按表9-1规定确定,对于跨度相对差值小于10％的不等跨连续梁、板,其内力也可近似按等跨度结构进行分析。计算公式仍是式(9.1)~(9.4),在计算支座截面弯矩时,采用相邻两跨计算跨度的平均值,计算跨内截面弯矩时,采用本跨的计算跨度。

3. 内力包络图

以恒载作用在各截面的内力为基础,在其上分别叠加对各截面最不利的活载布置时的内力,便得到了各截面可能出现的最不利内力。

将各截面可能出现的最不利内力图叠绘于同一基线上,这张叠绘内力图的外包线所形成的图称为内力包络图。它表示连续梁在各种荷载不利组合下,各截面可能产生的最不利内力。无论活荷载如何分布,梁各截面的内力总不会超出包络图上的内力值。梁截面可依据包络图提供的内力进行截面设计。图9-7为五跨连续梁的弯矩包络图和剪力包络图。

包络图中跨内和支座截面弯矩、剪力设计值就是连续梁相应截面受弯、受剪承载力计算的内力依据;弯矩包络图也是确定纵向钢筋弯起和截断位置的依据。

4. 支座截面内力设计值

按弹性理论方法计算连续梁内力时,计算跨度一般都取至支座中心线,故所求得的支座弯矩和支座剪力都是指支座中线的中心线。当板与梁整浇、次梁与主梁整浇以及主梁与混凝土柱整浇时,支承处的截面工作高度大大增加,危险截面不是支座中心处的构件截面而是支座边

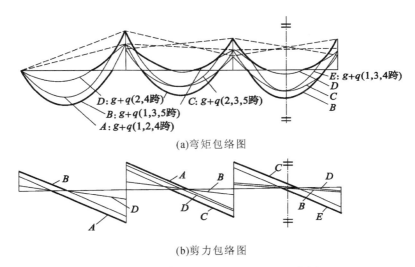

(a)弯矩包络图

(b)剪力包络图

图9-7 五跨连续梁的弯矩和剪力包络图

缘处截面,内力设计值应以支座边缘截面为准,如图9-8所示。故

剪力设计值：

$$M = M_c - V_0 \frac{b}{2} \qquad (9.5)$$

均布荷载：

$$V = V_c - (g+q)\frac{b}{2} \qquad (9.6)$$

集中荷载：

$$V = V_c \qquad (9.7)$$

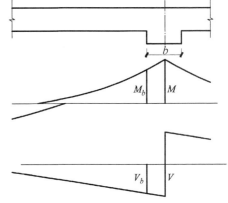

图9-8 多跨梁板支座处的弯矩与计算剪力

式中,M_c、V_c——支座中心线处截面的弯矩、剪力设计值；

V_0——按简支梁计算的支座剪力设计值；

b——支座的宽度；

g、q——作用在梁(板)上的均布恒荷载和均布活荷载。

9.2.4 单向板楼盖的内力计算——塑性计算法

混凝土是一种弹塑性材料,其变形由弹性变形和塑性变形两部分组成,在截面极限承载能力的计算中充分考虑了钢材和混凝土的塑性性质,然而在结构的内力计算时采用弹性计算方法,实际上已应用了匀质弹性体的假定,即视构件为理想弹性体,完全不考虑材料的塑性。按弹性方法设计存在两个方面问题：一是当计算简图和荷载确定后,各截面间弯矩、剪力等内力分布规律始终保持不变；二是只要任何一个截面的内力达到其内力设计值时,就认为整个结构达到其承载能力。按弹性方法计算钢筋混凝土连续板、梁的内力,设计结果是安全的但有多余的承载力储备。

事实上钢筋混凝土连续梁、板是超静定结构,结构的内力与结构各部分刚度大小有直接关系,当结构中某截面发生塑性变形后,刚度降低,结构上的内力也将发生变化,也就是说,在加载的全过程中,由于材料的非弹性性质,各截面间的内力分布是不断发生变化的,这种情况称为内力重分布。按弹性理论求得的内力实际上已不能准确反映结构的实际内力。另外,由于钢筋混凝土连续梁、板结构是超静定结构,即使其中某个正截面的受拉钢筋达到屈服,整个结构仍是几何不变体系,仍具有一定的承载能力。因此在楼盖设计中采用塑性计算方法能正确反映材料的实际性能,既节省材料,又保证结构的安全可靠,同时,由于减少了支座配筋量,使支座配筋的拥挤状况有所改善,便于施工。

1. 钢筋混凝土受弯构件的塑性铰

钢筋混凝土受弯构件正截面应力状态,从开始加荷到截面破坏要经历三个受力阶段。图 9-9 给出所示为试验得到的跨中截面曲率 φ 与弯矩 M 的关系曲线。梁在第 Ⅱ 阶段,已带裂缝工作,由于受拉区出现裂缝,与受压区混凝土产生一定的塑性变形,截面刚度已逐渐降低。当构件在第 Ⅲ 阶段,由于受拉钢筋已屈服,弯矩为 M_y 相应曲率 φ_y,此后荷载增加少许,裂缝继续向上开展,截面受压区高度减小,截面弯矩略有增加,但曲率增加颇大,梁跨中塑性变形较为集中的区域犹如一个能转动的铰,称为塑性铰。

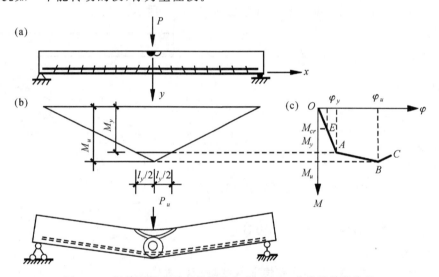

图 9-9   钢筋混凝土受弯构件跨中截面 M-φ 曲线及其塑性铰

钢筋混凝土受弯构件塑件铰与理想铰有本质区别:理想铰不能传递弯矩,而塑性塑能传递极限弯矩 M_u;理想铰可以在两个方向自由转动,而塑性铰却是单向铰,只能沿弯矩作用方向作有限的转动,塑性铰的转动能力与配筋率 ρ 及混凝土极限压应变 ξ_α 有关;理想铰集中于一点,而塑性铰有一定的长度。

2. 塑性内力重分布

内力重分布的概念可以从以下两方面来理解:一方面从构件的角度来分析,对一受弯构件,在荷载较小时,其受力处于弹性阶段,各个截面的抗弯刚度比未发生变化,各截面的内力也保持一定的比例,当该构件的某截面出现裂缝,则该截面的抗弯刚度减小,其他截面刚度未发生变化,这时,该截面与其他截面的抗弯刚度比就发生了变化,各截面的内力比也随之发生变化,这种构件各截面内力比的变化称为内力重分布;另一方面,从整体结构来分析,连续梁为超静定结构,比如两跨混凝土连续梁为一次超静定梁,在荷载作用下如果结构在中间支座处首先出现塑性铰,则连续梁由两跨超静定变成两个静定简支梁,结构并没有成为几何可变体系,仍然可以继续承受荷载,但这时,两个静定简支梁在力作用下的各截面内力的比与两跨超静定连续梁在同样力作用下各截面内力的比不同,这种由于结构出现塑性铰而导致结构超静定次数发生变化,进而引起各截面内力比发生变化的现象,也称为塑性内力重分布。再继续加载,最后导致两个简支梁中的某一跨内出现塑性铰,这时结构局部或整体成为几何可变体系,失去承载力。

由以上分析可知:混凝土超静定结构出现一个塑性铰,超静定结构中减少一个多余联系,即减少一次超静定,但结构还能继续承受荷载,只有结构出现若干个塑性铰,使结构局部或整体成为几何可变体系时,结构才达到承载力极限状态。所以按塑性理论分析方法计算连续梁的内力,可以充分挖掘和利用结构实际潜在的承载能力,因而可以使结构设计更加经济、合理。

但下列情况不宜采用塑性内力重分布法计算:在使用阶段不允许出现裂缝或对裂缝开展控制较严的混凝土结构;处于严重侵蚀性环境中的混凝土结构;直接承受动力和重复荷载的混凝土结构;处于重要部位的结构和可靠度要求较高的结构;配置延性较差的受力钢筋的混凝土结构。

3. 连续梁、板考虑塑性内力重分布的计算方法——弯矩调幅法

弯矩调幅法是考虑塑性内力重分布分析方法中最实用、最简便的一种方法。它是在弹性理论计算的弯矩值基础上进行调整,并按调整后的弯矩进行截面设计的一种方法。

(1)弯矩调幅法的一般原则。

①截面的弯矩调整幅度不宜超过20%。在调整中,支座弯矩不能调整幅度过大。否则由于塑性内力重分布的历程过长,将使裂缝开展过宽,降低梁的刚度,影响正常使用。

②调幅截面的相对受压区高度 ξ 不应超过 0.35。按照塑性计算方法,考虑支座截面出现塑性铰,并要求有一定的塑性转动能力。影响塑性转动能力的主要因素有纵向钢筋配筋率、钢筋的延性和混凝土的极限压应变等。纵向钢筋的配筋率直接影响截面的相对受压区高度 ξ,截面的相对受压区高度越小,塑性铰转动能力越大。钢筋的延性越大,塑性铰转动能力也越大。因此,在按塑性内力重分布计算结构件抗力时,宜采用塑性性能良好的 HPB300、HRB335 钢筋。

③确保结构安全可靠。弯矩调整后,连续梁、板各跨两支座弯矩的平均值与跨中弯矩值之和应不小于该跨按简支梁计算的跨中弯矩。即:

$$\frac{M'_A + M'_B}{2} + M'_{中} \geqslant M_0 \tag{9.8}$$

式中,M'_A,M'_B——连续梁某跨两端调整后的支座弯矩;

　　$M'_{中}$——连续梁相应跨调整后的跨中弯矩,见图 9-10;

　　M_0——在相应荷载作用下,按简支梁计算时的跨中弯矩。

④考虑内力重分布,结构构件必须有足够抗剪能力。为防止结构实现内力重分布之前发生剪切破坏,考虑弯矩调幅后,连续梁在下列区段内应将计算箍筋的截面面积增大20%。对集中荷载,取支座边至最近一个集中荷载之间的区段;对均布荷载,取支座边至距支座边为 $1.05h_0$ 区段(h_0 为梁的有效高度)。此外,箍筋的配筋率 ρ_{sv} 不应小于 $0.03f_c/f_{yv}$。

⑤经过弯矩调整以后,构件在使用阶段不应出现塑性铰,同时,构件在正常使用极限状态

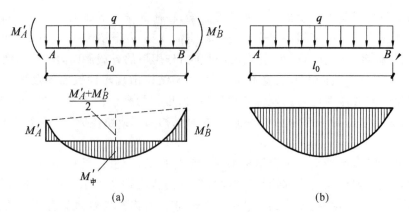

图 9-10 连续梁某跨弯矩图与简支梁弯矩图的比较

下的变形和裂缝宽度应符合有关规定。

(2)等跨连续梁、板的内力计算。根据以上原则,经过内力调整,同时考虑方便计算,对于承受均布荷载的等跨连续梁、板按塑性计算的内力设计值简化如下:

①弯矩,按下式计算:

$$M = \alpha_m(g + q)l_0^2 \tag{9.9}$$

式中,α_m——弯矩系数,按表 9-2 确定;

g,q——均布恒荷载、活荷载的设计值;

l_0——计算跨度。

表 9-2 连续梁、板考虑塑性内力重分布的弯矩系数 α_m

端支座支承情况	截　　面				
	边支座	边跨跨中	第一内支座	中间跨	中间支座
搁置在墙上	0	$\dfrac{1}{11}$	$-\dfrac{1}{10}$		
与梁整体连接	$-\dfrac{1}{16}$(板) $-\dfrac{1}{24}$(梁)	$\dfrac{1}{14}$	(用于两跨连续梁、板) $-\dfrac{1}{11}$ (用于多跨连续梁、板)	$\dfrac{1}{16}$	$-\dfrac{1}{14}$

②剪力,按下式计算:

$$V = \alpha_v(g + q)l_n \tag{9.10}$$

式中,V——剪力设计值;

α_v——考虑塑性内力重分布的剪力系数,按表 9-3 确定;

l_n——净跨度。

对于承受等间距、等大小集中荷载的等跨连续梁、板,按塑性计算的内力设计值简化如下:

等跨连续梁当承受间距相同、大小相等的集中荷载时,各跨跨中及支座截面的弯矩设计值 M 可按下式计算:

$$M = \eta\alpha_m(G + Q)l_0 \tag{9.11}$$

式中，η——集中荷载修正系数，依据一跨内集中荷载的不同情况按表9-4确定；

α_m——考虑塑性内力重分布的弯矩系数，按表9-2确定；

G——一个集中恒荷载设计值；

Q——一个集中活荷载设计值。

表9-3　连续梁考虑内力重分布的剪力系数 α_v

荷载情况	边支承情况	截 面				
		边支座右侧	第一内支座左侧	第一内支座右侧	中间支座左侧	中间支座右侧
均布荷载	搁置在墙上	0.45	0.60	0.55	0.55	0.55
	梁与梁或与柱整体连接	0.50	0.55			
集中荷载	搁置在墙上	0.42	0.65	0.60	0.55	0.55
	与梁整体连接	0.50	0.60			

表9-4　集中荷载修正系数 η

荷载情况	截 面				
	边支座	边跨跨中	第一内支座	中间跨跨中	中间支座
在跨中二分点处作用有一个集中荷载	1.5	2.2	1.5	2.7	1.5
在跨中三分点处作用有两个集中荷载	2.7	3.0	2.7	3.0	2.9

在间距相同、大小相等的集中荷载作用下，等跨连续梁的剪力设计值 V 可按下式计算：

$$V = \alpha_v n(G + Q) \tag{9.12}$$

式中，α_v——剪力系数，按表9-3确定；

n——跨内集中荷载的个数；

G——一个集中恒荷载设计值；

Q——一个集中活荷载设计值。

9.2.5　单向板楼盖的截面设计与构造要求

1. 单向板的截面设计与配筋构造

（1）截面设计。与次梁整浇或支承于砖墙上的连续板，一般可按塑性理论方法进行设计，并取计算宽度为1 m，按单筋矩形截面计算。板所受的剪力很小，仅混凝土即足以承担剪力，故一般不必进行抗剪力计算，也不必配置腹筋。

现浇混凝土单向板的厚度除应满足建筑功能外，还应符合下列要求：板的支承长度应满足受力钢筋在支座内的锚固要求,且一般不小于板厚和 120 mm;板的计算跨度 l_0 按表 9-1 取用。

板支座处在负弯矩作用下上部开裂,跨中在正弯矩的作用下部开裂,板的实际轴线成为一个拱形,如图 9-11 所示。当板的四周与梁整浇,梁具有足够的刚度,使板的支座不能自由移动时,板在竖向荷载作用下将产生水平推力,由此产生的支座反力对板产生的弯矩可抵消部分荷载作用下的弯矩。因此对四周与梁整体连接的单向板,中间跨的跨中截面及中间支座,计算弯矩可减少 20%,但边跨及离板端的第二支座不可以折减。

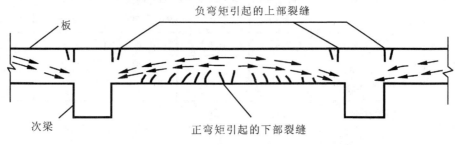

图 9-11 单向板的拱作用

(2)配筋构造。

①板中受力钢筋。有放置在板面承受负弯矩的受力筋和放置在板底承受正弯矩的受力筋,前者简称为负钢筋,后者简称为正钢筋。它们的直径常为 6 mm、8 mm 和 10 mm 等,且间距不宜小于 70 mm。为了防止施工时踩塌负钢筋,负钢筋直径一般不宜太细。当板厚较大时,可设置马凳筋作为防范措施。当板厚 $h < 150$ mm 时,间距不应大于 200 mm;当 $h > 150$ mm 时,不应大于 250 mm,且每米宽度内不得少于 3 根。从跨中伸入支座的受力钢筋间距不应大于 400 mm,且截面面积不得少于跨中钢筋截面面积的 1/3。当边支座是简支时,下部正钢筋伸入支座的长度不应小于 $5d$。

连续板内受力钢筋的配筋方式有弯起式和分离式两种,分别见图 9-12(a)、(b)。

弯起式配筋中,具体配筋时,是先按跨中正弯矩确定受力钢筋的直径、间距,然后在支座附近将其中的一部分按规定弯起以抵抗支座负弯矩(抵抗负弯矩不够时,再加直的负钢筋),另一部分钢筋则伸入支座。这种配筋方式节省钢材、整体性和锚固性都好,但施工复杂。支座负弯矩钢筋向跨内的延伸长度 a 应覆盖负弯矩图并满足钢筋锚固的要求。

分离式配筋是指跨中正弯矩钢筋和支座负弯矩钢筋分别配置,负弯矩钢筋向跨内的延伸长度 a 同弯起式配筋,跨中正弯矩钢筋宜全部伸入支座。

连续梁板受力钢筋的弯起和截断,一般可按图 9-12 确定,图中 a 的取值如下:

当 $q/g \leqslant 3$ 时 $a = l_0/4$

当 $q/g > 3$ 时 $a = l_0/3$

式中,g、q 和 l_0 分别为恒荷载、活荷载设计值和板的计算跨长。

若板相邻跨度相差超过 20% 或各跨荷载相差较大时,应绘弯矩包络图以确定钢筋的弯起点和切断点。

①板中构造钢筋。

A.分布钢筋。单向板除在受力方向布置受力钢筋外,还应在垂直受力钢筋方向布置分布钢筋。分布钢筋的作用如下：抵抗混凝土收缩或温度变化产生的内力；有助于将板上作用的集中荷载分布在较大的面积上，以使更多的受力钢筋参与工作；对四边支承的单向板，可承担长跨方向实际存在的一些弯矩；与受力钢筋形成钢筋网，固定受力钢筋的位置。

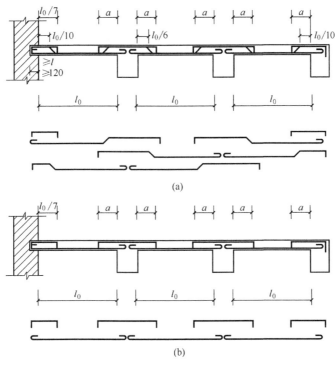

图 9-12 板中受力钢筋的布置

分布钢筋应放置在受力钢筋内侧。间距不应大于 250 mm，直径不宜小于 6 mm。单位长度上的分布钢筋的截面面积不应小于单位宽度上受力钢筋截面面积的 15%，且不宜小于该方向板截面面积的 0.15%；对集中荷载较大的情况，分布钢筋的截面面积应适当增加，其间距不宜大于 200 mm。此外，在受力钢筋的弯折点内侧应布置分布钢筋。对于无防寒或隔热措施的屋面板和外露结构，分布钢筋应适当增加。板中构造钢筋见图 9-13。

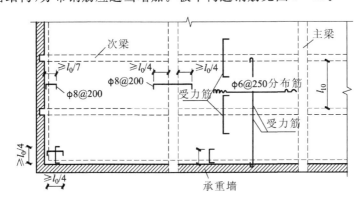

图 9-13 连续板的构造钢筋

B. 嵌入墙内时的板面附加钢筋。即沿承重墙边缘在板面配置附加钢筋。对于一边嵌固在承重墙内的单向板,其计算简图与实际情况不完全一致,计算简图按简支考虑,而实际上墙对板有一定的约束作用,因而板在墙边会产生一定的负弯矩。因此,应在板上部沿边墙配置直径不小于 8 mm,间距不大于 200 mm 的板面附加钢筋(包括弯起钢筋),从墙边算起不宜小于板短边跨度的 1/7。

C. 嵌入墙内的板角双向附加钢筋。为抵抗由于温度收缩影响在板角产生的拉应力,以防止裂缝出现,因此应在角区 $l/4$ 范围内双向配置板面附加钢筋,钢筋直径不小于 8 mm,间距不宜大于 200 mm。该钢筋伸入板内的长度不宜小于板短边跨度的 1/4。

D. 与主梁垂直的板面附加负筋。由于现浇板与主次梁整浇在一起,主梁也将对板起支承作用,也会产生一定的板顶负弯矩,因此必须在主梁上部的板面配置附加负筋。附加钢筋直径不应小于 8 mm,间距不大于 200 mm,其单位长度上的截面面积不宜小于板中单位宽度内受力钢筋截面面积的 1/3。其伸入板内长度从主梁边算起不小于板计算跨度 l_0 的 1/4。与主梁垂直的板面附加钢筋见图 9-14。

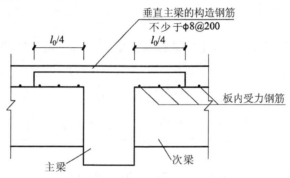

图 9-14　与主梁垂直的板面附加负筋

2. 次梁的计算及配筋

(1)次梁的计算。次梁在截面设计时,其内力一般按塑性方法计算。截面尺寸满足高跨比 1/18～1/12 和宽高比 1/3～1/2。由于现浇肋梁楼盖的板与次梁为整体连接,板可作次梁的上翼缘。正截面计算中,跨中正弯矩作用下按 T 形截面计算;支座附近的负弯矩区段,板处于受拉区,因此还应按矩形截面计算。斜截面计算抗剪腹筋时:当荷载和跨度较小时,一般只用箍筋抗剪;当荷载跨度较大时,可在支座附近设置弯起钢筋,以减少箍筋用量。

(2)次梁的构造要求。次梁的一般构造要求与普通受弯构件构造相同,次梁伸入墙内支承长度一般不应小于 240 mm。

当次梁各跨中及支座截面分别按最大弯矩确定配筋量后,沿梁长纵向钢筋的弯起与截断原则上应按内力包络图确定,但对于相邻跨度相差不大于 20%,活荷载与恒荷载比值 $q/g \leqslant 3$ 时的次梁,可按图 9-15 所示布置钢筋。

3. 主梁的计算及配筋

主梁的跨度一般在 5～8 m 为宜;梁高为跨度的 1/14～1/18。主梁除承受自重和直接作用在主梁上的荷载外,主要是次梁传来的集中荷载。主梁内力一般按弹性方法计算。

(1)主梁主要承受次梁传来的集中荷载以及主梁自重等集中荷载,作用点与次梁位置相同。

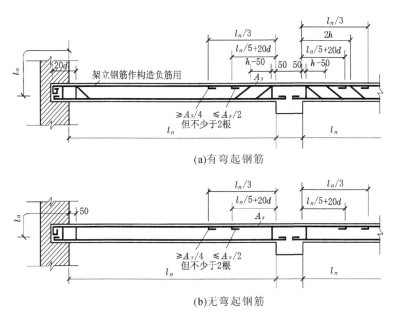

(a)有弯起钢筋

(b)无弯起钢筋

图 9-15 次梁的配筋构造要求

(2)在正截面计算中,主梁与次梁相似,跨中正弯矩作用下按 T 形截面计算,在支座附近负弯矩区段按矩形截面计算。

(3)在主梁支座处,主梁与次梁截面的上部纵筋相互交叉,主梁的纵筋须放在次梁的纵筋下面,则主梁的截面有效高度 h_0 有所减小,如图 9-16 所示。当主梁支座负弯矩钢筋为单层时,$h_0=h-(50\sim60)$mm;当主梁支座负弯矩钢筋为两层时,$h_0=h-(70\sim80)$mm。

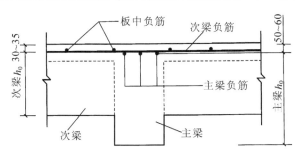

图 9-16 主梁支座处的截面有效高度

(4)次梁与主梁相交处,在主梁高度范围内受到次梁传来的集中荷载的作用。此集中荷载并非作用在主梁顶面,而是靠次梁的剪压区传递至主梁的腹部。所以在主梁局部长度上将引起主拉应力,特别是当集中荷载作用在主梁的受拉区时,会在梁腹部产生斜裂缝,引起局部破坏。为此,需设置附加横向钢筋,把此集中荷载传递到主梁顶部受压区。

附加横向钢筋应布置在长度为 $s=2h_1+3b$ 的范围内(见图 9-17),以便能充分发挥作用。附加横向钢筋可采用附加箍筋(宜优先采用)和吊筋。附加箍筋和吊筋的总截面积按下式计算:

$$F \leqslant 2f_y A_{sb}\sin\alpha + m \times nf_{yv}A_{sv1} \tag{9.13}$$

式中，F——由次梁传递的集中力设计值；

    f_y——吊筋的抗拉强度设计值；

    f_{yv}——附加箍筋的抗拉强度设计值；

    A_{sb}——1 根吊筋的截面面积；

    A_{sv1}——单肢箍筋的截面面积；

    m——附加箍筋的排数；

    n——在同一截面内附加箍筋的肢数；

    α——吊筋与梁轴线间的夹角。

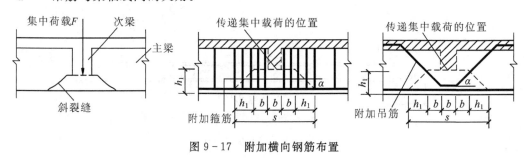

图 9-17　附加横向钢筋布置

9.2.6　单向板肋梁楼盖设计实例

【例 9.1】 某工厂仓库，为多层内框架砖混结构。外墙厚 370 mm，钢筋混凝土柱截面尺寸为 300 mm×300 mm。楼盖采用现浇钢筋混凝土单向板肋梁楼盖，其结构平面布置如图 9-18 所示。图示范围内不考虑楼梯间。

(1)楼面做法：20 mm 厚水泥砂浆面层，15 mm 厚石灰砂浆板底抹灰。

(2)楼面荷载：恒荷载包括梁、楼板及粉刷层自重。钢筋混凝土容重 25 kN/m³，水泥砂浆容重 20 kN/m³，石灰砂浆容重 17 kN/m³，恒荷载分项系数 $\gamma_G=1.2$。

楼面均布活荷载标准值为 8 kN/m²，活荷载分项系数 $\gamma_Q=1.3$（楼面活荷载标准值≥4 kN/m²）。

(3)材料选用：混凝土采用 C20 级（$f_c=9.6$ N/mm²，$f_t=1.1$ N/mm²）；梁中受力主筋采用 HRB300 级钢筋（$f_y=300$ N/mm²），其余均采用 HPB300 级钢筋（$f_y=210$ N/mm²）。

试设计该单向板肋梁楼盖的板、次梁和主梁，并绘制结构施工图。

【解】

1.楼盖结构布置及截面尺寸的确定

(1)梁格布置。如图 9-18 所示，确定主梁的跨度为 6 m，主梁每跨内布置 2 根次梁，次梁的跨度为 5 m，板的跨度为 2 m。

(2)截面尺寸。考虑刚度要求，板厚 $h\geqslant(1/40)l_0=1/40\times2000=50$ (mm)，考虑工业建筑楼板最小板厚为 70 mm，取板厚 $h=80$ mm。

次梁截面高度应满足 $h=(1/18\sim1/12)l_0=(1/18\sim1/12)\times5000=278\sim417$ (mm)。考虑本例楼面活荷载较大，取次梁截面尺寸 $b\times h=200$ mm×400 mm。

主梁截面高度应满足：$h=\left(\dfrac{1}{14}\sim\dfrac{1}{8}\right)l_0=\left(\dfrac{1}{14}\sim\dfrac{1}{8}\right)\times6000=429\sim750$ (mm)，取主梁截面

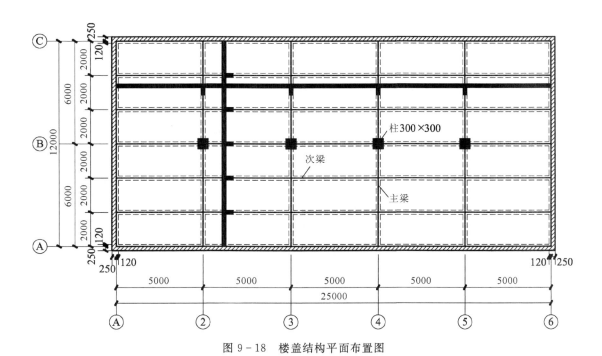

图 9-18 楼盖结构平面布置图

尺寸 $b \times h = 250$ mm $\times 650$ mm。

板伸入墙内 120 mm；次梁伸入墙内 240 mm，主梁伸入墙内 370 mm。

2.板的设计

板按考虑塑性内力重分布方法计算，取 1 m 宽板带为计算单元，板的实际支承情况如图9-19(a)所示。

(1)荷载计算。

20 mm 厚水泥砂浆面层	$0.02 \times 20 = 0.4$ (kN/m²)
80 mm 厚钢筋混凝土板	$0.08 \times 25 = 2.0$ (kN/m²)
15 mm 厚石灰砂浆抹灰	$0.015 \times 17 = 0.26$ (kN/m²)
恒荷载标准值	$g_k = 2.66$ kN/m²
恒荷载设计值	$g = 1.2 \times 2.66 = 3.19$ (kN/m²)
活荷载设计值	$q = 1.3 \times 8 = 10.4$ (kN/m²)
总荷载设计值	$g + q = 3.19 + 10.4 = 13.59$ (kN/m²)
即每米宽板	$g + q = 3.19 + 10.4 = 13.59$ (kN/m²)

(2)内力计算。

计算跨度：

边跨　　$l_{01} = l_n + \dfrac{h}{2} = 2000 - \dfrac{200}{2} - 120 + \dfrac{80}{2} = 1820$ (mm)

$\qquad l_{0\,1} = l_n + \dfrac{a}{2} = 2000 - \dfrac{200}{2} - 120 + \dfrac{120}{2} = 1840$ (mm)

取两者较小值　$l_{01} = 1820$ mm

中间跨　$l_{02} = l_{03} = l_n = 2000 - 200 = 1800$ (mm)

跨度差　$[(1820-1800)/1800]\times100\%=1.1\%<10\%$

故可按等跨连续板计算。板的计算简图如图9-19(b)所示。

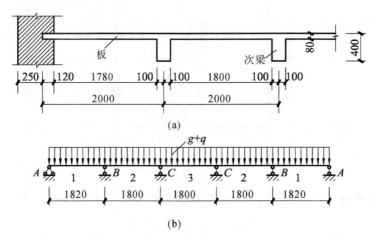

图9-19　板的实际支承情况及计算简图

板各截面的弯矩计算结果见表9-5。

表9-5　板的弯矩计算

截　面	1(边跨中)	B(支座)	2,3(中间跨中)	C(中间支座)
弯矩系数 α	$\dfrac{1}{11}$	$-\dfrac{1}{11}$	$\dfrac{1}{16}$	$-\dfrac{1}{14}$
$M=a(g+q)l_0^2$ /(kN·m)	$\dfrac{1}{11}\times13.59\times1.82^2$ $=4.09$	$-\dfrac{1}{11}\times13.59\times1.82^2$ $=-4.09$	$\dfrac{1}{16}\times13.59\times1.8^2$ $=2.75$	$-\dfrac{1}{14}\times13.59\times1.8^2$ $=-3.15$

(3)配筋计算。取1 m板宽带计算,$b=1000$ mm,$h=80$ mm,$h_0=80-25=55$ (mm)。钢筋采用HPB300级($fy=210$ N/mm^2),混凝土采用C20级($fc=9.6$ N/mm^2)。

因②—⑤轴间的中间板带四周与梁整体浇筑,故这些板的中间跨中及中间支座的计算弯矩折减20%(即乘以0.8),但边跨(M_1)及第一内支座(M_B)不予折减。板的配筋计算过程见表9-6。

表9-6　板的配筋计算

截　面	1	B	2,3 ①② ⑤⑥轴间	2,3 ②⑤轴间	C ①② ⑤⑥轴间	C ②⑤轴间
弯矩 M /(kN·m)	4.09	-4.09	2.75	0.8×2.75	-3.15	-0.8×3.15
$a_s=\dfrac{M}{a_1 f_c bh_0^2}$	0.141	0.141	0.095	0.076	0.108	0.087
$\xi=1-\sqrt{1-2a_s}$	$0.153<0.35$	0.153	0.100	0.079	0.115	0.091

截 面	1	B	2,3		C	
			①② ⑤⑥轴间	②⑤轴间	①② ⑤⑥轴间	②⑤轴间
$A_s = \dfrac{\xi b h_0 a_1 f_c}{f_y}$ /mm²	385	385	251	199	289	229
实配钢筋 /mm²	$\phi 8@130$ $A_s=387$	$\phi 8@130$ $A_s=387$	$\phi 6/\phi 8@130$ $A_s=302$	$\phi 6@130$ $A_s=218$	$\phi 6/\phi 8@130$ $A_s=302$	$\phi 6/\phi 8@130$ $A_s=302$

(4)板的配筋图(见图9-20)。

在板的配筋图中,除按计算配置受力钢筋外,还应设置下列构造钢筋:①分布钢筋,按规定选用 $\phi 6@250$;②板边构造钢筋,选用 $\phi 8@200$,设置于板四周支承墙的上部;③在板的四角双向布置板角构造钢筋,选用 $\phi 8@200$;④板面构造钢筋,选用 $\phi 8@200$,垂直于主梁并布置于主梁顶部。

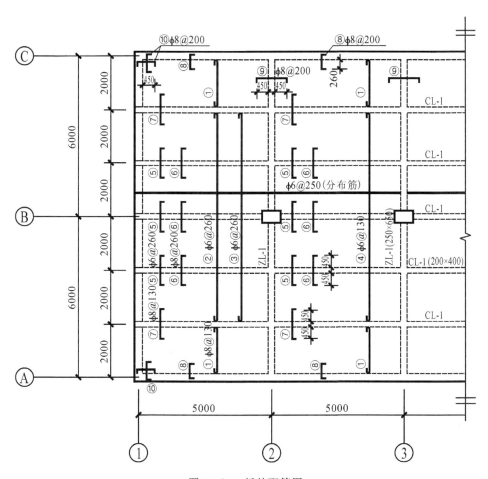

图 9 - 20 板的配筋图

3.次梁设计

次梁按考虑塑性内力重分布方法计算内力。次梁的有关尺寸及支承情况见图9-21(a)。

(1)荷载计算。

板传来的恒荷载　　　　　$2.66\times2.0=5.32$ (kN/m)

次梁自重　　　　　　　　$0.2\times(0.4-0.08)\times25=1.6$ (kN/m)

梁侧抹灰　　　　　　　　$0.015\times(0.4-0.08)\times2\times17=0.16$ (kN/m)

恒荷载标准值　　　　　　$g_k=7.08$ kN/m

活荷载标准值　　　　　　$q_k=8\times2=16$ kN/m

总荷载设计值　　　　　　$g+q=1.2\times7.08+1.3\times16=29.30$ (kN/m)

(2)内力计算。

计算跨度：

边跨　　　$l_{01}=l_n+a/2=(5000-250/2-120)+240/2$

　　　　　　　　$=4875$ (mm)$>1.025l_n=1.025\times4755=4870$ (mm)

故取两者较小值　　$l_{01}=4870$ mm

中间跨　　　　　　$l_{02}=l_{03}=l_n=5000-250=4750$ (mm)

跨度差　　　　　　$[(4870-4750)/4750]\times100\%=2.53\%<10\%$

故按等跨连续次梁计算内力,计算简图见图9-21(b),次梁的内力计算见表9-7和表9-8。

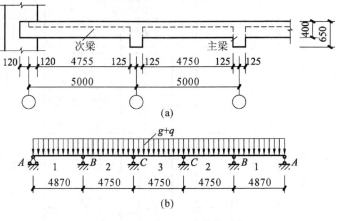

图9-21　次梁的计算简图

表9-7　次梁弯矩计算

截面	1(边跨中)	B(支座)	2,3(中间跨中)	C(中间支座)
弯矩系数 α	$\dfrac{1}{11}$	$-\dfrac{1}{11}$	$\dfrac{1}{16}$	$-\dfrac{1}{14}$
$M=\alpha(g+q)l_0^2$ $/(kN\cdot m)$	$\dfrac{1}{11}\times29.30\times4.87^2$ $=63.17$	$-\dfrac{1}{11}\times29.30\times4.87^2$ $=-63.17$	$\dfrac{1}{16}\times29.30\times4.75^2$ $=41.32$	$-\dfrac{1}{14}\times29.30\times4.75^2$ $=-47.22$

表 9 - 8　次梁剪力计算

截　面	A 支座	B 支座(左)	B 支座(右)	C 支座
剪力系数 β	0.45	0.6	0.55	0.55
$V=\beta(g+q)l_n$ /kN	$0.45\times29.30\times4.755$ $=62.69$	$0.6\times29.30\times4.755$ $=83.59$	$0.55\times29.30\times4.75$ $=76.55$	76.55

(3)配筋计算。次梁截面抗力计算，混凝土采用 C20 级($f_c=9.6$ N/mm², $f_t=1.1$ N/mm²)，纵筋采用 HRB300 级($f_y=300$ N/mm²)，箍筋为 HPB300 级($f_{yv}=210$ N/mm²)。

次梁跨中按 T 形截面进行正截面受弯承载力计算，其翼缘计算宽度为：

边跨 $b'_f=l_0/3=4780/3=1623$ （mm）$<b+s_n=200+1800=2000$ （mm），取 $b'_f=1623$ mm。

中间跨 $b'_f=4750/3=1583$ （mm）$<b+s_n=200+1800=2000$ （mm），取 $b'_f=1583$ mm。

梁高 $h=400$ mm　$h_0=400-40=360$ （mm）

翼缘厚度 $b'_f=80$ mm

判别 T 形截面类型：

$$\alpha_1 f_c b'_f h'_f(h_0-h'_f/2)=1.0\times9.6\times1583\times(360-80/2)$$
$$=389.04 \text{（kN·m）}>63.17 \text{（kN·m）(边跨中)}>41.32 \text{ kN·m(中间跨中)}$$

故次梁各跨跨中截面属于第一类 T 形截面。

次梁支座截面按矩形截面计算，各支座截面按一排纵筋布置，$h_0=400-40=360$ （mm），不设弯起钢筋。次梁正截面受弯配筋计算及斜截面配筋计算分别见表 9-9 和表 9-10。

表 9 - 9　次梁受弯配筋计算

截　面	1(T形)	B(矩形)	2,3(T形)	C(矩形)
弯矩 W/(kN·m)	63.17	-63.17	41.32	-47.22
b 或 b'_f/(mm)	1623	200	1583	200
$\alpha_s=\dfrac{M}{\alpha_1 f_c b h_0^2}$	0.031	0.254	0.021	0.190
$\xi=1-\sqrt{1-2\alpha_s}$	0.031	0.299<0.35	0.021	0.213
$A_s=\dfrac{\xi b h_0 \alpha_1 f_c}{f_y}$ （mm²）	580	689	383	491
实配钢筋 （mm²）	3 φ16 $A_3=603$	2 φ12+2 φ18 $A_3=735$	2 φ12+1 φ16 $A_3=427$	2 φ12+1 φ18 $A_3=481$

表 9 - 10 次梁抗剪配筋计算

截　面	A 支座	B 支座(左)	B 支座(右)	C 支座
$V/(kN)$	62.69	83.59	76.55	76.55
$0.25\beta_c f_c bh_0/(kN)$	172.8.>V	172.8.>V	172.8.>V	172.8.>V
$V_c = 0.7 f_t bh_0/(kN)$	55.4.<V	55.4.<V	55.4.<V	55.4.<V
选用箍筋	2 φ6	2 φ6	2 φ6	2 φ6
$A_{sv} = n A_{sv1} (mm^2)$	56.6	56.6	56.6	56.6
$s = \dfrac{1.25 f_{yv} A_{sv} h_0}{V - 0.7 f_t bh_0} (mm)$	按构造配置	190	253	253
实配箍筋间距 $s(mm)$	180	180	180	180
$V_{cs} = 0.7 f_t bh + \dfrac{1.25 f_{yv} A_{sv} h_0}{s}$ (kN)	85.12>V	85.12>V	85.12>V	85.12>V
配箍率 $\rho_{sv} = \dfrac{A_{sv}}{bs}$ $\rho_{sv,min} = \dfrac{0.24 f_t}{f_{yv}} = 0.13\%$	0.16%>0.13%	0.16%>0.13%	0.16%>0.13%	0.16%>0.13%

(4)次梁配筋图(见图 9 - 22)。

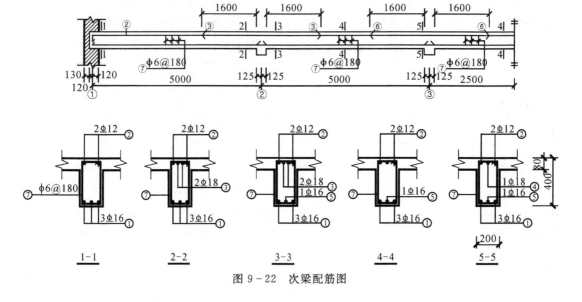

图 9 - 22 次梁配筋图

4.主梁设计

主梁按弹性理论计算内力,主梁的实际支承情况及计算简图如图 9 - 23 所示。

(1)荷载计算。为简化计算,主梁自重按集中荷载考虑。

次梁传来的集中恒荷载　　　　　$7.08 \times 5 = 35.4$ (kN)

主梁自重(折算为集中荷载)　　$0.25 \times (0.65 - 0.08) \times 25 \times 2.0 = 7.13$ (kN)

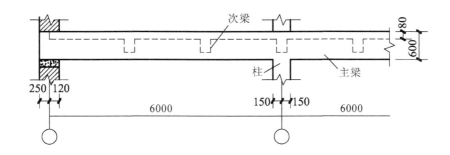

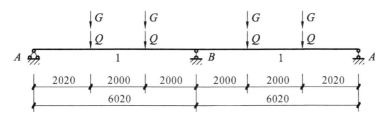

图 9 - 23　主梁的实际支承情况及其计算简图

梁侧抹灰(折算为集中荷载)	$0.015 \times (0.65 - 0.08) \times 17 \times 2.0 \times 2 = 0.58$ (kN)
恒荷载标准值	$G_k = 43.11$ kN
活荷载标准值	$Q_k = 16 \times 5 = 80$ kN
恒荷载设计值	$G = 1.2 \times 43.11 = 51.73$ (kN)
活荷载设计值	$Q = 1.3 \times 80 = 104$ (kN)
总荷载设计值	$G + Q = 51.73 + 104 = 155.73$ (kN)

(2)内力计算。

计算跨度：$l_0 = l_n + a/2 + b/2 = (6000 - 120 - 300/2) + 370/2 + 300/2 = 6065$ (mm)

$l_0 = 1.025 l_n + b/2 = 1.025 \times 5730 + 300/2 = 6020$ (mm)

取上述二者中的较小者,即 $l_0 = 6020$ mm。

按照弹性计算法,主梁的跨中和支座截面的最大弯矩及剪力按下式计算：

$$M = K_1 G l_0 + K_2 Q l_0$$

$$V = K_3 G + K_4 Q$$

式中系数 K 为等跨连续梁的内力计算系数,由附表 B.1 查取。主梁在各种荷载不利布置作用下的弯矩和剪力计算及最不利内力组合结果见表 9 - 11。

表 9 - 11　主梁弯矩、剪力及内力组合计算

项次	荷　载　简　图	弯矩值/(kN·m)		剪力值/(kN)	
		$\dfrac{K}{M_1}$	$\dfrac{K}{M_B}$	$\dfrac{K}{V_A}$	$\dfrac{K}{V_{BE}}$
①		$\dfrac{0.222}{69.13}$	$\dfrac{-0.333}{103.70}$	$\dfrac{0.667}{34.50}$	$\dfrac{-1.334}{-69.01}$

项次	荷 载 简 图	弯矩值/(kN·m)		剪力值/(kN)	
		$\dfrac{K}{M_1}$	$\dfrac{K}{M_B}$	$\dfrac{K}{V_A}$	$\dfrac{K}{V_{BE}}$
②		$\dfrac{0.222}{138.99}$	$\dfrac{-0.333}{208.48}$	$\dfrac{0.667}{69.37}$	$\dfrac{-1.334}{-138.74}$
③		$\dfrac{0.278}{174.05}$	$\dfrac{-0.167}{104.56}$	$\dfrac{0.833}{86.63}$	$\dfrac{-1.167}{-121.37}$
最不利 内力组合	①+②	208.12	−312.18	103.87	−207.75
	①+③	243.18	−208.26	121.13	−190.38

(3)内力包络图。将连续梁各控制截面的组合弯矩和组合剪力绘于同一坐标轴上,即得内力叠合图,该叠合图形的外包线即为内力包络图。

以荷载组合①+③为例,并参照图 9-24 所示,说明主梁弯矩叠合图的画法。在荷载①+③作用下,可求出 B 支座弯矩 $M_B=208.26$ kN·m。将求得的各支座弯矩(M_A,M_B),按比例绘于弯矩图上,并将每一跨两端的支座弯矩连成直线,再以此为基线,在其上叠加该跨在同样荷载作用下的简支梁弯矩图,即可求出连续梁各跨在相应荷载作用下的弯矩图。本例主梁在荷载①+③组合作用下的弯矩图的作图步骤参见图 9-24。

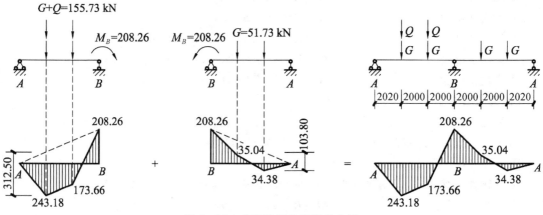

图 9-24 求连续梁的弯矩叠合图

分别作出连续梁各跨在不同荷载组合作用下的弯矩图形后,连接最外围的包络线,即为所求的弯矩包络图。本例主梁的弯矩包络图和剪力包络图如图 9-25 所示。

(4)截面配筋计算。

①正截面受弯承载力计算。主梁跨中截面在正弯矩作用下按 T 形截面梁计算,其翼缘计算宽度为:$b'_f=l_0/3=6020/3=2007$ (mm) $<b+s_n=5000$ (mm),取 $b'_f=2007$ mm,并取 $h_0=650-40=610$ (mm)。

判别 T 形截面类型:

$$\alpha_1 f_c b'_f h'_f (h_0 - h'_f/2) = 1.0 \times 9.6 \times 2\,007 \times 80 \times (610 - 80/2)$$
$$= 878.58 \text{ (kN)} > M_1 = 243.18 \text{ kN}$$

故属于第一类 T 形截面。

主梁支座截面在负弯矩作用下按矩形截面计算,因支座负弯矩较大,主梁上部纵向钢筋按两排布置,故取 $h_0 = 650 - 80 = 570$(mm)。

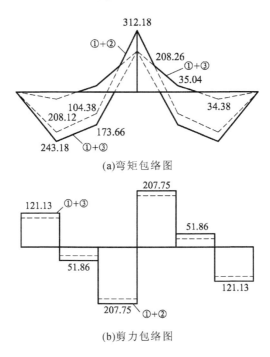

(a)弯矩包络图

(b)剪力包络图

图 9 - 25　主梁的弯矩包络图和剪力包络图

B 支座边缘的计算弯矩 $M'_B = M_B - V_0 \dfrac{b}{2} = 312.18 - 155.73 \times \dfrac{0.3}{2} = 288.82$(kN·m)。

主梁正截面配筋计算见表 9 - 12。

表 9 - 12　主梁正截面受弯配筋计算

截　面	跨中(T 形)	支座(矩形)
M(kN·m)	243.18	−288.82
b 或 b'(mm)	2007	250
h_0(mm)	610	570
$\alpha_s = \dfrac{M}{\alpha_1 f_c b' f h_0^2}$ 或 $\alpha_s = \dfrac{M}{\alpha_1 f_c b h_0^2}$	0.034	0.370
$\xi = 1 - \sqrt{1 - 2\alpha_s}$	0.035	$0.49 < \xi_n = 0.550$
$A_s = \dfrac{\xi \alpha_1 f_c b h_0}{f_y}$(mm²)	1371	2234
实配钢筋/mm²	2 ϕ 20(直) 2 ϕ 22(弯) $A_s = 1\ 388$	2 ϕ 14(直) 2 ϕ 22(直) 4 ϕ 22(弯) $A_3 = 2589$

②斜截面受剪承载力计算。主梁斜截面抗剪配筋计算见表 9-13。

表 9-13 主梁斜面抗剪力配筋计算

截　面	边支座 A	支座 B
$V(kN)$	121.13	207.75
$0.25\beta_c f_c bh_0$	366>V	342>V
$V_c = 0.7 f_t bh_0/kN$	117.4<V	109.7<V
选用箍筋	2 φ8	2 φ8
$A_{sv} = nA_{sv1}(mm^2)$	100.6	100.6
$s = \dfrac{1.25 f_{yv}A_{sv}h_0}{V-V_c}(mm)$	按构造配置	154
实配箍筋间距 $s(mm)$	200	200(不足)
$V_{cs} = V_c + \dfrac{1.25 f_{yv}A_{sv}h_0}{s}(kN)$	197.94>V	184.96<V
$A_{sb} = \dfrac{V-V_{cs}}{0.8 f_y \sin 45°}(mm^2)$	—	134
实配弯起钢筋(mm^2)	—	双排 1 φ22$(A_s=380)$ 次梁处配吊筋抗剪

(5)附加横向钢筋计算。由次梁传递给主梁的全部集中荷载设计值为：
$$F = 1.2 \times 35.4 + 1.3 \times 80 = 146.48 \ (kN)$$
主梁内支承次梁处需要设置附加吊筋，弯起角度为 45°，附加吊筋截面面积为：
$$A_{sb} = \frac{F}{2 f_y \sin 45°} = \frac{146.48}{2 \times 300 \times 0.707} = 345 \ (mm^2)$$
在距梁端的第一个集中荷载处，附加吊筋 2 φ16$(A_s=402 \ mm^2 > 345 \ mm^2)$，可满足要求。

在距梁端的第二个集中荷载处，附加吊筋考虑同时承载斜截面抗剪(代替一排弯起钢筋)，$A_{sb}=345+134=479 \ (mm^2)$，选用 2 φ18$(A_s=509 \ mm^2 > 479 \ mm^2)$，也满足要求。

(6)主梁纵筋的弯起和截断。主梁中纵向受力钢筋的弯起和截断位置，应根据弯矩包络图及抵抗弯矩图来确定。这些图的绘制方法及构造要求参照前面所述。按相同比例在同一坐标图上绘出主梁的弯矩包络图和抵抗弯矩图，并直接绘制于主梁配筋图上。

主梁配筋详图如图 9-26 所示。

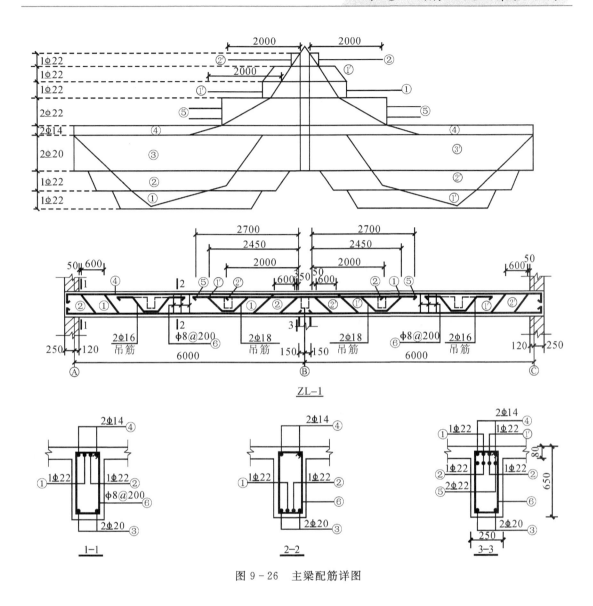

图 9-26 主梁配筋详图

9.3 现浇双向板肋梁楼盖

现浇肋形楼盖结构平面布置完成后形成梁格,当板的长边 l_2 与短边 l_1 的比值,即 $l_2/l_1 \leqslant$ 2 时,形成双向板,板上的荷载将向两个方向传递,在两个方向上发生弯曲并产生内力,内力的分布取决于双向板四边的支承条件(简支、嵌固和自由等)、几何条件(板边长的比值)等因素。故受力钢筋也应沿板的两个方向布置,如图 9-27 所示。

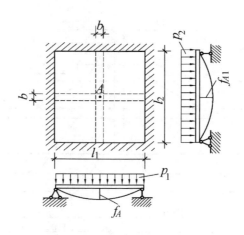

图 9-27　双向板工作原理

9.3.1　双向板楼盖的受力特点

对于四边简支的双向板,试验结果表明在均布荷载作用下,当荷载增加时,第一批裂缝出现在板底中间部分,见图 9-28(a)、(c),随后沿着对角线的方向向四角扩展。当荷载增加到板接近破坏时,板面的四角附近出现垂直于对角线方向而大体上成环状的裂缝,见图 9-28(b),这种裂缝的出现,促使板对角线方向裂缝的进一步发展,最后跨中钢筋达到屈服,整个板即告破坏。不论是简支的正方形板还是矩形板,当受到荷载作用时,板的四角均有翘起的趋势。此外,板传给四边支座的压力,并不是沿边长均匀分布的,而是各边的中部较大,两端较小。

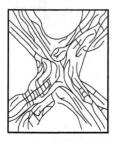
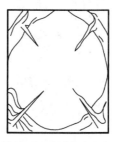
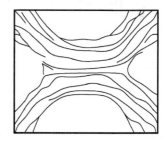

(a) 正方形板板底裂　　　　　(b) 正方形板板面裂缝　　　　　(c) 矩形板板底裂缝

图 9-28　双向板的裂缝示意图

9.3.2　双向板的弹性计算法

双向板的内力计算方法有弹性理论和塑性理论两种,本节主要讲述弹性理论计算方法。

弹性计算法是假定板为匀质弹性板,以弹性薄板理论为依据进行计算。荷载在两个方向上的分配与板两个方向跨度比和板周边的支承条件有关。板周边的支承条件分为七种情况:

四边简支;一边固定,三边简支;两对边固定,两对边简支;两邻边固定,两邻边简支;三边固定,一边简支;四边固定;三边固定,一边自由。

1. 单跨板的计算

为方便计算,根据双向板两个方向跨度比值和支承条件制成计算用表,从表中直接查得弯矩系数,即可求得单跨板的跨中弯矩和支座弯矩。单跨双向板的跨中或支座弯矩可按下式计算:

$$M = 表中系数 \times (g+q)l_0^2$$

式中,M——板内弯矩设计值;

g,q——作用于板上的均布恒载及活荷载设计值;

l_0——板短跨方向的计算跨度,取 l_x、l_y 中的较小值。

2. 多跨连续双向板的计算

对于多跨的连续双向板,需要考虑活荷载的不利位置。精确计算相当复杂。需要进行简化,当在同一方向区格的跨度差不超过 20％ 时,可通过荷载分解将多跨连续板化为单跨板进行计算。

(1)求跨中最大弯矩。求连续区格板某跨跨中最大弯矩时,其活荷载的最不利位置如图 9-29 所示,即在某区格及其前后左右每隔一区格布置活荷载(棋盘式布置),则可使该区格跨中弯矩为最大。为了能利用单跨双向板的内力计算表求此弯矩,在保证每一区格荷载总值不变的前提下,将活荷载 q 与恒荷载 g 分解为 $g+q/2$ 与 $\pm q/2$ 两部分,分别作用于相应区格,而其作用效果是相同的。

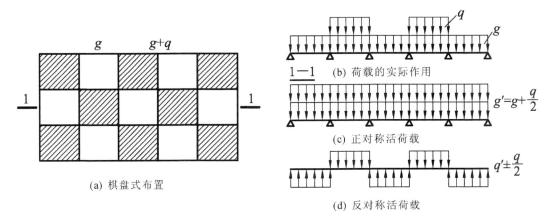

(a) 棋盘式布置

(b) 荷载的实际作用

(c) 正对称活荷载

(d) 反对称活荷载

图 9-29 双向板跨中弯矩最不利活载布置

当双向板各区格均作用有 $g+q/2$ 时,由于板的各内支座上转动变形很小,可近似地认为转动角为零。故内支座可近似地看做嵌固边,因而所有中间区格板可按四边固定的单跨双向板计算其跨中弯矩。如果边支座为简支,则边区格为三边固定、一边简支的支承情况,而角区格为两邻边固定、两邻边简支的情况。

当双向板各区格作用有 $\pm q/2$ 时,板在中间支座处左右截面转角方向一致,大小接近相等,可认为支座处的约束弯矩为零。因而所有内区格均可按四边简支的单跨双向板来计算其跨中弯矩。

最后，将以上两种结果叠加，即可得连续双向板的最大跨中弯矩。

（2）求支座最大弯矩。求支座最大弯矩时，活荷载最不利布置与单向板相似，应在该支座两侧区格内布置活荷载，然后再隔跨布置。为了简化计算，可近似地假定活荷载布置所有区域时所求得的支座弯矩，即为支座最大弯矩。这样，对所有中间区格即可按四边固定的单跨双向板计算其支座弯矩。对于边区格，其内支座仍按固定考虑，而外边界则按实际支承情况来考虑。

9.3.3 双向板的配筋计算和构造要求

1. 双向板的配筋计算

双向板的厚度一般不小于 80 mm，也不大于 160 mm，双向板一般不作变形和裂缝验算，因此，要求双向板应具有足够的刚度。对于简支板，$h \geqslant l_0/45$；对于连续板，$h \geqslant l_0/50$。其中，l_0 为板短方向上的计算跨度。

双向板内两个方向的钢筋均为受力钢筋，其中沿短向的受力钢筋应配置在长向受力钢筋外侧。计算时跨中截面的有效高度在短跨方向按一般板取用，$h_0 = (h-20)$ mm，在长跨方向再减去板中受力钢筋的直径，通常取 $h_0 = (h-30)$ mm。

对于四边与梁整体连接的板，分析内力时应考虑周边支承梁的被动水平推力对板承载能力的有利影响。其计算弯矩可按双向板区格位置予以折减。

（1）中间区格：中间跨的跨中截面及中间支座截面。计算弯矩可减少 20%。

（2）边区格：边跨的跨中截面及离板边缘的第二支座截面。当 $l_b/l < 1.5$ 时，计算弯矩可减少 20%；当 $1.5 \leqslant l_b/l \leqslant 2$ 时，计算弯矩可减少 10%。其中 l 为垂直于板边缘方向的计算跨度，l_b 为沿板边缘方向的计算跨度。

（3）角区格：计算弯矩。

由单位宽度的截面弯矩设计值 M，按下式计算受拉钢筋面积：

$$A_s = \frac{M}{\gamma_s h_0 f_y}$$

式中，$\gamma_s \approx 0.9 \sim 0.95$；

h_0——跨中截面有效高度；

f_y——钢筋抗拉强度设计值。

2. 双向板的构造要求

双向板宜采用 HPB300 和 HRB335 级钢筋，配筋率要满足《混凝土结构设计规范》的要求，配筋方式类似于单向板，有弯起式配筋和分离式配筋两种。为方便施工，实际工程中常采用分离式配筋，如图 9-30 所示。

按弹性理论分析内力时，由于跨度中部范围比周边范围弯矩大，跨中配筋时可将板在两个方向上各划分成三个板带，如图 9-31 所示。各边缘板带宽度为短跨的 1/4，其余为中间板带。中间板带按最大弯矩配筋，边缘板带配筋减少一半，但每米宽度内不得少于 3 根。支座配

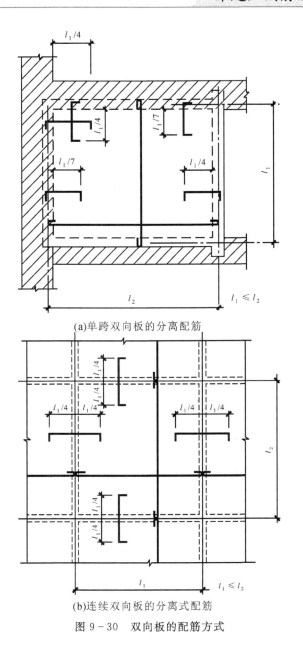

(a)单跨双向板的分离配筋

(b)连续双向板的分离式配筋

图 9-30 双向板的配筋方式

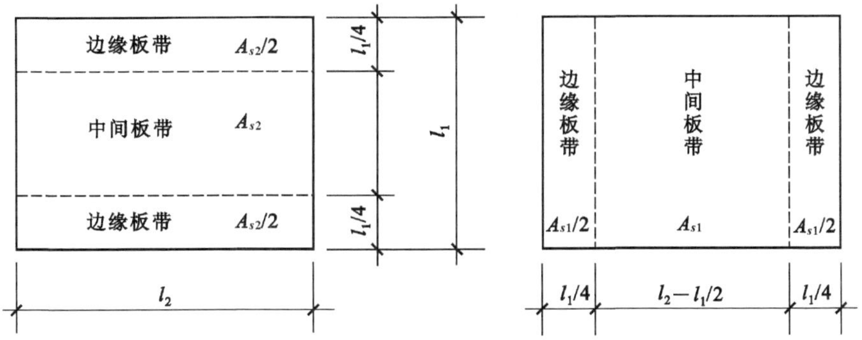

图 9-31 按弹性理论计算正弯矩配筋板带

筋时,须在全部范围内均匀布置,而不在边缘板带内减少。嵌固在承重墙内板上部的构造钢筋的要求同整体式单向板肋形楼盖。

9.3.4 双向板支承梁的计算

1. 双向板支承梁的荷载

当双向板承受均布荷载作用时,传给支承梁的荷载一般可按下述近似方法处理,即从每区格的四角分别作 45°线与平行于长边的中线相交,将整个板块分成四块面积,作用在每块面积上的荷载即为分配给相邻梁上的荷载。因此,传给短跨梁上的荷载形式是三角形,传给长跨梁上的荷载形式是梯形,见图 9-32。若双向板为正方形,则两个方向支承梁上的荷载形式均组成三角形。

2. 双向板支承梁的内力

梁上荷载确定后,可以求得梁控制截面的内力。当支承梁为单跨简支时,可按实际荷载直接计算支承梁的内力。当支承梁为连续的且跨度差不超过 10% 时,可将梁上的三角形或梯形荷载根据支座弯矩相等的条件折算成等效均布荷载 p_{eq}(见图 9-33)。利用附表查得支座弯矩系数,求出支座弯矩,然后,再按实际荷载求出跨中内力。

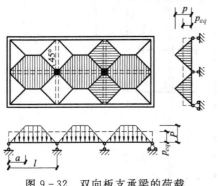

图 9-32 双向板支承梁的荷载

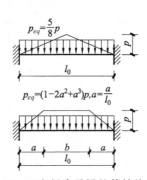

图 9-33 双向板支承梁的等效均布荷载

9.3.5 双向板肋梁楼盖设计实例

【例 9.2】 某商店现浇钢筋混凝土楼盖的平面布置如图 9-34 所示。四周为 240 mm 厚砖墙,梁的截面尺寸 $b \times h = 200 \text{ mm} \times 350 \text{ mm}$,楼面为 20 mm 厚水泥砂浆抹面,天棚采用 15 mm 厚混合砂浆抹灰,楼面活荷载标准值为 3 kN/m²。混凝土强度等级为 C25,钢筋采用 HPB300 级。要求按弹性理论方法进行板的设计,并绘出板的配筋图。

【解】 现浇板的长边与短边之比 $l_2/l_1 = 4200/3000 = 1.4 < 2$,按双向板设计。板厚 $h = l_1/50 = 3000/50 = 60 \text{ mm}$,按最小板厚取 $h = 80 \text{ mm}$。

1. 荷载计算

楼面面层　　　　　　$1.2 \times 0.02 \times 20 = 0.48 \text{ (kN/m}^2\text{)}$

板自重　　　　　　　$1.2 \times 0.08 \times 25 = 2.4 \text{ (kN/m}^2\text{)}$

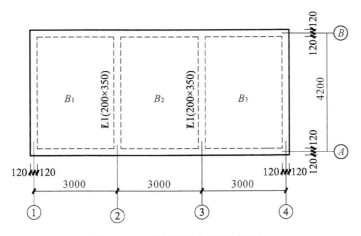

图 9-34 某楼盖结构平面布置图

板底抹灰	$1.2\times0.015\times17=0.31$（kN/m²）
恒荷载设计值	$g=3.19$ kN/m²
活荷载设计值	$q=1.4\times3=4.2$（kN/m²）
合计	$g+q=3.19+4.2=7.39$（kN/m²）

2.内力计算

按弹性理论计算双向板各区格板的弯矩。根据板的支承条件和几何尺寸,将双向板楼盖分为 B_1、B_2 两种区格。

(1)设计荷载。当求各区格板跨内最大弯矩时,按恒荷载均布及活荷载棋盘式布置考虑,将荷载分解为两部分,即:

$$g'=g+\frac{q}{2}=3.19+\frac{4.2}{2}=5.29\ (\text{kN/m}^2)$$

$$q'=\frac{q}{2}=\frac{4.2}{2}=2.1\ (\text{kN/m}^2)$$

在 g' 的作用下,区格板 B_1 和 B_2 的内支座均视为固定支座,周边砖墙视为简支支座;在 q' 作用下,板四边支座视为简支支座。计算各区格板跨内最大正弯矩时,取上述两者跨中弯矩之和。

当求各中间支座最大负弯矩时,按恒荷载及活荷载均布各跨计算,取荷载:

$$p=g+q=7.39\ \text{kN/m}^2$$

在 p 作用下,板 B_1 和 B_2 各内支座均可视为固定,边支座为简支。

(2)弯矩计算。

B_1 区格板跨度:

$$l_x=l_n+\frac{b}{2}+\frac{h}{2}=(3-0.1-0.12)+0.1+\frac{0.08}{2}=2.92\ (\text{m})$$

$$l_y=l_n+h=(4.2-0.24)+0.08=4.04\ (\text{m})$$

各种支承条件下对应的弯矩系数 α 值,结果见表 9-14(表中系数为泊松比 $\upsilon=1/6$),板中跨内最大正弯矩 $M_x(M_y)=\alpha_1 g'l_x^2+\alpha_2 q'l_x^2$,支座最大负弯矩 $M_x^0(M_y^0)=\alpha_3(g+q)l_x^2$。

$$M_x=0.0543\times5.29\times2.92^2+0.0708\times2.1\times2.92^2=3.72\ (\text{kN}\cdot\text{m})$$

$$M_y = 0.0248 \times 5.29 \times 2.92^2 + 0.0414 \times 2.1 \times 2.92^2 = 1.86 \ (\text{kN} \cdot \text{m})$$

$$M_x^0 = -0.1071 \times 7.39 \times 2.92^2 = -6.75 \ (\text{kN} \cdot \text{m})$$

表 9 - 14　B_1 区格的弯矩系数 α 值

l_x/l_y	支承条件及计算简图	跨中		支座	
		l_x 方向	l_y 方向	l_x 方向	l_y 方向
0.72		$a_1 = 0.054\ 3$	$a_1 = 0.0248$	$a_3 = -0.1071$	$a_3 = 0$
		$a_2 = 0.070\ 8$	$a_2 = 0.0414$	—	—

B_2 区格板跨度：$l_x = 3$ m　$l_y = 4.04$ m

各种支承条件下对应的弯矩系数 α 值,结果见表 9 - 15。

表 9 - 15　B_2 区格的弯矩系数 α 值

l_x/l_y	支承条件及计算简图	跨　中		支　座	
		l_x 方向	l_y 方向	l_x 方向	l_y 方向
0.74		$a_1 = 0.0441$	$a_1 = 0.0385$	$a_3 = -0.0973$	$a_3 = 0$
		$a_2 = 0.0685$	$a_2 = 0.0418$	—	—

$$M_x = 0.0441 \times 5.29 \times 3^2 + 0.0685 \times 2.1 \times 3^2 = 3.39 \ (\text{kN} \cdot \text{m})$$

$$M_y = 0.0385 \times 5.29 \times 3^2 + 0.0418 \times 2.1 \times 3^2 = 2.62 \ (\text{kN} \cdot \text{m})$$

$$M_x^0 = -0.0973 \times 7.39 \times 3^2 = -6.47 \ (\text{kN} \cdot \text{m})$$

3. 配筋计算

确定双向板截面有效高度:短跨方向跨中截面 $h_{01} = 80 - 20 = 60$ (mm);长跨方向跨中截面 $h_{02} = 80 - 20 - 10 = 50$ (mm);支座截面 $h_0 = 60$ mm。

由于楼盖四周为砖墙支承,故 B_1、B_2 区格板的跨中及支座截面的计算弯矩均不折减。为了便于计算,近似取 $\gamma_s = 0.95$,按 $A_s = \dfrac{M}{0.95h_0 f_y}$ 计算受拉钢筋面积。

截面配筋计算结果见表 9-16,双向板的配筋见图 9-35。

表 9-16 双向板的配筋计算

截面位置			h_0 /mm	M /kN·m	$A_s = \dfrac{M}{0.95h_0 f_y}$ /mm²	实配钢筋	实配面积 /mm²
跨中	B_1	短跨	60	3.72	311	φ8@150	335
		长跨	50	1.86	186	φ6@150	189
	B_2	短跨	60	3.39	283	φ8@180	279
		长跨	50	2.62	263	φ8@180	279
支座			60	6.75	564	φ10@140	561

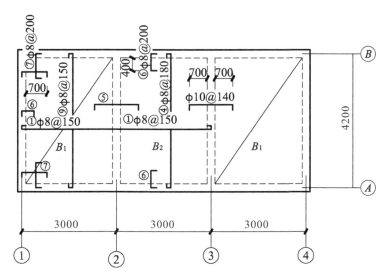

图 9-35 双向板配筋图($h = 80$ mm)

9.4 装配式楼盖

装配式楼盖具有施工速度快、节省材料和劳动力等优点,因此,在工业与民用建筑中,装配式楼盖应用非常广泛。在采用装配式楼盖时,应尽力使各种预制构件统一和标准化。

装配式楼盖主要是铺板式,即将预制板两端支承在砖墙或楼面梁上密铺而成。预制板的宽度根据安装时的起重条件及制造、运输设备的具体情况而定,预制板的跨度与房屋的进深和开间尺寸相配合。目前,我国各省均有标准图集供参考。

9.4.1 装配式楼盖的构件类型

装配式楼盖采用的构件形式很多,常用的有实心板、空心板、槽形板和预制梁等(见图9-36)。

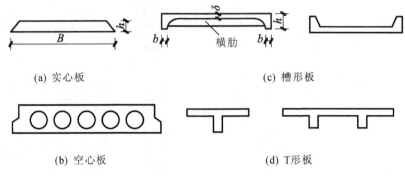

(a) 实心板 (c) 槽形板

(b) 空心板 (d) T形板

图9-36 常见的预制板形式

1. 实心板

实心板是最简单的一种楼面铺板,其主要特点是构造简单、施工方便,但自重大、抗弯刚度小。因此,实心板的跨度一般较小,往往为1.2~2.4 mm,如采用预应力板时,其最大跨度也不宜超过2.7 m,板厚一般为50~100 mm,板宽一般为500~800 mm。实心板上下表面平整,制作简单,且因跨度小,常用作走道板、架空搁板或地沟盖板等。

2. 空心板

空心板又叫多孔板,它具有刚度大、自重小、受力性能好等优点,又因其板底平整、施工简便、隔音效果较好,因此在预制楼盖中得到普遍应用。

空心板孔洞的形状有圆形、方形、矩形及椭圆形等,为了便于抽芯,一般采用圆形孔。

3. 槽形板

当板的跨度和荷载较大时,为了减轻板的自重,提高板的抗弯强度,可采用槽形板。槽形板由面板、纵肋和横肋组成,横肋除在板的两端必须设置外,在板的中部附近也要设置2~3道,以提高板的整体刚度。槽形板面板的厚度一般不小于25 mm,用于民用楼面时,板高一般为120 mm或180 mm,用于工业楼面时,板高一般为180 mm,肋宽为50~80 mm,常用跨度为1.5~6.0 m,常用板宽600 mm、900 mm和1200 mm。

4. 楼盖梁

楼盖梁可分为预制和现浇两种,按梁的尺寸及吊装能力确定。预制梁的截面形式通常有矩形、L形、花篮形和十字形等,如图9-37所示。由于L形和十字形截面梁在支承楼板时,可以减小楼盖的结构高度,所以这种形式的梁应用较普通,一般房屋的门窗过梁和工业房屋的连系梁也常用L形截面。一般房屋中的楼盖梁多为简支梁或外伸梁,有时也做成连续梁,多用矩形截面;当梁较高时,为满足净空要求,常做成花篮梁,可全部预制,也可做成叠合梁,这样有利于加强楼盖的整体性。

简支楼盖梁的截面高度一般取跨度的1/14~1/8。

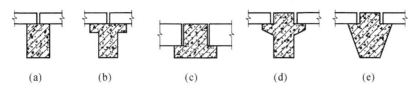

图 9-37 常见梁的截面形式

9.4.2 装配式楼盖构件的计算特点

预制构件的计算包括使用阶段的计算、施工阶段的验算和吊环的计算。

1. 使用阶段的计算

预制构件应按一般计算原理进行承载能力极限状态的计算和正常使用条件下的变形及裂缝宽度验算。

2. 施工阶段的验算

施工阶段要考虑构件在运输、堆放及吊装过程中的承载力、刚度和抗裂度。其中运输和堆放主要是采用构造措施防止开裂和破坏,吊装则须进行验算以保证其安全。

进行施工吊装验算的要点如下:

(1)按实际吊装的位置确定计算简图,然后计算内力。

(2)考虑振动作用,构件自重应乘以动力系数,动力系数可取 1.5,但根据构件吊装时的受力情况,可适当增减。

(3)进行吊装以及其他施工阶段的安全等级,可较其使用阶段的安全等级降低一级,但不得低于三级。对于安全等级为三级的结构构件,结构构件的重要性系数 $\gamma_0 = 0.9$。

3. 吊环计算

预制构件的吊环应采用 HPB 级钢筋制作,严禁使用冷加工钢筋。吊环埋入构件深度不应小于 $30\,d$,并应焊接或绑扎在钢筋骨架上。每个吊环可按两个截面计算;在构件的自重标准值作用下,吊环应力不应大于 $50\,N/mm^2$(构件自重的动力系数已考虑在内),计算公式为:

$$\sigma_s = G/2nA_s \leqslant 50\ N/mm^2 \tag{9.14}$$

式中,G——构件自重标准值;

A_s——每根吊环钢筋的截面面积;

n——受力吊环的数目,当一个构件上设有四个或四个以上吊环时,计算中仅考虑三个同时发挥作用。

9.4.3 装配式楼盖的连接构造

装配式楼盖的连接包括板与板间、板与墙(梁)间以及梁与墙的连接。

1. 位于非抗震设防区的连接构造

(1)板与板的连接:板的实际宽度比板宽标准尺寸小 10 mm,铺板后板与板之间下部就留有 10～20 mm 的空隙,上部板缝稍大,一般采用不低于 C15 的细石混凝土或不低于 M15 的水泥砂浆灌缝,如图 9－38(a)所示。

(2)板与支承墙或支承梁的连接:一般采用支承处坐浆和一定的支承长度来保证。坐浆厚度 10～20 mm;当板支承在砖墙上时,支承长度≥100 mm;在混凝土梁上时,支承长度≥80 mm,如图 9－38(d)所示。空心板两端的孔洞应用混凝土块堵实,避免在灌缝或浇筑混凝土面层时漏浆。

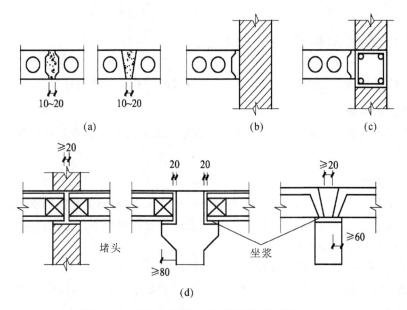

图 9－38　板与板及板与墙、梁的连接(单位:mm)

(3)板与非支承墙的连接:一般采用细石混凝土灌缝,如图 9－38(b)所示。当沿墙有混凝土现浇带时更有利于加强板与墙体的连接,板与支承墙的连接不仅起着将水平荷载传递给横梁的作用,还起着保证横墙稳定的作用。因此,当预制板的跨度不大于 4.8 m 时,往往在板的跨中附近配置锚拉筋,以加强其与横墙的连接。

(4)梁与砌体墙的连接:梁在砌体墙上的支承长度,应考虑梁内受力纵筋在支承处的锚固要求,并满足支承下砌体局部承载力的要求。当砌体局部承载力不足时,应按计算设置梁垫。预制梁的支承处应坐浆,必要时应在梁端设拉结钢筋。

2. 位于有抗震设防区的连接构造

对位于有抗震设防区的多层砌体房屋,当采用装配式楼盖时,在结构布置上尽量采用横墙承重或纵、横墙混合承重方案,使其具有合理的刚度和强度分布。

多层砖房楼盖的连接应符合下列要求:

(1)当圈梁未设在预制板的同一高程时,板端伸入外墙的长度不应小于 120 mm,伸入内墙的长度不宜小于 100 mm,且不应小于 80 mm,在梁上不应小于 80 mm。

(2)当板的跨度大于 4.8 m,并与外墙平行时,靠外墙的预制板侧边应与墙或圈梁拉结,板缝用 C20 细石混凝土填实。

(3)房屋端部大房间的楼盖,8 度时房屋的屋盖和 9 度时房屋的楼、屋盖,当圈梁设在板底时,预制板应相互拉结,并应与梁、墙或圈梁拉结。

(4)如遇圈梁位于预制板边的情况,此时应先搁置预制板,然后再浇筑圈梁。

当房屋虽然位于非抗震设防地区,但需要加强楼(屋)盖的整体性时,也可参考上述构造措施处理。

预制梁除应满足一般梁的构造要求外,还应注意以下几点:

(1)预留安装缝隙。确定构件长度时,应留出安装所需要的缝隙。缝隙的大小根据接头的不同而异:对于湿式接头,由于后浇混凝土和设置钢筋的需要,缝隙不宜小于 60 mm,一般取为 100~150 mm;对于干式接头,缝隙可减少至 20~30 mm。

(2)截面尺寸。为了制作方便,构件的外形尺寸应尽量一致,以改变构件含钢率的方法来达到承受不同荷载的目的。

(3)截面上钢筋的布置。对采用湿式接头的梁,截面上钢筋的布置应与柱中钢筋相适应。为避免梁内钢筋与柱纵筋相碰,一般梁的宽度应比柱的宽度减少 50 mm 以上。如果梁宽必须与柱宽相等时,则宜适当加大梁内钢筋的混凝土保护层厚度或者采用其他措施以避免钢筋相碰。

梁中负钢筋的根数和排列方式,应尽量做到固定。为适应不同承载力,可改变钢筋的直径或对称地减少钢筋的根数。与梁相交处的柱主筋如果是偶数,则梁的主筋根数最好也是偶数,或者同是奇数。

(4)适当加大架立钢筋的直径。对于湿式接头的梁,为避免由于焊接应力的影响在梁上部产生较大的裂缝,梁中架立钢筋的直径应适当加大,一般取不小于 16 mm,并且架立筋与端部负筋的搭接长度一般不少于 30 倍架立钢筋的直径。

9.5 楼 梯

楼梯是多层及高层房屋建筑的重要组成部分。一般由梯段、休息平台、栏杆(或栏板)几部分组成,其平面布置、踏步尺寸、栏杆形式等由建筑设计确定。由于钢筋混凝土的耐火、耐久性能均比其他材料制作的楼梯好,故在一般建筑中的楼梯以采用钢筋混凝土最为广泛。这种楼梯按施工方法的不同可分为现浇式和装配式楼梯;按梯段结构形式不同,又可分为板式楼梯、梁式楼梯,分别见图 9-39(a)、(b),以及螺旋式和剪刀式楼梯等。本节主要介绍现浇板式楼梯和梁式楼梯的计算及构造。

9.5.1 现浇板式楼梯

板式楼梯由梯段板、平台板和平台梁组成,见图 9-39(a)。梯段板是一块斜放的齿形板,板端支承在平台梁和楼层梁上,最下端的梯段可支承在地垄墙上。板式楼梯的下表面平整,施工支模方便,外观比较轻巧,一般适用于荷载不大、跨度较小(梯段板的水平投影在 3 m 以内)的楼梯。其缺点是:斜板较厚,约为水平长度的 1/30~1/25;当跨度较大时,材料用量较多。

板式楼梯的计算包括梯段板、平台板和平台梁的计算。

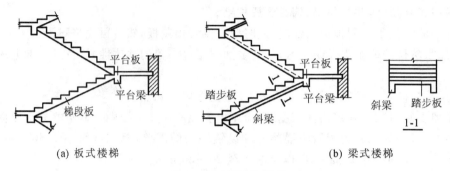

(a) 板式楼梯　　　　　　　　　　　　　　　(b) 梁式楼梯

图 9 - 39　楼梯的组成

1. 梯段板

　　梯段板的荷载包括恒载和活荷载。活荷载沿水平方向分布且竖直向下作用,恒载沿梯段板的倾斜方向分布。为使计算方便,一般将梯段板的斜向分布恒载换算成沿水平方向分布的均布荷载,然后再与活荷载叠加计算。

　　计算梯段板时,可取 1 m 宽板带或以整个梯段板作为计算单元,见图 9 - 40(a)。内力计算时,梯段斜板可简化为两端支承在平台梁的简支板,按简支梁计算。计算简图如图 9 - 40(b)、(c)所示。

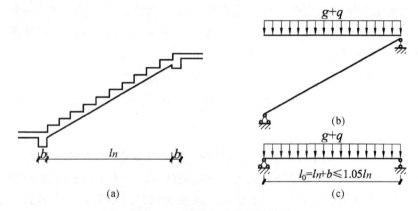

图 9 - 40　梯段板及其计算简图

　　由结构力学可知,在荷载相同、水平跨度相同的情况下,简支斜梁(板)在竖向荷载作用下,与相应的简支水平梁(板)的跨中最大弯矩相等,即:

$$M_{斜max} = M_{水平max} = \frac{1}{8}(g+q)l_0{}^2 \tag{9.15}$$

　　而简支斜梁(板)在竖向荷载作用下的最大剪力为:

$$V_{斜max} = V_{水平max}\cos\alpha = \frac{1}{2}(g+q)l_n\cos\alpha \tag{9.16}$$

式中,g,q——作用于梯段板上单位水平长度上分布的恒载和活荷载的设计值;

　　　　l_0,l_n——梯段板的计算跨度及净跨的水平投影长度,$l_0 = l_n + b$,b 为平台梁宽度;

　　　　α——梯段板的倾角。

　　同普通板一样,斜梯板不必进行斜截面受剪承载力验算,由于梯段板为斜向的受弯构件,在竖向荷载作用下除产生弯矩和剪力外,还将产生轴力,但其影响很小,设计时可不考虑。

梯段斜板中的受力钢筋按跨中最大弯矩进行计算。考虑斜板在支座处有负弯矩作用,支座截面负钢筋的用量一般不计算,可取与跨中截面配筋相同。梯段板的配筋可以采用分离式或弯起式。斜板正截面受弯承载力计算时,截面高度应垂直于斜面量取,取其齿形的最薄处。斜板与平台梁是整浇在一起的,并非铰接,平台梁对斜板的转动变形有一定的约束作用,即减少了斜板的跨中弯矩。故计算板的跨中弯矩时,可近似取 $M_{max} = (1/10)(g+q)l_0^2$。

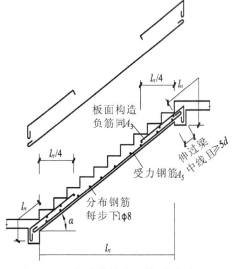

斜板的厚度一般取 $l/30 \sim l/25$,常用厚度为 $100 \sim 120$ mm。为避免斜板在支座处产生裂缝,应在板上面配置一定数量的钢筋,一般取为 $\phi8@200$ mm,离支座边缘距离为 $l_n/4$。斜板内分布钢筋可采用 $\phi6$ 或 $\phi8$,放置在受力钢筋的内侧,每级踏步不少于 1 根。图 9-41 为板式楼梯采用分离式配筋的构造图。

图 9-41 板式楼梯的配筋(分离式)

2. 平台板

平台板一般设计成单向板,可取 1 m 宽板带进行计算。当平台板两边都与梁整浇时,考虑梁对板的约束,板跨中弯矩可按 $M_{max} = (1/10)(g+q)l_0^2$ 计算;当平台板的一端与平台梁整体连接,另一端支承在砖墙上时,板跨中弯矩可按 $M_{max} = (1/8)(g+q)l_2^0$ 计算。考虑到板支座的转动会受到一定约束,一般应将板下部钢筋在支座附近

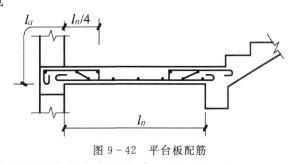

图 9-42 平台板配筋

弯起一半,或在板面支座处另配短钢筋,伸出支承边缘长度为 $l_n/4$,如图 9-42 所示。

3. 平台梁

平台梁承受平台板和斜板传来的均布荷载和平台梁自重,其计算及构造与一般梁相同,内力计算时可不考虑斜板之间的空隙,即荷载按全跨满布考虑,按简支梁计算。一般平台梁的截面高度取 $h \geq l_0/12$(l_0 为平台梁的计算跨度)。

9.5.2 现浇梁式楼梯

梁式楼梯由踏步板、斜梁、平台板和平台梁组成,梁式楼梯的踏步板支承在斜梁上,斜梁再支承于平台梁上。

梁式楼梯的优点是当梯段较长时较为经济,但支模和施工都较板式楼梯复杂,外观也显得笨重。

梁式楼梯的计算包括踏步板、斜梁、平台板和平台梁的计算。

1. 踏步板

踏步板两端支承在斜梁上,按两端简支的单向板计算。一般取一个踏步作为计算单元。踏步板为梯形截面,板截面计算高度可近似取平均高度 $h=(h_1+h_2)/2$。板厚一般不小于 30~40 mm,每一踏步一般需配置不少于 $2\phi6$ 的受力钢筋,沿斜向布置的分布筋直径不小于 $\phi6$,间距不大于 300 mm。

2. 梯段斜梁

梯段斜梁承受踏步板传来的荷载和自重。内力计算与板式楼梯的梯段斜板相同。

梯段梁按倒 L 形截面梁计算,踏步板下斜板为其受压翼缘,梯段梁的截面高度一般取 $h \geqslant l_0/20$(l_0 为斜梁水平投影计算跨度),梯段梁的配筋同一般梁。

3. 平台板与平台梁

梁式楼梯的平台板的计算与板式楼梯完全相同,平台梁的计算除梁上荷载形式不同外,设计也与板式楼梯相同,板式楼梯中梯段板传给平台梁的荷载为均布荷载,而梁式楼梯中梯段梁传给平台梁的荷载为集中荷载。

9.6　悬挑构件

钢筋混凝土悬挑构件主要有挑梁、雨篷和挑檐等,其受力情况与普通楼(屋)盖结构梁板构件有所不同。本节主要介绍雨篷和挑檐两种悬挑构件。

9.6.1　雨　篷

1. 雨篷的组成及受力特点

钢筋混凝土雨篷是房屋结构中最常见的悬挑构件,它有各种不同的结构布置方式。对悬挑长度大的雨篷,一般都有梁或柱支承雨篷板,可按普通梁板结构计算其内力。有时也将梁板式雨篷的支撑梁上翻,以使雨篷板底面形成平整的天棚。当雨篷沿外墙挑出长度不大时,一般采用悬臂板式雨篷。现以常见的悬臂板式雨篷为例,介绍这类构件的受力特点。

悬臂板式雨篷由雨篷板和雨篷梁组成。雨篷梁一方面支撑雨篷板,另一方面又兼作门过梁。这种雨篷在荷载作用下有三种破坏形态:

(1)雨篷板在支撑端受弯断裂而破坏。这主要是由于雨篷板作为悬臂板的抗弯力不足引起的,常因板面负筋数量不够或施工时板面负筋被踩下而造成。

(2)雨篷梁受弯、剪、扭而破坏。雨篷梁上的墙体及可能传来的楼盖荷载使雨篷梁受弯、受剪,而雨篷板传来的荷载还使雨篷梁受扭。雨篷梁受弯、剪、扭复合作用下,承载力不足时就会产生破坏。

(3)雨篷发生整体倾覆破坏。当雨篷板挑出过大,雨篷梁的上部荷载压重不足,就会产生整个雨篷的倾覆破坏。

2. 雨篷板的计算要点

钢筋混凝土雨篷板是悬臂板,应按受弯构件进行设计。板的根部板厚 h_1 可取 $l_n/12$(见图

9-43)。当雨篷板挑出长度 $l_n=(0.6\sim1)$ m 时,板根部厚度 h_1 通常不小于 70 mm,端部厚度不小于 50 mm;当挑出长度 $l_n\geqslant1.2$ m 时,板的根部厚度 h_1 不小于 80 mm。

在进行抗弯承载力计算时,雨篷板上的荷载可按下面两种情况考虑:①恒荷载+均布活荷载(0.5 kN/m²)或雪荷载(两者不同时考虑,取较大者)。②恒荷载+施工或检修集中荷载(沿板宽每隔 1 m 考虑一个 1 kN 的集中荷载,按作用于板端计算)。

雨篷板的计算简图参见图 9-43,其内力值可按材料力学的方法求出,雨篷板的配筋计算与普通板相同。

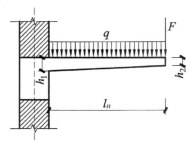

图 9-43 雨篷板的计算简图

3. 雨篷梁的计算要点

雨篷梁除支撑雨篷板传来的荷载外,还兼有过梁的作用,并承受雨篷梁上的墙体传来的荷载。雨篷梁宽度一般与墙厚相同,梁高可参照普通梁的高跨比确定,通常为砖的皮数。为防止板上雨水沿墙缝渗入墙内,往往在梁顶设置高过板顶 60 mm 的凸块(见图 9-44)。

作用在雨篷梁上的荷载主要有以下几种:

(1)雨篷梁自重、粉刷等均布恒荷载;

(2)雨篷板传来的荷载(包括板上均布荷载及施工检修集中荷载);

(3)雨篷梁上的墙体重量,按砌体结构中过梁荷载的规定计算;

(4)应计入的楼面梁板荷载,按过梁荷载的有关规定确定。

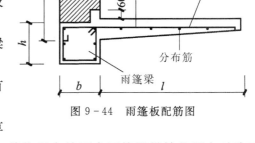

图 9-44 雨篷板配筋图

雨篷梁的荷载确定后,可按一般简支梁计算该梁的弯矩和剪力。但是由于雨篷板传来的荷载,其作用点并不在雨篷梁纵轴的竖向对称面上,因此这些荷载除使梁产生弯曲外,还会产生扭矩,按材料力学原理可求得梁端最大扭矩。因此,雨篷梁应按弯、剪、扭复合受力构件进行设计,梁中的纵向受力钢筋和箍筋应按弯、剪、扭构件的抗力计算,并按构造要求配置。

4. 雨篷的抗倾覆验算

雨篷除进行承载力计算外,为了防止发生倾覆破坏,还应对其进行整体抗倾覆验算。如图9-45 所示,雨篷板上的荷载有可能使整个雨篷绕梁底的旋转点 O 转动而发生倾覆破坏;另一方面,压在雨篷梁上的墙体和其他梁板的压重又有阻止雨篷倾覆的作用。雨篷板上的荷载对 O 点的力矩为倾覆力矩 M_{ov},而雨篷梁自重、梁上墙重以及梁板传来的荷载之合力 G_r 对 O 点的力矩则构成抗倾覆力矩 M_r。进行抗倾覆验算应满足的条件是

$$M_r \geqslant M_{ov} \tag{9.17}$$

M_r 为抗倾覆力矩设计值,可按下式计算

$$M_r = 0.8G_r(l_2 - x_0) \tag{9.18}$$

式中,0.8——抗倾覆计算时的恒荷载分项系数;

G_r——雨篷的抗倾覆荷载,可取雨篷梁尾端上部 45°扩散角范围(其水平长度为 l_3)内的墙体与楼面恒荷载标准值之和,$l_3=l_n/2$;

l_2——$G_{r距}$ 墙外边缘的距离，$l_2 = l_1/2$，l_1 为雨篷梁上墙体的厚度；

x_0——计算倾覆点至墙外边缘的距离，一般取为 $0.13l_1$。

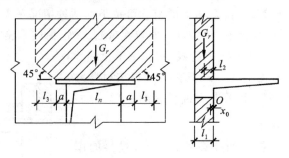

图 9-45 雨篷的抗倾覆荷载

如抗倾覆不满足要求，可适当增加雨篷梁两端的支承长度 a，以增加压在梁上的恒荷载值或采取其他拉接措施。

5.雨篷的配筋构造

雨篷板的配筋按悬臂板设计，板中受力钢筋放在板面上部并伸入到雨篷梁内且满足不小于受拉钢筋锚固长度 l_a 的要求。在垂直于受拉钢筋方向应按构造要求设置分布钢筋，并放在受力钢筋的内侧。雨篷梁是按弯、剪、扭构件设计配筋的，梁中纵向受力钢筋受弯和受扭钢筋间距不应大于 200 mm 及梁截面的短边长度，伸入支座内的钢筋锚固长度为 l_a；雨篷梁内箍筋受扭和受剪，必须按抗扭钢箍制作，箍筋末端应做成 135°弯钩，弯钩平直段长度不应小于 $10d$。雨篷的具体配筋构造如图 9-44 所示。

9.6.2 挑 檐

挑檐是一种小型悬挑构件，一般因屋顶檐口处建筑造型的要求而设计。挑檐由檐沟梁、檐沟底板与侧板组成（见图 9-46）。

檐沟底板是悬臂板，其受力特点同雨篷板。当檐沟的侧板较高时，还应考虑风荷载对底板内力的影响。底板厚度不应小于 60 mm，且不宜小于侧板厚度；当挑出长度大于 500 mm 时，底板厚度不宜小于挑出长度的 1/12，且不应小于 80 mm。

檐沟侧板的配筋一般不必计算，可按构造要求将底板中的受力钢筋向上弯折而成。但当侧板较高时，应按受弯悬臂板计算弯矩值，荷载宜考虑积水时的水压力和风荷载的组合。檐沟侧板厚度不宜小于 60 mm，当侧板高度较大时，不宜小于净高的 1/12。

檐沟梁的受力特点同雨篷梁，当抗倾覆不能满足要求时，常利用屋面圈梁作拖梁来加强檐沟梁的稳定性。

挑檐板及梁的其他构造要求同雨篷。挑檐的配筋构造如图 9-46 所示。

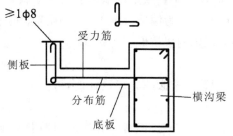

图 9-46 挑檐配筋图

小 结

1.混凝土楼盖按施工方法可分为现浇式、装配式和装配整体式楼盖三种,现浇混凝土楼盖主要有单向板肋梁楼盖、双向板肋梁楼盖、井字楼盖、无梁楼盖等四种形式。单向板肋梁楼盖结构平面布置方案有主梁沿房屋横向布置,沿房屋纵向布置,只设次梁不设主梁三种。

2.在弹性理论计算单向板楼盖内力中,需考虑活荷载的最不利位置,用查表法计算内力,画出内力包络图。绘制内力包络图的目的,在于合理确定纵向受力钢筋弯起和截断的位置,也可以检查构件截面承载力是否可靠,材料用量是否节省。

3.塑性计算法是考虑材料塑性变形引起的结构内力重分布来计算连续梁内力的方法。在钢筋混凝土超静定结构中,每出现一个塑性铰将减少一个多余约束,一直到出现足够数目的塑性铰致使超静定结构的整体或局部形成破坏机构,结构才丧失其承载能力。塑性铰是内力重分布的主要原因,构件塑性变形集中发展的结果。对单向板肋梁楼盖中的连续板、梁,当考虑塑性内力重分布理论分析结构内力时,采取弯矩调幅法将支座弯矩调低后,经过综合分析计算再得到连续梁各截面的内力值。塑性计算法能正确反映材料的实际性能,节约钢筋,便于施工。

4.连续梁、板截面设计特点及配筋构造要求。板按塑性内力重分布法计算内力,取1m板宽为计算单元,计算跨中和支座弯矩时应考虑内拱作用,板内的钢筋分为受力钢筋和板中构造钢筋,可不进行斜截面抗剪承载力计算;次梁的内力计算一般按塑性理论计算方法,正截面计算中通常跨中按T形截面计算,支座按矩形截面计算。斜截面抗剪承载力计算一般可仅配置箍筋抗剪;主梁的内力计算通常采用弹性计算法,主梁主要承受由次梁传来的集中荷载以及自重折算成的荷载,主梁正截面承载力跨中正弯矩按T形截面计算,支座负弯矩则按矩形截面计算,并且满足主梁的构造要求。

5.双向板的内力计算常采用弹性计算法,包括单跨板和多跨连续双向板的计算;在配筋计算中考虑板的内拱作用,其计算弯矩按双向板区格位置予以折减,且满足双向板的构造要求。

6.装配式楼盖常采用有实心板、空心板、槽形板和预制梁等,预制构件的计算包括使用阶段的计算、施工阶段的验算和吊环的计算,装配式楼盖的连接包括板与板间、板与墙(梁)间以及梁与墙的连接。

7.现浇板式楼梯和现浇梁式楼梯的内力计算及配筋构造。板式楼梯的计算包括梯段板、平台板和平台梁的计算,梁式楼梯的计算包括踏步板、斜梁、平台板和平台梁的计算。

8.钢筋混凝土雨篷由雨篷板和雨篷梁组成,按受弯构件设计,包括雨篷板和雨篷梁的计算要点、抗倾覆验算和配筋构造。

思考与练习

1.简述钢筋混凝土梁板结构设计的一般步骤。

2.钢筋混凝土楼盖有哪几种类型,并说明它们各自的受力特点和适用范围。

3.什么是活荷载的最不利布置？活荷载最不利布置的规律是怎样的？

4.现浇单向板肋形楼盖中的板、次梁和主梁，当其内力按弹性理论计算时，如何设计其计算简图？当按塑性理论计算时，其简图又如何确定？如何绘制主梁的弯矩包络图？

5.试比较钢筋混凝土塑性铰与结构力学中的理想铰有何异同。

6.试比较内力重分布和应力重分布。

7.理想铰和塑性铰由哪些不同？

8.什么是单向板、双向板？肋形楼盖中的区格板，实际属于哪一类受力特征？

9.试绘出四边简支矩形板裂缝出现和开展的过程及破坏时板底裂缝分布的示意图。

10.什么是弯矩调幅？考虑塑性内力重分布计算钢筋混凝土连续梁的内力时，为什么要控制弯矩调幅？

11.考虑塑性内力重分布计算钢筋混凝土连续梁时，为什么要限制截面受压区的高度？

12.现浇单向板肋形楼盖中，板、次梁和主梁的配筋计算及构造有哪些要点？

13.利用单跨双向板弹性弯矩系数计算连续双向板跨中最大弯矩和最小负弯矩时，采用了哪些假定？

14.常用楼梯有哪几种类型？它们的优缺点及适用范围有何不同？如何确定楼梯各组成构件的计算简图？

15.简述雨篷的受力特点和设计方法。

16.五跨连续板的内跨板带如图 9-47 所示，板跨为 2.1 m，恒荷载标准值 $g_k = 2.8$ kN/m^2，活荷载标准值 $q_k = 3.5$ kN/m^2；混凝土强度等级为 C20，钢筋为 HPB300 级；次梁截面尺寸 $b \times h = 200$ mm$\times 450$ mm。试考虑塑性内力重分布设计钢筋混凝土连续板，并绘出配筋图。

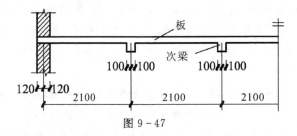

图 9-47

17.已知一两端固定的单跨梁，计算跨度 $l_0 = 6.0$ m，截面尺寸为 200 mm$\times 500$ mm，采用 C25 级混凝土。现在支座和跨中各配置 3ϕ18 受力钢筋。试分别按弹性方法和塑性内力重分布方法求该梁所能承受的均布荷载设计值。

18.某现浇楼盖为单向板肋形楼盖，为两跨单向连续板，搁置于 240 mm 厚砖墙上。连续板左跨净跨度为 3 m，右跨净跨度为 4 m，板顶和板底粉刷重量总计 0.8 kN/m^2，板上活荷载标准值为 3 kN/m^2。试设计此板。

课题 10

单层厂房结构

学习要点

1. 单层厂房的结构组成和主要结构构件
2. 单层厂房结构的传力途径、柱网布置及变形缝设置原则
3. 厂房中的支撑及作用、支撑的布置原则
4. 厂房围护结构抗风柱、圈梁、连系梁、基础梁等作用与布置
5. 单厂计算单元的划分及计算简图
6. 排架上的荷载及其取值与计算
7. 各荷载作用下排架内力计算方法
8. 排架内力组合及组合原则
9. 柱截面设计及施工阶段验算
10. 牛腿的受力特点、截面尺寸确定、钢筋计算及钢筋的构造
11. 柱下独立基础的配筋构造要求

10.1 单层厂房结构的组成和布置

10.1.1 单层厂房的结构形式

钢筋混凝土单层厂房按主要承重结构的形式来分,有排架结构和刚架结构两种。

(1)排架结构。排架结构由屋架(或屋面梁)、柱和基础组成,其特点是排架柱顶与屋架(屋面梁)铰接,柱底与基础刚接(见图 10-1)。

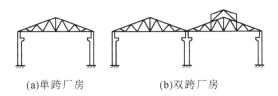

(a)单跨厂房　　　　(b)双跨厂房

图 10-1　钢筋混凝土排架结构单层工业厂房

(2)刚架结构。刚架结构的特点是屋架(或屋面梁)与柱刚接,而柱与基础为铰接。根据厂房跨度的不同,可采用两铰门式刚架或三铰门式刚架(见图 10-2)。

本章主要介绍钢筋混凝土排架结构单层工业厂房。

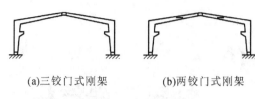

(a)三铰门式刚架　　　　(b)两铰门式刚架

图 10-2　钢筋混凝土刚架结构单层工业厂房

10.1.2　单层厂房的结构组成

单层厂房结构通常由下列结构构件组成并相互连接成整体(见图 10-3)。

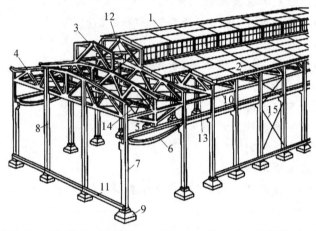

1—屋面板;2—天沟板;3—天窗架;4—屋架;5—托架;6—吊车梁;7—排架柱;
8—抗风柱;9—基础;10—连系梁;11—基础梁;12—天窗架垂直支撑;
13—屋架下弦横向水平支撑;14—屋架端部垂直支撑;15—柱间支撑

图 10-3　厂房结构组成

1. 承重结构

承重结构构件包括屋面板、天窗架、屋架、柱、吊车梁和基础等,这些构件又分别组成屋盖结构、横向平面排架、纵向平面排架结构。

(1)屋盖结构。屋盖结构分为有檩体系和无檩体系。有檩体系由小型屋面板、檩条和屋架(包括屋盖支撑)组成;无檩体系由大型屋面板、屋架或屋面梁(包括屋盖支撑)组成,有时为满足工艺要求需抽柱时,还设有托架。单层厂房中多采用无檩屋盖。

屋盖结构的主要作用是承受屋面活荷载、雪载、自重以及其他荷载,并将这些荷载传给排架柱。屋盖结构的组成有屋面板、天沟板、天窗架、屋架或屋面梁、托架及屋盖支撑。

(2)横向平面排架。横向平面排架由横梁(屋架或屋面梁)、横向柱列和基础组成,承担着厂房的主要荷载,包括屋盖荷载(屋盖自重、雪荷载及屋面活荷载等)、吊车荷载(竖向荷载及横向水平荷载)、横向风荷载及纵横墙(或墙板)的自重等,并将其传至基础和地基。其中,排架柱是主要的受力构件。

(3)纵向平面排架。纵向平面排架由纵向柱列、连系梁、吊车梁、柱间支撑和基础等组成,其作用是保证厂房结构的纵向刚度和稳定性,并承受屋盖结构(通过山墙和天窗端壁)传来的纵向风荷载、吊车纵向制动力、纵向地震作用等,再将其传至地基。纵向平面排架中的吊车梁,具有承受吊车荷载和联系纵向柱列的双重作用,也是厂房结构中的重要组成构件。

2. 围护结构

围护结构包括纵墙和横墙(山墙)及由连系梁、抗风柱(有时还有抗风梁或抗风桁架)和基础梁等组成的墙架。这些构件所承受的荷载,主要是墙体和构件的自重以及作用在墙面上的风荷载。厂房围护墙面积大且薄,为保证稳定,需紧贴山墙的内墙面设置专门的抗风柱;纵墙面则可以紧贴排架柱砌筑,以加强墙体抵抗风荷载的能力。

10.1.3 单层厂房的荷载传递

单层厂房结构所承受的荷载分为竖向荷载和水平荷载两大类。竖向荷载包括屋面上的恒载、活载、各承重结构构件及围护结构等非承重构件自重、吊车自重及吊车竖向活荷载等。水平荷载包括横向及纵向风载、吊车的横向水平荷载和纵向水平荷载以及水平地震作用等。单层厂房结构的传力途径见图10-4的单层厂房荷载传递路线示意图。

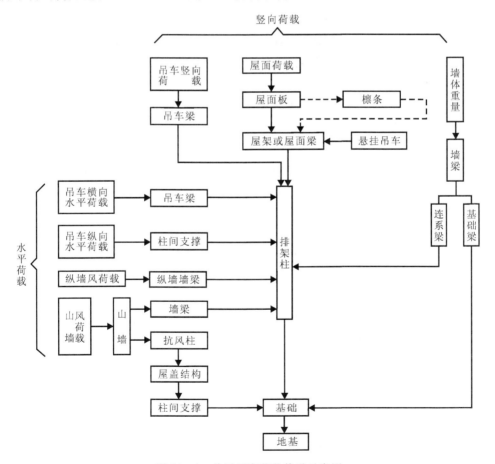

图10-4 单层厂房荷载传递示意图

单层厂房结构是由许多结构构件相互连接而形成的空间受力体系,为简化计算,一般可将厂房结构沿纵、横向两个主轴方向分成横向排架结构和纵向排架结构。

屋架、柱和基础组成的横向排架结构是单层厂房的主要承重构件,承受厂房的主要荷载,须有足够的强度和刚度,以满足使用要求。因此,必须通过结构计算进行主要承重构件的设计。

纵向排架结构由屋面板、吊车梁、纵向柱列及柱间支撑组成。由于纵向排架所承受的荷载较小,纵向柱子数量较多,因而厂房纵向刚度较大,一般情况下不必计算纵向排架,仅采用一些构造措施即可。

10.1.4 单层厂房的结构布置

单层工业厂房的结构布置主要是柱网布置,变形缝的设置,吊车梁、连系梁、圈梁、过梁和基础梁等构件的布置,抗风柱及支撑系统的布置等。

1.柱网布置

厂房承重柱(或承重墙)的纵向和横向定位轴线在平面上排列所形成的网格,称为柱网。柱网布置就是确定柱子纵向定位轴线之间的距离(跨度)和横向定位轴线之间的距离(柱距)。柱网布置既是确定柱的位置,也是确定屋面板、屋架(或屋面梁)和吊车梁等构件跨度的依据,并涉及厂房其他结构构件的布置。因此,柱网布置是否恰当,将直接影响厂房结构的经济合理性和先进性,也和生产使用密切相关。

柱网布置的一般原则是:符合生产工艺和正常使用的要求;建筑和结构方案经济合理;在施工方法上具有先进性和合理性;符合厂房建筑统一化、标准化的基本原则;适应生产发展和技术进步的要求。

定位轴线的确定原则:纵向定位轴线对于边柱,一般取柱外侧边,中柱取柱中心;横向定位轴线取柱中心。但对于厂房两端的第1根横向定位轴线,应取山墙内侧边,排架柱分别内移600 mm,如图10-5所示。

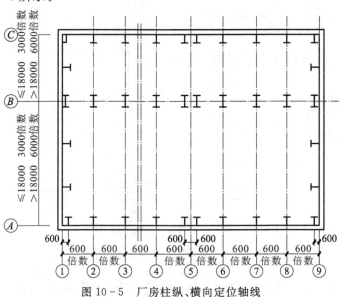

图 10-5 厂房柱纵、横向定位轴线

厂房跨度在 18 m 以下时,应采用 3 m 的倍数;在 18 m 以上时,应采用 6 m 的倍数(见图 10-5)。当工艺布置和技术经济有明显优越性时,也可采用 3 m 的倍数(如 9 m、15 m、21 m、27 m 和 33 m 的跨度)或其他柱距。厂房柱距应采用 6 m 或 6 m 的倍数(见图 10-5)。

2. 变形缝设置

变形缝又分为伸缩缝、沉降缝和防震缝三种。

(1)伸缩缝。当房屋的长度或宽度过大时,为减小房屋结构中的温度应力,应设置伸缩缝。沿厂房的横向伸缩缝应从基础顶面开始,将相邻两个温度区段的上部结构构件完全分开,并留出一定宽度的缝隙,使上部结构在温度变化时,沿纵向可自由变形。伸缩缝处应采用双排柱、双屋架(屋面梁),伸缩缝处双柱基础可不分开,可做成连在一起的双杯口基础。

房屋伸缩缝的做法如下:从基础顶面开始,设竖向缝隙将相邻区段的上部结构彻底分开,其目的是使过长的房屋平面分隔成几个尺寸较小的独立变形单元,每个单元的变形积累不致过大,以避免危害;另外,缝隙应具有一定宽度,以使变形积累值在缝隙宽度范围内自由伸缩。每个独立变形单元又称为一个温度区段,温度区段的最大长度取决于结构类型和温差,有关规范对钢筋混凝土结构伸缩缝最大间距作了规定。伸缩缝最大间距见表 10-1。

表 10-1 伸缩缝的最大间距　　　　　　　　　　　　　　单位:m

结构类型	施工方法	最大间距	结构类型	施工方法	最大间距
排架结构	装配式	100	框架结构	现浇	55
		70(露天时)	剪力墙结构	现浇	45

(2)沉降缝。当相邻厂房高度相差悬殊(10 m 以上)、地基土的压缩性有显著差异、厂房结构(或基础)类型有明显不同、厂房各部分的施工时间先后相差较长时,为避免由于地基不均匀沉降在结构中产生附加应力使结构破坏,应设置沉降缝。沉降缝应从屋顶至基础完全分开,以使缝两侧结构发生不同沉降时互不影响,从而保证房屋的安全和使用功能。沉降缝的最小宽度不得小于 50 mm,沉降缝可兼做伸缩缝。

沉降缝的做法是将建筑物从基础到屋顶完全分开,形成独立的沉降单元,从而防止因不均匀沉降造成结构过大附加应力和附加变形引发的事故。

(3)防震缝。防震缝两侧的上部结构应彻底分开,并且应设置较大缝隙宽度,以适应缝隙两侧结构物不同频率和振幅的振动。

缝隙宽度的要求一般为防震缝>沉降缝>伸缩缝。进行多缝合一设计时,对于震区房屋,应满足防震缝宽度要求;当考虑有沉降缝时,必须将基础分开。防震缝是为了减轻地震震害而采取的措施之一,当成幢厂房邻跨高度相差悬殊、厂房结构类型和刚度有明显不同时,应设置防震缝将房屋划分为简单规则的结构单元,使其在地震作用下互不影响。

3. 支撑的作用与布置

支撑的主要作用是加强厂房结构的空间刚度,保证结构构件在安装和使用阶段的稳定和安全,有效传递纵向水平荷载(风荷载、吊车纵向水平荷载及地震作用等);同时还起着把风荷载、吊车水平荷载和水平地震作用等传递到相应承重构件的作用。单层厂房的支撑体系包括屋盖支撑和柱间支撑。

（1）屋盖结构支撑系统。支撑的主要作用是在屋盖安装施工阶段，保证屋架等构件具有足够的平面外稳定性；在房屋使用阶段，保证屋盖结构具有足够的整体稳定性及其空间刚度，以使屋盖结构可靠地传递水平力。

支撑系统的布置是以每个温度区段为单元考虑的，其布置原则是：结合厂房的具体情况，在每个温度区段纵向柱列的第一或第二柱间的相应屋架之间设置上弦横向水平支撑、下弦横向水平支撑、垂直支撑等，这样连同屋架、屋面板一起，构成刚度较大的空间结构，称为一个刚性框。

沿屋盖结构纵向，在屋架上弦和下弦平面内，设置一道或几道通长系杆，将中间各榀屋架与两端刚性框联系起来，形成完整的屋盖结构支撑系统。

①上弦横向水平支撑。屋盖上弦横向水平支撑系指布置在屋架上弦（或屋面梁上翼缘）平面内的水平支撑，是由交叉角钢和屋架上弦杆组成的水平桁架，布置在厂房端部及温度区段两端的第一或第二柱间，如图 10-6 所示。其作用是增强屋盖的整体刚度，保证屋架上弦或屋面梁上翼缘的侧向稳定，将山墙抗风柱传来的风荷载传至两侧柱列上。

对跨度较大的无檩体系屋盖且无天窗时，若采用大型屋面板且与屋架有可靠连接（有三点焊牢且屋面板纵肋间的空隙用 C15 或 C20 细石混凝土灌实），则可认为屋面板能起到上弦横向水平支撑的作用，而不需设置上弦横向水平支撑。

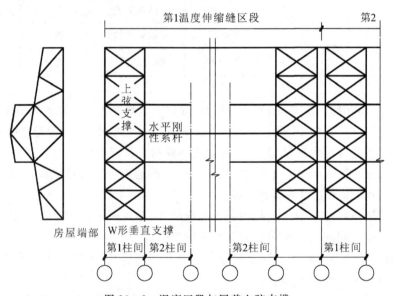

图 10-6　温度区段与屋盖上弦支撑

②屋盖下弦水平支撑。屋盖下弦水平支撑系指布置在屋架下弦平面内的水平支撑，包括下弦横向水平支撑和下弦纵向水平支撑（见图 10-7）。

下弦横向水平支撑的作用是承受垂直支撑传来的荷载，并将山墙风荷载传递至两旁柱上。

设置下弦横向水平支撑的目的是作为屋盖垂直支撑的支点，将屋架下弦受到的纵向水平荷载传至纵向排架柱列，防止下弦杆产生振动。当厂房跨度 $L \geqslant 18$ m 时，宜设于厂房端部及伸缩缝处第一柱间，如图 10-7 所示。

屋盖下弦纵向水平支撑是由交叉角钢等钢杆件和屋架下弦第一节间组成的水平桁架。其

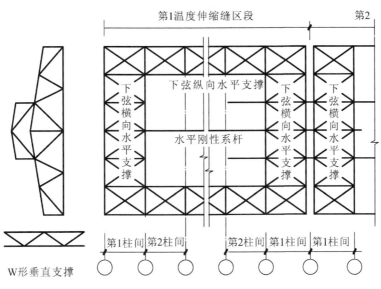

图 10-7 温度区段与屋盖下弦支撑

作用是加强屋盖结构在横向水平面内的刚度,保证横向水平荷载的纵向分布,增强各排架间的空间作用。在屋盖设有托架时,还可以保证托架上翼缘的侧向稳定,并将托架区域内的横向水平荷载有效地传到相邻柱上。当设置下弦纵向水平支撑时,为保证厂房空间刚度,必须同时设置相应的下弦横向水平支撑,形成封闭的水平支撑系统(见图 10-7)。

③屋架(或屋面梁)间垂直支撑和水平系杆。垂直支撑是指在相邻两榀屋架之间由角钢与屋架的直腹杆组成的垂直桁架。垂直支撑和水平系杆的作用是保证屋架在安装和使用阶段的侧向稳定,防止在吊车工作时屋架下弦的侧向颤动;上弦水平系杆则可保证屋架上弦或屋面梁受压翼缘的侧向稳定。

④天窗架支撑。天窗架支撑包括设置在天窗两端第一柱间的上弦横向水平支撑和沿天窗架两侧边设置的垂直支撑。其作用是保证天窗架上弦的侧向稳定,将天窗端壁上的风荷载传递给屋架。

天窗架支撑应设置在天窗架两端的第一柱距内,一般与屋架上弦横向水平支撑布置在同一柱间。

(2)柱间支撑系统。柱间支撑是由交叉的型钢和相邻两柱组成的立面桁架,柱间支撑按其位置分为上柱柱间支撑和下柱柱间支撑,其分别位于吊车梁上部和下部。

柱间支撑的主要作用是增强厂房的纵向刚度和稳定性;承受由山墙传来的风荷载、由屋盖结构传来的纵向、水平地震作用以及由吊车梁传来的纵向、水平荷载,并将它们传至基础。柱间支撑一般设置在伸缩缝区段两端与屋盖横向水平支撑相对应的柱距以及伸缩缝区段中央或临近中央的柱距,并在柱顶设置通长的刚性连系杆以传递水平作用力。

柱间支撑一般采用交叉钢斜杆组成,交叉杆件的倾角在 $35°\sim55°$ 之间。当柱间因交通、设备布置或柱距较大而不能采用交叉斜杆式支撑时,可采用门架式支撑。

4. 抗风柱的布置

单层厂房的端墙(山墙)受风荷载的面积较大,一般需设置抗风柱将山墙分成几个区格,使墙面受到的风荷载,一部分(靠近纵向柱列的区格)直接传给纵向柱列,另一部分则经抗风柱上端通过屋盖结构传给纵向柱列和经抗风柱下端直接传给基础。

当厂房高度和跨度均不大(如柱顶在 8 m 以下,跨度为 9～12 m)时,可在山墙设置砖壁柱作为抗风柱;当高度和跨度均较大时,一般都设置钢筋混凝土抗风柱。前者在山墙中,后者设置在山墙内侧,并用钢筋与之拉接(见图 10-8)。在很高的厂房中,为减少抗风柱的截面尺寸,可加设水平抗风梁,见图 10-8(a)或钢抗风桁架,作为抗风柱的中间铰支点。

抗风柱一般与基础刚接,与屋架上弦铰接,根据具体情况,也可与下弦连接或同时与上、下弦连接。抗风柱与屋架连接必须满足两个要求:一是在水平方向必须与屋架有可靠的连接,以保证有效地传递风荷载;二是在竖向脱开,并且允许两者之间有一定相对位移的可能性,以防厂房与抗风柱沉降不均匀时产生的不利影响。因此,抗风柱和屋架一般采用竖向可移动、水平向又有较大刚度的弹簧板连接,见图 10-8(b);如厂房沉降较大时,则采用通长圆孔的螺栓进行连接,见图 10-8(c)。

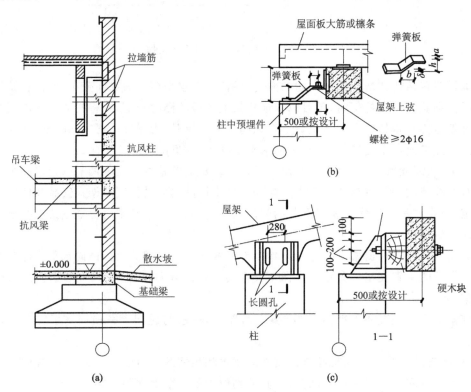

图 10-8　钢筋混凝土抗风柱构造

5. 圈梁、连系梁、过梁和基础梁的布置

当用砖砌体作为厂房围护墙时,一般要设置圈梁、连系梁、过梁和基础梁。

圈梁的作用是将墙体同厂房柱箍在一起,加强厂房的整体刚度,防止由于地基的不均匀沉降或较大振动荷载对厂房引起的不利影响。圈梁设在墙内,并与柱用钢筋拉接。

圈梁的布置与墙体高度、对厂房的刚度要求及地基情况有关。一般单层厂房可参照下列原则布置:

(1)对无桥式吊车的厂房,当砖墙厚 $h \leqslant 240$ mm、檐口高程为 5~8 m 时,应在檐口附近布置一道圈梁,当檐高>8 m 时,宜适当增设圈梁。

(2)砌块及料石砌体,檐口高程为 4~5 m 时,应设置圈梁一道,檐口高程>5 m 时,宜适当增设。

(3)对有吊车或较大振动设备的单层工业房屋,除在檐口或窗顶标高处设置现浇钢筋混凝土圈梁外,在吊车梁顶面高程处或其他适当位置增设。

圈梁应连续设置在墙体的同一平面上,并尽可能沿整个建筑物形成封闭状。当圈梁被门窗洞口截断时,应在洞口上部墙体内设置一道附加圈梁(过梁),其截面尺寸应不小于被截断的圈梁。

连系梁的作用是连系纵向柱列,以增强厂房的纵向刚度,并将风荷载传给纵向柱列,此外,连系梁还承受其上墙体的重力。连系梁通常是预制的,两端搁置在柱牛腿上,用螺栓连接或焊接。

过梁的作用是承托门窗洞口上部墙体的重力。

在进行厂房结构布置时,应尽可能将圈梁、连系梁、过梁结合起来,起到两种或三种构件的作用,以节约材料,简化施工。

在一般厂房中,通常用基础梁来承受围护墙体的重力,而不另做墙基础。基础梁底部距土层表面预留 100 mm 的空隙,使梁可随柱基础一起沉降。当基础梁下有膨胀性土时,应在梁下铺一层干砂、碎砖或矿渣等松散材料,并留 50~150 mm 的空隙,防止土壤冻胀时将梁顶裂。基础梁与柱一般可不连接,直接搁置在基础杯口上,见图 10-9(a);当基础埋深较深时,则搁置在基顶的混凝土垫块上,见图 10-9(b)。施工时,基础梁支承处应坐浆。基础梁一般设置在室内地坪以下 50 mm 高程处,见图 10-9(c)。当厂房不高、地基比较好,柱基础又埋得较浅时,也可不设基础梁,而做砖石或混凝土基础。

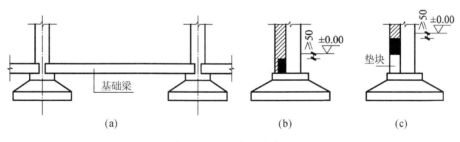

图 10-9 基础梁的布置

10.2 排架计算

单层厂房排架结构实际上属于一空间结构体系,设计时为简化计算,将厂房结构沿纵、横两个主轴方向,按横向和纵向平面排架分别计算,即假定纵、横向排架之间互不影响,各自独立工作。但由于横向平面排架承受厂房的主要荷载,纵向平面排架一般可不必计算。纵向平面排架是由柱列、基础、连系梁、吊车梁和柱间支撑等组成。由于纵向平面排架的柱较多,抗倒刚度较大,每根柱承受的水平力不大,因此往往不必计算。仅当抗侧刚度较差、柱较少、需要考虑水平地震作用时才 计算。由于纵向柱子数量较多,并有吊车梁和连系梁等多道联系,又有柱间支撑的有效作用,因此纵向排架中构件的内力通常不大。当设计不考虑地震时,一般可不进行纵向平面排架计算。这样单层厂房排架结构的计算就简化成为横向平面排架计算。

排架计算是为柱和基础设计提供内力数据的,其主要内容为:确定计算简图、荷载计算、柱控制截面的内力分析和内力组合。必要时,还应验算排架的水平位移值。

10.2.1　排架计算简图

1.计算单元

单层工业厂房横向排架沿厂房纵向一般为等间距均匀排列,作用于厂房上的各种荷载(吊车荷载除外)沿厂房纵向基本为均匀分布,计算时可以通过任意相邻纵向柱距的中心线截取出有代表性的一段作为整个结构的横向平面排架的计算单元,如图 10-10(a)中的阴影部分所示。除吊车等移动荷载以外,阴影部分就是排架的负荷范围,或称从属面积。

2.基本假定

确定计算简图时,对平面排架作以下假定:①柱上端与屋架(或屋面梁)为铰接;②柱下端固接于基础顶面;③排架横梁为无轴向变形刚性杆,横梁两侧柱顶的水平位移相等;④排架柱的高度由固定端算至柱顶铰结点处,排架柱的轴线为柱的几何中心线。

3.计算简图

在上述基本假定下,确定计算简图时,横梁及柱均以轴线表示,当柱为变截面时,牛腿顶面以上为上柱,其高度为 H_1,全柱高度为 H_2。单跨排架的计算简图,如图 10-10(b)所示。

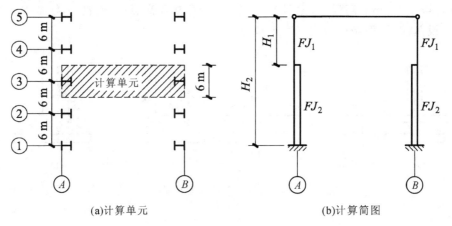

(a)计算单元　　　　　　　　　　(b)计算简图

图 10-10　排架的计算单元与计算简图

10.2.2　排架荷载计算

作用在排架上的荷载有恒荷载和活荷载两类。恒荷载一般包括屋盖自重 G_1、上柱自重 G_2、下柱自重 G_3、吊车梁与轨道联结件等自重 G_4 及有时支承在柱牛腿上的围护结构自重 G_5 等。活荷载一般包括屋面活荷载 Q_1、吊车竖向荷载 $D_{max}(D_{min})$、吊车横向水平荷载 T_{max}、横向

均布风荷载 q 及作用于排架柱顶的集中风荷载 F_w 等(见图 10-11)。

1. 恒荷载

(1)屋盖恒载 G_1。包括屋架(或屋面梁)、天窗架、屋面板(包括其上的防水、保温、隔热层等)、屋盖支撑、悬挂在屋架上的管道等所有材料的重力荷载。这些重力荷载最终通过屋架各弦杆的交汇点以集中力的形式传递到排架柱顶,按照标准的设计约定,集中力的作用点位置安排在纵向定位轴线的内侧 150 mm 处(见图 10-11)。

(2)排架柱自重 G_2 和 G_3。以单阶柱为例,上柱自重 G_2 和下柱自重 G_3 分别按"自重荷载标准值=体积×材料容重"计算,表达成两个集中力分别作用在各自重心点处;有牛腿时,可划入下柱自重。

(3)吊车梁及轨道联结自重 G_4。可查同名标准图集,即可取得相应重力荷载数据。

(4)围护结构自重 G_5。由柱侧牛腿上连系梁传来围护结构自重 G_5,沿连系梁中心线作用于牛腿顶面。

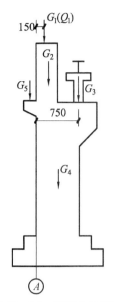

图 10-11 排架上的荷载

2. 屋面活荷载

(1)屋面均布活载。屋面均布活载是指施工阶段或维修时的人员和材料重力荷载,《建筑结构荷载规范》(GB 50009—2012)(以下简称《荷载规范》)规定:水平投影面上的屋面均布活荷载应按表 10-2 采用。

表 10-2 屋面均布活荷载及其调整系数

项次	类别	标准值/(kN/m²)	组合值系数 ψ_c	频遇值系数 ψ_f	准永值系数 ψ_q
1	不上人的屋面	0.5	0.7	0.5	0
2	上人的屋面	2.0	0.7	0.5	0.4
3	屋顶花园	3.0	0.7	0.6	0.5

(2)屋面雪载。《荷载规范》规定,屋面单位水平投影面积上的雪荷载标准值 S_k(kN/m²) 应按下式计算:

$$S_k = \mu_r S_0 \tag{10.1}$$

式中, S_k——雪荷载标准值(kN/m²);

μ_r——屋面积雪分布系数,应根据不同类型的屋面形式,由《荷载规范》查得;

S_0——房屋所在地区的基本雪压(kN/m²),由《荷载规范》确定。

《荷载规范》规定:屋面均布活荷载不应与雪荷载同时组合,只取其中较大者参与组合。

(3)屋面积灰荷载:当设计生产中有大量排灰的厂房及其临近建筑时,对于具有一定除尘设施和保证清灰制度的机械、冶金、水泥等厂房的屋面,其水平投影面上的屋面积灰荷载,应按《荷载规范》的规定取值。

屋面活荷载的组合值系数(ψ_{ci})、频遇值系数(ψ_{fi})及准永久值系数(ψ_{qi}),见表 10-2。

3. 吊车荷载

吊车按承重骨架的形式分为单梁式和桥式两种。工业厂房中一般采用桥式吊车,按其工作频繁程度及其他因素分为轻级、中级和重级三种工作制。桥式吊车由大车(桥架)和小车组成。大车在吊车梁的轨道上沿厂房纵向行驶,小车在大车的导轨上沿厂房横向运行。吊车荷载通过大车两端行驶的四个轮子作用在吊车梁上,再由吊车梁传给排架柱,应先计算每一个轮子所传递的吊车荷载,再根据轮子在吊车梁上的位置计算由吊车梁传给柱子的吊车荷载(见图10-12)。

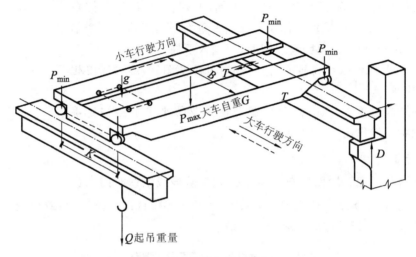

图 10-12 吊车荷载示意图

(1)吊车竖向荷载。吊车竖向荷载是指吊车(大车与小车)自重与起吊重物经由吊车梁传给柱子的竖向压力。当吊车起吊重量达额定的最大值 Q_{max},而小车行驶到大车桥一端的极限位置时,吊车轮作用在该边吊车轨道上的压力达到最大值,称为最大轮压 P_{max};此时,作用在另一边轨道上的轮压则为最小轮压 P_{min}。P_{max} 与 P_{min} 的标准值可根据吊车的规格(吊车类型、起重量、跨度及工作制等),从吊车产品样本中查得。如缺乏此项资料,则可按下述公式计算:

$$P_{max} = \frac{G}{n} + (Q + Q_1) \frac{l_k - l_i}{0.5 n l_k} \tag{10.2}$$

$$P_{min} = \frac{G + Q + Q_1}{0.5n} - P_{max} \tag{10.3}$$

式中,Q——吊车额定起重量;

G——吊车大车自重;

Q_1——吊车小车自重;

l_k——吊车跨度;

l_i——吊钩至吊车轨道中心的最小极限距离;

n——吊车两端总轮数。

吊车每个轮子的 P_{max} 与 P_{min} 值确定后,即可根据吊车梁(按简支梁考虑)的支座反力影响线及吊车轮子的最不利位置,计算出由吊车梁传给柱子的吊车最大竖向荷载 D_{max} 与吊车最小竖向荷载 D_{min}(见图10-13)。

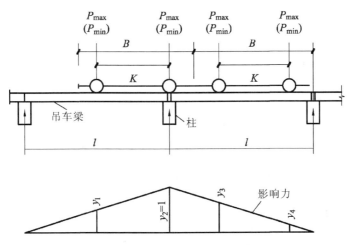

图 10-13 吊车梁的支座反力影响线及吊车轮子的最不利位置

$$\begin{matrix} D_{\max} \\ D_{\min} \end{matrix} = \begin{matrix} P_{\max} \\ P_{\min} \end{matrix} \times \sum y_i \tag{10.4}$$

式中，$\sum y_i = y_1 + y_2 + y_3 + y_4$——相应于吊车轮压处于最不利位置时，支座反力影响线的竖向坐标值之和，它可根据吊车的宽度 B 及轮距 K 计算。

考虑到多台吊车同时工作并都达到最不利荷载位置的组合概率很小，《荷载规范》规定：计算排架考虑多台吊车竖向荷载时，对一层吊车的单跨厂房的每个排架，参与组合的吊车台数不宜多于 2 台；对一层吊车的多跨厂房的每个排架，不宜多于 4 台。

（2）吊车水平荷载。吊车水平荷载有横向水平荷载和纵向水平荷载两种。

吊车横向水平荷载主要是指小车制动或启动时所产生的惯性力，应等分于桥架的两端，分别由轨道上的车轮平均传至轨道，其方向与轨道垂直，并考虑正、反两个方向的刹车情况，作用在吊车梁的顶面与柱连接处（见图 10-14）。《荷载规范》规定：吊车横向水平荷载标准值，应取横行小车重量 Q_1 与额定超重量 Q 之和的百分数，并乘以重力加速度。

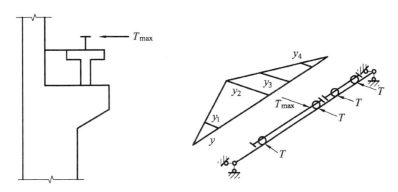

图 10-14 吊车的横向水平作用

吊车横向水平荷载平均分配于各轮，则每个轮子所传递的横向水平力为：

$$T = \frac{\alpha(Q + Q_1)}{n} \tag{10.5}$$

式中，α——横向制动力系数，对软钩吊车取 12%（$Q \leqslant 100$ kN）、10%（$Q = 160 \sim 500$ kN）、8%（$Q \geqslant 750$ kN），对硬钩吊车取 20%；

　　n——每台吊车两端的总轮数。

　　吊车每个轮子的 T 值确定后，即可用计算吊车竖向荷载的同样方法，计算作用于柱上的吊车最大横向水平荷载 T_{max}，只是此时的作用方向不同（见图 10-15）。

$$T_{max} = T \times \sum y_i \tag{10.6}$$

此 T_{max} 值同时作用于吊车两边的柱上，方向相同。

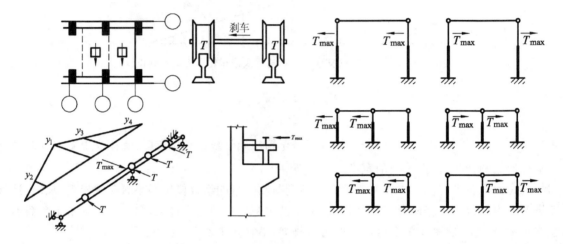

图 10-15　吊车横向水平荷载的计算

　　吊车纵向水平荷载是指大车制动或启动时所产生的惯性力，其作用点位于刹车轮与轨道的接触点，其方向与轨道方向一致，由厂房的纵向排架承担。

　　吊车纵向水平荷载标准值，应按作用在一边轨道上所有刹车轮的最大轮压之和的 10% 采用，每个轮子所传递的吊车纵向水平荷载 T_i 可按下式计算：

$$T_i = 0.1P_{max} \tag{10.7}$$

　　因为一般四轮吊车每侧的制动轮数为 1，故 T_i 也为每台吊车的纵向制动力。

　　《荷载规范》规定：考虑多台吊车水平荷载时，对单跨或多跨厂房的每个排架，参与组合的吊车台数不应多于 2 台。

　　在排架计算中，常需考虑多台吊车，而多台吊车在设计基准期内，同时产生大于标准值效应的概率远小于一台吊车时相应的概率。因此，设计计算时，应将多台吊车荷载的标准效应乘以折减系数，使多台吊车的荷载在设计基准期内大于该折减值的概率，与一台吊车的荷载大于其标准值的概率相等。

4. 风荷载

　　作用在厂房外表面的风荷载，是通过四周围护墙体及屋面传递给排架柱的。风荷载的大小与建筑地点、厂房体形、厂房高度及地面粗糙度等有关。

垂直作用于建筑物表面上的风荷载标准值应按下列公式计算：

$$w_k = \beta_z \mu_s \mu_z w_0 \tag{10.8}$$

式中，w_k——风荷载标准值（$\mathrm{kN/m^2}$）；

β_z——高度 z 处的风振系数，即考虑风荷载动力效应的影响，对单层工业厂房可取 $\beta_z = 1.0$；

μ_s——风荷载体形系数，应按不同的厂房体形在《荷载规范》中查取相应的系数，"＋"表示风压力，"－"表示风吸力，如图 $10-16$ 所示；

μ_z——风压高度变化系数，应根据地面粗糙度类别按《荷载规范》的规定取用；

w_0——基本风压（$\mathrm{kN/m^2}$），应按《荷载规范》给出的 50 年一遇的风压采用，但不得小于 $0.3~\mathrm{kN/m^2}$。

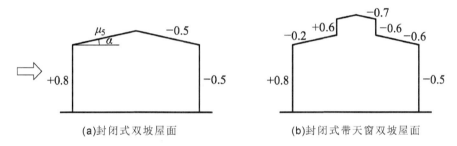

(a)封闭式双坡屋面   (b)封闭式带天窗双坡屋面

图 $10-16$ 风荷载体形系数

作用在厂房排架上的风荷载可简化为如图 $10-17$ 所示的形式。其中，作用于柱顶以下计算单元范围内的墙面上的风荷载，按均布考虑（按柱顶高程确定其 μ_z），分别用 q_1、q_2 表示；作用于柱顶以上的风荷载（包括屋面风荷载合力的水平分力及屋架端部高度范围内墙体迎风面和背风面风荷载的合力），通过屋架以集中荷载的形式作用于柱顶，用 F_w 表示。

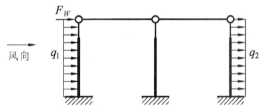

图 $10-17$ 作用在排架上的风荷载

10.2.3 排架内力计算

进行排架内力计算，首先要确定排架上有哪几种可能单独考虑的荷载情况，然后对每种荷载情况利用结构力学的方法进行排架内力计算，再进行最不利内力组合。

以单跨排架为例，可能有以下 8 种单独作用的荷载情况：

(1)恒荷载（G_1、G_2、G_3、G_4 等）；

(2)屋面活荷载（Q_1）；

(3)吊车竖向荷载 $D_{\max}$ 作用于左柱（$D_{\min}$ 作用于右柱）；

(4)吊车竖向荷载 $D_{\max}$ 作用于右柱（$D_{\min}$ 作用于左柱）；

(5)吊车水平荷载 $T_{\max}$ 作用于左、右柱，方向由左向右；

（6）吊车水平荷载 T_{max} 作用于左、右柱，方向由右向左；

（7）风荷载（F_w、q_1、q_2），方向由左向右；

（8）风荷载（F_w、q_1、q_2），方向由右向左。

对于多跨排架，则可能有更多需要单独考虑的荷载情况。

单独的荷载情况确定之后，即可对每种荷载情况用结构力学的方法进行排架的内力计算。在计算中，考虑受荷特点及厂房的空间作用，等高排架结构可能遇到图 10-18 所示的三种计算简图。

在风荷载以及局部荷载（如吊车荷载）作用下的排架，一般按照柱顶为可动铰支的排架进行内力计算。对于柱顶弹性支承（即考虑空间作用）的排架，可参阅有关书籍。至于在柱顶为不动铰支的排架的计算方法，已经包含在柱顶为可动铰支排架的计算方法之内。

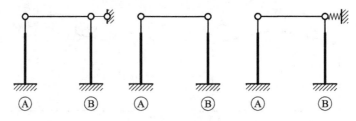

图 10-18　排架的三种计算简图

柱顶为可动铰支的单层工业厂房排架是一个承受着多种荷载，具有变截面柱的平面结构，很难直接判断究竟在哪些荷载作用下变截面柱的哪些截面内力最不利。通常的方法是先求出单项荷载作用下排架柱各个截面的内力图，再把单项计算结果加以综合，通过内力组合的方法确定几个关键性控制截面的最不利内力，然后按照这些内力对排架柱进行设计。

1. 等高排架内力计算

等高排架是指在荷载作用下各柱柱顶侧移全部相等的排架。等高排架的内力，一般可采用剪力分配法，分别按下列公式计算。

（1）柱顶集中荷载作用。如图 10-19 所示，在柱顶集中荷载作用下，各柱柱顶剪力可按下式计算：

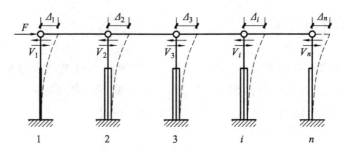

图 10-19　等高排架在柱顶集中荷载作用下的内力

$$V_i = \frac{\frac{1}{\delta_i}}{\sum_{i=1}^{n}\frac{1}{\delta_i}}F = \eta_i F \tag{10.9}$$

式中,δ_i——第 i 根柱在柱顶单位力作用下的侧移;

$\dfrac{1}{\delta_i}$——第 i 根柱抗剪刚度;

η_i——第 i 根柱的剪力分配系数,它表示第 i 根柱的抗剪刚度与所有柱抗剪刚度之和的比值。

σ_i 可按下式计算:

$$\delta_i = \frac{H_2{}^3}{C_0 E I_2} \tag{10.10}$$

式中,H_2——全柱柱高;

I_2——下柱截面惯性矩;

E——柱混凝土弹性模量;

C_0——系数,可按下式计算;

$$C_0 = \frac{3}{1 + \lambda^3\left(\dfrac{1}{n}-1\right)} \tag{10.11}$$

式中,λ——上柱柱高(H_1)与全柱柱高(H_2)之比,即 $\lambda = H_1/H_2$;

n——上、下柱截面惯性矩之比,即 $n = I_1/I_2$。

(2)任意荷载作用。现以均布风荷载作用下的单跨排架为例,说明任意荷载作用下的等高排架内力计算方法。其他各种荷载作用下的等高排架,可采用同样的方法分析内力。

如图 10-20 所示,内力计算过程可分为三步:

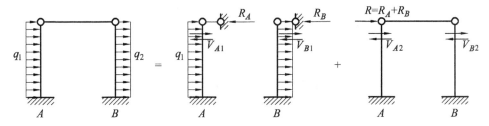

图 10-20　水平风荷载作用排架柱内力分析

①先将作用有荷载的排架柱柱顶分别加不动铰,并分别求出其支座反力 R_A 及 R_B。

②将求出的支座反力 R_A 及 R_B 的合力 R 反向作用于排架柱顶,按柱顶集中荷载作用下等高排架柱的内力计算方法求 V_{A2} 及 V_{B2}。

③将上述两步计算结果叠加,即可求出排架各柱柱顶的实际剪力,$V_A = V_{A1} + V_{A2}$,$V_B = V_{B1} + V_{B2}$,即 $V_i = V_{i1} + V_{i2}$。

2. 不等高排架内力计算

柱顶水平位移不相等的不等高排架在任意荷载作用下,各跨排架柱顶位移不等(见图 10-21),一般可采用分析内力法进行排架内力计算。

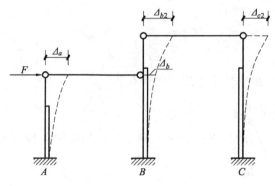

图 10-21 不等高排架

10.2.4 排架内力组合

厂房排架一般都同时作用有多种荷载,需要分析出哪些是可能同时出现的荷载以及在什么情况下柱控制截面的内力最不利,必须求出最不利内力值以作为柱和基础设计的依据。

1. 控制截面

控制截面是指对柱内钢筋量计算起控制作用的截面,也就是内力最大截面。在一般的单阶排架柱中,通常上柱底部截面Ⅰ-Ⅰ的内力最大,取Ⅰ-Ⅰ截面为上柱的控制截面;在下柱中,牛腿顶截面Ⅱ-Ⅱ在吊车竖向荷载作用下弯矩最大,柱底截面Ⅲ-Ⅲ在风荷载和吊车水平荷载作用下弯矩最大,且轴力也最大,故取Ⅱ-Ⅱ和Ⅲ-Ⅲ截面为下柱的控制截面。下柱的纵筋按Ⅱ-Ⅱ和Ⅲ-Ⅲ截面中钢筋用量大者配置。控制截面如图10-22所示。

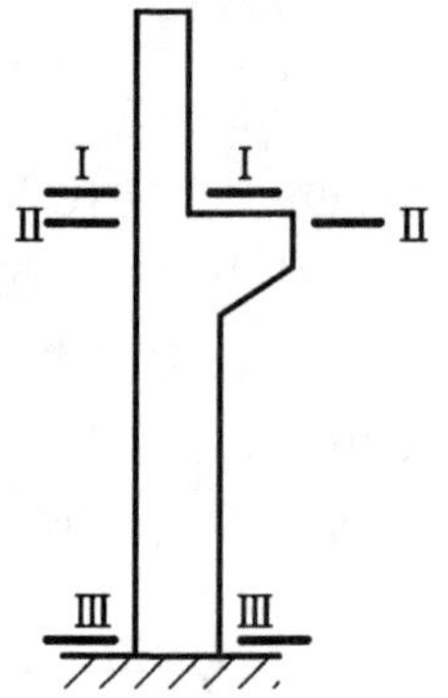

柱底Ⅲ-Ⅲ截面的内力也是基础设计的依据。

图 10-22 单阶柱的
控制截面

2. 荷载组合

荷载组合就是分析各种荷载同时出现的可能性,以便把各控制截面所对应的内力相组合。

3. 内力组合

内力组合是在荷载组合的基础上,组合出控制截面的最不利内力。其中,按承载能力极限状态计算时,应采用荷载效应的基本组合或偶然组合;按正常使用极限状态验算时,应根据不同情况分别采用荷载效应的标准组合、频遇组合或准永久组合。

(1)内力组合的种类。一般情况下,排架柱均为偏压构件,因此应进行以下四种内力组合:①+M_{max}及其相应的N、V;②-M_{max}及其相应的N、V;③N_{max}及其相应的M、V;④N_{min}及其相应的M、V。其中,组合①、②及组合④是为了防止大偏压破坏,组合③是为了防止出现小偏压破坏。

(2)内力组合注意事项。①恒载必须参与每一种组合;②吊车竖向荷载D_{max}可分别作用于左柱和右柱,只能选择其中一种参与组合;③吊车水平荷载T_{max}向右和向左只能选其中一种参与组合;④风荷载向右、向左方向只能选其一参与组合;⑤组合 N_{max} 或 N_{min} 时,应使弯矩 M 最大,对于轴力为零,而弯矩不为零的荷载(如风荷载)也应考虑组合;⑥在考虑吊车横向水平荷载 T_{max} 时,必然有 D_{max}(或 D_{min})参与组合,即"有 T 必有 D";但在考虑吊车荷载 D_{max}(或 D_{min})时,该跨不一定作用有该吊车的横向水平荷载,即"有 D 不一定有 T"。

10.3 单层厂房柱设计

10.3.1 柱的形式及截面尺寸

单层厂房柱的形式很多,常用的柱的形式有矩形柱、工字形柱及双肢柱等,应根据厂房跨度、高度、吊车吨位及材料供应和施工条件等情况,合理选择柱的形式。

对于常见的柱距为 6 m 的厂房,柱的截面尺寸可参考表 10-3。

表 10-3 柱距为 6 m 时矩形及工字形柱截面尺寸参考表

项次	柱的类型	截面尺寸			
		b	h		
			$Q \leqslant 10t$	$10t < Q < 30t$	$30t \leqslant Q \leqslant 50t$
1	吊车厂房柱下柱	$\geqslant \dfrac{H_i}{25}$	$\geqslant \dfrac{H_i}{14}$	$\geqslant \dfrac{H_i}{12}$	$\geqslant \dfrac{H_i}{10}$
2	露天吊车柱	$\geqslant \dfrac{H_i}{25}$	$\geqslant \dfrac{H_i}{10}$	$\geqslant \dfrac{H_i}{8}$	$\geqslant \dfrac{H_i}{7}$
3	单跨及多跨无吊车厂房	$\geqslant \dfrac{H}{30}$	$\geqslant \dfrac{1.5H}{25}$(单跨),$\geqslant \dfrac{1.25H}{25}$(多跨)		
4	山墙柱(仅受风荷载及自重)	$\geqslant \dfrac{H_b}{40}$	$\geqslant \dfrac{H_i}{25}$		
5	山墙柱(同时承受联系梁传来的墙重)	$\geqslant \dfrac{H_b}{30}$	$\geqslant \dfrac{H_i}{25}$		

注:H_i 为从基础顶面至装配式吊车梁底面或现浇式吊车梁顶面的柱下部高度;H 为从基础顶面算起的柱全高;H_b 为山墙柱从基础顶面至柱平面外(柱宽 b 方向)支撑点的距离。

10.3.2 柱的截面设计

柱的截面设计步骤为:确定柱的计算长度(l_0)→柱的配筋计算→柱的吊装验算。

1.柱的计算长度

柱的计算长度与其两端支撑情况有关,应按表 10-4 的规定取值。

表 10－4　采用刚性屋盖的单层工业厂房柱、露天吊车柱和栈桥柱的计算长度

项次	柱的类型		排架方向	垂直排架方向	
				有柱间支撑	无柱间支撑
1	无吊车厂房柱	单跨	$1.5H$	$1.0H$	$1.2H$
		两跨及多跨	$1.25H$	$1.0H$	$1.2H$
2	有吊车厂房	上柱	$2.0H_u$	$1.25H_u$	$1.5H_u$
		下柱	$1.0H_l$	$0.8H_l$	$1.5H_l$
3	露天吊车柱和线桥柱		$2.0H_l$	$1.0H_l$	—

注:①表中 H 为从基础顶面算起的柱子全高;H_l 为从基础顶面至装配式吊车梁底面或现浇式吊车梁顶面的柱子下部高度;H_u 为从装配式吊车梁底面或从现浇式吊车梁顶面算起的柱子上部高度;

②表中有吊车房屋排架柱的计算长度,当计算中不考虑吊车荷载时,可按无吊车房屋柱的计算长度采用,但上柱的计算长度仍可按有吊车房屋采用;

③表中有吊车房屋排架柱的上柱在排架方向的计算长度,仅适用于 $H_u/H_l \geqslant 0.3$ 的情况;当 $H_u/H_l < 0.3$ 时,计算长度宜采用 $2.5H_u$。

2. 柱的配筋

根据排架计算求得的各控制截面最不利的内力组合 M 和 N,按偏心受压柱进行截面设计,应分别对上柱和下柱进行配筋计算。

通常,弯矩 M 和轴力 N 对配筋的影响有以下四条规则:

①大偏压截面:当 M 不变时,N 越小,配筋量 A_s 越多;

②大偏压截面:当 N 不变时,M 越大,配筋量 A_s 越多;

③小偏压截面:当 M 不变时,N 越大,配筋量 A_s 越多;

④小偏压截面:当 N 不变时,M 越大,配筋量 A_s 越多。

3. 柱的吊装验算

单层工业厂房预制柱在吊装及运输时,在自重作用下的受力状态与使用荷载作用下完全不同,因此需要对柱的吊装及运输阶段进行验算。

验算时,荷载是柱的自重,但需乘以动力系数 1.5,承载力验算方法和受弯构件类似。因吊装验算是临时性的,故构件的安全等级比使用阶段低一级;柱的混凝土强度等级一般按设计规定值的 70% 考虑。

当采用翻身吊时,截面的受力方向与使用阶段一致,因而承载力和裂缝宽度均能满足要求,一般不必进行验算。当采用平吊时,截面的受力方向是柱的平面外方向,截面有效高度大为减小,故采用平吊时可能需增加柱中配筋。

柱的吊装阶段的验算包括承载力验算和裂缝宽度验算两部分内容:

(1)承载力验算。根据《规范》规定,吊装阶段承载力验算时,结构的重要性系数可降低一级使用。承载力应取图 10－23 中弯矩设计值 M_1 和 M_2,分别按双筋截面受弯构件进行验算。

(2)裂缝宽度验算。裂缝宽度一般采用最大裂缝宽度公式来验算。

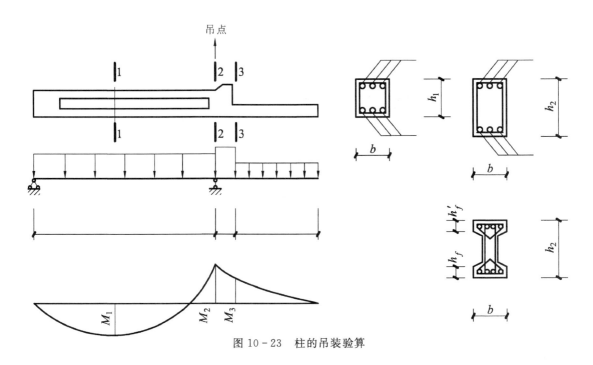

图 10-23 柱的吊装验算

10.3.3 牛腿设计

1. 牛腿的受力特点

根据牛腿上竖向力 F_v 作用线至下柱边缘（牛腿根部）水平距离 a 的大小，将牛腿分为两类：当 $a > h_0$ 时，为长牛腿，受力特点与悬臂梁相似；当 $a \leqslant h_0$ 时，为短牛腿（h_0 为牛腿与下柱交接处垂直截面的有效高度）。厂房柱的牛腿多为短牛腿。

由试验得到的牛腿在弹性阶段的主应力迹线大致为，在牛腿上部产生与牛腿上表面基本平行且比较均匀的主拉应力，而在从加载点到牛腿下部与柱交接点的连线附近则呈主压应力状态（混凝土斜向压力带）。

在竖向力作用下，当荷载增加到破坏荷载的 $20\% \sim 40\%$ 时，首先在牛腿上表面与上柱交接处出现垂直方向裂缝①（见图 10-24），但其始终开展不大，对牛腿受力性能影响不大；当荷载继续加大至破坏荷载的 $40\% \sim 60\%$ 时，在加载板内侧附近出现斜裂缝②，并不断发展，其方向大致与主压应力方向平行；最后

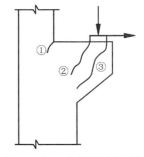

图 10-24 牛腿裂缝示意图

当荷载加大至接近破坏荷载（约为破坏荷载的 80%）时，在斜裂缝②的外侧出现斜裂缝③，预示牛腿即将破坏。

短牛腿的受力性能优于长牛腿，故排架柱多采用短牛腿。下面介绍短牛腿的设计方法。

2. 牛腿尺寸的确定

牛腿的截面宽度通常与柱相同，其高度可先假设，以使牛腿在正常使用时不开裂为目的，按下式验算以确定其截面高度：

$$F_{vk} = \beta\left(1 - 0.5\frac{F_{hk}}{F_{vk}}\right)\frac{f_{tk}bh_0}{0.5 + \dfrac{a}{h_0}} \tag{10.12}$$

式中,F_{vk}——作用于牛腿顶部按荷载效应标准组合计算的竖向压力值;

F_{hk}——作用于牛腿顶部按荷载效应标准组合计算的水平拉力值;

β——裂缝控制系数,对支承吊车梁的牛腿取 0.65,对其他牛腿取 0.8;

a——竖向力的作用点至下柱边缘的水平距离,此时应考虑安装偏差 20 mm,当考虑 20 mm 安装偏差后的竖向力作用点仍位于下柱截面以内时,取 $a = 0$;

b——牛腿宽度;

h_0——牛腿与下柱交接处的垂直截面有效高度,$h_0 = h - a_s$。

3. 牛腿的配筋

(1)纵向受力钢筋。牛腿中的纵向受力钢筋应沿牛腿顶部配置,其所需的截面面积应按下式计算:

$$A_s \geqslant \frac{F_v a}{0.85 f_y h_0} + 1.2\frac{F_h}{f_y} \tag{10.13}$$

式中,F_v——作用在牛腿顶部的竖向力设计值;

F_h——作用在牛腿顶部的水平拉力设计值。

《规范》规定:当 $a < 0.3h_0$ 时,取 $a = 0.3h_0$。

(2)水平箍筋与弯筋。牛腿应按《规范》的构造规定设置水平箍筋,且当牛腿的剪跨比 $a/h \geqslant 0.3$ 时,宜设置弯起钢筋。

4. 牛腿的局部受压承载力验算

牛腿垫板下局部受压承载力按下式验算:

$$\frac{F_{vk}}{A} \leqslant 0.75 f_c \tag{10.14}$$

式中,A——局部受压面积,$A = ab$,其中 a、b 分别为垫板的长和宽。

5. 牛腿的构造要求

(1)纵向受力钢筋宜采用 HRB335 级或 HRB400 级钢筋。全部纵向受力钢筋及弯起钢筋宜沿牛腿外边缘向下伸入下柱内 150 mm 后截断,如图 10-25(a)所示。对于纵向受力钢筋及弯起钢筋伸入上柱的锚固长度,当采用直线锚固不能满足受拉钢筋锚固长度 l_a 的规定时,可沿柱向下作 90°弯折。其弯折前水平投影长度不应小于 $0.4l_a$,弯折后垂直投影长度不应小于 $15d$,其构造如图 10-25(a)所示。

(2)承受竖向力所需的纵向受力钢筋的配筋率,按牛腿有效截面计算不应小于 0.2% 及 $0.45f_t/f_y$,也不宜大于 0.6%,钢筋数量不宜少于 4 根,直径不宜小于 12 mm。

(3)水平箍筋的直径宜为 6~12 mm,间距宜为 100~150 mm,且在上部 $2h_0/3$ 范围内的水平箍筋总截面面积不宜小于承受竖向力的受拉钢筋截面面积的 1/2,如图 10-25(b)所示。

(4)弯起钢筋宜采用 HRB335 级或 HRB400 级钢筋,并宜使其与集中荷载作用点到牛腿斜边下端点连线的交点位于牛腿上部 $l/6$~$l/2$ 之间的范围内(l 为该连线的长度),如图 10-25(b)所示。其截面面积不宜小于承受竖向力的受拉钢筋截面面积的 1/2,根数不宜少于 2 根,直径不宜小于 12 mm,并且不得采用纵向受力钢筋兼作弯起钢筋。

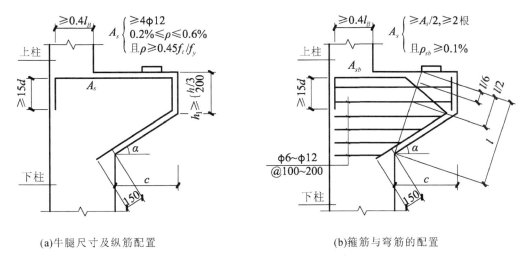

(a)牛腿尺寸及纵筋配置   (b)箍筋与弯筋的配置

图 10-25 牛腿的外形及钢筋配置

10.4 柱下独立基础设计

柱下基础是单层厂房中重要的受力构件,作用于厂房结构上的全部荷载,最后都是通过它传递到地基中。在设计中,不仅要保证基础本身有足够的强度,而且要保证地基的变形或基础的沉降不能过大,以免引起上部结构的过大变形,甚至破坏。在单层厂房中,柱下独立基础一般都是偏压的。按施工方法,柱下独立基础可分为预制柱下基础和现浇柱下独立基础两种。单层厂房柱下独立基础的常用形式的扩展基础,按其外形可分为阶梯形和锥形两种,如图 10-26 所示。预制柱下基础因与预制柱连接的部分做成杯口,故又称为杯形基础。杯形基础设计一般包括基础底面尺寸的确定、基础高度的确定及其底板配筋计算等。

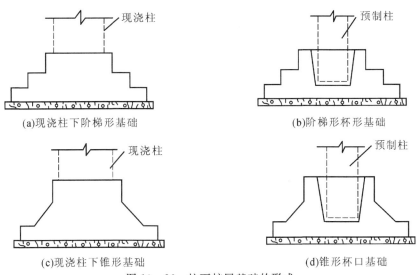

(a)现浇柱下阶梯形基础   (b)阶梯形杯形基础

(c)现浇柱下锥形基础   (d)锥形杯口基础

图 10-26 柱下扩展基础的形式

10.4.1　基础底面尺寸

1. 轴心受压基础

当基础承受轴心压力时,基础底面处的土压力为均匀分布(见图 10-27),其基础底面的压力应符合下式(10.15)要求:

$$p_k = \frac{F_k + G_k}{A} \leqslant f_a \tag{10.15}$$

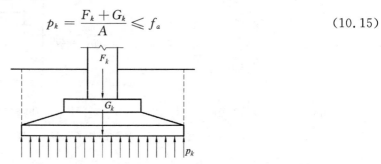

图 10-27　轴心受压时基础底面压力分布

式中,p_k——相应于荷载效应标准组合时基础底面处的平均压力值;

F_k——相应于荷载效应标准组合时上部结构传至基础顶面的竖向力值;

G_k——基础自重和基础上的土重;

A——基础底面面积,$A = l \times b$,其中 l 为基础底面长度(当偏压时,则为垂直于力矩作用方向的基础底面边长),b 为基础底面宽度(当轴心受压时为最小边长,当偏心受压时为力矩作用方向的基础底面边长);

f_a——修正后的地基承载力特征值。

若取基础及其以上土的平均重度为 20 kN/m³,基础埋置深度为 d,代入公式(10.15),可得到基础底面积计算公式:

$$A \geqslant \frac{F_k}{f_a - 20d} \tag{10.16}$$

轴心受压基础底面一般采用正方形,因此,可根据计算所得的基础底面积 A 确定基础底面边长。

2. 偏心受压基础

当基础偏心受压时,在弯矩 M 和轴力 N 的共同作用下,基础底面土压力按斜直线分布,如图 10-28 所示。

确定偏心受压基础底面积及其基底尺寸时,可按下列步骤进行:

(1)按轴心受压公式(10.16)确定基础底面积,记为 A_1;

(2)取偏心受压基础基底估算面积 $A = (1.2 \sim 1.4)A_1$;

(3)取基底长短边之比 $l/b \leqslant 2$,一般可取 $l/b = 1.5$,确定其 b 和 l;

(4)按下列公式进行基底压应力验算,若不满足公式(10.17)或公式(10.19)的要求时,则应调整基础底面尺寸,再重新验算,直到满足要求为止。

$$p_{k,\max} = \frac{F_k + G_k}{A} + \frac{M_k}{W} \leqslant 1.2f_a \tag{10.17}$$

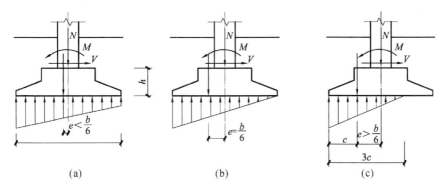

图 10-28 偏心受压时基础底面压力分布

$$p_{k,\min} = \frac{F_k + G_k}{A} - \frac{M_k}{W} \qquad (10.18)$$

$$p_k = \frac{p_{k,\max} + p_{k,\min}}{2} \leqslant f_a \qquad (10.19)$$

式中，M_k——相应于荷载效应标准组合时，作用于基础底面的力矩值；

W——基础底面的抵抗矩，$W = bl^2/6$；

$p_{k,\min}$——相应于荷载效应标准组合时，基础底面边缘的最小压力值。

10.4.2 基础高度 H_0

确定基础高度 H_0 时，应满足抗冲切承载力、抗剪承载力及相关的构造规定，H_0 通常由抗冲切承载力控制。一般情况下，可先按构造规定假定基础高度 H_0，然后进行抗冲切承载力验算，当不满足公式(10.20)时，调整 H_0，直到满足要求为止。

对矩形截面柱的矩形基础，应验算柱与基础交接处以及基础变阶处的抗冲切承载力，其抗冲切承载力均应按下列公式验算：

$$F_l \leqslant 0.7 \beta_{hp} f_t a_m h_0 \qquad (10.20)$$

$$a_m = \frac{a_t + a_b}{2} \qquad (10.21)$$

$$F_l = p_j A_l \qquad (10.22)$$

式中，F_l——相应于荷载效应基本组合时，作用在 A_l 上的地基土净反力设计值；

β_{hp}——受冲切承载力截面高度影响系数，当 $h \leqslant 800$ mm 时，$\beta_{hp} = 1.0$，当 $h \geqslant 2000$ mm 时，取 $\beta_{hp} = 0.9$，两数值之间按线性内插法取用；

f_t——混凝土轴心抗拉强度设计值；

h_0——基础冲切破坏锥体的有效高度；

a_m——冲切破坏锥体最不利一侧计算长度；

a_t——冲切破坏锥体最不利一侧斜截面的上边长，当计算柱与基础交接处的受冲切承载力时，取柱宽，当计算基础变阶处的受冲切承载力时，取上阶宽；

a_b——冲切破坏锥体最不利一侧斜截面在基础底面积范围内的下边长，当冲切破坏锥体的底面落在基础底面以内，见图 10-29(a)、(b)，计算柱与基础交接处的受冲切承载力时，取柱宽加两倍的基础有效高度,当计算基础变阶处的受冲切承载力时,取上阶宽加两倍该处的基础有效高度,当冲切破坏锥体的底面在 l 方向落在基础底面以外,即 $a+2h_0 \geqslant l$ 时,见图 10 - 29(c),取 $a_b = l$;

p_j——扣除基础自重及其上土重后,相应于荷载效应基本组合时的地基土单位面积净反力,对轴心受压基础取 $p_j = F_k / l \times b$,对偏心受压基础,可取基础边缘处最大地基土单位面积净反力;

A_l——冲切验算时取用的部分基底面积,即图 10 - 29(a)、(b) 中的阴影面积 $ABCDEF$,或图 10 - 29(c) 中的阴影面积 $ABCD$。

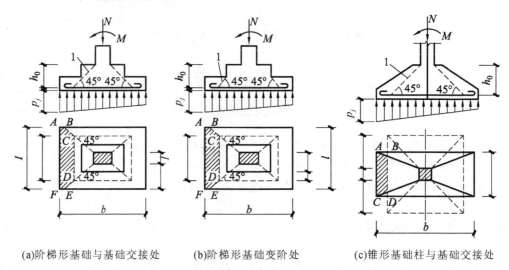

(a)阶梯形基础与基础交接处　　　(b)阶梯形基础变阶处　　　(c)锥形基础柱与基础交接处

图 10 - 29　基础受冲切承载力截面位置

1—冲切破坏锥体最不利一侧的斜截面;2—冲切破坏锥体的底面线

10.4.3　基础底板配筋

1. 底板弯矩计算

基础可看做是在地基净反力(p_j)作用下支撑于柱上的悬臂板,如图 10 - 30 所示。对轴心荷载或单向偏心荷载作用下的矩形基础,当台阶的宽高比≤2.5 和偏心距≤基础宽度的 1/6 时,任意截面的底板弯矩可按下列公式计算:

$$M_I = \frac{1}{12} a_1^2 \left[(2l + a') \left(p_{\max} + p - \frac{2G}{A} \right) + (p_{\max} - p)l \right] \quad (10.23)$$

$$M_{II} = \frac{1}{48} (l - a')^2 (2b + b') \left(p_{\max} + p_{\min} - \frac{2G}{A} \right)$$
$$(10.24)$$

式中,M_I,M_{II}——任意截面 I - I、II - II 处相应于荷载效应基本组合时的弯矩设计值;

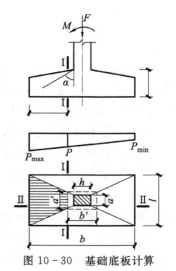

图 10 - 30　基础底板计算

a_1——任意截面 I-I 至基底边缘最大反力处的距离;

l,b——基础底面的边长;

a',b'——基础顶面的边长;

p_{max},p_{min}——相应于荷载效应基本组合时的基础底面边缘最大和最小地基反力设计值;

p——相应于荷载效应基本组合时在任意截面 I-I 处的基础底面地基反力设计值;

G——考虑荷载分项系数的基础自重及其上的土自重,当组合值由永久荷载控制时,$G=1.35G_k$,G_k 为基础及其上土的标准自重。

2. 底板配筋计算

在弯矩 M_I 作用下,基础底板受力钢筋应沿底板边长 b 方向设置,其所需的截面面积 A_{sI} 按下式计算:

$$A_{sI} = \frac{M_I}{0.9f_y h_0} \tag{10.25}$$

式中,h_0——I-I 截面处底板的有效高度。

同理,在弯矩 M_{II} 作用下,基础底板受力钢筋应沿底板边长 l 方向设置。一般情况下,沿短边方向的钢筋应放在沿长边方向钢筋的上面。因此,其所需的截面面积 A_{sII} 按下式计算:

$$A_{sII} = \frac{M_{II}}{0.9f_y(h_0 - d)} \tag{10.26}$$

式中,d——沿底板边长 b 方向设置的受力钢筋直径。

10.4.4 构造要求

柱下钢筋混凝土独立基础,应符合下列构造要求:

(1)锥形基础的边缘高度,不宜小于 200 mm;阶梯形基础的每阶高度,宜为 300~500 mm。

(2)垫层的厚度不宜小于 70 mm;垫层混凝土强度等级应为 C10。

(3)基础底板受力钢筋的最小直径不宜小于 10 mm,间距不宜大于 200 mm,也不宜小于 100 mm。当有垫层时,钢筋保护层的厚度不小于 40 mm;无垫层时不小于 70 mm。

(4)混凝土强度等级不应低于 C20。

(5)当基础边长大于或等于 2.5 m 时,底板受力钢筋的长度可取边长的 90%,并宜交错布置(见图 10-31)。

(6)对于现浇柱的基础,其插筋的数量、直径以及钢筋种类应与柱内纵向受力钢筋相同,其下端宜做成直钩放在基础底板钢筋网上。

(7)预制钢筋混凝土柱与杯口基础的连接,应符合下列要求:

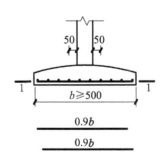

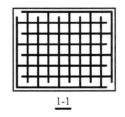

图 10-31 基础底板受力钢筋布置

①柱的插入深度可按表 10-5 选用,并应满足钢筋在基础内的锚固长度的要求及吊装时柱的稳定性要求。

②基础的杯底厚度和杯壁厚度可按表 10-6 选用。

③当柱为轴心受压或小偏心受压且 $t/h_2 \geq 0.65$ 时,或大偏心受压且 $t/h_2 \geq 0.75$ 时,杯壁可不配筋;当柱为轴心受压或小偏心受压且 $0.5 \leq t/h_2 < 0.65$ 时,杯壁可按表 10-7 构造配筋;其他情况,按计算配筋。

表 10-5　柱的插入深度 h_1　　　　　　　　　单位:mm

矩形或 I 形柱				双肢柱
$h<500$	$500 \leq h<800$	$800 \leq h<1000$	$h \geq 1000$	
$(1 \sim 1.2)h$	h	$0.9h$ 且 ≥ 800	$0.8h$ 且 ≥ 1000	$(1/3 \sim 2/3)h_a$,$(1.5 \sim 1.8)h_b$

注:①h 为柱截面长边尺寸,h_a 为双肢柱整个截面长边尺寸,h_b 为双肢柱整个截面短边尺寸。

②柱轴心受压或小偏心受压时,h_1 可适当减小;偏心距大于 $2h$ 时,h_1 应适当加大。

表 10-6　基础杯底厚度和杯壁厚度　　　　　　　单位:mm

柱截面尺寸 h	杯底厚度 a_1	杯壁厚度 t
$h<500$	≥ 150	$150 \sim 200$
$500 \leq h<800$	≥ 200	≥ 200
$800 \leq h<1000$	≥ 200	≥ 300
$1000 \leq h<1500$	≥ 250	≥ 350
$1500 \leq h<2000$	≥ 300	≥ 400

注:①双肢柱的 a_1 值,可适当加大。

②当有基础梁时,基础梁下的杯壁厚度应满足其支承宽度的要求。

③柱插入杯口部分的表面,应尽量凿毛。杯口与柱之间的间隙应用细石混凝土(比基础混凝土强度等级高一级)密实填充,当达到材料设计强度的 70% 以上时,才能进行上部吊装。

表 10-7　杯壁构造配筋

柱截面长边尺寸 $h/$(mm)	$h<1000$	$1000 \leq h<1500$	$1500 \leq h<2000$
钢筋网直径/(mm)	$8 \sim 10$	$10 \sim 12$	$12 \sim 16$

注:表中钢筋置于杯口顶部,每边 2 根。

小　结

1. 排架结构是单层厂房中应用最广泛的一种结构形式。它主要由屋面板、屋架、支撑、吊车梁、柱和基础等组成,是一个空间受力体系。结构分析时一般近似地将其简化为横向平面排架和纵向平面排架分别进行计算。横向平面排架主要由横梁(屋架或屋面梁)和横向柱列(包括基础)组成,承受全部竖向荷载和横向水平荷载;纵向平面排架由连系梁、吊车梁、纵向柱列

（包括基础）和柱间支撑等组成,它不仅承受厂房的纵向水平荷载,而且保证了厂房结构的纵向刚度和稳定性。

2. 排架计算时一般取相邻纵向柱距中心线之间有代表性的一段作为计算单元;排架上恒载有屋盖自重、上(下)柱自重、吊车梁自重等,活载有屋面活荷载、吊车竖向荷载、吊车横向水平荷载、风荷载等。吊车竖向荷载 $D_{max}(D_{min})$ 要考虑分别作用于左柱和右柱,吊车横向水平荷载和风荷载要考虑向左和向右两种情况。

3. 排架结构内力分析时,需对每种荷载单独作用下进行排架内力计算,然后再进行最不利内力组合;组合时一般考虑 $+M_{max}$、$-M_{max}$、N_{max} 及 N_{min} 四种目标组合;一般带牛腿柱有三个控制截面:上柱底截面、下柱牛腿顶截面和下柱底截面。

4. 排架柱多为预制柱,除进行使用阶段验算外,还需进行运输、吊装阶段验算;牛腿是排架柱非常重要的组成部分,短牛腿可简化为由水平拉杆和斜压杆组成的三角形桁架来进行计算;厂房中的许多构件都与排架柱连接并向柱传递荷载,设计与施工中应重视其连接构造。

5. 柱下独立基础也称为扩展基础,根据受力可分为轴心受压基础和偏心受压基础,根据基础的形状可分为阶形基础和锥形基础。独立基础的底面尺寸可按地基承载力要求确定,基础的高度由构造要求和抗冲切承载力要求确定,底板配筋按固定在柱边的倒置悬臂板计算。

思考与练习

1. 单层钢筋混凝土排架结构厂房由哪些构件组成?

2. 作用在单层厂房排架结构上的荷载有哪些? 其荷载传递途如何?

3. 单层厂房的支撑体系包括哪些? 其作用是什么?

4. 在确定排架结构计算单元和计算简图时作了哪些假定?

5. 排架柱的控制截面如何确定?

6. 排架柱进行最不利内力组合时,应进行哪几种内力组合? 内力组合时需注意什么问题?

7. 排架柱在吊装阶段的受力如何? 为什么要对其进行吊装验算? 其验算内容有哪些?

8. 牛腿的受力特点如何? 何谓长牛腿和短牛腿?

9. 牛腿的截面尺寸如何确定? 牛腿顶面的配筋构造有哪些?

10. 排架柱与屋架和吊车梁是如何连接的?

11. 屋架与山墙抗风柱的连接有何特点?

课题 11

框架结构

学习要点

1. 多、高层建筑结构类型、结构体系
2. 框架结构布置和计算简图的确定
3. 竖向荷载作用下框架内力的计算方法（分层法）
4. 水平荷载作用下框架内力的计算方法（反弯点法和 D 值法）
5. 框架结构内力的组合
6. 基础类型的选择方法

11.1 多、高层建筑混凝土结构概述

11.1.1 结构类型

目前多、高层建筑结构类型通常采用钢筋混凝土结构、型钢混凝土结构、钢管混凝土结构和混合结构等。

钢筋混凝土结构是目前我国多、高层建筑结构的主要类型，其优点是承载能力和刚度大、耐久性和耐火性好、可模性好等。

型钢混凝土或钢管混凝土高层建筑结构的主要承重构件由型钢混凝土或钢管混凝土制作。这种结构具有自重轻、截面尺寸小、施工进度快、抗震性能好等特点，同时还具有混凝土结构承载能力大、刚度大、耐久性和耐火性好、造价低等优点。

混合结构是由钢框架（或型钢混凝土框架、钢管混凝土框架）与钢筋混凝土筒体（或剪力墙）组成的高层建筑结构，如上海环球金融中心大厦和陕西信息大厦均是由型钢混凝土外框筒与钢筋混凝土内筒组成的混合结构。

11.1.2 结构体系

钢筋混凝土多、高层建筑常用的结构体系有框架、剪力墙、框架—剪力墙、筒体结构体系以及它们的组合体系。

1. 框架结构体系

框架结构体系,是由梁、柱通过节点连接构成的结构体系。它既承受竖向荷载,又承受水平荷载。图11-1是框架房屋几种典型的平面布置和其中一个剖面示意图。

框架结构的优点如下:平面布置灵活,易于设置较大空间,也可按需要隔成小房间,使用方便,计算理论成熟等。其缺点是:框架的侧向刚度较小,抵抗水平荷载的能力较差;如果框架结构房屋的高宽比较大,则水平荷载作用下的侧移也较大,引起的倾覆作用也较大。因此,设计时应控制房屋的高度和高宽比。框架结构常用于办公楼、旅馆、学校、商店和住宅等建筑。

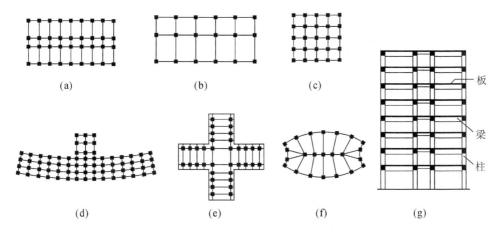

图 11-1 框架结构平面及剖面示意图

2. 剪力墙结构体系

剪力墙结构体系,是用建筑物墙体承受竖向荷载、抵抗水平荷载的结构。在地震区,剪力墙主要用于承受水平地震力,故也称抗震墙。

剪力墙结构的优点如下:刚度大,整体性能好,抗震性能好,能适用于较高建筑。其缺点是:结构自重较大,建筑平面布局局限性大,较难获得大空间,使用受到限制。该结构常用于高层住宅、宾馆等建筑。

3. 框架—剪力墙结构体系

在框架结构中用适量的剪力墙替代部分梁柱,与框架结构共同抵抗水平荷载,即组成框架—剪力墙结构体系,这种体系充分发挥了框架结构"建筑平面布置灵活"和剪力墙结构"侧移刚度大"的特点,广泛应用于高层办公楼及宾馆等建筑物。

4. 筒体结构体系

筒体结构体系,由一个或多个竖向筒体(由剪力墙转成的薄壁或由密柱框架构成的框筒)组成的迎风面受拉背风面受压的结构。一个或多个筒体为主要抗侧力构件的结构,具有更大的空间刚度,更好的抗震性能,适合于更高的建筑。

本章主要介绍框架结构设计的一般知识及其近似计算方法。

11.2 框架的结构和布置

11.2.1 框架结构分类

钢筋混凝土框架结构按施工方法不同可分为现浇整体式、装配式和装配整体式等。

1. 现浇整体式框架

现浇整体式框架即梁、板、柱均为现浇钢筋混凝土。一般是每层的柱与其上部的楼板同时支模、绑扎钢筋,然后一次浇捣成形,自基础顶面逐层向上施工。因此,现浇整体式框架结构整体性好,刚度大,抗震性能良好,建筑布置灵活性大。其缺点是现场施工工期长,劳动强度大,而且需要大量的模板。

2. 装配式框架

装配式框架是指梁、板、柱均为预制,然后进行吊装,通过预埋件焊接拼装连接成整体的框架结构。其主要优点是构件可以做到标准化、定型化,可进行机械化生产。与全现浇式框架相比,可节约模板 60% 左右,缩短工期 40% 左右,节约劳动力约 20%,还可以大量采用预应力混凝土构件。但装配式框架预埋连接件多,增加了用钢量,单位面积造价较高,并且其结构整体性不好,抗震性能差,不宜用于地震区的高层建筑。

3. 装配整体式框架

装配整体式框架是将预制梁、柱和板现场安装就位后,在构件连接处浇注混凝土,使其形成整体。与装配式框架相比,省去了预埋件,减少了用钢量,整体性比装配式提高,但节点施工复杂。

11.2.2 柱网尺寸和层高

多层框架房屋的柱网尺寸及层高,一般需根据生产工艺、使用要求以及建筑和结构等各方面的因素进行全面考虑后确定。

民用建筑的柱网和层高根据建筑使用功能确定。目前,住宅、办公楼、医院、宾馆等柱网可划分为大柱网和小柱网两类。小柱网一个开间为一个柱距,柱距一般为 2.1 m、2.4 m、2.7 m、3 m、3.3 m、3.6 m、4.0 m 等;大柱网两个开间为一个柱距,柱距通常为 6.0m、6.6m、7.2m、7.5m 等。常用的跨度为 4.8m、5.4m、6.0m、6.6m、7.2m、7.5m 等。层高通常为 3.0m、3.6m、3.9m、4.2m、6m、6.6m 等。

11.2.3 框架结构的承重方案

按承重框架布置方向的不同,框架的布置方案有横向框架承重、纵向框架承重和纵横向框架混合承重等。

1. 横向框架承重方案

横向框架承重方案是在横向布置框架承重梁,楼面竖向荷载由横向梁传至柱,连系梁沿纵向布置,见图 11-2(a)。一般房屋长向柱列的柱数较多,无论是强度还是刚度都比宽度方向强一些,而房屋的横向(宽度方向)相对较弱,采用横向框架承重,便于施工,节约材料,增大了房屋在横向的抗侧移刚度,故这种方案选用较多。

2. 纵向框架承重方案

纵向框架承重方案是在房屋纵向布置框架承重梁,连系梁沿横向布置,见图 11-2(b)。由于横向连系梁截面高度较小,有利于楼层净高的有效利用以及设备管线的穿行,房间布置上比较灵活,缺点是房屋横向抗侧刚度较差,民用建筑很少采用这种结构方案。

3. 纵、横向框架混合承重方案

纵、横向框架混合承重方案中,框架承重梁沿房屋的横向和纵向布置,见图 11-2(c),房屋在两个方向上均有较大的抗侧移刚度,具有较大的抗水平力的能力,整体工作性能好,一般采用现浇整体式框架,楼面为双向板,用于柱网呈方形或接近方形的大面积房屋中,如仓库、购物中心、厂房等建筑。

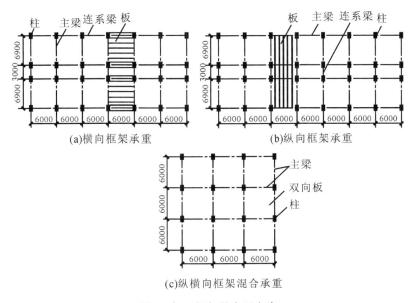

图 11-2 框架的布置方案

11.3 框架结构的计算简图

11.3.1 计算单元的确定

当框架较规则时,为了计算简便,常将纵向框架和横向框架分别按平面框架进行分析计算,如图 11-3 所示。

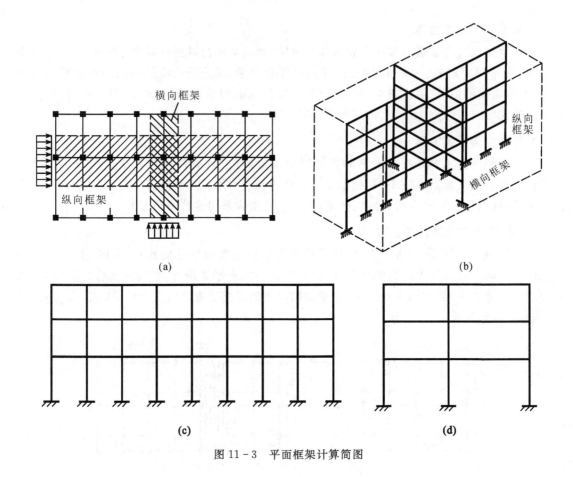

图 11-3　平面框架计算简图

11.3.2　节点的简化

现浇框架结构中,梁、柱的纵向钢筋都将穿过节点或锚入节点区,节点可视为刚接节点,如图 11-4 所示。

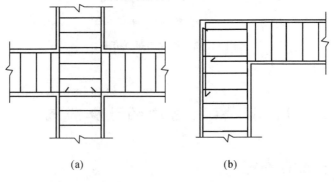

图 11-4　现浇框架节点

11.3.3 计算跨度与层高

在结构计算简图中,杆件用其轴线来表示。框架梁的跨度一般取顶层柱轴线的间距;当上下层柱截面尺寸有变化时,框架梁的跨度一般取顶层柱中心线的间距。

框架柱的计算高度应为各横梁形心轴线间距,当各层梁截面尺寸相同时,除底层外,柱的计算高度即为各层层高。对于梁、柱、板均为现浇的情况,梁截面的形心线可近似取至板底。对于底层柱的下端,一般取至基础顶面,如图 11-5 所示。当设有整体刚度很大的地下室,且地下室结构的楼层侧向刚度不小于相邻上部结构楼层侧向刚度的 2 倍时,可取至地下室结构的顶板处。

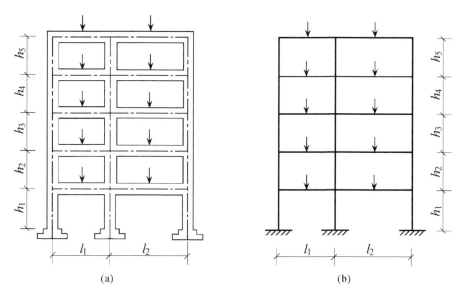

图 11-5 框架结构计算简图

11.4 竖向荷载作用下框架的内力分析

在竖向荷载作用下,多、高层框架结构的内力可用力学分析法、分层法等近似方法计算。本节主要介绍分层法计算方法。

11.4.1 竖向荷载作用下框架的受力特点和计算假定

1.竖向荷载作用下框架受力特点

通常多层多跨框架在竖向荷载作用下的侧移是不大的,可近似地按无侧移框架进行分析,而且当某层梁受竖向荷载作用时,在该层梁及相邻柱子中产生较大内应力,而且对其他楼层的梁、柱中内应力也有影响,它是通过节点处弯矩分配给下层柱的上端,再传递到下层柱的下端,其值将随着分配和传递次数的增加而衰减,且梁的线刚度越大,衰减越快。因此,可假定作用在某一层框架梁上的竖向荷载只对本楼层的梁以及与本层梁相连的框架柱产生弯矩和剪力。

2. 分层法计算假定

(1)在竖向荷载作用下,框架的侧移和侧移引起的内力忽略不计;

(2)每层梁上的竖向荷载仅对本层梁及其上、下柱的内力产生影响,对其他各层梁、柱的影响忽略不计。

应当指出,上述假定中所指的内力不包括柱轴力,因为某层梁上的荷载对下部各层柱的轴力均有较大影响,不能忽略。

11.4.2 分层法计算要点

(1)计算时可将各层梁及其上、下层柱所组成的框架作为一个独立的计算单元,各层梁跨度及层高与原结构相同,如图 11-6 所示。

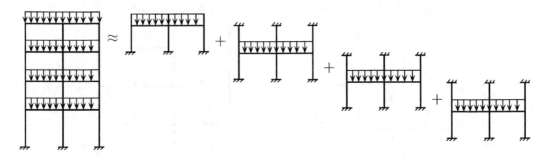

图 11-6 分层法计算示意图

(2)采用分层法计算内力时,假定上、下柱的远端是固定的(见图 11-6),但实际上是弹性支承,有转角产生。为了减少计算简图中假定上、下柱远端为固定端所带来的误差,将除底层柱以外其他各层柱的线刚度乘以折减系数 0.9,且其相应的传递系数为 1/3;底层柱和各层梁的传递系数则取为 1/2。

(3)用无侧移框架的计算方法(如弯矩分配法)计算各敞口框架的杆端弯矩,由此所得的梁端弯矩即为其最终弯矩;而每一柱的弯矩由上、下两层计算所得的弯矩值叠加得到。由于分层法是近似计算法,框架节点处的最终弯矩之和常不等于零,若需进一步修正,可对节点不平衡力矩再进行一次分配(只分不传)。

(4)在杆端弯矩求出后,可用静力平衡条件计算梁端剪力及梁跨中弯矩;由逐层叠加柱上的竖向荷载(包括节点集中力、柱自重等)和与之相连的梁端剪力,可得柱的轴力。

【例 11.1】 图 11-7 所示为一两层两跨框架,各层横梁上作用有均布线荷载,括号内数字表示梁、柱线刚度 $i=EI/l$ 的相对值。试用分层法计算各杆件的弯矩。

【解】(1)首先将原框架分解为两个敞口框架,如图 11-8 所示。

(2)画出分层框架计算简图,计算弯矩分配系数。第二层各柱线刚度乘以 0.9 后计算各节点的分配系数,并写在图中小方格内。如图 11-9 所示。

节点 G: $\mu_{GH} = \dfrac{7.63}{4.21 \times 0.9 + 7.63} = 0.67$

$$\mu_{GD} = \frac{0.9 \times 4.21}{4.21 \times 0.9 + 7.63} = 0.33$$

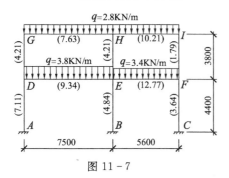

图 11-7

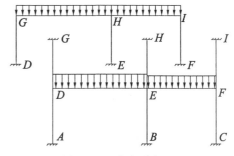

图 11-8　框架分解图

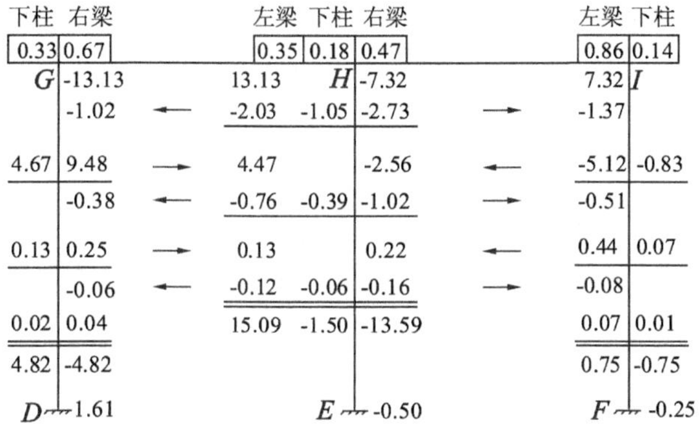

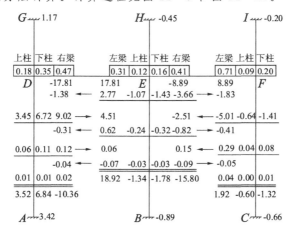

图 11-9　顶层框架计算

其他结点计算从略。

（3）由图 11-7 求出 G 节点的梁端弯矩和柱端弯矩。

$$M_{GH} = -2.8 \times 7.5^2 / 12 = -13.13 \ (\text{kN} \cdot \text{m})$$

$$M_{GD} = 2.8 \times 7.5^2 / 12 = 13.13 \ (\text{kN} \cdot \text{m})$$

（4）用力矩分配法分层计算。计算过程见图 11-9 和图 11-10。

图 11-10　底层框架计算

（5）叠加图 11-9 和图 11-10 计算最终弯矩。例如，对节点 G，由图 11-10，得柱端传递弯矩为 1.17 kN·m，则最终梁端弯矩为 -4.82 kN·m，柱端弯矩为 $4.82+1.17=5.99$ kN·m。显然，节点出现不平衡弯矩值 1.17 kN·m。现对此弯矩值再作一次分配，得到梁端弯矩和柱端弯矩分别为：

$$M'_{GH} = -4.82 + (-1.17) \times 0.67 = -5.60 \ (kN \cdot m)$$
$$M'_{GD} = 5.99 + (-1.17) \times 0.33 = 5.60 \ (kN \cdot m)$$

对其余节点，均如此计算。

（6）画出框架弯矩图（见图 11-11），并给出了考虑框架侧移时的杆端弯矩（括号内的数值可视为精确值）。由此可见，用分层法计算所得到的梁端弯矩误差较小，柱端弯矩误差较大。

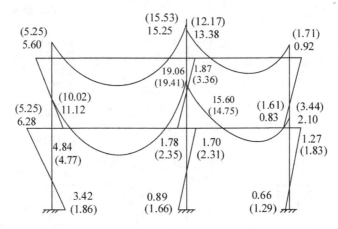

图 11-11　分层法计算的最终框架弯矩图

11.5　水平荷载作用下框架的内力近似计算

风或地震荷载作用下，多层或高层的框架将发生侧移，水平荷载作用下的内力分析，常采用的方法有反弯点法和 D 值法。

11.5.1　反弯点法

1. 水平荷载作用下框架结构的受力特点和变形特点

多层框架在风荷载或其他水平荷载的作用下，可以简化为作用于框架节点的水平集中力。在水平荷载作用下每个节点不仅产生相对水平位移，还产生转角。由于越靠近底层框架所受层间剪力越大，故各节点的相对水平位移和转角都具有越靠近底层越大的特点。柱上、下两段弯曲方向相反，柱中一般都有一个反弯点。因无节间荷载，各杆的弯矩图都是斜直线，每个杆都有一个弯矩为零的点称为反弯点，如图 11-12 所示。如果能够求出各柱的剪力及其反弯点位置，则梁、柱内力均可方便的求出。因此，水平荷载作用下框架内力近似计算的关键为：一是确定层间剪力在柱间的分配，二是确定各柱的反弯点位置。

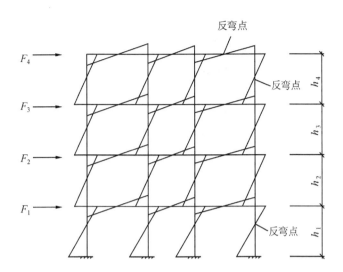

图 11-12　水平荷载作用下框架结构的弯矩图

2. 求反弯点的基本假定

为了简化计算,用反弯点法计算水平荷载作用下的框架内力,作如下假定:

(1)在进行各柱间的剪力分配时,认为各柱上下端都不发生角位移,即梁与柱的线刚度之比为无限大。

(2)在确定各柱的反弯点位置时,假定除底层柱以外的其余各层柱,受力后上下两端的转角相等,即除底层柱外,其余各层框架柱的反弯点位于层高的中点;对于底层柱,则假定其反弯点位于距支座2/3层高处。

(3)梁端弯矩,由节点平衡条件求出不平衡弯矩,再按节点左右两端的线刚度进行分配。

3. 计算方法

(1)确定柱的侧移刚度,进行层间剪力分配。

①柱的侧移刚度 D。对于等截面柱,当柱上下两端有相对单位位移时,柱顶所需施加的水平力为 D,即柱的侧移刚度。如图 11-13 所示两端固定柱的侧向刚度为:

$$D_{柱} = \frac{12i_c}{h^2}$$

其中:
$$i_c = \frac{EI}{h}$$

式中:h 为层高;EI 为柱抗弯刚度;i_c 为柱线刚度。

②层间总剪力。设框架共有 n 层,每层层间总剪力为:$V_1, V_2, \cdots, V_i, \cdots, V_n$,每层有 m 个柱列;由每一层的反弯点处截开(见图 11-14),得

$$V_i = \sum_{k=i}^{n} F_k \qquad (11.1)$$

即:

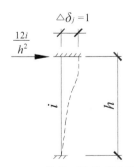

图 11-13　等截面柱的侧向刚度

$$V_i = V_{i1} + \cdots + V_{ij} + \cdots + V_{im} = \sum_{k=i}^n F_k \quad (11.2)$$

式中：F_k 为作用于楼层 k 的水平力；V_j 为框架结构在第 j 层所承受的层间总剪力和；V_{ij} 为第 i 层第 j 柱所承受的剪力。

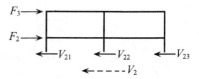

图 11-14 框架的分割体图

③层间总剪力和在同层各柱间的剪力分配。

由于同层各柱柱端水平位移相等，则每层的层间相对位移也相等，均为 δ（指相对位移），按侧移刚度 D 的定义，则有：

$$V_{i1} = D_{i1}\delta, V_{i2} = D_{i2}\delta, \cdots, V_{ij} = D_{ij}\delta \cdots \quad (11.3)$$

将其代入式(11.2)，即得：

$$D_{i1}\delta + D_{i2}\delta + \cdots + D_{ij}\delta + \cdots + D_{im}\delta = V_i = \sum_{k=i}^n F_k \quad (11.4)$$

进一步由式(11.3)、(11.4)推出，第 i 层第 j 根柱承担的剪力为：

$$V_{ij} = D_{ij}\delta = \frac{D_{ij}}{\sum\limits_{j=1}^m D_{ij}} V_i = \mu_{ij} V_i \quad (11.5)$$

式(11.5)即为各柱剪力的计算公式。式中，μ_{ij} 为剪力分配系数；D_{ij} 为第 i 层第 j 根柱的侧移刚度；V_i 为第 i 层的层间剪力。

(2)确定各层柱的反弯点高度，计算柱端弯矩。反弯点高度比 y 为反弯点高度和柱高的比值。当梁柱线刚度之比>3 时，柱端的转角很小，反弯点接近中点，除底层柱外，可假定各柱反弯点就在中点，即 $y=0.5$。对于底层柱由于底端固定而上端有转角，反弯点向上移，通常假定反弯点在距柱底端 $2h/3$ 处，即 $y=2/3$。

根据各柱分配到的剪力及反弯点位置，计算柱端弯矩。

底层柱的上端弯矩：

$$M_{c1j}^t = V_{1j} \cdot \frac{h_1}{3} \quad (11.6)$$

底层柱的下端弯矩：

$$M_{c1j}^b = V_{1j} \cdot \frac{2h_1}{3} \quad (11.7)$$

上部各层柱上、下端弯矩相等，即：

$$M_{cij}^t = M_{cij}^b = V_{ij} \cdot \frac{h_i}{2} \quad (11.8)$$

式中：下标 cij 表示第 i 层第 j 号柱；上标 t, b 分别表示柱的顶端和底端。

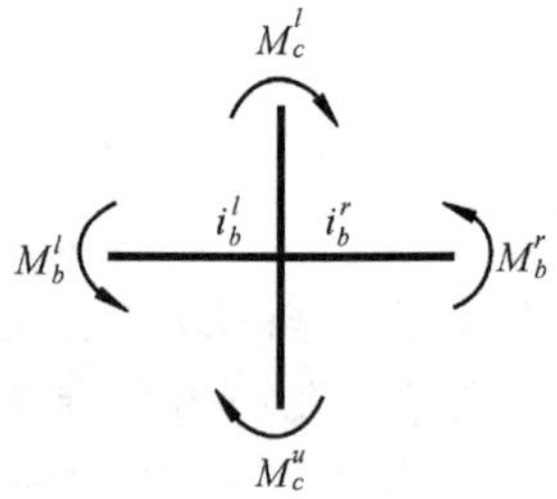

(3)根据结点平衡计算梁端弯矩。求得柱端弯矩后，根据假定 3，可由图 11-15 所示的节点平衡条件，求得梁端弯矩：

$$\begin{cases} M_b^l = (M_c^u + M_c^l) \dfrac{i_b^l}{i_b^l + i_b^r} \\[4mm] M_b^r = (M_c^u + M_c^l) \dfrac{i_b^r}{i_b^l + i_b^r} \end{cases} \quad (11.9)$$

图 11-15 节点平衡条件

式中：i_b^l 为左边梁的线刚度；i_b^r 为右边梁的线刚度。

由梁两端的弯矩，根据梁的平衡条件（见图 11－16），可得到梁的剪力；同时，从上至下逐层叠加节点左右的梁端剪力，即可得到柱内轴力。

$$V_b^l = V_b^r = \frac{(M_b^l + M_b^r)}{L} \qquad (11.10)$$

M_b^l
M_b^r
V_b^l
V_b^r
L

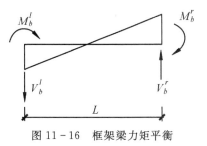

图 11－16 框架梁力矩平衡

【例 11.2】 试用反弯点法求图 11－17 所示框架的弯矩图，图中带括号的数值为该杆的线刚度比值。

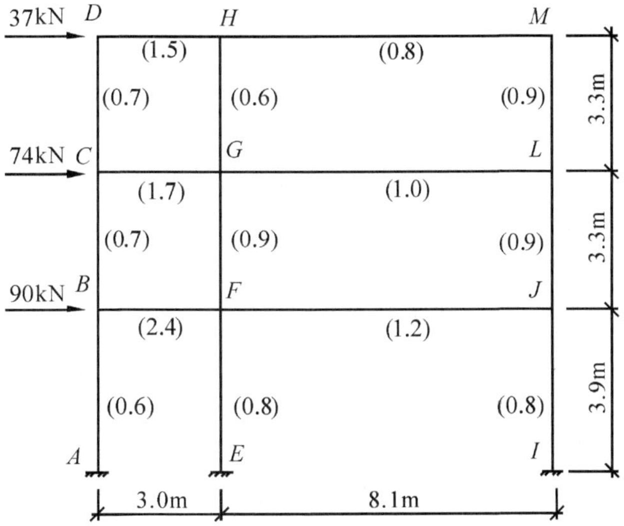

37kN D
H
M
(1.5)
(0.8)
(0.7)
(0.6)
(0.9)
3.3m
74kN C
G
L
(1.7)
(1.0)
(0.7)
(0.9)
(0.9)
3.3m
90kN B
F
J
(2.4)
(1.2)
(0.6)
(0.8)
(0.8)
3.9m
A
E
I
3.0m
8.1m

图 11－17

【解】(1)求各柱在反弯点处的剪力值。

第三层：$V_{CD} = \dfrac{0.7}{0.7+0.6+0.9} \times 37 = 11.77\ (\text{kN})$

$V_{GH} = \dfrac{0.6}{0.7+0.6+0.9} \times 37 = 10.09\ (\text{kN})$

$V_{LM} = \dfrac{0.9}{0.7+0.6+0.9} \times 37 = 15.14\ (\text{kN})$

第二层：$V_{BC} = \dfrac{0.7}{0.7+0.9+0.9} \times (37+74) = 31.08\ (\text{kN})$

$V_{BC} = \dfrac{0.9}{0.7+0.9+0.9} \times (37+74) = 39.96\ (\text{kN})$

$V_{JL} = \dfrac{0.9}{0.7+0.9+0.9} \times (37+74) = 39.96\ (\text{kN})$

第一层：$V_{AB} = \dfrac{0.6}{0.6+0.8+0.8} \times (37+74+90) = 54.82\ (\text{kN})$

$V_{EF} = \dfrac{0.8}{0.6+0.8+0.8} \times (37+74+90) = 73.09\ (\text{kN})$

$V_{IJ} = \dfrac{0.8}{0.6+0.8+0.8} \times (37+74+90) = 73.09\ (\text{kN})$

(2)求出各柱柱端的弯矩。

第三层：　$M_{CD}=M_{DC}=11.77\times\dfrac{3.3}{2}=19.42$ (kN・m)

$M_{GH}=M_{HG}=10.09\times\dfrac{3.3}{2}=16.65$ (kN・m)

$M_{LM}=M_{ML}=15.04\times\dfrac{3.3}{2}=24.98$ (kN・m)

第二层：　$M_{BC}=M_{CB}=31.08\times\dfrac{3.3}{2}=51.28$ (kN・m)

$M_{FG}=M_{GF}=39.96\times\dfrac{3.3}{2}=65.93$ (kN・m)

$M_{JL}=M_{LJ}=39.96\times\dfrac{3.3}{2}=65.93$ (kN・m)

第一层：　$M_{AB}=54.82\times0.6\times3.9=128.28$ (kN・m)

$M_{BA}=54.82\times0.4\times3.9=85.52$ (kN・m)

$M_{EF}=73.09\times0.6\times3.9=171.03$ (kN・m)

$M_{FE}=73.09\times0.4\times3.9=114.02$ (kN・m)

$M_{IJ}=73.09\times0.6\times3.9=171.03$ (kN・m)

$M_{JI}=73.09\times0.4\times3.9=114.02$ (kN・m)

(3)求出各梁端的弯矩。

第三层：　$M_{DH}=M_{DC}=19.42$ (kN・m)

$M_{HD}=\dfrac{1.5}{1.5+0.8}\times16.65=10.86$ (kN・m)

$M_{HM}=\dfrac{0.8}{1.5+0.8}\times16.65=5.79$ (kN・m)

$M_{MH}=M_{ML}=24.98$ (kN・m)

第二层：　$M_{CG}=M_{CD}+M_{CB}=19.42+51.28=70.70$ (kN・m)

$M_{GC}=\dfrac{1.7}{1.7+1.0}\times(16.65+65.93)=51.99$ (kN・m)

$M_{GL}=\dfrac{1.0}{1.7+1.0}\times(16.65+65.93)=30.59$ (kN・m)

$M_{LG}=M_{LD}+M_{LJ}=24.98+65.63=90.91$ (kN・m)

第一层：　$M_{BF}=M_{BC}+M_{AB}=51.28+85.52=136.8$ (kN・m)

$M_{FB}=\dfrac{2.4}{2.4+1.2}\times(65.93+114.02)=119.97$ (kN・m)

$M_{FJ}=\dfrac{1.2}{2.4+1.2}\times(65.93+114.02)=59.98$ (kN・m)

$M_{JF}=M_{JL}+M_{JI}=65.93+114.02=179.95$ (kN・m)

(4)绘制各杆的弯矩图(见图 11-18)。

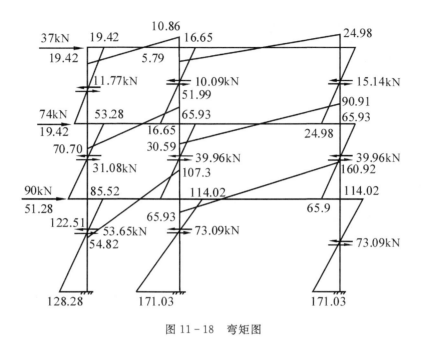

图 11-18 弯矩图

11.5.2 D 值法(改进反弯点法)

水平荷载作用下内力的计算采用反弯点法时,认为剪力仅与各柱间的线刚度比有关,各柱的反弯点位置是个定值。实际上,柱的抗侧移刚度不但与柱本身的线刚度和层高有关,而且还与梁的线刚度有关。柱的反弯点高度不应是定值,而是随柱与梁间的线刚度比、柱所在楼层的位置、上下层梁间的线刚度比以及上下层层高的不同而改变,还与房屋的总层数等因素有关。因此采取对框架柱的抗侧移刚度和反弯点高度进行修正的方法,称为改进反弯点法或 D 值法。D 值法的计算步骤与反弯点法相同,计算简单、实用且精度比反弯点法高,因而在高层建筑结构设计中得到广泛应用。

1. 修正后的柱抗侧移刚度 D

现以图 11-19 所示框架中柱 AB 来研究。框架受力变形后,柱 AB 的上下端节点达到了新的位置,$A'B'$ 在水平方向的相对位移为 $\Delta\delta$,柱的旋转角 $\varphi = \Delta\delta/h$,柱的上下端都产生转角 θ。

为简化计算,假定:①柱 AB 两端及与其相邻的各杆远端的转角均为 θ;②柱 AB 及与其相邻的上下柱的旋转角均为 φ;③柱 AB 及与其相邻的上下柱线刚度均为 i_c。

由图 11-19,根据变形与杆端力之间的关系(转角位移方程)可得:

$$V_{AB} = -\frac{M_{AB} + M_{BA}}{h} = \frac{12i_c}{h}\left(1 - \frac{\theta}{\varphi}\right)\varphi \tag{11.11}$$

$$D = \frac{V}{\delta} = \frac{\overline{K}}{2 + \overline{k}} \cdot \frac{12i_c}{h^2} = \alpha_c \frac{12i_c}{h^2} \tag{11.12}$$

式中:α_c 为节点转动影响系数或两端固定时柱的抗侧移刚度($12i_c/h^2$)的修正系数,它反映了节点转动引起柱抗侧移刚度的降低,而节点转动又取决于梁对柱的约束程度,当梁的线刚度很

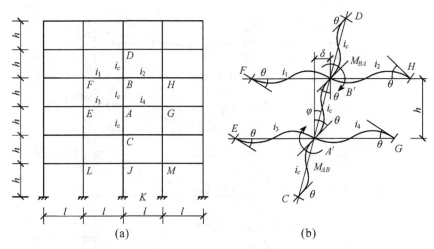

图 11-19　框架及其变形图

大时，$\alpha_c \to 1$，此时梁对节点的约束较强。其中系数 α_c 和梁柱线刚度比 $\overline{K}$ 的取值可按表 11-1 进行计算。

表 11-1　柱侧向刚度修正系数

楼层		简图	$\overline{K}$	α_c
一般层		$i_c\ \dfrac{i_2}{i_4}$　$\dfrac{i_1\ \ i_2}{i_3\ i_c\ i_4}$	$\overline{K}=\dfrac{i_1+i_2+i_3+i_4}{2i_c}$	$\alpha_c=\dfrac{\overline{K}}{2+\overline{K}}$
底层	固接	$i_c\ \dfrac{i_2}{}$　$\dfrac{i_1\ \ i_2}{i_c}$	$\overline{K}=\dfrac{i_1+i_2}{i_c}$	$\alpha_c=\dfrac{0.5+\overline{K}}{2+\overline{K}}$
	铰接	$i_c\ \dfrac{i_2}{}$　$\dfrac{i_1\ \ i_2}{i_c}$	$\overline{K}=\dfrac{i_1+i_2}{i_c}$	$\alpha_c=\dfrac{0.5\overline{K}}{1+2\overline{K}}$

2. 柱的反弯点高度 yh

多层框架各层柱的反弯点位置与该柱上下端转角的大小有关。若上下端的转角相同，反弯点就在柱高的中央；若两端转角不同，则反弯点偏于转角大的一端。

各层柱反弯点高度可由下式计算：

$$\overline{y}h = (y_n + y_1 + y_2 + y_3)h \tag{11.13}$$

式中：$\overline{y}$ 为反弯点高度，即反弯点到柱下端的距离；h 为柱高；y 表示反弯点高度与柱高的比值；y_n 为标准反弯点高度比；y_1 为考虑上、下层横梁线刚度不同时的修正值；y_2、y_3 为考虑上、下层层高变化的修正值。

（1）标准反弯点高度比 y_n。y_n 与总层数 m、该柱所在楼层位置 n、梁柱线刚度比 $\bar{k}$ 和水平荷载作用形式有关。

（2）上、下横梁线刚度不同时的反弯点高度比的修正值 y_1。若柱上、下横梁的线刚度不同，即变形后转角不相等，则该柱的反弯位置相对于标准反弯点将发生移动，用 y_1 加以修正。

（3）层高变化时反弯点高度比修正值 y_2、y_3。当柱所在楼层的上、下楼层层高发生变化时，反弯点位置也随之变化。若上层较高时，反弯点将上移 y_2h；下层较高时，反弯点将从标准反弯点下移 y_3h。对顶层不考虑 y_2，底层不考虑 y_3。

求得各层柱的抗侧移刚度 D 和反弯点位置 yh 后，框架在水平荷载作用下的内力计算与反弯点法完全相同。

11.6 框架侧移近似计算及限值

框架结构设计时，不仅要保证承载力，还需保证结构的侧移满足要求。引起侧移的主要原因是水平荷载。框架的侧移有两种：一种是梁柱弯曲变形引起的层间相对侧移，具有越往下越大的特点。框架侧移曲线与悬臂梁的剪切变形曲线相似，称为"剪切型"变形（见图 11 - 20）。另一种是由框架柱的轴力引起的，框架的变形越靠上越大。与悬臂梁的弯曲变形类似，故称为"弯曲型"变形（见图 11 - 21）。

一般多层框架建筑，其侧移主要是由梁、柱弯曲变形所引起的。柱的轴向变形所引起的侧移值甚微，可忽略不计，因此多层框架的侧移只需考虑梁、柱弯曲变形，一般用 D 值法计算。

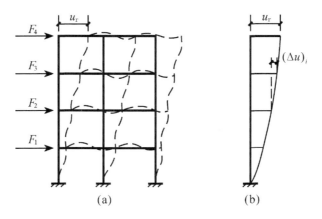

图 11 - 20 框架剪切型变形

1. 用 D 值法计算框架的侧移

用 D 值法计算水平荷载作用下的框架内力时，计算出第 i 层任意柱抗侧移刚度 D_i 及同层各柱的抗侧移刚度之和 $\sum D_{ij}$，按抗侧移刚度的定义，可得层间相对侧移 $\Delta\mu_i$ 为：

$$\Delta\mu_i = \frac{V_i}{\sum\limits_{j=1}^{m} D_{ij}} \tag{11.14}$$

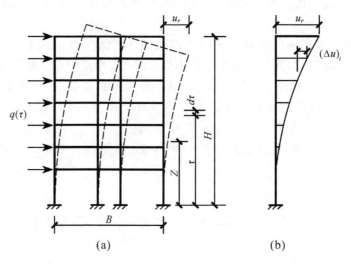

图 11-21　框架弯曲型变形

框架顶层总侧移值 $\Delta\mu$ 为各层相对侧移之和,即 $\Delta\mu = \sum_{i=1}^{n} \Delta\mu_i$,以上两个式中,$m$ 表示框架第 i 层的总柱数;n 表示框架结构的总层数。

2. 侧移限值

框架结构的侧向刚度,一般以使结构满足层间位移限值为宜。

我国《高层规程》规定,按弹性方法计算的楼层层间最大位移与层高之比 $\Delta u/h$ 宜小于其限值 $[\Delta u/h]$,即:

$$\Delta u/h \leqslant [\Delta u/h] \tag{11.15}$$

式中:$[\Delta u/h]$ 表示层间位移角限值,对框架结构取 $1/550$;h 为层高。

由于变形验算属正常使用极限状态的验算,所以计算 Δu 时,各作用分项系数均应采用 1.0,混凝土结构构件的截面刚度可采用弹性刚度。另外,楼层间最大位移 Δu 以楼层最大的水平位移差计算,不扣除整体弯曲变形。

11.7　框架结构内力组合

框架结构在荷载作用下的内力确定后,必须求出构件各控制截面的最不利内力,以此作为梁、柱配筋的依据。

11.7.1　控制截面

控制截面通常是框架梁、柱内力最大的截面。

对于框架柱,弯矩最大值在上、下两个柱端截面上;而剪力和轴力在同一层变化不大,因此各层柱的控制截面为框架柱的上下端截面。

对于框架梁,在跨中和支座处弯矩通常较大,而且最大剪力也在支座处。所以,对于框架梁,通常选两个支座截面及跨中截面作为控制截面。此外,在进行梁端部截面配筋时,应采用构件端部(即柱边缘处的)的内力,而不是轴线位置处的内力,由图 11-22 可见,柱边截面的弯矩和剪力可根据梁轴线处的弯矩和剪力计算,如下式为梁端控制截面的计算:

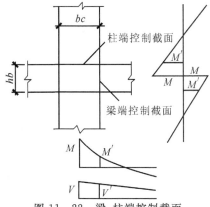

图 11-22 梁、柱端控制截面

$$V' = V - (g + q)\frac{b_c}{2} \qquad (11.16)$$

$$M' = M - V\frac{b_c}{2} \qquad (11.17)$$

式中:V',M' 为梁端柱边截面的剪力和弯矩;V,M 为轴线截面的梁剪力和弯矩;g,q 为作用在梁上的竖向分布恒载和活载。

11.7.2 最不利内力组合

控制截面上内力类型有轴向力 N、弯矩 M 和剪力 V,在各种荷载效应组合作用下,有些相应的内力组合配筋量较多,往往被称之为不利内力组合,再从中选择最不利内力作为配筋量计算的依据。

对于框架梁而言,需要找出梁端支座截面最大负弯矩(有水平荷载组合下可能在支座处产生正弯矩,故也要注意组合可能出现正弯矩)和最大剪力以确定梁端的纵筋与腹筋,找出跨中最大正弯矩以确定梁底配筋(也要注意组合后可能出现的负弯矩)。

对于框架柱而言,根据弯矩 M、轴力 N 内力组合的不同以及配筋量的变化规律可知,柱子大偏压,偏心距 $e_0 = M/N$ 越大(即 M 越大,N 越小)时,截面配筋量往往越多;小偏压,N 越大对柱越不利。对于矩形、工字形截面柱的每一控制截面,一般应考虑以下几种内力组合:①$|M_{max}|$ 及相应的 N,V;②N_{max} 及相应的 M,V;③N_{min} 及相应的 M,V;④$|V|_{max}$ 及相应的 N。

以上几种内力组合中,第①、③组是以构件可能出现大偏压破坏进行组合的;第②组则是从构件可能出现的小偏压破坏进行组合的。前三种组合用来计算柱正截面偏压或偏拉抗力,从而确定纵向受力钢筋数量;第④组用来计算斜截面抗剪力,以确定箍筋数量。

11.7.3 荷载组合

对于多层框架上的荷载,恒载是不变的,而活载的出现有各种可能,但同时达到各自最大值的可能性很小,在计算各种荷载引起的结构最不利内力组合时,可将某些荷载适当降低,乘以小于1的组合系数。

对于框架结构,仅考虑水平荷载效应组合的设计值应按下式确定:

$$S = \gamma_G S_{GK} + \gamma_L \psi_Q \gamma_Q S_{QK} + \psi_W \gamma_W S_{WK} \qquad (11.18)$$

式中:S_{GK} 为按永久荷载标准值计算的荷载效应值;S_{QK},S_{WK} 分别为按楼面活荷载和风荷载计算的荷载效应值；γ_G 为永久荷载的分项系数，当永久荷载效应起控制作用时，γ_G 取 1.35，当可变荷载效应起控制作用时，γ_G 取 1.2 或 1.0；γ_Q，γ_w 分别为楼面活荷载分项系数和风荷载分项系数，一般取 1.4；γ_L 为考虑结构设计使用年限的荷载调整系数，设计使用年限为 50 年，取 1.0，100 年取 1.1；ψ_Q，ψ_w 分别为楼面活荷载组合值系数和风荷载组合值系数，当永久荷载效应起控制作用时，分别取 0.7 和 0.0，当可变荷载效应起控制作用时，分别取 1.0 和 0.6 或 0.7 和 1.0。

11.7.4 活荷载最不利布置

作用在框架结构上的竖向荷载有两种，即活荷载和恒荷载。其中恒荷载是永久荷载，其大小和作用在结构上的位置相对不变，它单独作用产生内力也是相对不变的。而活荷载是可变荷载，其作用的位置可以不同，大小可以不同，因此应考虑活荷载的最不利布置，以求得截面的最不利内力。

1. 逐层逐跨加荷载组合法

这种方法适用于竖向活荷载较大时，与恒载、水平荷载产生的内力相比，它产生的内力比较大。此方法是将活荷载逐层逐跨单独作用在框架结构上，求出每一种布置的结构内力，根据控制截面最不利内力的几种类型，分别进行有选择的叠加组合（见图 11-23）。这种方法思路清晰，但工作量较大，适用于计算机计算。

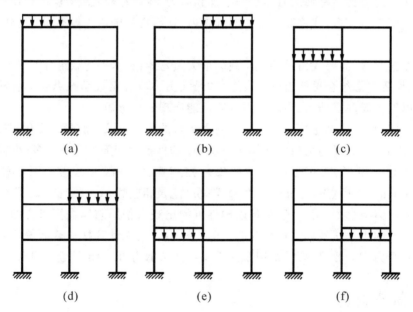

图 11-23 逐层逐跨加荷载组合法

2. 最不利荷载布置法

对某截面的最不利内力，位置可直接根据影响线原理确定。如图 11-24 所示为某跨有活荷载时各杆变形曲线示意图。

如果某跨有活荷载作用，则该跨跨中产生正弯矩，并使横向隔跨、竖向隔层跨中产生正弯矩；横向临跨、竖向邻层各跨中产生负弯矩。因此，如果要某跨跨中产生最大正弯矩，则应该在该跨布置活荷载,沿横向隔跨、竖向隔层布置活荷载,如图 11 - 25(a)所示;如果要某跨跨中产生最大负弯矩,则活荷载布置与上述相反。

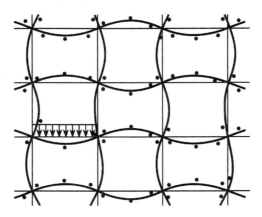

图 11 - 24　框架杆件的变形曲线

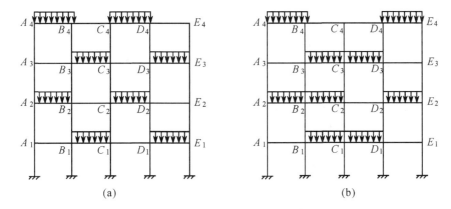

| (a) | (b) |

图 11 - 25　活荷载最不利荷载布置法

3. 满布荷载法

在实际设计中,一般竖向荷载不会很大(活荷载 2~3 kN/m²),它所产生的内力比恒载及水平荷载产生的内力小得多,这样可以把各层各跨的活荷载作一次性布置按满载计算。这种方法与考虑活荷载的最不利影响相差不大,但特别强调的是,这种方法算得的跨中弯矩比考虑活荷载最不利布置计算出的结果稍微有些偏低,因此得到的跨中弯矩宜乘以 1.1~1.3 的增大系数以修正其影响。

11.8　框架结构构件设计

11.8.1　框架梁

在框架结构设计时,需要注意以下几个方面:

(1)对于承载能力极限状态,必须满足正截面受弯抗力要求(为此必须配置适量纵筋),还要满足斜面抗剪力要求(为此必须配置适量的腹筋)。

(2)对于正常使用极限状态,必须满足裂缝宽度和挠度的要求。

(3)框架梁必须满足《规范》规定的构造要求,如纵筋的根数、间距、直径大小、纵向钢筋伸入支座的锚固长度以及相关规定,箍筋的构造和纵筋的弯起和截断。

(4)当梁端的弯矩进行调幅时,必须考虑塑性内力重分布,调幅的方法是将竖向荷载作用下的支座负弯矩乘以调幅系数。对于现浇框架,支座弯矩的调幅系数为 0.8～0.9;对于装配整体式框架,支座弯矩调幅系数为 0.7～0.8。

(5)由于支座弯矩的减少,考虑到塑性内力重分布,则梁跨中弯矩应按平衡条件相应增加,且调幅后的跨中正弯矩至少应取按简支梁计算的跨中弯矩的一半。

(6)只有竖向荷载作用下的梁端弯矩可以调幅,水平荷载作用下的梁端弯矩不调幅。因此,必须先将竖向荷载作用下的梁端弯矩调幅后,再与水平荷载产生的梁端弯矩进行组合。

11.8.2 框架柱

框架柱是受压构件,宜采用对称配筋。根据柱的位置不同,可能出现大偏压和小偏压。柱中纵筋数量应按偏压构件正截面受压承载力确定,箍筋数量应按偏压构件的斜截面抗剪力计算确定。

对于一般的多层房屋中梁柱为刚接的框架结构,设计时应注意以下几个方面:

(1)确定框架柱的截面类型,是矩形,还是工字形;

(2)确定框架柱是单向偏压,还是双向偏压;

(3)进行框架柱正截面承载力计算;

(4)进行框架柱斜截面抗力计算;

(5)满足框架柱的相关构造要求。

11.8.3 框架节点

框架节点是使梁和柱这两种受力构件形成结构的重要组成部分,为了保证框架结构的安全可靠,经济合理,便于施工,可以通过节点区的构造来设计节点。

1. 中间层梁、柱端节点

(1)梁上部纵向钢筋伸入楼层端节点的锚固长度,直线锚固时不小于 l_a,且伸过柱中线长度不宜小于 5 倍的柱纵向钢筋直径。当柱截面尺寸不足时,可采用在钢筋端部加锚头(锚板)的机械锚固方式。当采用机械锚固且符合《混凝土结构设计规范》第 8.3.3 条的规定时,包含锚头(锚板)在内的锚固长度不应小于 $0.4l_{a0}$,且宜伸至柱外侧纵筋内边。

(2)框架梁上部纵向钢筋也可采用 90° 弯折锚固的方式。其实应将钢筋伸至节点对边并向节点内弯折,其包含弯弧段在内的水平投影长度不应小于 $0.4l_{a0}$,包含弯弧段在内的竖直投影长度应取为 $12d$。

(3)框架梁下部纵向钢筋在端节点处的锚固,当计算中充分利用该钢筋的抗拉强度时,钢筋的锚固方式及长度应与上部钢筋的规定相同。当计算中不利用该钢筋的强度或仅充分利用该钢筋的抗压强度时,其伸入节点的锚固长度应分别符合下述中间节点梁下部纵向钢筋锚固的规定。

2. 中间层梁、柱中间节点

框架梁上部纵筋应贯穿中间节点。当计算中不利用梁下部纵向钢筋的抗拉强度时,其伸入节点的锚固长度应不小于 $12d$,对光面钢筋不小于 $15d$,d 为钢筋的最大直径。当计算中充分利用梁下部纵向钢筋的抗拉强度时,梁下部纵向钢筋可采用直线锚固方式,直线式锚固长度不应小于 l_a;下部纵向钢筋也可伸过节点,并在梁中弯矩较小处设置搭接接头,搭接起始点至节点边缘的距离不应小于 $1.5h_0$;当计算中充分利用钢筋的抗压强度时,下部纵向钢筋应按受压钢筋锚固在中间节点或中间支座内,此时,其直线锚固长度不应小于 $0.7l_a$。

3. 顶层中间节点

顶层中间节点柱纵向钢筋和边节点柱内侧向钢筋应伸至柱顶,以梁底边计算的直线锚固长度不小于 l_a,可不必水平弯折,否则应向柱内或梁内水平弯折。当锚固长度不足时,可采用 90°弯折锚固或带锚头(锚板)的机械锚固。此时,柱纵向钢筋直投影长度不应小于 $0.5l_{a0}$,弯折后的水平投影长度不宜小于 $12d$。当柱纵向钢筋采用带锚头(锚板)的机械锚固形式时,包含锚头(锚板)在内的竖向锚固长度不应小于 $0.5l_{a0}$,且柱纵向钢筋应伸至柱顶部。

4. 顶层端节点

顶层端节点处,可将柱外侧纵向钢筋的相应部分弯入梁内作梁上部纵向钢筋使用,搭接长度不应小于 $1.5l_a$;在梁宽范围外的柱外侧纵向钢筋可伸入现浇板内,其深入长度与深入梁内相同。当柱纵向钢筋位于柱顶第一层时,至柱内边后宜向下弯折不小于 $8d$ 后截断;当柱纵向钢筋位于柱顶第二层时,可不向下弯折。

梁上部纵向钢筋与柱外侧纵向钢筋在节点角部的弯弧半径,当钢筋直径 d 不大于 25 mm 时,不宜小于 $6d$;当钢筋直径 d 大于 25 mm 时,不宜小于 $8d$。

5. 节点箍筋的设置

非抗震设防的框架,虽然节点承受的剪力较小,但仍应在框架节点区设置水平箍筋,箍筋的直径和肢数以及间距通常与柱中相同,但箍筋间距不宜大于 250 mm。对四边有梁与之相连的节点,可仅沿节点周边设置矩形箍筋。

11.9　多层框架结构基础

多层框架结构的基础,一般有柱下独立基础、条形基础、十字形基础、片筏基础,必要时也可采用箱形基础或桩基等。基础类型的选择,取决于现场的工程地质条件、上部结构荷载的大小、上部结构对地基土不均匀沉降及倾斜的影响以及施工条件等因素。设计时应进行必要的技术经济比较,综合确定。

当上部结构荷载较小或地基土坚实均匀且柱距较大时,可选用柱下独立基础,其计算与构造要求与单层工业厂房的柱下独立基础相同。

条形基础呈条状布置,其长宽比≥10,见图 11-26(a),横截面一般呈倒 T 形,其作用是把各柱传来的上部结构的荷载较为均匀地传给地基,同时把上部各榀框架结构连成整体,以增加结构的整体性,减少不均匀沉降。当上部结构的荷载比较均匀、地基土也比较均匀时,条形基础可沿纵向布置;若上部结构的荷载沿横向分布不均匀或沿房屋横向地基土性质差别较大时,也可沿横向布置。

十字形基础布置成十字形,见图 11－26(b),即沿柱网纵横方向均布置条形基础,既扩大了基底受荷面积,又可使上部结构在纵横两向都有联系,具有较强的空间整体刚度。这种类型适用于上部结构的荷载分布在纵、横两个方向都很不均匀或地基土不均匀的房屋。

若十字形基础的底面积不能满足地基的承载力与上部结构容许变形的要求,则可扩大基础底面积直至使底板连成一片,即成为片筏基础。片筏基础可做成平板式或梁板式。平板式片筏基础实际上是一片等厚的平板,见图 11－26(c),平板式片筏基础,施工简单方便,但混凝土用量大;梁板式片筏基础一般沿柱网纵横方向布置肋梁,见图 11－26(d),梁板式片筏基础可减小底板厚度,增强结构刚度,但施工较为复杂。

当上部结构传来的荷载很大,需要进一步增大基础刚度以减小不均匀沉降时,可采用箱形基础,见图 11－26(e)。这种基础由钢筋混凝土底板、顶板和纵横交错的隔墙组成,其整体刚度很大,可使建筑物的不均匀沉降大大减小。

当地基土质太差,上部结构的荷载很大或上部结构对地基不均匀沉降影响较大时,可采用桩基础,见图 11－26(f)。该基础类型承载力高,稳定性好,但造价较高。

对多层框架结构房屋,一般采用条形基础或十字交叉形基础。

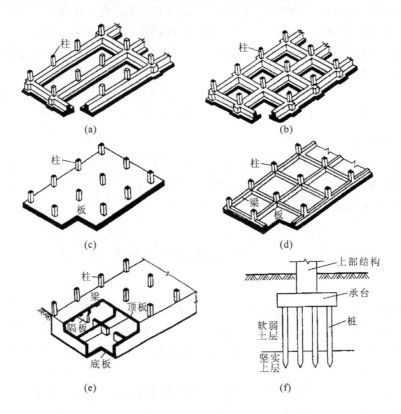

图 11－26 基础类型

小　结

1.多、高层建筑常用的结构体系有框架、剪力墙、框架—剪力墙、筒体结构体系以及他们的组合体系,各类结构体系都有其不同的优缺点可根据需要选择适当的结构体系。

2.对框架结构进行设计时,需首先进行结构布置,确定结构计算简图,然后进行结构计算和作用效应分析,作用效应组合并进行截面设计。

3.竖向荷载作用下框架的内力分析可采用分层法进行计算。分层法在计算中,将除底层柱以外其他各层柱的线刚度乘以折减系数 0.9,且其相应的传递系数为 1/3;底层柱和各层梁的传递系数则取 1/2。

4.水平荷载作用下框架结构的内力分析,常采用的方法有反弯点法和 D 值法。反弯点法假定除底层柱外,其余各层框架柱的反弯点位于层高的中点;对于底层柱,则假定其反弯点位于距支座 2/3 层高处。其中 D 值法是对反弯点法的修正。

5.D 值法对框架柱的抗侧移刚度和反弯点高度进行了修正,D 值法的计算步骤与反弯点法相同。D 值是指框架结构层间柱产生单位相对侧移所施加的水平剪力,可用于框架结构的侧移计算和各柱间的剪力分配。多层框架在水平力作用下各层柱的反弯点位置与该柱上下端转角的大小有关。

6.在水平荷载作用下,框架的侧移有两种:一种是梁柱弯曲变形引起的层间相对侧移,具有越往下越大的持点,称为"剪切型"变形;另一种是由框架柱的轴力引起的,框架的变形越靠上越大,称为"弯曲型"变形。一般多层框架建筑,其侧移主要是由梁、柱弯曲变形所引起。

7.框架结构在荷载作用下的内力确定后,必须求出构件各控制截面的最不利内力,以此作为梁、柱配筋的依据。

8.多层框架结构的基础,一般有柱下独立基础、条形基础、十字形基础、筏形基础,必要时也可采用箱形基础或桩基等。基础类型的选择,取决于现场的工程地质条件、上部结构荷载的大小、上部结构对地基土不均匀沉降及倾斜的影响程度以及施工条件等因素。设计时应进行必要的技术经济比较,综合确定。

思考与练习

1.多、高层建筑混凝土结构有哪些结构类型和抗侧力结构体系,各有何优缺点?

2.框架结构的布置原则是什么?框架有哪几种布置形式?各有何优缺点?

3.框架结构的承重方案有哪几种,各有何特点?

4.框架结构中结构缝包含哪些?如何布置结构缝?

5.框架结构的梁、柱截面尺寸如何确定?

6.如何确定框架结构的计算简图?

7.分层法采用了哪些假定?有哪些主要计算步骤?

8.反弯点法和 D 值法在计算中各采用了哪些假定?有哪些主要计算步骤?

9.如何进行框架结构内力组合？

10.基础类型有哪些？如何选用基础类型？

11. 图 11－27 所示框架中，集中力 $F=100$ kN，柱截面均为 400 mm×400 mm，梁截面均为 300 mm×700 mm。梁柱混凝土强度等级为 C30，试用分层法计算该框架的内力，绘制弯矩图和剪力图。

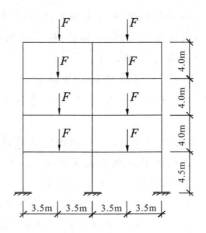

图 11－27

12.试分别用反弯点法和 D 值法计算图 11－28 所示框架结构的内力（弯矩、剪力）和水平位移。图中，在各杆件旁边标出了其抗弯线刚度，其中 $i=2600$ kN·m。

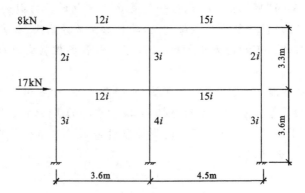

图 11－28

课题 12

砌体结构

学习要点

1. 砌体材料的种类及强度等级、砌体的受压性能、影响砌体抗压强度的因素
2. 墙柱高度比验算办法
3. 砌体构造配筋要求和无筋砌体及砌体局部受压承载力计算方法
4. 单层、多层房屋承重纵墙的刚性方案和计算要点
5. 过梁、圈梁、挑梁的受力特点与构造要求

12.1 砌体材料及其力学性能

砌体结构是指由砖、石和砌块等块体材料和砂浆砌筑而成的墙、柱作为建筑物主要受力构件的结构,是砖砌体、砌块砌体和石砌体结构的统称。砌体可作为房屋的基础、承重墙、过梁,甚至屋盖、楼盖等承重结构,也常作为房屋的隔墙等非承重结构,还可以作为挡土墙、水池及烟囱等构筑物。

12.1.1 砌体材料种类及强度等级

砌体的材料主要包括块材和砂浆。

1. 块材

块材是砌体的主要组成部分,约占砌体总体积的 80% 以上,我国目前的块材主要有以下几类。

(1)砖。用于建筑结构中的砖,有烧结普通砖、烧结多孔砖、非烧结硅酸盐砖,其质量等级分为优等品、等品和合格品三类。

①烧结普通砖。烧结普通砖简称普通砖,指以黏土、页岩、煤矸石、粉煤灰为主要原料,经过焙烧而成且外形尺寸符合规定的砖,分烧结黏土砖、烧结粉煤灰砖等。规格为 240 mm×115 mm×53 mm、240 mm×115 mm×90 mm 等。容重一般为 16~19 kN/m³,每立方米标准砖块数为 512 块。这种砖强度高,耐久性、保温隔热性好,生产工艺简单,砌筑方便,被广泛应用于民用建筑中。目前为了保护土地资源,利用工业废料和改善环境,国家禁用实心黏土砖,推广采用非黏土材料制成的砖材。

烧结普通砖的强度等级分为 MU30、MU25、MU20、MU15 和 MU10、MU75 六个强度

等级。

②烧结多孔砖。烧结多孔砖是以黏土、页岩、煤矸石或粉煤灰为主要原料,经焙烧而成,在厚度方向形成孔洞的砖。孔洞率≥25%,目前多孔砖分为 P 型砖和 M 型砖,有三种规格,分别是 KM1、KP1、KP2(见图 12-1)。其中字母 K 表示多孔,M 表示模数,P 表示普通。KM1 的规格为 190 mm×190 mm×90 mm,KP1 的规格为 240 mm×115 mm×90 mm,KP2 的规格为 240 mm×180 mm×115 mm。一般多孔砖的容重为 11～14 kN/m³,大孔洞多孔砖容重为 9～11 kN/m³,孔洞率可达 40%～60%。烧结多孔砖目前只用于隔墙。

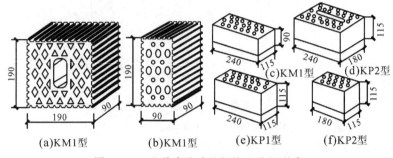

图 12-1　几种多孔砖的规格和孔洞形式

烧结多孔砖的优点是可以节约黏土及制砖材料,少占农田,可以减轻墙体自重 1/4～1/3,提高砌筑效率约 40%,降低成本 20%左右,显著提高墙体的保温隔热性能。

烧结多孔砖的强度等级和普通砖相同。

③非烧结硅酸盐砖。非烧结硅酸盐砖是指以硅酸盐材料、石灰、砂石、矿渣、粉煤灰等为主要材料压制成型后经蒸汽养护制成的实心砖。常用的有蒸压灰砂砖、蒸压粉煤灰砖、炉渣砖等。非烧结硅酸盐砖的规格尺寸与实心黏土砖相同。容重为 14～15 kN/m³,可用于砌筑清水外墙和基础等结构,不宜高温下使用。

蒸压灰砂砖简称灰砂砖,是以石灰和砂为主要原料,经坯料制备、压制成型、高压蒸汽养护而成的实心砖。强度等级分为 MU25、MU20、MU15 和 MU10。灰砂砖不能用于长期超过 200℃、受急冷急热或有酸性介质侵蚀的部位。MU25、MU20、MU15 的灰砂砖可用于建筑基础及其部位,MU10 仅用于防潮层以上。

蒸压粉煤灰砖简称粉煤灰砖,是以粉煤灰、石灰为主要原料,掺配适量的石膏和集料,压制成型、经养护而成的实心砖。粉煤灰砖的强度等级与灰砂砖大体相同。粉煤灰砖可用于工业与民用建筑,不得用于长期超过 200℃、受急冷急热或有酸性介质侵蚀的建筑部位。

炉渣砖也称煤渣砖,以炉渣为主要原料,掺配适量的石灰、石膏或其他集料制成。

矿渣砖以未经水淬处理的高炉炉渣为主要原料,掺配适量的石灰、粉煤灰或炉渣制成。

(2)砌块。砌块是利用混凝土、工业废料(炉渣、粉某灰等)或地方材料制成的人造块材。砌块尺寸较大,可分为小型、中型、大型三类。高度在 180～350 mm 的为小型砌块,便于手工砌筑;高度在 350～900 mm 的为中型砌块;高度大于 900 mm 的为大型砌块。由于起重设备限制,中型和大型砌块已很少应用。

砌块一般用混凝土或水泥炉渣浇制而成,也可用粉煤灰蒸养而成。砌块主要有混凝土空心砌块、加气混凝土砌块、水泥炉渣空心砌块、粉煤灰硅酸盐砌块。

砌块能节约土地,其保温、隔热及隔声性能较好,用砌块砌筑砌体可以加快施工进度。混凝土小型空心混凝土砌块的主要规格尺寸为 390 mm×190mm×190 mm(见图 12−2)。

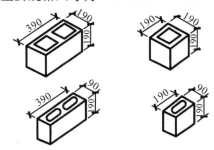

图 12−2 混凝土小型空心混凝土砌块块型

砌块的强度等级分为 MU20、MU15、MUl0、MU7.5、MU5 五级。

(3)石材。承重结构中常用的天然石材有花岗岩、石灰岩、岩浆岩等。石材抗压强度高(5000 t/m³),抗冻性、抗水性及耐久性均较好,通常用于建筑物基础、挡土墙等,也可用于建筑物墙体。石材按加工后的外形规则程度分为料石和毛石两种。

①料石。料石有以下几种类型:

A.细料石:通过细加工,外形规则,叠砌面凹入深度不应大于 10 mm,截面的宽度、高度不应小于 200 mm,且不应小于长度的 $l/40$。

B.半细料石:规格尺寸同上,但叠砌面凹入深度不应大于 15 mm。

C.粗料石:规格尺寸同上,但叠砌面凹入深度不应大于 20 mm。

D.毛料石:外形大致方正,一般不加工或稍加修整,高度不应小于 200 mm,叠砌面凹入深度不应大于 25 mm。

②毛石。毛石是形状不规则,中部厚度不应小于 200 mm 的石材。

石材的强度等级分为 MU100、MU80、MU60、MU50、MU40、MU30、MU20 七级。

2. 砂浆

砂浆是由胶结材料和砂子加水拌合而成的混合材料。砌体中砂浆的作用是将块材连成整体,提高了砌体的防水、隔热、抗冻等性能。按配料成分不同,砂浆分为以下几种:

(1)纯水泥砂浆。纯水泥砂浆由水泥和砂加水拌合而成,不加塑性掺合料,又称刚性砂浆。其主要特点是强度高、耐久性和耐火性好,但其和易性、流动性和保水性差。在强度等级相同的条件下,采用水泥砂浆砌筑的砌体强度要比用其他砂浆时低,常用于地下结构或不断被水侵蚀的砌体部位。

(2)混合砂浆。混合砂浆是指在水泥砂浆中加入适量塑性掺合料拌制而成的浆体,包括水泥石灰砂浆、水泥黏土砂浆等。混合砂浆强度较高,且耐久性、流动性和保水性均较好,便于施工,常用于墙柱砌体的砌筑,不适用于潮湿环境中的砌体,是最常用的砂浆。

(3)非水泥砂浆。非水泥砂浆是不含有水泥,或含有少量水泥的砂浆,有石灰砂浆、黏土砂浆、石膏砂浆。石灰砂浆强度较低,耐久性也差,流动性和保水性较好,通常用于地上砌体;黏土砂浆强度低,可用于临时建筑或简易建筑;石膏砂浆硬化快,可用于不受潮湿的地上砌体。

(4)混凝土砌块砂浆。混凝土砌块砂浆由水泥、砂、水以及掺和料和外加剂等组成,按一定比例,拌和制成,一般用于砌筑混凝土砌块的砂浆,其强度等级用 Mb 表示。

砂浆的强度等级由通过标准方法制作的边长为 70.7 的砂浆立方体,在标准条件下养护

28 天,经抗压实验所测得的抗压强度平均值确定。砂浆的强度分为 M15、M10、M7.5、M5、M2.5 五个强度等级。

《砌体结构设计规范》(GB 50003—2011,以下简称《砌体规范》)规定,设计使用年限为 50 年时,砌体材料的耐久性应符合下列规定:

A.地面以下或防潮层以下的砌体、潮湿房间的墙或 2 类环境的砌体,所用材料的最低强度等级应符合表 12-1 的规定。

表 12-1 地面以下或防潮层以下的砌体、潮湿房间的墙所用材料的最低强度等级

潮湿程度	烧结普通砖	混凝土普通砖 蒸压普通砖	混凝土 砌块	石材	水泥砂浆
稍潮湿的	MU15	MU20	MU7.5	MU30	MU5
很潮湿的	MU20	MU20	MU10	MU30	MU7.5
含水饱和的	MU20	MU25	MU15	MU40	MU10

注:①在冻胀地区,地面以下或防潮层以下的砌体,不宜采用多孔砖,如采用时,其孔洞应用≥M10 的水泥砂浆预先灌实。当采用混凝土空心砌块时,其孔洞应采用强度等级≥Cb20 的混凝土预先灌实;

②对安全等级为一级或设计使用年限>50 年的房屋,表中材料强度等级应至少提高一级。

B.处于环境类别 3~5 等有侵蚀性介质的砌体材料应符合下列规定。

a.不应采用蒸压灰砂砖、蒸压粉煤灰砖;

b.应采用实心砖的强度等级应≥MU20,水泥砂浆的强度等级应≥M10;

c.混凝土砌块的强度等级应≥MU15,灌孔混凝土的强度等级应≥Cb30,砂浆的强度等级应≥Mb10;

d.应根据环境条件对砌体材料的抗冻指标、耐酸、碱性能提出要求,或符合有关规范的规定。

12.1.2 砌体的力学性能

1.砌体的种类

砌体按受力情况可分为承重砌体和非承重砌体;按砌体构造分为实心砌体和空心砌体;按材料分为砖砌体、石砌体和砌块砌体;按是否配筋分为无筋砌体和配筋砌体。

(1)无筋砌体。无筋砌体由块材和砂浆组成,包括砖砌体、砌块砌体和石砌体。

①砖砌体。砖砌体包括实心砖砌体和空心砌体。

实心砖砌体常用于内外墙、柱及基础等承重结构和围护墙及隔断墙等非承重结构中。一般可以砌成厚度为 120 mm(半砖)、240 mm(一砖)、370 mm(一砖半)、490 mm(两砖)、620 mm(两砖半)及 740 mm(三砖)的墙体。

空心砌体中间留有空腔,如空斗墙。

②砌块砌体。砌块砌体由砌块和砂浆砌筑而成。砌块砌体自重轻,保温隔热性能好,又具有优良的环保性能。因此砌块砌体,特别是小型砌块砌体,适用范围广,但其胀缩性难以控制,易形成裂缝,成为世界难题,且施工时手工操作量大,生产率低。

③石砌体。石砌体由石材和砂浆(或混凝土)砌筑而成。按石材加工后的外形,可分为料石砌体、毛石砌体、毛石混凝土砌体等。它价格低廉,可就地取材,但自重大,隔热性能差,作外墙时厚度一般较大,在产石的山区应用较为广泛。料石砌体可用作房屋墙、柱,毛石砌体一般用于挡土墙、基础。

(2)配筋砌体。配筋砌体是指在砌体内配置适量的钢筋或钢筋混凝土的砌体,包括网状配筋砌体、组合砖砌体、配筋混凝土砌块砌体。

①网状配筋砌体。网状配筋砌体又称横向配筋砌体,是在砖柱或砖墙中每隔几皮砖在其水平灰缝中设置直径为3~4 mm的方格网式钢筋网片,或直径6~8 mm的连弯式钢筋网片(见图12-3),在砌体受压时,网状配筋可约束砌体的横向变形,从而提高砌体的抗压强度。

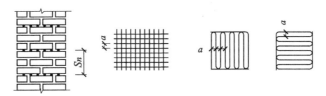

图12-3 网状配筋砌体

②组合砖砌体。由砖砌体和钢筋混凝土或钢筋砂浆构成的砌体称为组合砖砌体。该砌体有两种:一种是在砌体外侧预留的竖向凹槽内配置纵向钢筋,在浇筑混凝土面层或配筋砂浆面层构成的,属外包式组合砖砌体;另一种是砖砌体和钢筋混凝土构造柱组合墙,是在砖砌体中每隔一定距离设置钢筋混凝土构造柱,并在各层楼层处设置钢筋混圈梁(约束梁),使砖砌体墙与钢筋混凝土构造柱和圈梁组成一个构件(弱框架)共同受力,属内嵌式组合砖砌体。组合砖砌体见图12-4。

③配筋混凝土砌块砌体。在砌块墙体水平灰缝内设置水平钢筋的基础上,在上下贯通的竖向孔洞中插入竖向钢筋,并用灌孔混凝土灌实,使竖向和水平钢筋与砌体形成一个共同运作的整体。由于这种墙体主要用于中高层或高层房屋中,起剪力墙作用,故又称配筋砌体剪力墙。

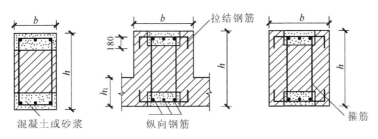

图12-4 组合砖砌体

2.影响砌体抗压强度的因素

(1)块材和砂浆的强度。块材和砂浆的强度是决定砌体抗压强度的首要因素,其中块材的强度是最主要的因素。块材的抗压强度较高时,其相应的抗拉、抗弯、抗剪等强度也相应提高。一般来说,砌体抗压强度随块体和砂浆强度等级的提高而提高,但采用提高砂浆强度等级来提高砌体强度的做法不如用提高块材的强度等级更有效。试验表明,当砖的强度等级不变,砂浆强度等级提高一级,砌体抗压强度只提高约15%,而当砂浆强度等级不变,砖强度等级提高一级,砌体抗压强度可提高约 20%。

(2)砂浆的性能。砂浆具有明显的弹塑性质,其弹性模量、可塑性(和易性)对砌体有较大的影响。砂浆的弹性模量小,变形率大,则砂浆的可塑性好,铺砌时易于铺平,保证水平灰缝的均匀性,可减小砖内的复杂应力,使砌体强度提高。但若砂浆的可塑性过大,或弹性模量过小,或强度过低,都会增大砂浆受压的横向变形,对单块砖产生不利的拉应力而使得砌体抗压强度降低。因此,若砂浆抗压强度较高,可塑性又适当,弹性模量大,则砌体的抗压强度较高。

(3)块材的尺寸,形状及灰缝厚度。高度大的块体,其抗弯、抗剪、抗拉的能力增大,会推迟砌体的开裂;长度较大时,块体在砌体中引起的弯、切应力也较大,易引起块体开裂破坏。块材表面规则、平整时,砌体中块材的弯剪不利影响减少,砌体强度相对较高。如细料石砌体抗压强度要比毛料石高 50%左右。灰缝越厚,越容易铺砌均匀,但砂浆的横向变形越大,块体内横向拉应力也越大,砌体内的复杂应力状态也随之加剧,砌体抗压强度也降低。灰缝太薄又难以铺设均匀,因而一般灰缝厚度应控制在 8~12 mm;对石砌体中的细料石砌体宜≤5 mm;毛料石和粗料石砌体≤20 mm。

(4)砌筑质量。砌筑质量的影响因素是多方面的,如块材砌筑的含水率、工人的技术水平、砂浆搅拌方式、现场管理水平,灰缝饱满度等。实验表明,当砂浆饱满度从 80%降低到 65%时,砌体强度降低 20%左右。

3. 砌体的抗压强度设计值

《砌体规范》规定龄期为 28 天的以毛截面计算的砌体抗压强度设计值,当施工质量控制等级为 B 级时,应根据块体和砂浆的强度等级分别按下列规定采用,见表 12-2~表 12-8。

表 12-2 烧结普通砖和烧结多孔砖砌体的抗压强度设计值　　　单位:MPa

砖强度等级	砂浆强度等级					砂浆强度
	M15	M10	M7.5	M5	M2.5	0
MU30	3.94	3.27	2.93	2.59	2.26	1.15
MU25	3.60	2.98	2.68	2.37	2.06	1.05
MU20	3.22	2.67	2.39	2.12	1.84	0.94
MU15	2.79	2.31	2.07	1.83	1.60	0.82
MU10	—	1.89	1.69	1.50	1.30	0.67

注:当烧结多孔砖的孔洞率大于 30%时,表内数值应乘以 0.9。

表 12-3 混凝土普通砖和混凝土多孔砖砌体的抗压强度设计值　　　单位:MPa

砖强度等级	砂浆强度等级					砂浆强度
	Mb20	Mb15	Mb10	Mb7.5	Mb5	0
MU30	4.61	3.94	3.27	2.93	2.59	1.15
MU25	4.21	3.60	2.98	2.68	2.37	1.05
MU20	3.77	3.22	2.67	2.39	2.12	0.94
MU15	—	2.79	2.31	2.07	1.83	0.82

表 12－4　蒸压灰砂普通砖和蒸压粉煤灰普通砖砌体的抗压强度设计值　　单位：MPa

砖强度等级	砂浆强度等级				砂浆强度
	M15	M10	M7.5	M5	0
MU25	3.60	2.98	2.68	2.37	1.05
MU20	3.22	2.67	2.39	2.12	0.94
MU15	2.79	2.31	2.07	1.83	0.82

注：当采用专用砂浆砌筑时,其抗压强度设计值按表中数值采用。

表 12－5　单排孔混凝土砌块和轻集料混凝土砌块对孔砌筑砌体的抗压强度设计值　　单位：MPa

砌块强度等级	砂浆强度等级					砂浆强度
	Mb20	Mb15	Mb10	Mb7.5	Mb5	0
MU20	6.30	5.68	4.95	4.44	3.94	2.33
MU15	—	4.61	4.02	3.61	3.20	1.89
MU10	—	—	2.79	2.50	2.22	1.31
MU7.5	—	—	—	1.93	1.71	1.01
MU5	—	—	—	—	1.19	0.70

注：①对独立柱或厚度为双排组砌的砌块砌体,应按表中数值乘以 0.7;

　　②对 T 形截面墙体、柱,应按表中数值乘以 0.85。

表 12－6　双排孔或多排孔轻集料混凝土砌块砌体的抗压强度设计值　　单位：MPa

砌块强度等级	砂浆强度等级			砂浆强度
	Mb10	Mb7.5	Mb5	0
MU10	3.08	2.76	2.45	1.44
MU7.5	—	2.13	1.88	1.12
MU5	—	—	1.31	0.78
MU3.5	—	—	0.95	0.56

注：①表中的砌块为火山渣、浮石和陶粒轻集料混凝土砌块;

　　②对厚度方向为双排组砌的轻集料混凝土砌块砌体的抗压强度设计值,应按表中数值乘以 0.8。

表 12－7　毛料石砌体的抗压强度设计值　　单位：MPa

毛料石强度等级	砂浆强度等级			砂浆强度
	M7.5	M5	M2.5	0
MU100	5.42	4.80	4.18	2.13
MU80	4.85	4.29	3.73	1.91
MU60	4.20	3.71	3.23	1.65

毛料石 强度等级	砂浆强度等级			砂浆强度
	M7.5	M5	M2.5	0
MU50	3.83	3.39	2.95	1.51
MU40	3.43	3.04	2.64	1.35
MU30	2.97	2.63	2.29	1.17
MU20	2.42	2.15	1.87	0.95

注:细料石砌体、粗料石砌体和干砌勾缝石砌体,表中数值应分别乘以调整系数 1.4、1.2 和 0.8。

表 12 - 8　毛石砌体抗压强度设计值　　　　　　　单位:MPa

毛石 强度等级	砂浆强度等级			砂浆强度
	M7.5	M5	M2.5	0
MU100	1.27	1.12	0.98	0.34
MU80	1.13	1.00	0.87	0.30
MU60	0.98	0.87	0.76	0.26
MU50	0.90	0.80	0.69	0.23
MU40	0.80	0.71	0.62	0.21
MU30	0.69	0.61	0.53	0.18
MU20	0.56	0.51	0.44	0.15

对于下列情况的各类砌体,其砌体强度设计值应乘以调整系数 r_a:

(1)对无筋砌体构件,其截面面积<0.3 m² 时,r_a 为其截面面积加 0.7;对配筋砌体构件,当其中砌体截面面积小于 0.2 m² 时,r_a 为其截面面积加 0.8;构件截面面积以"m²"计。

(2)当砌体用强度等级<M5.0 的水泥砂浆砌筑时,r_a 为 0.9。

(3)当验算施工中房屋的构件时,r_a 为 1.1。

施工阶段砂浆尚未硬化的新砌体的强度和稳定性,可按砂浆强度为零进行验算。对于冬期施工采用掺盐砂浆法施工的砌体,砂浆强度等级按常温施工的强度等级提高一级时,砌体强度和稳定性可不验算。需注意的是,配筋砌体不得用掺盐砂浆施工。

12.2　砌体结构构件承载力计算

砌体承载力的特点:抗压承载力远大于抗拉、抗弯、抗剪力。

12.2.1 无筋砌体受压构件抗力计算

1.无筋砌体受压构件的破坏特征

以砖砌体为例研究无筋砌体受压构件的破坏特征,砖砌体是由单块砖和砂浆黏结而成的整体。试验表明,砖砌体受压构件从加载受力到破坏大致经历三个阶段(见图12-5)。

第Ⅰ阶段:从加载开始到个别砖块上出现初始裂缝为止,出现初始裂缝的荷载约为破坏荷载的50%~70%,这个阶段的特点是荷载不增加,裂缝也不会继续扩展。裂缝仅仅是单砖裂缝。

第Ⅱ阶段:继续加载,原有裂缝不断开展,单砖裂缝贯通形成穿过几皮砖的竖向裂缝,同时有新的裂缝出现,且不继续加载,裂缝也会缓慢发展。

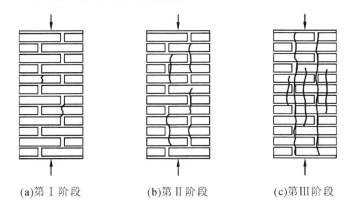

(a)第Ⅰ阶段　　　　(b)第Ⅱ阶段　　　　(c)第Ⅲ阶段

图12-5　无筋砌体轴心受压的破坏特征

第Ⅲ阶段:当荷载达到破坏荷载的80%~90%时,此时荷载增加不多,裂缝也会迅速发展,砌体被通长裂缝分割为若干个半砖小立柱,由于小立柱受力极不均匀,最终砖砌体会因小立柱的失稳或压碎而破坏。

2.无筋受压构件抗力计算

砌体构件的整体性较差,因此砌体构件在受压时,纵向弯曲对砌体构件抗力的影响比其他整体构件显著;同时又因为荷载作用位置的偏差、砌体材料的不均匀性及施工误差,使轴压构件产生附加弯矩和侧向挠曲变形。在计算中,把轴向偏心距和构件的高厚比对受压构件抗力的影响采用同一系数 φ 来考虑。

《砌体规范》规定受压构件的承载力,应符合下式的要求:

$$N \leqslant \varphi f A \tag{12.1}$$

式中,N—— 轴向力设计值;

φ—— 高厚比 β 和轴向力的偏心距 e 对受压构件承载力的影响系数;

f —— 砌体的抗压强度设计值;

A —— 截面面积,对各类砌体均按毛截面计算;

受压构件计算中应该注意如下问题:

(1)轴心偏心距的限值。受压构件的偏心距过大时,可能使构件产生水平裂缝,构件的承载力明显降低,结构既不安全也不经济合理。因此,《砌体规范》规定:轴向力偏心距应≤0.6y

（y 为截面重心到轴向力所在偏向方向截面边缘的距离）。若设计中超过以上限值,则应采取适当措施予以减小。

（2）对于矩形截面构件,当轴向力偏心方向的截面边长大于另一方向的截面边长时,除了按偏心受压计算外,还应对较小边长方向,按轴心受压进行验算。

受压构件承载力的影响系数按下式计算:

$$\varphi = \frac{1}{1 + 12\left[\dfrac{e}{h} + \sqrt{\dfrac{1}{12}\left(\dfrac{1}{\varphi_o} - 1\right)}\right]^2} \tag{12.2}$$

$$\varphi_o = \frac{1}{1 + \alpha\beta^2} \tag{12.3}$$

式中,e—— 轴向力偏心距,按内力设计值计算;

h——矩形截面的轴向力偏心方向的边长;轴压为截面较小边长;若为 T 形截面,则 $h = h_T$, h_T 为 T 形截面的折算厚度,可近似按 3.5i 计算（i 为截面回转半径）;

φ_o——轴压构件的稳定系数,当 β≤3 时,$\varphi_o = 1$;

α ——与砂浆强度等级有关的系数,当砂浆强度等级≥M5 时,α=0.0010;当砂浆强度等级=M2.5 时,α 等于 0.002;当砂浆强度等级=0 时,α=0.009;

β——构件的高厚比。

确定影响系数 φ 时,构件高厚比 β 应按下式计算:

$$\beta = \gamma_\beta \frac{H_0}{h} \tag{12.4}$$

式中,γ_β——不同砌体的高厚比修正系数,该系数主要考虑不同砌体种类受压性能的差异（见表 12-9）。

H_0——受压构件计算高度。

表 12-9　高厚比修正系数

砌体材料类别	γ_β	砌体材料类别	γ_β
烧结普通砖、烧结多孔砖、灌孔混凝土砌块	1.1	蒸压灰砂砖、蒸压粉煤灰砖、细料石、半细料石	1.2
混凝土轻骨料混凝土砌块	1.1	粗料石、毛石	1.5

对带壁柱墙,其翼缘宽度可按下列规定采用:

多层房屋,当有门窗洞口时,可取窗间墙宽度;当无门窗洞口时,每侧翼缘宽度可取壁柱高度的 1/3。

单层房屋,可取壁柱宽加 2/3 墙高,但不应小于窗间墙宽度和相邻壁柱间距。

当计算带壁柱墙的条基时,可取相邻壁柱之间距。

【例 12.1】某截面为 370×490 mm 的砖柱,柱计算高度 $H_0 = H = 5$ m,采用强度等级为 MU10 的烧结普通砖及 M5 的混合砂浆砌筑,柱底承受轴向压力设计值为 N=150 kN,结构安全等级为二级,施工质量控制等级为 B 级。试验算该柱底截面是否安全。

【解】查表得 MU10 的烧结普通砖与 M5 的混合砂浆砌筑的砖砌体的抗压强度设计值 f=1.5 MPa。

由于截面面积 $A=0.37\times0.49 \ \text{m}^2=0.18 \ \text{m}^2<0.3 \ \text{m}^2$，因此砌体抗压强度设计值应乘以调整系数 γ_a，

$$\gamma_a=A+0.7=0.18+0.7=0.88$$

将 $\beta=\dfrac{H_0}{h}=\dfrac{5000}{370}=13.5$ 代入公式(12.3)，得

$$\varphi=\varphi_0=\frac{1}{1+\alpha\beta^2}=\frac{1}{1+0.0015\times13.5^2}=0.785$$

则柱底截面的承载力为：

$$\varphi\gamma_a fA=0.782\times0.88\times1.5\times490\times370\times10^{-3} \ \text{kN}=187 \ \text{kN}>150 \ \text{kN}$$

因此柱底截面安全。

【例 12.2】 某截面尺寸为 $490 \ \text{mm}\times620 \ \text{mm}$ 柱，偏心受压，柱计算高度 $H_0=H=5 \ \text{m}$，采用强度等级为 MU10 蒸压灰砂砖及 M5 水泥砂浆砌筑，柱底承受轴向压力设计值为 $N=160 \ \text{kN}$，弯矩设计值 $M=20 \ \text{kN·m}$(沿长边方向)，结构的安全等级为二级，施工质量控制等极为 B 级。试验算该柱底截面是否安全。

【解】 (1)弯矩作用平面内承载力验算。

$$e=\frac{M}{N}=\frac{20}{160}=0.125 \ \text{m}=125 \ \text{mm}<0.6y$$

满足规范要求。

MU10 灰砂砖及 M5 水泥砂浆砌筑，查表 12-1 得 $\gamma_\beta=1.2$。

将 $\beta=\gamma_\beta\dfrac{H_0}{h}=1.2\times\dfrac{5000}{620}=9.68$ 及 $\dfrac{e}{h}=\dfrac{125}{620}=0.202$ 代入公式(12.3)，得

$$\varphi_0=\frac{1}{1+\alpha\beta^2}=\frac{1}{1+0.0015\times9.68^2}=0.877$$

将 $\varphi_0=0.877$ 代入公式(12.2)，得

$$\varphi=\frac{1}{1+12\left[\dfrac{e}{h}+\sqrt{\dfrac{1}{12}\left(\dfrac{1}{\varphi_0}-1\right)}\right]^2}=0.465$$

查表得，MU10 蒸压灰砂砖与 M5 水泥砂浆砌筑的砖砌体抗压强度设计值 $f=1.5 \ \text{MPa}$。由于采用水泥砂浆，因此砌体抗压强度设计值应乘以调整系数 $\gamma_a=0.9$。

柱底截面承载力为：

$$\varphi\gamma_a fA=0.465\times0.9\times1.5\times490\times620\times10^{-3} \ \text{kN}=191 \ \text{kN}>150 \ \text{kN}$$

(2)弯矩作用平面外承载力验算。

对较小边长方向，按轴压构件验算：

$$\beta=\gamma_\beta\frac{H_0}{h}=1.2\times\frac{5000}{490}=12.24$$

将 $\beta=12.24$ 代入公式(12.3)得

$$\varphi_0=\frac{1}{1+\alpha\beta^2}=\frac{1}{1+0.0015\times12.24^2}=0.816$$

则柱底截面的承载力为：

$$\varphi\gamma_a fA=0.816\times0.9\times1.5\times490\times620\times10^{-3} \ \text{kN}=335 \ \text{kN}>160 \ \text{kN}$$

故柱底截面安全。

12.2.2　无筋砌体局部受压承载力计算

局部受压是工程中常见的情况,其特点是压力仅仅作用在砌体的局部受压面上,如独基的基础顶面、屋架端部的砌体支承处、梁端支承处的砌体均属于局部受压的情况。若砌体局部受压面上压应力呈均匀分布,则称为局部均匀受压。

试验表明,砖砌体局部受压的破坏形态有三种(见图 12-6)。

第一种,因竖向裂缝的发展而破坏。在局部压力作用下有竖向裂缝、斜向裂缝,其中部分裂缝逐渐向上或向下延伸并在破坏时连成一条主要裂缝。

第二种,劈裂破坏。在局部压力作用下产生的竖向裂缝少而集中,且初裂荷载与破坏荷载很接近,在砌体局部面积大而局部受压面积很小时,有可能产生这种破坏形态。

第三种,与垫板接触的砌体局部破坏,墙梁的墙高与跨度之比较大,砌体强度较低时,有可能产生梁支承附近砌体被压碎的现象。

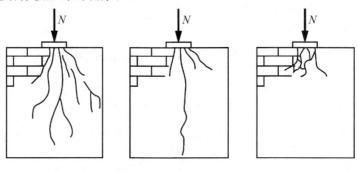

(a)因竖向裂缝的发展而破坏　　(b)劈裂破坏　　　　　　(c)局部破坏

图 12-6　砌体局部受压破坏形态

1. 砌体局部均匀受压时的承载力计算

砌体截面中受局部均匀压力作用时的承载力应按下式计算:

$$N_l \leqslant \gamma f A_l \tag{12.5}$$

式中,N_l——局部受压面积上的轴向力设计值;

γ——砌体局部抗压强度提高系数;

f——砌体抗压强度设计值,可不考虑强度调整系数 γ_a 的影响;

A_l——局部受压面积。

由于砌体周围未直接受荷部分对直接受荷部分砌体的横向变形起着约束的作用,因而砌体局部抗压强度高于砌体抗压强度。《砌体规范》用局部抗压强度提高系数 γ 来反映砌体局部受压时抗压强度的提高程度。

砌体局部抗压强度提高系数,按下式计算:

$$\gamma = 1 + 0.35 \sqrt{\frac{A_0}{A_l} - 1} \tag{12.6}$$

式中,A_0——影响砌体局部抗压强度的计算面积,按图 12-7 所示的规定采用。

2. 梁端支承处砌体的局部承载力计算

(1)梁支承在砌体上的有效支承长度。当梁支承在砌体上时,由于梁的弯曲,会使梁末端有脱离砌体的趋势,因此,梁端支承处砌体局部压应力是不均匀的。将梁端底面没有离开砌体的长度称为有效支承长度 a_0,a_0 不一定等于梁端伸入砌体的长度。经过理论和研究证明,梁和砌体的刚度是影响有效支承长度的主要因素,经过简化后,得

$$a_0 = 10\sqrt{\frac{h_c}{f}} \tag{12.7}$$

式中,a_0——梁端有效支承长度(mm);当 $a_0 > a$ 时,应取 $a_0 = a$,a 为梁端实际支承长度(mm);

    h_c——梁的截面高度(mm);

    f——砌体的抗压强度设计值(MPa)。

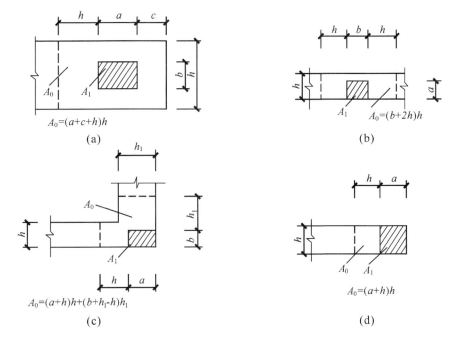

a、b——矩形局部受压面积 A_l 的边长;h、h_1——墙厚或柱的较小边长、墙厚;

c——矩形局部受压面积的外边缘至构件边缘的较小边距离,当大于 h 时,应取 h。

图 12-7 影响局部抗压强度的计算面积 A_0

(2)上部荷载对局部受压承载力的影响。梁端砌体的压应力由两部分组成(见图 12-8):一种为局部受压面积 A_l 上由上部砌体传来的均匀压应力 σ_0,另一种为本层梁传来的梁端非均匀压应力,其合力为 N_l。

当梁上荷载增加时,与梁端底部接触的砌体产生较大的压缩变形,此时,如果上部荷载产生的平均压应力 σ_0 较小,梁端顶部与砌体的接触面将减小,甚至与砌体脱开,试验时可观察到水平缝隙出现,砌体形成内拱来传递上部荷载,引起内力重分布(见图 12-9)。σ_0 的存在和扩散对梁下部砌体有横向约束作用,对砌体的局部受压是有利的,但随着 σ_0 的增加,上部砌体的压缩变形增大,梁端顶部与砌体的接触面也增加,内拱作用减小,σ_0 的有利影响也减小,《砌体规范》规定 $A_0/A_l \geqslant 3$ 时,不考虑上部荷载的影响。

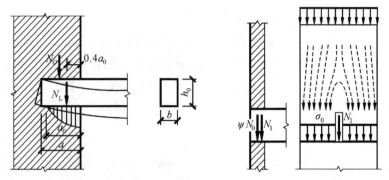

图 12-8　梁端支承处砌体的局部受压　　图 12-9　梁端上部砌体的内拱作用

上部荷载折减系数可按下式计算：

$$\psi = 1.5 - 0.5\frac{A_0}{A_l} \tag{12.8}$$

式中，A_l——局部受压面积，$A_l = a_0 b$（b 为梁宽）；当 $A_0/A_l \geqslant 3$ 时，取 $\psi = 0$。

（3）梁端支承处砌体的局部受压承载力计算公式为：

$$\psi N_0 + N_l \leqslant \eta \gamma f A_l \tag{12.9}$$

式中，N_0——局部受压面积内上部荷载产生的轴向力设计值，$N_0 = \sigma_0 A_l$；

　　σ_0——上部平均压应力设计值（MPa）；

　　N_l——梁端支承压力设计值（kN）；

　　η——梁端底面应力图形的完整系数，一般可取 0.7，对于过梁和墙梁可取 1.0；

　　f——砌体的抗压强度设计值（MPa）。

3. 梁端下设有刚性垫块的砌体局部受压承载力计算

当梁端局部受压承载力不足时，可在梁端下设置刚性垫块（见图 12-10），设置刚性垫块不但增大了局部承压面积，而且还可以使梁端压应力比较均匀地传递到垫块下的砌体截面上，从而改善了砌体的受力状态。

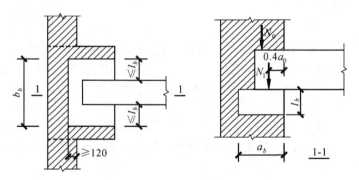

图 12-10　梁端下设预制垫块时的局部受压情况

刚性垫块分为预制刚性垫块和现浇刚性垫块，在实际工程中，往往采用预制刚性垫块。为了计算简化起见，《砌体规范》规定，两者可采用相同的计算方法。

刚性垫块下的砌体局部受压承载力应按下式计算：

$$N_0 + N_l \leqslant \varphi \gamma_1 f A_b \tag{12.10}$$

式中，N_0——垫块面积 A_b 内上部轴向力设计值，$N_0 = \sigma_0 A_b$；

A_b——垫块面积，$A_b = a_b b_b$（a_b 和 b_b 分别为垫块伸入墙内的长度和垫块宽度）；

φ——垫块上 N_0 及 N_l 合力的影响系数，应采用式(12.2)$\beta \leqslant 3$ 时的 φ 值，即 $\varphi_0 = l$；

γ_1——垫块外砌体面积的有利影响系数，γ_1 应为 0.8γ，但 $\gamma_1 \geqslant 1.0$；γ 为砌体局部抗压强度提高系数，按式(12.6)计算(以 A_b 代替 A_l)。

刚性垫块的构造应符合下列规定：

(1)刚性垫块的高度宜 $\geqslant 180$ mm，自梁边算起的垫块挑出长度宜 $\leqslant$ 垫块高度 t_b；

(2)在带壁柱墙的壁柱内设置刚性垫块时，其计算面积应取壁柱范围内的面积，而不应计入翼缘部分，同时壁柱上垫块伸入翼墙内的长度 $\geqslant 120$ mm；

(3)当现浇垫块与梁端整体浇注时，垫块可在梁高范围内设置。

梁端设有刚性垫块时，梁端有效支承长度 a_0 应按下式确定：

$$a_0 = \delta_1 \sqrt{\frac{h_c}{f}} \tag{12.11}$$

式中，δ_1——刚性垫块的影响系数，可按表 12-10 采用；

垫块上 N_l 作用点的位置可取 $0.4a_0$。

表 12-10　系数 δ_1 取值表

σ_0/f	0	0.2	0.4	0.6	0.8
δ_1	5.4	5.7	6.0	6.9	7.8

【例 12.3】某截面尺寸为 250 mm$\times 250$ mm 的钢筋混凝土柱，支承在厚为 370 mm 的砖墙上，作用位置如图 12-11 所示，砖墙用 MU10 标砖和 M5 水泥砂浆砌筑，柱传到墙上的荷载设计值为 120 kN。试验算柱下砌体的局部受压承载力。

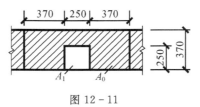

图 12-11

【解】局部受压面积　$A_l = 250 \times 250$ mm$^2 = 62500$ mm^2

局部受压影响面积 $A_0 = (b+2h)h = (250+2\times 370) \times 370$ mm$^2 = 366300$ mm^2

砌体局部抗压强度提高系数

$$\gamma = 1 + 0.35\sqrt{\frac{A_0}{A_l} - 1} = 1 + 0.35\sqrt{\frac{366300}{62500} - 1} = 1.77 < 2$$

查表得 MU10 标砖和 M5 水泥砂浆砌筑的砌体的抗压强度设计值为 $f = 1.5$ MPa，故采用水泥砂浆应乘以调整系数 $\gamma_a = 0.9$。

砌体局部受压承载力为：

$$\gamma\gamma_a fA = 1.77 \times 0.9 \times 1.5 \times 62500 \times 10^{-3} = 149.3 \text{ (kN)} > 120 \text{ kN}$$

故砌体局部受压承载力满足要求。

【例 12.4】截面尺寸为 370 mm×1200 mm 的窗间墙,如图 12-12 所示,砖墙用 MU10 标砖和 M5 的混合砂浆砌筑。梁的截面尺寸 200 mm×550 mm,在墙上的搁置长度为 240 mm。梁的支座反力为 100 kN,窗间墙范围内梁底截面处的上部荷载设计值为 240 kN,试对梁端部下砌体的局部承载力进行验算。

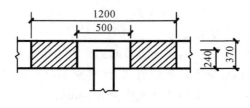

图 12-12

【解】查表得 MU10 标砖和 M5 水泥砂浆砌筑的砌体的抗压强度设计值为 $f=1.5$ MPa。梁端有效支承长度为:

$$a_0=10\sqrt{\frac{h_c}{f}}=10\times\sqrt{\frac{550}{1.5}}\ \text{mm}=191\ \text{mm}$$

局部受压面积 $A_l=a_0 b=191\times200\ \text{mm}^2=38200\ (\text{mm}^2)$

局部受压影响面积 $A_0=(b+2h)h=(200+2\times370)\times370\ \text{mm}^2=347800\ \text{mm}^2$

$$\frac{A_0}{A_l}=\frac{347800}{38200}=9.1>3,\text{取}\ \psi=0$$

砌体局部抗压强度提高系数

$$\gamma=1+0.35\sqrt{\frac{A_0}{A_l}-1}=1+0.35\sqrt{\frac{347800}{38200}-1}=1.996<2$$

砌体局部承载力为:

$\eta\gamma\gamma_a fA_l=0.7\times1.996\times0.9\times1.5\times38200\times10^{-3}=72\ (\text{kN})<\psi N_0+N_l=100\ (\text{kN})$

故局部承载力不满足要求。

12.2.3 配筋砌体简介

1. 网状配筋砌体

(1)受力特点。当砖砌体受压构件的承载力不足而截面尺寸又受到限制时,可以考虑采用网状配筋砌体。

砌体承受轴向压力时,除产生纵向压缩变形外,还会产生横向膨胀,当砌体中配置横向钢筋网时,由于钢筋的弹性模量大于砌体的弹性模量,因此,钢筋能够阻止砌体的横向变形。同时,钢筋能够连接被竖向裂缝分割的小砖柱,避免了因小砖柱的过早失稳而导致整个砌体的破坏,从而间接地提高了砌体的抗压强度,因此,这种配筋也称为间接配筋。

(2)构造要求。网状配筋砖砌体构件的构造应符合下列规定:

①体积配筋率,不应小于 0.1%,过小效果不大;并且不应大于 1%,否则钢筋的作用不能充分发挥。

②采用钢筋网时,钢筋的直径宜采用 3~4 mm;当采用连弯钢筋网时,钢筋的直径不应大

于 8 mm。钢筋过细,钢筋的耐久性得不到保证,钢筋过粗,会使钢筋的水平灰缝过厚或保护层厚度得不到保证。

③钢筋网中钢筋的间距,不应大于 120 mm,并且不应小于 30 mm。因为钢筋间距过小时,灰缝中的砂浆不易均匀密实,间距过大,钢筋网的横向约束效率低。

④钢筋网的竖向间距,不应大于 5 皮砖,并且不应大于 400 mm。

⑤网状配筋砖砌体所用的砂浆强度等级不应低于 M7.5,钢筋网应设在砌体的水平灰缝中,灰缝厚度应保证钢筋上下至少各有 2 mm 厚的砂浆层。这样做的目的是避免钢筋锈蚀和提高钢筋与砌体之间的黏结力。为了便于检查钢筋网是否漏放或错误,可在钢筋网中留出标记,如将钢筋网中的一根钢筋的末端伸出砌体表面 5 mm。

2.组合砖砌体

当无筋砌体的截面尺寸受限制,设计成无筋砌体不经济或轴向压力偏心距过大（$e > 0.6y$）时,可采用组合砖砌体。

（1）受力特点。轴心压力时,组合砖砌体常在砌体与面层混凝土(或面层砂浆)连接处产生第一批裂缝,随着荷载的增加,砖砌体内逐渐产生竖向裂缝;由于两侧的钢筋混凝土(或钢筋砂浆)对砖砌体有横向约束作用,因此砌体内裂缝的发展较为缓慢,当砌体内的砖和面层混凝土(或面层砂浆)严重脱落甚至被压碎,或竖向钢筋在箍筋范围内被压屈时,组合砌体才完全破坏。

外设钢筋混凝土或钢筋砂浆层的矩形截面偏心受压组合砖砌体构件的试验表明,其承载力和变形性能与钢筋混凝土偏压构件类似,根据偏心距的大小不同以及受拉区钢筋配置多少的不同,构件的破坏也可分为大偏心破坏和小偏心破坏两种形态。大偏心破坏时,受拉钢筋先屈服,然后受压区的混凝土(砂浆)即受压砖砌体被破坏。当面层为混凝土时,破坏对受压钢筋可达到屈服强度;当面层为砂浆时,破坏时受压钢筋达不到屈服强度。小偏压破坏时,受压区混凝土或砂浆面层及部分受压砌体受压破坏,而受拉钢筋没有达到屈服。

（2）构造要求。组合砖砌体构件的构造要符合下列规定:

①面层混凝土强度等级宜采用 C20,面层水泥砂浆强度等级不宜低于 M10,砌筑砂浆的量强度等级不宜低于 M7.5。

②竖向受力钢筋的混凝土保护层厚度,不应小于表 12-11 的规定,竖向受力钢筋距砖砌体表面的距离不应小于 5 mm。

表 12-11　混凝土保护层最小厚度　　　　单位:mm

环境条件 构件类别	室内正常环境	露天或室内潮湿环境
墙	15	25
柱	25	35

注:当面层为水泥砂浆时,对于柱保护层厚度可减少 5 mm。

③砂浆面层的厚度,可采用 30～45 mm,当面层厚度大于 45 mm 时,其面层宜采用混凝土。

④竖向受力钢筋宜采用 HPB300 级钢筋,对于混凝土面层,也可采用 HRB335 级钢筋。

受压钢筋一侧的配筋率,对砂浆面层,不宜小于 0.1%;对混凝土面层,不宜小于 0.2%。受拉钢筋的配筋率,不应小于 0.1%,竖向受力钢筋的直径,不应小于 8 mm,钢筋的净间距不应小于 30 mm。

⑤箍筋的直径,不宜小于 4 mm 及 0.2 倍的受压钢筋直径,并不宜大于 6 mm,箍筋的间距,不应大于 20 倍受压钢筋的直径及 500 mm,并且不应小于 120 mm。

⑥当组合砖砌体构件一侧的竖向受力钢筋多于 4 根时,应设置附加箍筋或设置拉结钢筋。

⑦对于截面长短边相差较大的构件,如墙体等,应采用穿通墙体的拉结钢筋作为箍筋,同时设置水平分布钢筋。水平分布钢筋的竖向间距及拉结钢筋的水平间距,均不应大于 500 mm。

⑧组合砖砌体构件的顶部及底部,以及牛腿部位,必须设置钢筋混凝土垫块。竖向受力钢筋伸入垫块的长度,必须满足锚固要求。

12.3 混合结构房屋墙体设计

混合结构房屋通常是指采用砌体材料作为承重墙体,采用钢筋混凝土或钢木材料作为楼盖或屋盖的房屋。

混合结构房屋的墙体既是承重结构又是围护结构。墙体所用的材料具有地方性,宜就地取材,造价较低,施工方便。混合结构房屋应具有足够的承载力、刚度、稳定性和整体性,在地震区还应有良好的抗震性能;此外,混合结构房屋还应具有良好的抵抗温度、收缩变形和抵抗不均匀沉降的能力。

12.3.1 房屋的结构布置

合理的结构方案和结构布置,是保证房屋结构安全可靠和良好使用性能的重要条件。设计时应按照安全可靠、技术先进、经济合理的原则,并考虑建筑、结构等方面的要求,对多种可能的承重方案进行比较,选用较合理的承重结构方案。常见的结构布置方案有以下几种:

1.横墙承重结构

横墙承重结构是楼、屋面板直接搁置于横墙上形成的结构布置方案。竖向荷载的主要传递路线为:板→横墙→基础→地基。

横墙承重结构的特点如下:

(1)横墙承重结构对纵墙上门窗设置部位及大小的限制较少。横墙是主要承重墙体,纵墙主要起围护、隔断以及与横墙连接形成整体的作用。

(2)横墙承重结构对于调整地基的不均匀沉降以及抵御水平荷载(风荷载)较为有利。因其每一开间设置一道横墙(一般为 2.7～4.2 m),且有纵墙与之相互拉结,因而房屋的空间刚度大,整体性强。

(3)横墙承重结构是一种有利于抗震的结构。横墙是承担横向水平地震作用的主要构件,足够数量的横墙显然有利抗震。

(4)横墙承重结构布置还有利于结构的对称性和均匀性,使结构受力均衡分散。

(5)房屋中横墙兼有分隔使用空间的功能,故横墙承重结构布置还是一种较经济的结构布置。

横墙承重结构主要用于住宅、招待所等多层房屋。

2.纵墙承重结构

纵墙承重结构是指由纵墙(包括外纵墙和内纵墙)直接承受屋面、楼面荷载的结构布置方案。

纵墙承重结构中竖向荷载的主要传递路线为:板→进深梁(或屋架)→纵向承重墙→基础→地基。

纵墙承重结构的特点如下:

(1)房屋空间布置灵活。在纵墙承重方案中,设置横墙的主要目的是满足使用功能要求。因此,横墙间距可以相当大。室内空间划分不受限制。

(2)纵墙承受的荷载较大,故纵墙上的门窗设置受到一定限制。门窗宽度不宜过大,门窗也不宜设置于进深梁下方。

(3)在纵墙承重方案中,由于横墙较少,间距较大,因而房屋整体空间刚度较差,对抗震尤为不利,故在抗震区不宜选用这种结构布置。

纵墙承重结构通常用于非抗震设防区的教学楼、实验楼、图书馆和医院、食堂等多层砌体房屋。

3.纵横墙承重结构

纵横墙承重结构是指房屋纵、横向两种墙体都承重的承重结构布置方案,大致可分为两种布置形式:其一是纵横墙共同承重的结构布置,如教学楼、实验楼、办公楼等;其二是由于使用功能上的要求,在横墙承重结构的布置中,改变某些楼层上楼板搁置方向,形成房屋部分下部横墙承重、上部纵墙承重;或上部横墙承重、下部纵墙承重的纵横墙共同承重的结构。纵、横墙承重结构的荷载传递路径为:

$$板→\left\{\begin{matrix}纵墙\\横墙\end{matrix}\right\}→基础→地基$$

纵横墙承重结构的特点如下:

(1)具有结构布置较为灵活的优点。

(2)空间刚度较纵墙承重结构好。

(3)抗震性能介于前两种承重结构之间。

除上述三种承重结构体系之外,还常常采用混合承重结构体系。混合承重结构体系是指用两种不同结构材料组成的承重结构体系,其中部分为砌体承重,部分为钢筋混凝土墙体承重。这种结构体系有内框架砌体结构和底层框架剪力墙砌体结构两种。

4.内框架砌体结构

内框架砌体结构是内部为钢筋混凝土梁柱组成的框架承重,外墙为砌体承重的混合承重结构。

按梁、柱的布置,内框架砌体房屋可分为三种:①单排柱到顶的内框架承重结构,一般用于2层至3层房屋;②多排(2排或2排以上)柱到顶的多层内框架承重结构;③底层内框架房屋,一般为2层;底层内框架房屋抗震性能差,不应在抗震设防区采用。

内框架承重结构房屋的特点如下：

(1)房屋开间大,平面布置较为灵活,容易满足使用功能要求。

(2)周边采用砌体墙承重,与全框架结构相比,可节省材料,比较经济,施工较方便。

(3)由于全部或部分取消内墙,横墙较少,房屋的空间刚度较差。

(4)内框架砌体结构抗震性能欠佳。

(5)施工工序较多,影响施工进度。

多层多排内框架砌体结构适宜于轻工业、仪器仪表工业车间等使用,也适用于民用建筑中的多层商业用房。

5. 底层框架—剪力墙结构

底层框架—剪力墙结构是上部各层由砌体承重、底层由框架和剪力墙承重的混合承重结构体系。在抗震设计中一般称剪力墙为抗震墙,故也称其为底层框架—抗震墙结构,一般统称底层框架砌体结构。为了避免底层可能有过大的变位,底层结构中的两个方向上部必须设置抗震墙。在抗震烈度较低的地区或非抗震区,墙体可以采用砌体或配筋砌体,在高烈度区则必须采用钢筋混凝土剪力墙。

底层框架的多层砌体结构房屋的特点是"上刚下柔"。由于承重材料的不同,结构布置的不同,房屋结构的竖向刚度在底层与二层之间发生突变,在底层结构中易产生应力集中现象,对抗震显然不利。为了不使房屋竖向刚度突变过大(主要是底层与二层刚度的变化),《建筑抗震设计规范》(GB 50011—2010)对房屋上、下层侧移刚度的比值做了限制规定。

城市规划往往要求临街住宅、办公楼等建筑的底层设置大空间,用作商店、邮局等,一些旅馆也因适用要求,往往在底层设置餐厅、会议室等大空间,此时,就可采用底层框架砌体结构。

12.3.2 房屋静力计算方案

混合结构房屋的屋盖、楼盖、墙、柱、基础等主要承重构件组成了空间受力体系,各承重构件协同工作,共同承受作用在整个结构上的垂直荷载和水平荷载。混合结构中墙体设计主要解决以下几个问题:①确定房屋的静力计算方案;②确定墙、柱内力;③验算砌体构件的承载力;④采取相应的构造措施等。混合结构的静力计算方案实际上就是对房屋空间受力体系的分析,根据房屋空间刚变的大小来确定结构计算简图。

根据房屋的空间工作性能将房屋静力计算方案分为刚性方案、弹性方案、刚弹性方案(见图 12-13)。

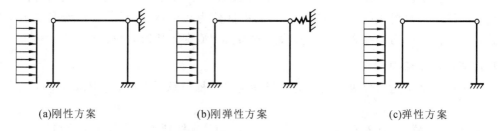

(a)刚性方案   (b)刚弹性方案   (c)弹性方案

图 12-13　混合结构房屋的计算简图

　　(1)刚性方案。当房屋的横墙间距较小、楼盖(屋盖)的水平刚度较大时,房屋的空间刚度较大,在荷载作用下,房屋的水平位移很小,可视墙、柱顶端的水平位移等于零。在确定墙、柱计算简图时,可将楼盖或屋盖视为墙、柱水平不动铰支座,墙、柱内力按不动铰支承的竖向构件计算,用这种方法进行静力计算的方案为刚性方案,用以计算的房屋为刚性方案房屋。一般多层砌体房屋的静力计算方案都属于刚性方案。

　　(2)弹性方案。当房屋横墙间距较大,楼盖(屋盖)水平刚度较小时,房的空间刚度较小,在荷载作用下房屋的水平位移较大。在确定计算简图时,不能忽略水平位移的影响,不能考虑空间工作性。

　　(3)刚弹性方案。房屋的空间刚度介于上述两种方案之间。在荷载作用下,纵墙顶端的水平位移比弹性方案小,但又不可忽略不计。静力计算时可根据房屋空间刚度的大小,将其水平荷载作用下的反力予以折减,然后再按平面排架或框架进行计算。

　　根据楼(屋)盖类型和横墙间距的大小,可根据表12-12确定房屋的静力计算方案。

　　由上面分析可知,房屋的静力计算方案是根据房屋空间刚度的大小来确定,这种刚度由两个主要因素来确定:一是房屋中楼(屋)盖的结构类别,二是房屋中横墙的间距。作为刚性和刚弹性方案房屋的横墙必须有足够的刚度。因此还应符合以下要求:①横墙的厚度不宜小于180 mm;②横墙中开有洞口时,洞口的水平截面面积不得超过横墙水平全截面面积的50%;③单层房屋的横墙长度不宜小于其高度,多层房屋的横墙长度不宜小于横墙总高度的1/2。

　　如不能满足上述要求,则应对横墙的刚度进行验算。

表 12-12　房屋静力计算方案

	屋盖或楼盖类别	刚性方案	刚弹性方案	弹性方案
1	整体式、装配整体式和装配式无檩体系钢筋混凝土屋盖或钢筋混凝土楼盖	$s<32$	$32 \leqslant s \leqslant 72$	$s>72$
2	装配式有檩体系钢筋混凝土屋盖、轻钢屋盖和有密铺望板的木屋盖或楼盖	$s<20$	$20 \leqslant s \leqslant 48$	$s>48$
3	瓦材屋面的木屋盖和轻钢屋盖	$s<16$	$16 \leqslant s \leqslant 36$	$s>36$

注:① 当多层房屋屋盖、楼盖类别不同或横墙间距不同时,可按《砌体结构设计规范》的规定分别确定各层(底层或顶部各层)房屋的静力计算方案。

　　②表中 s 为房屋横墙间距,其长度单位为 m。

　　③对无山墙或伸缩缝处于无横墙的房屋,应按弹性方案考虑。

12.3.3　墙、柱高厚比验算

　　砌体结构房屋中,作为受压构件的墙、柱除了满足承载力要求之外,还必须满足高厚比的要求。墙、柱的高厚比验算是检查砌体房屋施工阶段和使用阶段稳定性与刚度的一项重要措施。

　　高厚比 β,是指墙、柱计算高度 H_o 与墙厚 h(或与矩形柱的计算高度相对应的柱边长)的比值,即 $\beta = H_o/h$。墙、柱的高厚比过大,虽然强度满足要求,但可能在施工阶段因过度的偏差倾斜以及施工和使用过程中的偶然撞击、振动等导致墙柱丧失稳定性;同时,过大的高厚比,还可能使墙体发生过大的变形而影响使用。

砌体墙、柱的容许高厚比[β]是指墙、柱高厚比的容许限值(见表 12-13),它与承载力无关,而是根据实践经验和现阶段的材料质量以及施工技术水平综合研究而确定的。

下列情况中墙、柱的容许高厚比应进行调整:

(1)毛石墙、柱的高厚比应按表 12-13 中数值降低 20%;

(2)组合砖砌体构件的容许高厚比,可按表中数值提高 20%,但不得大于 28;

(3)验算施工阶段砂浆尚未硬化的新砌体高厚比时,容许高厚比对墙取 14,对柱取 11。

表 12-13 墙柱的容许高厚比[β]值

砂浆强度等级	≥M7.5	M5	M2.5
墙	26	24	22
柱	17	16	15

1. 墙、柱高厚比验算

墙、柱高厚比应按式(12.12)验算:

$$\beta = \frac{H_0}{h} \leqslant \mu_1 \mu_2 [\beta] \tag{12.12}$$

式中,[β]——墙、柱的容许高厚比,按表 12-13 选用。

H_0——墙、柱的计算高度,应按表 12-13 选用。

H——墙厚或矩形柱与 H_0 相对应的边长。

μ_1——自承重墙容许高厚比的修正系数,按下列规定采用:$h = 240$ mm,$\mu_1 = 1.2$;$h = 90$ mm,$\mu_1 = 1.5$;240 mm $> h > 90$ mm,μ_1 可按插入法取值。

上端为自由端墙的容许高厚比,除按上述规定提高外,还可提高 30%;对厚度小于 90 mm 的墙:当双面用 ≥M10 的水泥砂浆抹面,包括抹面层的墙厚 ≥90 mm,可按墙厚 =90 mm 验算高厚比。

μ_2——有门窗洞口墙容许高厚比的修正系数,按下式计算:

$$\mu_2 = 1 - 0.4 \frac{b_s}{s} \tag{12.13}$$

式中,b_s——在宽度 s 范围内的门窗洞口总宽度(见图 12-14);

s——相邻窗间墙、壁柱或构造柱之间的距离。

当按式(12.13)计算得到的 μ_2 的值小于 0.7 时,应采用 0.7,当洞口高度等于或小于墙高的 1/5 时,可取 $\mu_2 = 1.0$。

上述计算高度是指对墙、柱进行承载力计算或验算高厚比时所采用的高度,用 H_0 表示,它由实际高度 H 并根据房屋类别和构件两端支承条件从表 12-14 中选取。

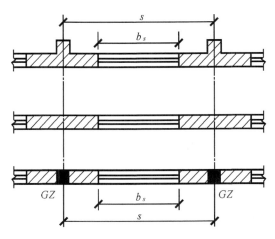

图 12-14　门窗洞口宽度示意图

表 12-14　受压构件计算高度 H_0

房屋类型			柱		带壁柱墙或周边拉结的墙		
			排架方向	垂直排架方向	$s > 2H$	$2H \geqslant s > H$	$s \leqslant H$
有吊车的单层房屋	变截面柱上段	弹性方案	$2.5\,H_u$	$1.25\,H_u$	$2.5\,H_u$		
		刚性、刚弹性方案	$2.0\,H_u$	$1.25\,H_u$	$2.0\,H_u$		
	变截面柱下段		$1.0\,H_l$	$0.8\,H_l$	$1.0\,H_l$		
无吊车的单层和多层房屋	单跨	弹性方案	$1.5\,H$	$1.0\,H$	$1.5\,H$		
		刚弹性方案	$1.2\,H$	$1.0\,H$	$1.2\,H$		
	多跨	弹性方案	$1.25\,H$	$1.0\,H$	$1.25\,H$		
		刚弹性方案	$1.10\,H$	$1.0\,H$	$1.10\,H$		
	刚性方案		$1.0\,H$	$1.0\,H$	$1.0\,H$	$0.4s + 0.2\,H$	$0.6s$

注：①表中 H_0 为变截面柱的上段高度，H_l 为变截面柱的下段高度；

②对于上端为自由端的 $H_0 = 2H$；

③独立砖柱，当无柱间支撑时，柱在垂直排架方向的 H_0 应按表中数值乘以 1.25 后采用；

④s 为房屋横墙间距；

⑤自承重墙的计算高度应根据周边支撑或拉结条件确定。

　　表中的构件高度 H 应按下列规定采用：①在房屋的底层，为楼板顶面到构件下端支点的距离。下端支点的位置，可取在基础的顶面；当基础埋置较深且有刚性地坪时，可取室内外地面以下 500 mm 处。②在房屋的其他层次，为楼板或其他水平支点间的距离。③对于无壁柱的山墙，可取层高加山墙尖高度的 1/2，对于带壁柱的山墙可取壁柱处的山墙高度。

　　对有吊车的房屋，当荷载组合不考虑吊车的作用时，变截面柱上段的计算高度可按表 12-14 规定采用，变截面柱下段的计算高度可按下列规定采用：①当 $H_u/H \leqslant 1.3$ 时，取无吊车房屋的 H_0。②当 $1/3 < H_u/H \leqslant 1/2$ 时，取无吊车房屋的 H_0 乘以修正系数 μ，$\mu = 1.3 - 0.3 I_u/I_l$，I_u

为变截面柱上段的惯性矩,I_l 为变截面柱下段的惯性矩。③当 $H_u/H \geqslant 1/2$ 时,取无吊车房屋的 H_o,但在确定 β 值时,应采取柱的上截面。

2. 带壁柱墙的高厚比验算

带壁柱墙的高厚比验算包括两部分内容:带壁柱墙的高厚比验算和壁柱之间墙体局部高厚比的验算。

(1)带壁柱整片墙体高厚比的验算。视壁柱为墙体的一部分,整片墙截面为 T 形截面,将 T 形截面墙按惯性矩和面积相等的原则换算成矩形截面,折算厚度 $h_T = 3.5i$,其高厚比验算公式为:

$$\beta = \frac{H_0}{h_T} \leqslant \mu_1 \mu_2 [\beta] \tag{12.14}$$

式中,h_T——带壁柱墙截面折算厚度,$h_T = 3.5i$;

i——带壁柱墙截面的回转半径,$i = \sqrt{I/A}$;

I——带壁柱墙截面的惯性矩;

A——带壁柱墙截面的面积;

H_0——墙、柱截面的计算高度,应按表 12-13 采用。

T 形截面的翼缘宽度 b_f,可按下列规定采用:①多层房屋,当有门窗洞口时,可取窗间墙宽度;当无门窗洞口时,每侧可取壁柱高度的 1/3。②单层房屋,可取壁柱宽加 2/3 壁柱高度,但不大于窗间墙宽度和相邻壁柱之间的距离。

(2)壁柱之间墙局部高厚比验算。验算壁柱之间墙体的局部高厚比时,壁柱视为墙体的侧向不动支点,计算 H_0 时,s 取相邻壁柱之间的距离,且不管房屋静力计算方案采用何种方案,在确定计算高度 H_0 时,都按刚性方案考虑。

如果壁柱之间墙体的高厚比超过限值时,可在墙高范围内设置钢筋混凝土圈梁。设有钢筋混凝土圈梁的带壁柱墙或带构造柱墙,当 $b/s \geqslant 1/30$ 时,圈梁可视为壁柱之间墙或构造柱之间墙的不动铰支点(b 为圈梁宽度)。如果不允许增加圈梁宽度,可按墙体平面外等刚度原则增加圈梁高度,以满足壁柱之间墙体或构造柱之间墙体不动铰支点的要求。这样,墙高就降低为基础顶面(或楼层标高)到圈梁底面的高度。

3. 带构造柱墙的高厚比验算

带构造柱墙的高厚比的验算包括两部分内容:整片墙高厚比的验算和构造柱间墙体局部高厚比的验算。

(1)整片墙体高厚比的验算。考虑设置构造柱对墙体刚度的有利作用,墙体允许高厚比 $[\beta]$ 可以乘以提高系数 μ_c:

$$\beta = \frac{H_0}{h} \leqslant \mu_1 \mu_2 \mu_c [\beta] \tag{12.15}$$

式中,μ_c——带构造柱墙允许高厚比 $[\beta]$ 的提高系数,可按下式计算:

$$\mu_c = 1 + \gamma \frac{b_c}{l} \tag{12.16}$$

式中,γ——系数,对细料石、半细料石砌体,$\gamma = 0$;对混凝土砌块、粗料石及毛石砌体,$\gamma = 1.0$;其他砌体,$\gamma = 1.5$;

b_c——构造柱沿墙长方向的宽度;

l——构造柱间距。

当 $b_c/l > 0.25$ 时,取 $b_c/l = 0.25$;当 $b_c/l < 0.05$ 时,取 $b_c/l = 0$。

需注意的是,构造柱对墙体允许高厚比的提高只适用于构造柱与墙体形成整体后的使用阶段,并且构造柱与墙体有可靠的连接。

(2)构造柱间墙体高厚比的验算。构造柱间墙体的高厚比仍按公式(12.12)验算,验算时仍按构造柱为柱间墙的不动铰支点,计算 H_0 时,取构造柱间距,并按刚性方案考虑。

【例 12.5】某层高为 4.5 m 的单层房屋,砖柱截面为 490 mm×370 mm,采用 M5.0 混合砂浆砌筑,房屋的静力计算方案为刚性方案,试验算此砖柱的高厚比。

【解】查表得 $H_0 = 1.0H = 4500 + 500$ mm $= 5000$ mm(500 mm 为单层砖柱从室内地坪到基础顶面的距离),

查表得 $[\beta] = 16$

$$\beta = \frac{H_0}{h} = \frac{5000}{370} = 13.5 < [\beta] = 16$$

故高厚比满足要求。

【例 12.6】某单层单跨无吊车的仓库,柱间距离为 4 m,中间开宽为 1.8 m 的窗,仓库长 40 m,屋架下弦标高为 5 m,壁柱为 370 mm×490 mm,墙厚为 240 mm,房屋的静力计算方案为刚弹性方案,试验算带壁柱墙的高厚比。

【解】带壁柱墙采用窗间墙截面,如图 12 - 15 所示。

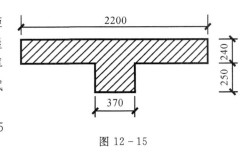

图 12 - 15

1. 求壁柱截面的几何特征

$$A = 240 \times 2200 + 370 \times 250 \text{ mm}^2 = 620500 \text{ mm}^2$$

$$y_1 = \frac{240 \times 220 \times 120 + 250 \times 370 \times (240 + \frac{250}{2})}{620500} = 156.5 \text{ (mm)}$$

$$y_2 = (240 + 250 - 156.5)\text{mm} = 333.5 \text{ mm}$$

$$I = (1/12) \times 2200 \times 240^3 + 2200 \times 240 \times (156.5 - 120)^2 +$$
$$(1/12) \times 370 \times 250^3 + 370 \times 250 \times (333.5 - 125)^2$$
$$= 7.74 \times 10^9 \text{ (mm}^4)$$

$$i = \sqrt{I/A} = \sqrt{\frac{7.74 \times 10^9}{620500}} = 111.7 \text{ (mm)}$$

$$h_T = 3.5i = 3.5 \times 111.7 \text{ mm} = 391 \text{ mm}$$

2. 确定计算高度

$H = 5000 + 500 = 5500$ (mm)(500 mm 为壁柱下端嵌固处至室内地坪的距离)

查表得 $H_0 = 1.2H = 1.2 \times 5500$ mm $= 6600$ mm

3. 整片墙高厚比验算

采用 M5 混合砂浆时,查表得 $[\beta] = 24$。开有门窗洞口时,$[\beta]$ 的修正系数 μ_2 为

$$\mu_2 = 1 - 0.4\frac{b_s}{s} = 1 - 0.4 \times (1800/4000) = 0.82$$

自承重墙允许高厚比修正系数 $\mu_1=1$。

$$\beta=\frac{H_0}{h}=\frac{6000}{391}=16.9<\mu_1\mu_2[\beta]=0.82\times24=19.68$$

4. 壁柱之间墙体高厚比的验算

$s=4000<H=5500$ mm，查表得 $H_0=0.6s=0.6\times4000$ mm $=2400$ mm

$$\beta=\frac{H_0}{h}=\frac{2400}{240}=10<\mu_1\mu_2[\beta]=0.82\times24=19.68$$

因此高厚比满足规范要求。

12.3.4 刚性方案房屋计算

1. 单层刚性方案房屋的计算

（1）静力计算基本假定。刚性方案的单层房屋，由于其屋盖刚度较大，横墙间距较密，其水平变位可不计，内力计算时有以下基本假定：①纵墙、柱下端与基础固结，上端与大梁（屋架）铰接；②屋盖刚度等于无限大，可视为墙、柱的水平方向不动铰支座。

（2）计算单元。计算单层房屋承重纵墙时，一般选择有代表性的一段或荷载较大以及截面较弱的部位作为计算单元。有门窗洞口的外纵墙，取一个开间为计算单元；无门窗洞口的纵墙，取 1m 长的墙体为计算单元。其受荷宽度为该墙左右各 1/2 的开间宽度。

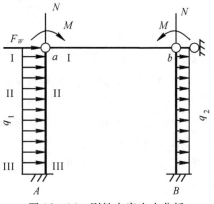

图 12-16 刚性方案内力分析

（3）计算简图，如图 12-16 所示。

（4）内力计算。在屋盖荷载作用下，墙、柱的内力计算结果为：

$$M_a=M_b=M$$
$$M_A=M_B=-M/2$$
$$M_x=M/2\ (2-3x/H)$$

其支座反力为：$R_a=-R_A=-3M/2H$

在风荷载作用下，墙体的内力为：

$$R'_a=-\frac{3}{8}qH$$

$$R'_A=\frac{5}{8}qH$$

$$M'_A=\frac{1}{8}qH^2$$

$$M'_x=\frac{qH_x}{8}\left(3-4\frac{x}{H}\right)$$

2. 多层刚性方案房屋的计算

（1）计算单元。通常从纵墙中选取一段有代表性的墙段，宽度为一个开间的竖条墙柱为计算单元，受荷范围宽度取法如图 12-17 所示。计算截面宽度时：有窗洞，取窗间墙宽度；无窗洞,计算截面宽度取相邻两开间宽度的各一半之和。

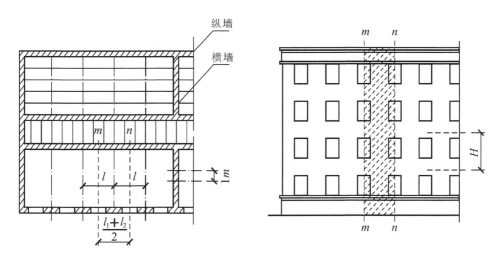

图 12-17 多层刚性方案房屋承重纵墙的计算单元

(2)计算简图。在竖向荷载作用下,多层房屋的墙体如同一竖向的连续梁,屋盖、楼盖及基础顶面均作为连续梁的支点。其计算简图可简化为:假定在屋盖、楼盖处为不连续的铰支承,墙体在基础顶面处为铰接(见图 12-18)。

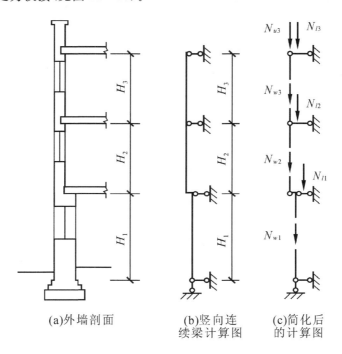

(a)外墙剖面   (b)竖向连   (c)简化后
           续梁计算图   的计算图

图 12-18 竖向荷载作用下的计算简图

(3)在风荷载作用下,计算简图仍为一竖向连续梁(见图 12-18),由荷载设计值 q 引起的弯矩可近似按下式计算:

$$M = \frac{1}{12}qH_i^2 \qquad\qquad (12.17)$$

式中，H_i——第 i 层墙高，即第 i 层层高。

计算时应考虑左右风荷载，使得与风荷载作用下计算的弯矩组合值绝对值为最大。

对于刚性方案多层房屋的外墙，当洞口水平截面面积不超过截面的 2/3 时，层高和总高不超过表 12-15 的规定，屋面自重不小于 $0.8\ kN/m^2$ 时，可不考虑风荷载的影响。

(4)选择控制截面进行承载力计算时通常取每层墙的 I-I 和 II-III 截面。I-I 截面位于墙顶部大梁(或板)底截面，承受弯矩和轴向力，应按偏心受压和梁下局部受压进行承载验算。II-II 截面位于墙体底部大梁(或板)底稍向上截面，该截面轴向力最大，应按轴心受压验算承载力。若几层墙体的截面及材料强度相等，则只需验算最下面一层即可。

表 12-15　外墙不考率风荷载影响时的最大高度

基本风压值/（kN/m²）	层高/m	总高/m
0.4	4.0	28
0.5	4.0	24
0.6	4.0	18
0.7	3.5	18

注：对于多层砌块房屋 190 mm 厚的外墙，当层高不大于 2.8 m，总高不大于 19.6 m，基本风压不大于 0.7 kN/ m² 时，不考虑风荷载的影响。

3. 刚性方案房屋承重横墙的计算

(1)刚性方案房屋中，横墙一般承受屋盖、楼盖直接传来的均布荷载，且很少开洞，因此可取 1 m 宽的横墙作为计算单元(见图 12-19)，每层横墙视为两端铰支的竖向构件，构件的高度为层高。但当顶层为坡屋顶时，取层高加上山墙尖高度的 1/2。

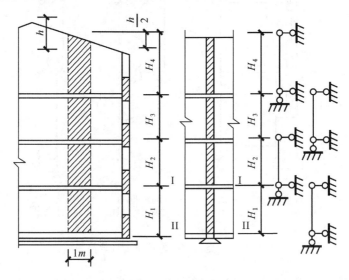

图 12-19　计算简图

横墙承受的荷载和纵墙一样,但对中间墙则承受两边楼盖传来的竖向力,即 N_{l1}、N_{l2}、N_u、G,其中 N_{l1}、N_{l2} 分别为横墙左右两侧楼板传来的竖向力。

(2)当 $N_{l1} = N_{l2}$ 时,沿整个横墙高度承受轴心压力,横墙的控制截面取该层墙体的底部Ⅱ-Ⅱ截面,此处轴力最大。当 N_{l1} 不等于 N_{l2} 时,顶部Ⅰ-Ⅰ截面将产生弯距,则需验算Ⅰ-Ⅰ截面的偏心受压承载力。当墙体支撑梁时,还需验算砌体局部受压承载力。

4.刚体方案房屋设计计算步骤

(1)荷载计算。目前我国执行《建筑结构荷载规范》(GB 50009—2012)来确定屋面及楼面的相应荷载。

(2)静力计算方案。根据楼盖(屋盖)类型及横墙间距,查表确定房屋是否属于刚性房屋。当为刚性房屋时应查表确定是否应考虑风荷载的影响。

(3)高厚的验算。应对纵墙、内纵墙、横墙进行高厚比验算,满足要求后,再进行下一步计算。

(4)截面承载力验算。①纵墙内力计算(包括内力组合计算);②通过纵墙上的门、窗洞口宽度确定选取外纵墙还是内纵墙为计算对象,不必全部验算,验算起控制作用的纵墙;③对大梁下局部承载力验算。

(5)横墙内力的计算和截面承载力验算。①横墙内力计算(包括内力组合计算);②内墙的墙体控制截面一般为Ⅱ-Ⅱ截面;③承载力验算,对各种组合情况下的内力 N 进行验算,如 $N \leqslant \varphi A f$,则满足要求。

12.4 砌体结构中的过梁、圈梁及挑梁

12.4.1 过梁

1.过梁的种类与构造

过梁是砌体结构中门窗洞口上方承受上部墙体自重和上层楼盖传来的荷载的梁,常用的过梁有四种类型(见图 12-20)。

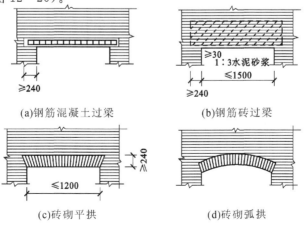

(a)钢筋混凝土过梁　　　　(b)钢筋砖过梁

(c)砖砌平拱　　　　(d)砖砌弧拱

图 12-20　过梁的类型

(1)砖砌平拱过梁。其高度不应小于 240 mm,跨度不应超过 1.2 m,砂浆强度等级不应低于 M50,此类过梁适用于无振动、地基土质好、无抗震设防要求的一般建筑。

(2)砖砌弧拱过梁。竖放砌筑砖的高度不应小于 120 mm,当 $f=(1/8\sim1/12)l$,砖砌弧拱的最大跨度为 2.5～3 m;当 $f=(1/5\sim1/6)l$ 时,砖砌弧拱的最大跨度为 3～4 m。

(3)钢筋砖过梁。过梁底面砂浆层处的钢筋,其直径不应小于 5 mm,间距不宜大于 120 mm,钢筋伸入支座砌体内的长度不宜小于 240 mm,砂浆层厚度不宜小于 30mm;过梁截面高度内砂浆强度等级不应低于 M5;砖的强度等级不应低于 MU10;跨度不应超过 1.5 m。

(4)钢筋混凝土过梁。其端部支承长度不宜小于 240 mm,当墙厚不小于 370 mm 时,钢筋混凝土过梁宜做成 L 形。

工程中常采用钢筋混凝土过梁。

2. 过梁的受力特点

作用在过梁上的荷载有墙体荷载和过梁计算高度范围内的梁、板荷载。

(1)墙体荷载:对于砖砌墙体,当过梁上的墙体高度 $h_w<l_n/3$ 时,应按全部墙体的自重作为均布荷载考虑;当过梁上的墙体高度 $h_w\geq l_n/3$ 时,应按 $l_n/3$ 高的墙体自重作为均布荷载考虑。对于混凝土砌块砌体,当过梁上的墙体高度 $h_w<l_n/2$ 时,应按全部墙体的自重作为均布荷载考虑;当过梁上的墙体高度 $h_w\geq l_n/2$ 时,应按 $l_n/2$ 高的墙体自重作为均布荷载考虑。

(2)梁、板荷载:当梁、板下的墙体高度 $h_w<l_n$ 时,应计算梁、板传来的荷载;如 $h_w\geq l_n$,则可不计梁、板的作用。

过梁承受荷载后,上部受压、下部受拉,像受弯构件一样地受力。随着荷载的增大,当跨中竖向截面的拉应力或支座斜截面的主拉应力超过砌体的抗拉强度时,将先后在跨中出现竖向裂缝,在靠近支座处出现阶梯形斜裂缝。对于钢筋砖过梁,过梁下部的拉力将由钢筋承担;对砖砌平拱,过梁下部拉力将由两端砌体提供的推力来平衡;对于钢筋混凝土过梁则与钢筋砖过梁类似。试验表明,当过梁上的墙体达到一定高度后,过梁上的墙体形成内拱将产生卸载作用,使一部分荷载直接传递给支座。

3. 钢筋混凝土过梁通用图集

钢筋混凝土过梁分为现浇过梁和预制过梁,预制过梁一般为标准构件,全国和各地区均有标准图集,如 GL—4243 代表 240 厚承重墙,洞口宽度为 2400 mm,梁板传到过梁上的荷载设计值为 30 kN/m(梁板荷载等级:设定为 6 级,分别为 0 kN/m、10 kN/m、20 kN/m、30 kN/m、40 kN/m、50 kN/m,相应的荷载等级为 0、1、2、3、4、5)。

12.4.2 圈梁

为了增强房屋的整体性及空间刚度,防止由于地基不均匀沉降或较大振动荷载等对房屋引起的破坏,可以在墙体内设置钢筋混凝土圈梁,当圈梁设置在基础顶面和檐口部位时,对抵抗不均匀沉降作用较为有效。

1. 圈梁的设置

通常应综合考虑房屋的地基情况,房屋类型的层数及荷载的特点。

(1)车间、仓库、食堂等空旷的单层房屋可参照下列规定设置圈梁。

①砖砌体房屋檐口标高为 5~8 m 时,应在檐口标高处设置圈梁一道,檐口标高大于 8 m 时,应增加设置数量。

②砌块及料石砌体房屋,檐口标高为 4~5 m 时,应在檐口标高处设置圈梁一道,檐口标高大于 5 米时,应增加设置数量。

③有电动桥式起重机或较大振动设备的单层工业房屋,除在檐口或房顶标高处设置钢筋混凝土圈梁外,还应增加设置数量。

(2)对于多层砖砌体房屋,应按下列规定设置圈梁。

①多层砖砌体民用房屋,如宿舍、办公楼等,当层数为 3~4 层时,应在檐口标高处设置钢筋混凝土圈一道,当层数超过 4 层时,应在所有纵横墙上隔层设置。

②多层砌体房屋,应每层设置现浇钢筋混凝土圈梁。

③设置墙梁的多层砌体房屋应在托梁、墙梁顶面和檐口标高处设置现浇钢筋的混凝土圈梁,其他楼层处应在所有纵横墙上每层设置。

(3)建筑在软弱地基或不均匀地基上的砌体房屋,除按上述规定设置圈梁外,还应符合《建筑地基基础设计规范》(GB 50007—2011)的有关要求,地震区房屋圈梁的设计应符合《建筑抗震设计规范》(GB 50011—2010)的要求。

2. 圈梁的构造要求

圈梁计算的受力状况与墙体因荷载、温度、沉降等引起的变形有关,其内力分布复杂,计算理论还未成熟,一般在满足前述布置要求的前提下,还应按下列构造要求来设计圈梁。

圈梁宜连续地设在同一水平面上,并形成封闭状。当圈梁被门窗洞口截断时,应在洞口上部增设相同截面的附加圈梁,附加圈梁与圈梁的搭接长度不应小于其垂直间距的两倍,且不得小于 1 m,如图 12-21 所示。

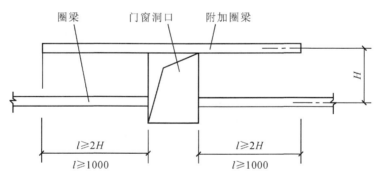

图 12-21 附加圈梁

对刚性方案房屋,圈梁应与横墙加以连接,连接方式可将圈梁伸入横墙 1.5~2 m,或在该横墙上设置贯通圈梁。对刚弹性方案房屋,圈梁应与屋架、大梁等构件可靠连接。

钢筋混凝土圈梁的宽度宜与墙厚相同,当墙厚大于 $h \geq 240$ mm 时,其宽度不宜小于 2/3h,圈梁高度不宜小于 120 mm。纵向钢筋不宜少于 4ϕ10,绑扎接头的搭接长度按受拉的钢筋考虑。箍筋间距不宜大于 300 mm。

圈梁兼过梁时过梁部分的钢筋应按计算用量单独配置。

采用现浇钢筋混凝土楼(屋)盖的多层砌体结构房屋,当层数超过五层时,除在檐口标高处设置一道圈梁外,可隔层设置圈梁,并于楼(屋)面板一起现浇。未设置圈梁的楼面板嵌入墙内的长度不宜小于 120 mm,并沿墙长配置不少于 $2\phi10$ 的纵向钢筋。

圈梁在房屋转角及丁字形交叉处的连接构造如图 12-22 所示。

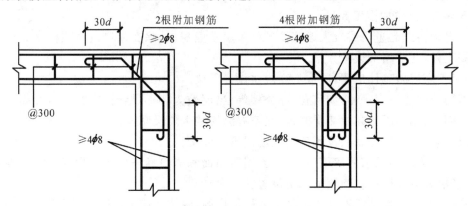

图 12-22 转角配筋

12.4.3 挑梁

1. 挑梁的受力特点

挑梁在悬挑端集中力 F、墙体自重以及上部荷载作用下,共经历三个工作阶段。

第一阶段——弹性工作阶段。挑梁在未受外荷载之前,墙体自重及其上部荷载在挑梁埋入墙体部分的上、下界面产生初始压应力。当挑梁端部施加外荷载 F 后,随着 F 的增加,上界面将首先达到墙体通缝截面的抗拉强度而出现水平裂缝,出现水平裂缝时的荷载约为倾覆时的外荷载的 20%～30%。

第二阶段——带裂缝工作阶段。随着外荷载的 F 继续增加,最开始出现的水平裂缝将不断向内发展,同时挑梁埋入端下界面出现水平裂缝并向前发展。随着上、下界面的水平裂缝的不断发展,挑梁埋入端上界面受压区和墙边下界面受压区也不断减小,从而在挑梁埋入端上角砌体处产生裂缝。随着外荷载的增加,此裂缝将沿砌体灰缝向后上方发展为阶梯型裂缝,此时的荷载约为倾覆时外荷载的 80%。斜裂缝的出现预示着挑梁进入倾覆破坏阶段,在此过程中也可能出现局部受压裂缝。

第三阶段——破坏阶段。挑梁可能发生的破坏形态有以下三种:①挑梁倾覆破坏:挑梁倾覆力矩大于抗倾覆力矩,挑梁尾端墙体斜裂缝不断开展,挑梁绕倾覆点发生倾覆破坏;②梁下砌体局部受压破坏:当挑梁埋入墙体较深、梁上墙体高度较大时,挑梁下靠近墙边小部分砌体由于压应力过大发生局部受压破坏;③挑梁弯曲破坏或剪切破坏。

2. 挑梁的构造要求

挑梁设计除应满足现行《混凝土规范》的有关规定外,还应满足下列要求:

(1)纵向受力钢筋至少应有 1/2 的钢筋面积伸入梁尾端,且不少于 $2\phi12$。其余钢筋伸入支座的长度不应小于 $2l_1/3$。

(2)挑梁埋入砌体长度 l_1 与挑出长度 l 之比宜大于 1.2;当挑梁上无砌体时,l_1 与 l 之比宜大于 2。

12.5 砌体结构的构造措施

12.5.1 砌体房屋的一般构造要求

1. 最小截面尺寸

为了避免墙柱截面过小导致稳定性能变差,以及局部缺陷对构件的影响增大,《砌体规范》规定了各种构件的最小尺寸:承重的独立砖柱截面尺寸不应小于 240 mm×370 mm;毛石墙的厚度不宜小于 350 mm;毛料石柱截面较小边长不宜小于 400 mm;当有振动荷载时,墙、柱不宜采用毛石砌体。

2. 墙、柱连接构造

为了增强砌体房屋的整体性和避免局部受压损坏,《砌体规范》规定:

(1)跨度大于 6 m 的屋架和跨度大于 4.8 mm 砖砌体、4.2 m 的砌块和料石砌体、3.9 m 的毛石砌体的梁,应在支承处砌体上设置混凝土或钢筋混凝土垫块。当墙中设有圈梁时,垫块与圈梁宜浇筑成整体。

(2)当梁的跨度大于或等于下列数值时,其支承处宜加设壁柱或采取其他加强措施:

①对 240 mm 厚的砖墙为 6m,对 180 mm 厚的砖墙为 4.8 m;

②对砌块、料石墙为 4.8 m。

(3)预制钢筋混凝土板的支承长度,在墙上不宜小于 100 mm;在钢筋混凝土圈梁上不宜小于 80 mm;当利用板端伸出钢筋拉结和混凝土灌缝时,其支承长度可为 40 mm,但板端缝宽不小于 80 mm,灌缝混凝土强度等级不宜低于 C20。

(4)预制钢筋混凝土梁在墙上的支承长度不宜小于 180~240 mm,支承在墙、柱上的吊车梁、屋架以及跨度大于或等于 9 mm 的砖砌体、7.2 m 的砌块和料石砌体的预制梁的端部,应采用锚固件与墙、柱上的垫块锚固。

(5)填充墙、隔墙应采取措施与周边构件可靠连接。一般是在钢筋混凝土结构中预埋拉结筋,在砌筑墙体时,将拉结筋砌入水平灰缝内。

(6)山墙处的壁柱宜砌至山墙顶部,屋面构件应与山墙可靠拉结。

3. 砌块砌体房屋

(1)砌块砌体应分皮错缝搭砌,上下皮搭砌长度不得小于 90 mm。当搭砌长度不满足上述要求时,应在水平灰缝内设置不少于 $2\phi4$ 的焊接钢筋网片(横向钢筋间距不宜大于 200 mm)。网片每端均应超过该垂直缝,其长度不得小于 300 mm。

(2)砌块墙与后砌隔墙交接处,应沿墙高每 400 mm 在水平灰缝内设置不少于 2Φ4、横筋间距不大于 200 mm 的焊接钢筋网片(见图 12-23)。

(3)混凝土砌块房屋宜将纵横墙交接处,距墙中心线每边不小于 300 mm 范围内的孔洞,采用不低于 C20 灌孔混凝土将孔洞灌实,灌实高度应为墙身全高。

(4)混凝土砌块墙体的下列部位,如未设圈梁或混凝土垫块,应采用不低于 C20 灌孔混凝土将孔洞灌实:

①搁栅、檩条和钢筋混凝土楼板的支承面下,高度不应小于 200 mm 的砌体;

②屋架、梁等构件的支承面下,高度不应小于 600 mm,长度不应小于 600 mm 的砌体;

③挑梁支承面下,距墙中心线每边不应小于 300 mm,高度不应小于 600 mm 的砌体。

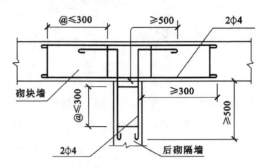

图 12-23　砌块墙与后砌隔墙交接处钢筋网片

4. 砌体中留槽洞或埋设管道时的规定

(1)不应在截面长边小于 500 mm 的承重墙体、独立柱内埋设管线;

(2)不宜在墙体中穿行暗线或预留、开凿沟槽,无法避免时应采取必要的措施或按削弱后的截面验算墙体承载力。对受力较小或未灌孔砌块砌体,允许在墙体的竖向孔洞中设置管线。

12.5.2　防止或减轻墙体开裂的主要措施

1. 墙体开裂的原因

产生墙体裂缝的原因主要有三个:外荷载、温度变化和地基不均匀沉降。墙体承受外荷载后,按照规范要求,通过正确的承载力计算,选择合理的材料并满足施工要求,受力裂缝是可以避免的。

(1)因温度变化和砌体湿胀干缩变形引起的墙体裂缝。①温度裂缝形态有水平裂缝、八字裂缝两种。水平裂缝多发生在女儿墙根部、屋面板底部、圈梁底部附近以及比较空旷高大房间的顶层外墙门窗洞口上下水平位置;八字裂缝多发生在房屋顶层墙体的两端,且多数出现在门窗洞口上下,呈八字形。②湿胀干缩裂缝形态有垂直贯通裂缝、局部垂直裂缝两种。

(2)因地基发生过大的不均匀沉降而产生的裂缝。常见的因地基不均匀沉降引起的裂缝形态有:正八字形裂缝、倒八字形裂缝、高层沉降引起的斜向裂缝、底层窗台下墙体的斜向裂缝。

2. 防止或减轻墙体开裂的措施

(1)为了防止或减轻房屋在正常使用条件下,由温差和砌体湿胀干缩引起的墙体竖向裂缝,应在墙体中设置伸缩缝。伸缩缝应设置在因温度和胀缩变形可能引起应力集中、砌体产生裂缝可能性最大的地方。伸缩缝的间距可按表 12-16 采用。

表 12 - 16　砌体房屋伸缩缝的最大间距

屋盖或楼盖类别		间距/m
整体式或装配整体式钢筋混凝土楼盖	有保温层或隔热层的屋盖、楼盖	50
	无保温层或隔热层的屋盖、楼盖	40
装配式无檩体钢筋混凝土楼盖	有保温层或隔热层的屋盖、楼盖	60
	无保温层或隔热层的屋盖	50
装配式有檩体钢筋混凝土楼盖	有保温层或隔热层的屋盖	75
	无保温层或隔热层的屋盖	60
瓦材屋盖、木屋盖或楼盖、轻钢屋盖		100

注：①对烧结普通砖、多孔砖、配筋砌块砌体房屋取表中数值；对石砌体、蒸压灰砂砖、蒸压粉煤灰砖和混凝土砌块房屋取表中数值乘以 0.8。当有实践经验并采取可靠措施时，可不遵守本表规定。

②在钢筋混凝土屋面上挂瓦的屋盖应按钢筋混凝土屋盖采用。

③按本表设置的墙体伸缩缝，一般不能同时防止由于钢筋混凝土屋盖的温度变形和砌体胀缩变形引起的墙体局部裂缝。

④层高大于 5 m 的标砖、多孔砖、配筋砌块砌体结构单层房屋，其伸缩缝间距可按表中数值乘以1.3。

⑤温差较大且变化频繁的地区和严寒地区不采暖的房屋及构筑物墙体的伸缩缝的最大间距，应按表中数值予以适当减小。

⑥墙体的伸缩缝应与结构的其他变形缝相重合，在进行立面处理时，必须保证缝隙的伸缩作用。

(2)为了防止和减轻房屋顶层墙体的开裂，可根据情况采取下列措施：

①屋面设置保温层、隔热层。

②屋面保温(隔热)层或屋面刚性面层及砂浆找平层应设置分隔缝，分隔缝间距不宜大于6 m，并与女儿墙隔开，其缝宽不小于 30 mm。

③用装配式有檩体系钢筋混凝土屋盖和瓦材屋盖。

④在钢筋混凝土屋面板与墙体圈梁的接触面处设置水平滑动层，滑动层可采用两层油毡夹滑石粉或橡胶片等。对于长纵墙，可只在其两端的 2～3 mm 隔开间设置，对于横墙可只在其两端 $l/4$ 范围内设置(l 为横墙长度)。

⑤顶层屋面板下设置现浇钢筋混凝土圈梁，并沿内外墙拉通，房屋两端圈梁下的墙体宜适当设置水平钢筋。

⑥顶层挑梁末端下墙体灰缝内设置 3 道焊接钢筋网片(纵向钢筋不宜少于 2 φ4，横筋间距不宜大于 200 mm)或 2 φ6 钢筋，钢筋网片或钢筋应自挑梁末端伸入两边墙体不小于 1 m(见图 12 - 24)。

⑦顶层墙体有门窗洞口时，在过梁上的水平灰缝内设置 2～3 道焊接钢筋网片或 2 φ6 钢筋，并应伸入过梁两端墙内不小于 600 mm。

⑧顶层及女儿墙砂浆强度等级不低于 M5。

⑨女儿墙应设置构造柱，构造柱间距不宜大于 4 m，构造柱应伸至女儿墙顶并与现浇钢筋混凝土压顶整浇在一起。

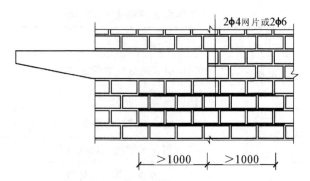

图 12-24　挑梁末端下墙体内设置三道焊接钢筋网片

⑩房屋顶层端部墙体内应适当增设构造柱。

（3）防止或减轻房屋底层墙体开裂的措施。

底层墙体的裂缝主要是地基不均匀沉降引起的，或地基反力不均匀引起的，因此防止或减轻房屋底层墙体开裂可根据情况采取下列措施：

①增大基础圈梁的刚度。

②在底层的窗台下墙体灰缝内设置 3 道焊接钢筋网片或 2φ6 钢筋，并应伸入两边窗间墙内不小于 600 mm。

③采用钢筋混凝土窗台板，窗台板嵌入窗间墙内不小于 600 mm。

（4）墙体转角处和纵横墙交接处宜沿竖向每隔 400～500 mm 设置拉结钢筋，其数量为每 120 mm 墙厚不少于 1φ6 或焊接钢筋网片，埋入长度从墙的转角或交接处算起，每边不小于 600 mm。

（5）对于灰砂砖、粉煤灰砖、混凝土砌块或其他非烧结砖，宜在各层门、窗过梁上方的水平灰缝内及窗台下第一、第二道水平灰缝内设置焊接钢筋网片或 2φ6 钢筋，焊接钢筋网片或钢筋应伸入两边窗间墙内不小于 600 mm。

（6）为防止或减轻混凝土砌块房屋顶层两端和底层第一、二开间门窗洞口处开裂，可采取下列措施：

①在门窗洞口两侧不少于一个孔洞中设置 1φ12 的钢筋，钢筋应在楼层圈梁或基础锚固，并采取不低于 C20 的灌孔混凝土灌实。

②在门窗洞口两边的墙体的水平灰缝内，设置长度不小于 900 mm，竖向间距为 400 mm 的 2φ4 焊接钢筋网片。

③在顶层和底层设置通长钢筋混凝土窗台梁，窗台梁的高度宜为块高的模数，纵筋不少于 4φ10，箍筋φ6@ 200，C20 混凝土。

（7）当房屋刚度较大时，可在窗台下或窗台角处墙体内设置竖向控制缝。在墙体的高度或厚度突然变化处也宜设置竖向控制缝，或采取其他可靠的防裂措施。竖向控制缝的构造和嵌缝材料应能满足墙体平面外传力和防护的要求。

（8）灰砂砖、粉煤灰砖砌体宜采用黏结性好的砂浆砌筑，混凝土砌块砌体应采用砌块专用砂浆砌筑。

（9）对防裂要求较高的墙体，可根据实际情况采取专门措施。

（10）防止墙体由于地基不均匀沉降而开裂的措施如下：

①设置沉降缝。在地基土性质相差较大,房屋高度、荷载、结构刚度变化较大处,房屋结构形式变化处,高低层的施工时间不同处设置沉降缝,将房屋分割为若干刚度较好的独立单元。

②加强房屋整体刚度。

③对处于软土地区或土质变化较复杂地区,利用天然地基建造房屋时,房屋体型力求简单,宜采用对地基不均匀沉降影响不大的结构形式和基础形式。

④合理安排施工顺序,先施工层数多、荷载大的单元,后施工层数少、荷载小的单元。

小　结

1.砌体结构是指由砖、石和砌块等块材和砂浆砌筑而成的墙、柱作为建筑物主要受力构件的结构,是砖砌体、砌块砌体和石砌体结构的统称。

2.砌体的材料主要包括块材和砂浆。块材包括砖、砌块、石材;砂浆包括纯水泥砂浆、混合砂浆、非水泥砂浆、混凝土砌块砌筑砂浆。

3.砖砌体受压构件从加载受力到破坏大致经历三个阶段。

第 I 阶段:从加载开始到个别砖块上出现初始裂缝为止,出现初始裂缝时的荷载约为破坏荷载的 50%～70%,这个阶段的特点是荷载不增加,裂缝也不会继续扩展。裂缝仅仅是单砖裂缝。

第 II 阶段:继续加载,原有裂缝不断开展,单砖裂缝贯通形成穿过几皮砖的竖向裂缝,同时有新的裂缝出现,若不继续加载,裂缝也会缓慢发展。

第 III 阶段:当荷载达到破坏荷载的 80%～90% 时,此时荷载增加不多,裂缝也会迅速发展,砌体被通长裂缝分割为若干个半砖小立柱,由于小立柱受力极不均匀,最终砖砌体会因小立柱的失稳或压碎而破坏。

4.砖砌体局部受压的破坏形态有三种。

第一种,因竖向裂缝的发展而破坏。在局部压力作用下有竖向裂缝、斜向裂缝,其中部分裂缝逐渐向上或向下延伸并在破坏时连成一条主要裂缝。

第二种,劈裂破坏。在局部压力作用下产生的竖向裂缝少而集中,且初裂荷载与破坏荷载很接近,在砌体局部面积大而局部受压面积很小时,有可能产生这种破坏形态。

第三种,与垫板接触的砌体局部破坏,墙梁的墙高与跨度之比较大,砌体强度较低时,有可能产生梁支承附近砌体被压碎的现象。

5.混合结构房屋通常是指采用砌体材料作为承重墙体,采用钢筋混凝土或钢木材料作为楼盖或屋盖的房屋。常见的结构布置方案有以下几种:横墙承重结构、纵墙承重结构、纵横墙承重结构、内框架砌体结构、底层框架—剪力墙砌体结构。

6.根据房屋的空间工作性能将房屋静力计算方案分为刚性方案、弹性方案、刚弹性方案。

7.高厚比 β 是指墙、柱计算高度 H_0 与墙厚 h(或与矩形柱的计算高度相对应的柱边长)的比值,即 $\beta = H_0/h$。墙、柱的高厚比过大,虽然强度满足要求,但是可能在施工阶段因过度的偏差倾斜以及施工和使用过程中的偶然撞击、振动等因素而导致丧失稳定;同时,过大的高厚比,还可能使墙体发生过大的变形而影响使用。

8.刚性方案的单层房屋,由于其屋盖刚度较大,横墙间距较密,其水平变化可不计,内力计算时需满足以下基本假定：纵墙、柱下端与基础固结，上端与大梁（屋架）铰接；屋盖刚度等于无限大，可视为墙、柱的水平方向不动铰支座。

思考与练习

1. 常用的砌体有哪几种？常用的砌体材料有哪些？适用范围是什么？

2. 影响砌体抗压强度的因素有哪些？

3. 砌体结构中块材与砂浆的作用是什么？

4. 砌体构件受压承载力计算中，系 φ 表示什么意义？如何确定？

5. 什么是高厚比？砌体房屋限制高厚比的目的是什么？简述带壁柱墙体高厚比的验算要点？

6. 混合结构房屋的结构布置方案有哪些？

7. 砌体房屋静力计算方案有哪些？影响砌体房屋静力计算方案的主要因素有哪些？

8. 画出单层以及多层刚性方案房屋的计算简图，简述刚性方案房屋的计算要点。

9. 产生墙体开裂的主要原因是什么？防止墙体开裂的主要措施有哪些？

10. 由温度和地基不均匀沉降引起的裂缝有什么形态？

11. 简述钢筋混凝土过梁代号的意义。

12. 简述圈梁的设置方法。

13. 挑梁的破坏形态有哪些？简述挑梁的构造要求。

14. 某截面为 490 mm×370 mm 的砖柱，柱计算高度 $H_0 = H = 5$ m，采用强度等级为 MU10 的烧结普通砖及 M7.5 的水泥砂浆砌筑，柱底承受轴向压力设计值为 $N = 170$ kN，结构安全等级为二级，施工质量控制等级为 B 级，试验算该柱底截面是否安全。

15. 某偏心受压柱，截面尺寸为 490 mm×620 mm，柱计算高度 $H_0 = H = 4.8$ m，采用强度等级为 MU10 蒸压灰砂砖及 M2.5 混合砂浆砌筑，柱底承受轴向压力设计值为 $N = 200$ kN，弯矩设计值 $M = 24$ kN·m（沿长边方向），结构的安全等级为二级，施工质量控制等级为 B 级，试验算该柱底截面是否安全。

16. 窗间墙截面尺寸为 1200 mm×40 mm，采用 MU10 砖，M7.5 混合砂浆砌筑，施工质量要求为 B 级，墙上支承钢筋混凝土梁，支承长为 240 mm，梁截面尺寸为 200 mm×500 mm，梁端支承压力设计值为 80 kN，上部荷载传来的轴心力设计值为 120 kN，试验算梁端局部受压承载力。

17. 某单层房屋层高为 4.5 m，砖柱截面为 490 mm×490 mm，采用 M5.0 混合砂浆砌筑，房屋的静力计算方案为刚性方案，试验算此砖柱的高厚比。

18. 某单层单跨无吊车的仓库，柱间距离为 4 m，中间开宽为 1.8 m 的窗，仓库长 40 m，屋架下弦标高为 5 m，壁柱为 370 mm×490 mm，墙厚为 240 mm，房屋静力计算方案为刚弹性方案，试验算带壁柱墙的高厚比。

附录 A

各种钢筋的公称直径、计算截面面积及理论质量

附表 A.1　钢筋的计算截面面积及理论质量

公称直径 / mm	不同根数钢筋的计算截面面积/mm²									单根钢筋理论质量/（kg/m）
	1	2	3	4	5	6	7	8	9	
6	28.3	57	85	113	142	170	198	226	255	0.222
6.5	33.2	66	100	133	166	199	232	265	299	0.260
8	50.3	101	151	201	252	302	352	402	453	0.395
8.2	52.8	106	158	211	264	317	370	423	475	0.432
10	78.5	157	236	314	393	471	550	628	707	0.617
12	113.1	226	339	452	565	678	791	904	1017	0.888
14	153.9	308	461	615	769	923	1077	1231	1385	1.21
16	201.1	402	603	804	1005	1206	1407	1608	1809	1.58
18	254.5	509	763	1017	1272	1527	1781	2036	2290	2.00
20	314.2	628	942	1256	1570	1884	2199	2513	2827	2.47
22	380.1	760	1140	1520	1900	2281	2661	3041	3421	2.98
25	490.9	982	1473	1964	2454	2954	3436	3927	4418	3.85
28	615.8	1232	1847	2463	3079	3695	4310	4926	5542	4.83
32	804.2	1609	2413	3217	4021	4826	5630	6434	7238	6.31
36	1017.9	2036	3054	4072	5089	6107	7125	8143	9161	7.99
40	1256.6	2513	3770	5027	6283	7540	8796	10053	11310	9.87

注：表中直径的 $d=8.2$ mm 的计算截面面积及理论质量仅用于有纵肋的热处理钢筋。

附表 A.2 每米板宽各种钢筋间距的钢筋截面面积(mm²)

钢筋间距 / mm	钢筋直径 / mm											
	3	4	5	6	6 / 8	8	8 / 10	10	10 / 12	12	12 / 14	14
70	101	180	280	404	561	719	920	1121	1369	1616	1907	2199
75	94.2	168	262	377	524	671	899	1047	1277	1508	1780	2052
80	88.4	157	245	354	491	629	805	981	1198	1414	1669	1924
85	83.2	148	231	333	462	592	758	924	1127	1331	1571	1811
90	78.5	140	218	314	437	559	716	872	1064	1257	1438	1710
95	74.5	132	207	298	414	529	678	826	1008	1190	1405	1620
100	70.6	126	196	283	393	503	644	785	958	1131	1335	1539
110	64.2	114	178	257	357	457	585	714	871	1028	1214	1399
120	58.9	105	163	236	327	419	537	654	798	942	1113	1283
125	56.6	101	157	226	314	402	515	628	766	905	1068	1231
130	54.4	9606	151	218	302	387	495	604	737	870	1027	1184
140	50.5	89.7	140	202	281	359	460	561	684	808	954	1099
150	47.1	83.8	131	189	262	335	429	523	639	754	890	1026
160	44.1	78.5	123	177	246	314	403	491	599	707	834	962
170	41.5	73.9	115	166	231	296	379	462	564	665	785	905
180	39.2	69.8	109	157	218	279	358	436	532	628	742	855
190	37.2	66.1	103	149	207	265	339	413	504	595	703	810
200	35.3	62.8	98.2	141	196	251	322	393	479	565	668	770
220	32.1	57.1	89.2	129	176	229	293	357	436	514	607	700
240	29.4	52.4	81.8	118	164	210	268	327	399	471	556	641
250	28.3	50.3	78.5	113	157	201	258	314	383	452	534	616
260	27.2	48.3	75.5	109	151	193	248	302	268	435	514	592
280	25.2	44.9	70.1	101	140	180	230	281	342	404	477	550
300	23.6	41.9	66.5	94	131	168	215	262	320	377	445	513
320	22.1	39.2	61.4	88	121	157	201	245	299	353	417	481

附表 A.3 钢绞线、钢丝公称直径、公称截面面积及理论重量

种类		公称直径／mm	公称截面面积／mm	理论质量／（kg／m）
钢绞线	1×3	8.6	37.4	0.295
		10.8	59.3	0.465
		12.9	85.4	0.671
	1×7 标准型	9.5	54.8	0.432
		11.1	74.2	0.580
		12.7	98.7	0.774
		15.2	139	1.101
钢丝		4.0	12.57	0.099
		5.0	19.63	0.154
		6.0	28.27	0.222
		7.0	38.48	0.302
		8.0	50.26	0.394
		9.0	63.62	0.499

附录 B
建筑结构设计静力计算常用表

附表 B.1 均布荷载和集中荷载作用下等跨连续梁的
内力系数表

均布荷载：$M = K_1 g l_0^2 + K_2 q l_0^2$ $\qquad$ $V = K_3 g l_0 + K_4 q l_0$

集中荷载：$M = K_1 G l_0 + K_2 Q l_0$ $\qquad$ $V = K_3 G + K_4 Q$

式中，g、q——单位长度上的均布恒荷载与活荷载；

$\quad$ G、Q——集中恒荷载与活荷载；

$\quad$ K_1、K_2、K_3、K_4——内力系数，由表中相应栏内查得；

$\quad$ l_0——梁的计算跨度。

(1)二跨梁

序号	荷载简图	跨内最大弯矩		支座弯矩	横向剪力			
		M_1	M_2	M_B	V_A	$V_{B左}$	$V_{B右}$	V_C
1	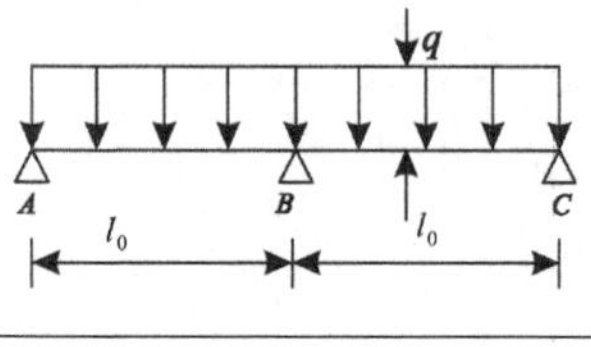	0.070	0.070	-0.125	0.375	-0.625	0.625	-0.375
2	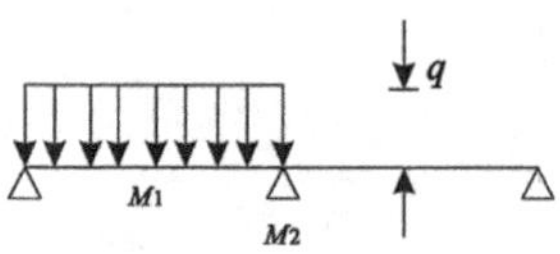	0.096	-0.025	-0.063	0.437	-0.563	0.063	0.063
3	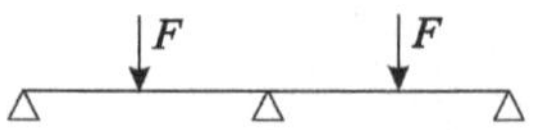	0.156	0.156	-0.188	0.312	-0.688	0.688	-0.312

序号	荷载简图	跨内最大弯矩		支座弯矩	横向剪力			
		M_1	M_2	M_B	V_A	$V_{B左}$	$V_{B右}$	V_C
4		0.203	−0.047	−0.094	0.406	−0.594	0.094	0.094
5		0.222	0.222	−0.333	0.667	−1.334	1.334	−0.667
6		0.278	−0.056	−0.167	0.833	−1.167	0.167	0.167

(2) 三跨梁

序号	荷载简图	跨内最大弯矩		支座弯矩		横向剪力					
		M_1	M_2	M_B	M_C	V_A	$V_{B左}$	$V_{B右}$	$V_{C左}$	$V_{C右}$	V_D
1		0.080	0.025	−0.100	−0.100	0.400	−0.600	0.500	−0.500	0.600	−0.400
2		0.101	−0.050	−0.050	−0.050	0.450	−0.550	0.000	0.000	0.550	−0.450
3		−0.025	0.075	−0.050	−0.050	−0.050	−0.050	0.500	−0.500	0.050	0.050
4		0.073	0.054	−0.117	−0.033	0.383	−0.617	0.583	−0.417	0.033	0.033
5		0.094	—	−0.067	0.017	0.433	−0.567	0.083	0.083	−0.017	−0.017
6		0.175	0.100	−0.150	−0.150	0.350	−0.650	0.500	−0.500	0.650	−0.350
7		0.213	−0.075	−0.075	−0.075	0.425	−0.575	0.000	0.000	0.575	−0.425

序号	荷载简图	跨内最大弯矩		支座弯矩		横向剪力					
		M_1	M_2	M_B	M_C	V_A	$V_{B左}$	$V_{B右}$	$V_{C左}$	$V_{C右}$	V_D
8		−0.038	0.175	−0.075	−0.075	−0.075	−0.075	0.500	−0.500	0.075	0.075
9		0.162	0.137	−0.175	−0.050	0.325	−0.675	0.625	−0.375	0.050	0.050
10		0.200	—	−0.100	0.025	0.400	−0.600	0.125	0.125	−0.025	−0.025
11		0.244	0.067	−0.267	−0.267	0.733	−1.267	1.000	−1.000	1.267	−0.733
12		0.289	−0.133	−0.133	−0.133	0.866	−1.134	0.000	0.000	1.134	−0.866
13		−0.044	0.200	−0.133	−0.133	−0.133	−0.133	1.000	−1.000	0.133	0.133
14		0.229	0.170	−0.311	−0.089	0.689	−1.311	1.222	−0.778	0.089	0.089
15		0.274	—	−0.178	0.044	0.822	−1.178	0.222	0.222	−0.044	−0.044

(3) 四跨梁

序号	荷载简图	跨内最大弯矩				支座弯矩			横向剪力							
		M_1	M_2	M_3	M_4	M_B	M_C	M_D	V_A	$V_{B左}$	$V_{B右}$	$V_{C左}$	$V_{C右}$	$V_{D左}$	$V_{D右}$	V_E
1		0.077	0.036	0.036	0.077	-0.107	-0.071	-0.107	0.393	-0.607	0.536	-0.464	0.464	-0.536	0.607	-0.393
2		0.100	-0.045	0.081	-0.054	-0.036	-0.036	-0.054	0.446	-0.554	0.018	0.018	0.482	-0.518	0.054	0.054
3		0.072	0.061	—	0.098	-0.121	-0.018	-0.058	0.380	-0.620	0.603	-0.397	-0.040	-0.040	0.558	-0.442
4		—	0.056	0.056	—	-0.036	-0.107	-0.036	-0.036	-0.036	0.429	-0.571	0.571	-0.429	0.036	0.036
5		0.094	—	—	—	-0.067	0.018	-0.004	0.433	-0.567	0.085	0.085	-0.022	0.022	0.004	0.004
6		—	0.071	—	—	-0.049	-0.054	0.013	-0.049	-0.049	0.496	-0.504	0.067	0.067	-0.013	-0.013
7		0.169	0.116	0.116	0.169	-0.161	-0.107	-0.161	0.339	-0.661	0.553	-0.446	0.446	-0.554	0.661	-0.339

序号	荷载简图	跨内最大弯矩				支座弯矩			横向剪力							
		M_1	M_2	M_3	M_4	M_B	M_C	M_D	V_A	$V_{B左}$	$V_{B右}$	$V_{C左}$	$V_{C右}$	$V_{D左}$	$V_{D右}$	V_E
8		0.210	−0.067	0.183	−0.040	−0.080	−0.054	−0.080	0.420	−0.580	0.027	0.027	0.473	−0.527	0.080	0.080
9		0.159	0.146	—	0.206	−0.181	−0.027	−0.087	0.319	−0.681	0.654	−0.346	−0.060	−0.060	0.587	−0.413
10		—	0.142	0.142	—	−0.054	−0.161	−0.054	0.054	−0.054	0.393	−0.607	0.607	−0.393	0.054	0.054
11		0.202	—	—	—	−0.100	0.027	−0.007	0.400	−0.600	0.127	0.127	−0.033	−0.033	0.007	0.007
12		—	0.173	—	—	−0.074	−0.080	0.020	−0.074	−0.074	0.493	0.507	0.100	0.100	−0.020	−0.020
13		0.238	0.111	0.111	0.238	−0.286	−0.191	−0.286	0.714	−1.286	1.095	−0.905	0.905	−1.095	1.286	−0.714
14		0.286	−0.111	0.222	−0.048	−0.143	−0.095	−0.143	0.875	−1.143	0.048	0.048	0.952	−1.048	0.143	0.143

序号	荷载简图	跨内最大弯矩				支座弯矩			横向剪力							
		M_1	M_2	M_3	M_4	M_B	M_C	M_D	V_A	$V_{B左}$	$V_{B右}$	$V_{C左}$	$V_{C右}$	$V_{D左}$	$V_{D右}$	V_E
15		0.226	0.194	—	0.282	−0.321	−0.048	−0.155	0.679	−1.321	1.274	−0.726	−0.107	−0.107	1.155	−0.845
16		—	0.175	0.175	—	−0.095	−0.286	−0.095	−0.095	−0.095	0.810	−1.190	1.190	−0.810	0.095	0.095
17		0.274	—	—	—	−0.178	0.048	−0.012	0.822	−1.178	0.226	0.226	−0.060	−0.060	0.012	0.012
18		—	0.198	—	—	−0.131	−0.143	0.036	−0.131	−0.131	0.988	−1.012	0.178	0.178	−0.036	−0.036

（4）五跨梁

序号	荷载简图	跨内最大弯矩			支座弯矩				横向剪力									
		M_1	M_2	M_3	M_B	M_C	M_D	M_E	V_A	$V_{B左}$	$V_{B右}$	$V_{C左}$	$V_{C右}$	$V_{D左}$	$V_{D右}$	$V_{E左}$	$V_{E右}$	V_F
1		0.0781	0.0331	0.0462	−0.105	−0.079	−0.079	−0.105	0.394	−0.606	0.526	−0.474	0.500	−0.500	0.500	−0.526	0.606	−0.394
2		0.1000	−0.0461	0.0855	−0.053	−0.040	−0.040	−0.053	0.447	−0.553	0.013	0.013	0.500	−0.500	−0.013	0.013	0.553	−0.447
3		−0.0263	0.0787	−0.0395	−0.053	−0.040	−0.040	−0.053	−0.053	−0.053	0.513	−0.487	0.000	0.000	0.487	−0.513	0.053	0.053
4		0.073	0.059	—	−0.119	−0.022	−0.044	−0.051	0.380	−0.620	0.598	−0.402	−0.023	−0.023	0.493	−0.507	0.053	0.052
5		—	0.055	0.064	−0.035	−0.111	−0.020	−0.057	−0.035	−0.035	0.424	−0.576	0.591	−0.049	−0.037	−0.037	0.557	−0.443
6		0.094	—	—	−0.067	0.018	−0.005	0.001	0.433	−0.567	0.085	0.085	−0.023	−0.023	0.006	0.006	−0.001	−0.001

续表

序号	荷载简图	跨内最大弯矩			支座弯矩				横向剪力									
		M_1	M_2	M_3	M_B	M_C	M_D	M_E	V_A	$V_{B左}$	$V_{B右}$	$V_{C左}$	$V_{C右}$	$V_{D左}$	$V_{D右}$	$V_{E左}$	$V_{E右}$	V_F
7		—	0.074	—	−0.049	−0.054	−0.014	−0.004	−0.049	−0.049	0.495	−0.505	0.068	−0.069	−0.018	−0.018	0.004	0.004
8		—	—	0.072	0.013	−0.053	−0.053	0.013	0.013	0.013	−0.066	−0.066	0.500	−0.500	0.460	−0.540	0.658	−0.342
9		0.171	0.112	0.132	−0.158	−0.118	−0.118	−0.158	0.342	−0.658	0.540	−0.460	0.500	−0.500	0.460	−0.540	0.658	−0.342
10		0.211	−0.069	0.191	−0.079	−0.059	−0.059	−0.079	0.421	−0.579	0.020	0.020	−0.500	−0.500	−0.020	−0.020	0.579	−0.421
11		0.039	0.181	−0.059	−0.079	−0.059	−0.059	−0.079	−0.079	−0.079	0.520	−0.480	0.000	0.000	0.480	−0.520	0.079	0.079
12		0.160	0.144	—	−0.179	−0.032	−0.066	−0.077	0.321	−0.679	0.647	−0.353	−0.034	−0.034	0.489	−0.511	0.077	0.077

序号	荷载简图	跨内最大弯矩			支座弯矩				横向剪力									
		M_1	M_2	M_3	M_B	M_C	M_D	M_E	V_A	$V_{B左}$	$V_{B右}$	$V_{C左}$	$V_{C右}$	$V_{D左}$	$V_{D右}$	$V_{E左}$	$V_{E右}$	V_F
13		—	0.140	0.151	−0.052	−0.167	−0.031	−0.086	−0.052	−0.052	0.385	−0.615	0.637	−0.363	−0.056	−0.056	0.586	−0.414
14		0.200	—	—	−0.100	0.027	−0.007	0.002	0.400	−0.600	0.127	0.127	−0.034	−0.034	0.009	0.009	−0.002	−0.002
15		—	0.173	—	−0.073	−0.081	0.022	−0.005	−0.073	−0.073	0.493	−0.507	0.102	0.102	−0.027	−0.027	0.005	0.005
16		—	—	0.171	0.020	−0.079	−0.079	0.020	0.020	0.020	−0.099	−0.099	0.500	−0.500	0.099	0.099	−0.020	−0.020
17		0.240	0.100	0.122	−0.281	−0.211	−0.211	−0.281	0.719	−1.281	1.070	−0.930	1.000	−1.000	0.930	−1.070	1.281	−0.719
18		0.287	−0.117	0.228	−0.140	−0.105	−0.105	−0.140	0.860	−1.140	0.035	0.035	1.000	−1.000	−0.035	−0.035	1.140	−0.860

续表

序号	荷载简图	跨内最大弯矩			支座弯矩				横向剪力									
		M_1	M_2	M_3	M_B	M_C	M_D	M_E	V_A	$V_{B左}$	$V_{B右}$	$V_{C左}$	$V_{C右}$	$V_{D左}$	$V_{D右}$	$V_{E左}$	$V_{E右}$	V_F
19		-0.047	-0.216	-0.105	-0.140	-0.105	-0.105	-0.140	-0.140	-0.140	1.035	-0.965	0.000	0.000	0.965	-1.035	0.140	0.140
20		0.227	0.189	—	-0.319	-0.057	-0.118	-0.137	0.681	-1.319	1.262	-0.738	-0.061	-0.061	0.981	-1.019	0.137	0.137
21		—	0.172	0.198	-0.093	-0.297	-0.054	-0.153	-0.093	-0.093	0.796	-1.204	1.243	-0.757	-0.099	-0.099	1.153	-0.847
22		0.274	—	—	-0.179	0.048	-0.013	0.003	0.821	-1.179	0.227	0.227	-0.061	-0.061	0.016	0.016	-0.003	-0.003
23		—	0.198	—	-0.131	-0.144	0.038	-0.010	-0.131	-0.131	0.987	-1.013	0.182	0.182	-0.048	-0.048	0.010	0.010
24		—	—	0.193	0.035	-0.140	-0.140	0.035	0.035	0.035	-0.175	-0.175	1.000	-1.000	0.175	0.175	-0.035	-0.035

附表 B.2 按弹性理论计算矩形双向板在均布荷载作用下的弯矩系数表

1. 符号说明

M_x, $M_{x,\max}$——分别为平行于 l_x 方向板中心点的弯矩和板跨内的最大弯矩;

M_y, $M_{y,\max}$——分别为平行于 l_y 方向板中心点的弯矩和板跨内的最大弯矩;

M_x^0——固定边中点沿 l_x 方向的弯矩;

M_y^0——固定边中点沿 l_y 方向的弯矩;

M_{ax}——平行于 l_x 方向自由边的中点弯矩;

M_{ax}^0——平行于 l_x 方向自由边上固定端的支座弯矩。

代表固定边　　　　　代表简支边　　　　　代表自由边

2. 计算公式

$$弯矩 = 表中系数 \times q l_x^2$$

式中, q——作用在双向板上的均布荷载;

l_x——板跨, 见表中插图所示。

表中弯矩系数均为单位板宽的弯矩系数。表中系数为泊松比 $v=1/6$ 时求得的, 适用于钢筋混凝土板。表中系数是根据 1975 年版《建筑结构静力计算手册》中 $v=0$ 的弯矩系数表, 通过换算公式 $M_X^{(V)} = M_X^{(0)} + V M_Y^{(0)}$ 及 $M_y^{(V)} = M_y^{(0)} + V M_x^{(0)}$ 得出的。表中 $M_{x,\max}$ 及 $M_{y,\max}$ 也按上列换算公式求得, 但由于板内两个方向的跨内最大弯矩一般并不在同一点, 因此, 由上式求得的 $M_{x,\max}$ 及 $M_{y,\max}$ 仅为比实际弯矩偏大的近似值。

(1)

边界条件	(1)四边简支		(2)三边简支、一边固定									
l_x/l_y	M_x	M_y	M_x	$M_{x,\max}$	M_y	$M_{y,\max}$	M_y^o	M_x	$M_{x,\max}$	M_y	$M_{y,\max}$	M_x^o
0.05	0.0994	0.0335	0.0914	0.0930	0.0352	0.0397	−0.1215	0.0593	0.0657	0.0157	0.0171	−0.1212
0.55	0.0927	0.0359	0.0832	0.0846	0.0371	0.0405	−0.1193	0.0577	0.0633	0.0175	0.0190	−0.1187
0.60	0.0860	0.0379	0.0752	0.0765	0.0386	0.0409	−0.1160	0.0556	0.0608	0.0794	0.0209	−0.1158
0.65	0.0795	0.0396	0.0676	0.0688	0.0396	0.0412	−0.1133	0.0534	0.0581	0.0212	0.0226	−0.1124

边界条件	(1)四边简支		(2)三边简支、一边固定									
l_x/l_y	M_x	M_y	M_x	$M_{x,max}$	M_y	$M_{y,max}$	M_y^o	M_x	$M_{x,max}$	M_y	$M_{y,max}$	M_x^o
0.70	0.0732	0.0410	0.0604	0.0616	0.0400	0.0417	−0.1096	0.0510	0.0555	0.0229	0.0242	−0.1087
0.75	0.0673	0.0420	0.0538	0.0519	0.0400	0.0417	−0.1056	0.0485	0.0525	0.0244	0.0257	−0.1048
0.80	0.0617	0.0428	0.0478	0.0490	0.0397	0.0415	−0.1014	0.0459	0.0495	0.0258	0.0270	−0.1007
0.85	0.0564	0.0432	0.0425	0.0436	0.0391	0.0410	−0.0970	0.0434	0.0466	0.0271	0.0283	−0.0965
0.90	0.0516	0.0434	0.0377	0.0388	0.0382	0.0402	−0.0926	0.0409	0.0438	0.0281	0.0293	−0.0922
0.95	0.0471	0.0432	0.0334	0.0345	0.0371	0.0393	−0.0882	0.0384	0.0409	0.0290	0.0301	−0.0880
1.00	0.0429	0.0429	0.0296	0.0306	0.0360	0.0388	−0.0839	0.0360	0.0388	0.0296	0.0306	−0.0839

(2)

边界条件	(3)两对边简支、两对边固定						(4)两邻边简支、两邻边固定					
l_x/l_y	M_x	M_y	M_y^o	M_x	M_y	M_x^o	M_x	$M_{x,max}$	M_y	$M_{y,max}$	M_x^o	M_y^o
0.50	0.0837	0.0367	−0.1191	0.0419	0.0086	−0.0843	0.0572	0.0584	0.0172	0.0229	−0.1179	−0.0786
0.55	0.0743	0.0383	−0.1156	0.0415	0.0096	−0.0846	0.0546	0.0556	0.0192	0.0241	−0.1140	−0.0785
0.60	0.0653	0.0393	−0.1114	0.0409	0.0109	−0.0834	0.0518	0.0526	0.0212	0.0252	−0.1095	−0.0782
0.65	0.0569	0.0394	−0.1066	0.0402	0.0122	−0.0826	0.0486	0.0496	0.0228	0.0261	−0.1045	−0.0787
0.70	0.0494	0.0392	−0.1031	0.0391	0.0135	−0.0814	0.0455	0.0465	0.0243	0.0267	−0.0992	−0.0770
0.75	0.0428	0.0383	−0.0959	0.0381	0.0149	−0.0799	0.0422	0.0430	0.0254	0.0272	−0.0938	−0.0760
0.80	0.0369	0.0362	−0.0904	0.0368	0.0162	−0.0782	0.0390	0.0397	0.0263	0.0278	−0.0883	−0.0748
0.85	0.0318	0.0358	−0.0850	0.0355	0.0174	−0.0763	0.0358	0.0366	0.0269	0.0284	−0.0829	−0.0733
0.90	0.0275	0.0343	−0.0767	0.0341	0.0186	−0.0743	0.0328	0.0337	0.0273	0.0288	−0.0776	−0.0716
0.95	0.0238	0.0328	−0.0746	0.0326	0.0196	−0.0721	0.0299	0.0308	0.0273	0.0289	−0.0726	−0.0698
1.00	0.0206	0.0311	−0.0698	0.0311	0.0206	−0.0698	0.0273	0.0281	0.0273	0.0289	−0.0677	−0.0677

(3)

边界条件			(5)一边简支、三边固定			
l_x/l_y	M_x	$M_{x,max}$	M_y	$M_{y,max}$	M_x^o	M_y^o
0.50	0.0413	0.0424	0.0096	0.0157	−0.0836	−0.0569
0.55	0.0405	0.0415	0.0108	0.0160	−0.0827	−0.0570
0.60	0.0394	0.0404	0.0123	0.0169	−0.0814	−0.0570
0.65	0.0381	0.0390	0.0137	0.0178	−0.0796	−0.0572
0.70	0.0366	0.0375	0.0151	0.0186	−0.0774	−0.0572
0.75	0.0349	0.0358	0.0164	0.0193	−0.0750	−0.0572
0.80	0.0331	0.0339	0.0176	0.0199	−0.0722	−0.0570
0.85	0.0312	0.0319	0.0186	0.0204	−0.0693	−0.0567
0.90	0.0295	0.0300	0.0201	0.0209	−0.0663	−0.0563
0.95	0.0274	0.0281	0.0204	0.0214	−0.0631	−0.0558
1.00	0.0255	0.0261	0.0206	0.0219	−0.0600	−0.0500

(4)

边界条件	(5)一边简支、三边固定						(6)四边固定			
l_x/l_y	M_x	$M_{x,max}$	M_y	$M_{x,max}$	M_y^o	M_x^o	M_x	M_y	M_x^o	M_y^o
0.50	0.0551	0.0605	0.0188	0.0201	−0.0784	−0.1146	0.0406	0.0105	−0.0829	−0.0570
0.55	0.0517	0.0563	0.0210	0.0223	−0.0780	−0.1093	0.0394	0.0120	−0.0814	−0.0571
0.60	0.0480	0.0520	0.0229	0.0242	−0.0773	−0.1033	0.0380	0.0137	−0.0793	−0.0571
0.65	0.0441	0.0476	0.0244	0.0256	−0.0762	−0.0970	0.0361	0.0152	−0.0766	−0.0571
0.70	0.0402	0.0433	0.0256	0.0267	−0.0748	−0.0903	0.0340	0.0167	−0.0735	−0.0569
0.75	0.0364	0.0390	0.0263	0.0273	−0.0729	−0.0837	0.0318	0.0179	−0.0701	−0.0565
0.80	0.0327	0.0348	0.0267	0.0267	−0.0707	−0.0772	0.0295	0.0189	−0.0664	−0.0559
0.85	0.0293	0.0312	0.0268	0.0277	−0.0683	−0.0711	0.0272	0.0197	−0.0626	−0.0551
0.90	0.0261	0.0277	0.0265	0.0273	−0.0656	−0.0653	0.0279	0.0202	−0.0588	−0.0541
0.95	0.0232	0.0246	0.0261	0.0269	−0.0629	−0.0599	0.0227	0.0205	−0.0550	−0.0528
1.00	0.0206	0.0219	0.0255	0.0261	−0.0600	−0.0550	0.0205	0.0205	−0.0513	−0.0513

(7) 三边固定，一边自由

边界条件													
l_x/l_y	M_x	M_y	M_x^0	M_y^0	M_{0x}	M_{0x}^0	l_x/l_y	M_x	M_y	M_x^0	M_y^0	M_{0x}	M_{0x}^0
0.30	0.0018	−0.0039	−0.0135	−0.0344	0.0068	−0.0345	0.85	0.0262	0.0125	−0.558	−0.0562	0.0409	−0.0651
0.35	0.0039	−0.0026	−0.0179	−0.0406	0.0112	−0.0432	0.90	0.0277	0.0129	−0.0615	0.0563	0.0417	−0.0644
0.40	0.0063	0.0008	−0.0227	−0.0454	0.0160	−0.0506	0.95	0.0291	0.0132	−0.0639	0.0564	0.0422	−0.0638
0.45	0.0090	0.0014	−0.0275	−0.0489	0.0207	−0.0564	1.00	0.0304	0.0133	−0.0662	−0.0565	0.0427	−0.0632
0.50	0.0166	0.0034	−0.0322	−0.0513	0.0250	−0.0607	1.10	0.0327	0.0133	−0.0701	−0.0566	0.0431	−0.0623
0.55	0.0142	0.0054	−0.0368	−0.0530	0.0288	−0.0635	1.20	0.0345	0.0130	−0.0732	−0.0567	0.0433	−0.0617
0.60	0.0166	0.0072	−0.0412	−0.0541	0.0320	−0.0652	1.30	0.0368	0.0125	−0.0758	−0.0568	0.0434	−0.0614
0.65	0.0188	0.0087	−0.0453	−0.0548	0.0347	−0.0661	1.40	0.0380	0.0119	−0.0778	−0.0568	0.0433	−0.0614
0.70	0.0209	0.0100	−0.0490	−0.0553	0.0368	−0.0663	1.50	0.0390	0.0113	−0.0794	0.0569	0.0433	−0.0616
0.75	0.0228	0.0111	−0.0526	−0.0557	0.0385	−0.0661	1.75	0.0405	0.0099	−0.0819	−0.0569	0.0431	−0.0615
0.80	0.0246	0.0119	−0.0558	−0.0560	0.0399	−0.0656	2.00	0.0413	0.0087	−0.0832	−0.0569	0.0431	−0.0637

参考文献

[1] 混凝土结构设计规范(GB 50010—2011)[S].北京:中国建筑工业出版社,2011.

[2] 砌体结构设计规范(GB 50003—2011)[S].北京:中国建筑工业出版社,2002.

[3] 建筑结构荷载规范(GB 50009—2012)[S].北京:中国建筑工业出版社,2002.

[4] 建筑抗震规范(GB 50011—2010)[S].北京:中国建筑工业出版社,2010.

[5] 施楚贤.砌体结构设计与计算[M].北京:中国建筑工业出版社,2003.

[6] 宗兰.砌体结构[M].北京:机械工业出版社,2006.

[7] 宋群,宗兰.建筑结构[M].北京:机械工业出版社,2004.

[8] 王振武,张伟主编.混凝土结构.北京:科学出版社,2005.

[9] 龚伟,郭继武.建筑结构[M].北京:中国建筑工业出版社,2002.

[10] 罗向荣.钢筋混凝土结构[M].北京:高等教育出版社,2003.

[11] 周克荣,顾祥林,苏小卒.混凝土结构设计[M].上海:同济大学出版社,2001.

[12] 余志武,袁锦根.混凝土结构与砌体结构设计[M].北京:中国铁道出版社,1998.

[14] 胡兴福,杜绍棠.土木工程结构[M].北京:科学出版社,2004.

[15] 杨小光,张松娟.混凝土结构与砌体结构[M].北京:清华大学出版社,2006.

[16] 东南大学,同济大学,天津大学.混凝土结构[M].北京:中国建筑工业出版社,2003.

[17] 叶列平.混凝土结构[M],北京:清华大学出版社,2005.

[18] 侯治国.混凝土结构[M].武汉:武汉理工大学出版社,2002.

图书在版编目(CIP)数据

建筑结构/曹长礼,李萍主编. —西安:西安交通大学
出版社,2013.12(2021.7重印)
高职高专"十二五"建筑及工程管理类专业系列规划教材
ISBN 978 - 7 - 5605 - 5454 - 9

Ⅰ.①建… Ⅱ.①曹… ②李… Ⅲ.①建筑结构-高等职业教
育-教材 Ⅳ.①TU3

中国版本图书馆 CIP 数据核字(2013)第 165099 号

书　　名	建筑结构	
主　　编	曹长礼　李　萍	
责任编辑	祝翠华　王建洪	

出版发行	西安交通大学出版社
	(西安市兴庆南路1号　邮政编码710048)
网　　址	http://www.xjtupress.com
电　　话	(029)82668357　82667874(发行中心)
	(029)82668315(总编办)
传　　真	(029)82668280
印　　刷	西安日报社印务中心

开　　本	787mm×1092mm　1/16　　印张 20.625　　字数 502 千字
版次印次	2014 年 2 月第 1 版　　2021 年 7 月第 4 次印刷
书　　号	ISBN 978 - 7 - 5605 - 5454 - 9
定　　价	39.80 元

读者购书、书店添货,如发现印装质量问题,请与本社发行中心联系、调换。
订购热线:(029)82665248　(029)82665249
投稿热线:(029)82668133
读者信箱:xj_rwjg@126.com

版权所有　侵权必究

高职高专"十二五"建筑及工程管理类专业系列规划教材

> **建筑设计类**
>
> (1)素描
> (2)色彩
> (3)构成
> (4)人体工程学
> (5)画法几何与阴影透视
> (6)3dsMAX
> (7)Photoshop
> (8)CorelDraw
> (9)Lightscape
> (10)建筑物理
> (11)建筑初步
> (12)建筑模型制作
> (13)建筑设计概论
> (14)建筑设计原理
> (15)中外建筑史
> (16)建筑结构设计
> (17)室内设计
> (18)手绘效果图表现技法
> (19)建筑装饰设计
> (20)建筑装饰制图
> (21)建筑装饰材料
> (22)建筑装饰构造
> (23)建筑装饰工程项目管理
> (24)建筑装饰施工组织与管理
> (25)建筑装饰施工技术
> (26)建筑装饰工程概预算
> (27)居住建筑设计
> (28)公共建筑设计
> (29)工业建筑设计
> (30)城市规划原理
>
> **土建施工类**
>
> (1)建筑工程制图与识图
> (2)建筑构造

(3)建筑材料
(4)建筑工程测量
(5)建筑力学
(6)建筑CAD
(7)工程经济
(8)钢筋混凝土与砌体结构
(9)房屋建筑学
(10)土力学与地基基础
(11)建筑设备
(12)建筑结构
(13)建筑施工技术
(14)建筑工程计量与计价
(15)钢结构识图
(16)建设工程概论
(17)建筑工程项目管理
(18)建筑工程概预算
(19)建筑施工组织与管理
(20)高层建筑施工
(21)建设工程监理概论
(22)建设工程合同管理

> **建筑设备类**
>
> (1)电工基础
> (2)电子技术
> (3)流体力学
> (4)热工学基础
> (5)自动控制原理
> (6)单片机原理及其应用
> (7)PLC应用技术
> (8)电机与拖动基础
> (9)建筑弱电技术
> (10)建筑设备
> (11)建筑电气控制技术
> (12)建筑电气施工技术
> (13)建筑供电与照明系统

(14)建筑给排水工程   (16)建筑企业管理

(15)楼宇智能化技术   (17)建筑工程预算电算化

> **工程管理类**

(1)建设工程概论

(2)建筑工程项目管理

(3)建筑工程概预算

(4)建筑法规

(5)建设工程招投标与合同管理

(6)工程造价

(7)建筑工程定额与预算

(8)建筑设备安装

(9)建筑工程资料管理

(10)建筑工程质量与安全管理

(11)建筑工程管理

(12)建筑装饰工程预算

(13)安装工程概预算

(14)工程造价案例分析与实务

(15)建筑工程经济与管理

> **房地产类**

(1)房地产开发与经营

(2)房地产估价

(3)房地产经济学

(4)房地产市场调查

(5)房地产市场营销策划

(6)房地产经纪

(7)房地产测绘

(8)房地产基本制度与政策

(9)房地产金融

(10)房地产开发企业会计

(11)房地产投资分析

(12)房地产项目管理

(13)房地产项目策划

(14)物业管理

欢迎各位老师联系投稿！

联系人：祝翠华

手机：13572026447   办公电话：029－82665375

电子邮件：zhu_cuihua@163.com   37209887@qq.com

QQ：37209887(加为好友时请注明"教材编写"等字样)